水利水电工程施工技术全书

第五卷 施工导（截）流
与度汛工程

第一册

施工导流

张小华 周厚贵 等 编著

中国水利水电出版社

www.waterpub.com.cn

·北京·

内 容 提 要

　　本书是《水利水电工程施工技术全书》第五卷《施工导（截）流与度汛工程》中的第一分册。本书系统阐述了施工导流技术和方法。主要内容包括：综述、施工导流方式、施工导流标准、施工导流水力学计算、施工导流方案、施工导流实施、施工导流模型试验、施工导流工程实例等。

　　本书可作为水利水电工程施工领域的工程技术人员、工程管理人员和高级技术工人的工具书，也可供从事水利水电工程科研、设计、建设及运行管理和相关企事业单位的工程技术人员、工程管理人员使用，并可作为大专院校水利水电工程专业师生教学参考书。

图书在版编目（CIP）数据

　　施工导流 / 张小华等编著. -- 北京 ： 中国水利水
电出版社，2022.1
　　（水利水电工程施工技术全书. 第五卷，施工导（截）
流与度汛工程 ； 第一册）
　　ISBN 978-7-5226-0471-8

　　Ⅰ．①施… Ⅱ．①张… Ⅲ．①水利水电工程—工程施
工—导流 Ⅳ．①TV551.1

　　中国版本图书馆CIP数据核字（2022）第024607号

书　　名	水利水电工程施工技术全书 **第五卷　施工导（截）流与度汛工程** **第一册　施工导流** SHIGONG DAOLIU
作　　者	张小华　周厚贵　等 编著
出版发行	中国水利水电出版社 （北京市海淀区玉渊潭南路1号D座　100038） 网址：www.waterpub.com.cn E-mail：sales@mwr.gov.cn 电话：（010）68545888（营销中心）
经　　售	北京科水图书销售有限公司 电话：（010）68545874、63202643 全国各地新华书店和相关出版物销售网点
排　　版	中国水利水电出版社微机排版中心
印　　刷	清淞永业（天津）印刷有限公司
规　　格	184mm×260mm　16开本　18.75印张　445千字
版　　次	2022年1月第1版　2022年1月第1次印刷
印　　数	0001—2000册
定　　价	**95.00**元

《水利水电工程施工技术全书》
编审委员会

顾　　问：潘家铮　中国科学院院士、中国工程院院士
　　　　　谭靖夷　中国工程院院士
　　　　　陆佑楣　中国工程院院士
　　　　　郑守仁　中国工程院院士
　　　　　马洪琪　中国工程院院士
　　　　　张超然　中国工程院院士
　　　　　钟登华　中国工程院院士
　　　　　缪昌文　中国工程院院士
名誉主任：范集湘　丁焰章　岳　曦
主　　任：孙洪水　周厚贵　马青春
副 主 任：宗敦峰　江小兵　付元初　梅锦煜
委　　员：（以姓氏笔画为序）

丁焰章	马如骐	马青春	马洪琪	王　军	王永平
王亚文	王鹏禹	付元初	吕芝林	朱明星	朱镜芳
向　建	刘永祥	刘灿学	江小兵	汤用泉	孙志禹
孙来成	孙洪水	李友华	李志刚	李丽丽	李虎章
杨　涛	杨成文	肖恩尚	吴光富	吴秀荣	吴国如
吴高见	何小雄	余　英	沈益源	张　晔	张为明
张利荣	张超然	陆佑楣	陈　茂	陈梁年	范集湘
林友汉	和孙文	岳　曦	周　晖	周世明	周厚贵
郑守仁	郑桂斌	宗敦峰	钟彦祥	钟登华	夏可风
郭光文	席　浩	涂怀健	梅锦煜	常焕生	常满祥
焦家训	曾　文	谭靖夷	潘家铮	楚跃先	戴志清
缪昌文	衡富安				

主　　编：孙洪水　周厚贵　宗敦峰　梅锦煜　付元初　江小兵
审　　定：谭靖夷　郑守仁　马洪琪　张超然　梅锦煜　付元初
　　　　　周厚贵　夏可风
策　　划：周世明　张　晔
秘 书 长：宗敦峰（兼）
副秘书长：楚跃先　郭光文　郑桂斌　吴光富　康明华

《水利水电工程施工技术全书》
各卷主（组）编单位和主编（审）人员

卷序	卷名	组编单位	主 编 单 位	主编人	主审人
第一卷	地基与基础工程	中国电力建设集团（股份）有限公司	中国电力建设集团（股份）有限公司 中国水电基础局有限公司 中国葛洲坝集团基础工程有限公司	宗敦峰 肖恩尚 焦家训	谭靖夷 夏可风
第二卷	土石方工程	中国人民武装警察部队水电指挥部	中国人民武装警察部队水电指挥部 中国水利水电第十四工程局有限公司 中国水利水电第五工程局有限公司	梅锦煜 和孙文 吴高见	马洪琪 梅锦煜
第三卷	混凝土工程	中国电力建设集团（股份）有限公司	中国水利水电第四工程局有限公司 中国葛洲坝集团有限公司 中国水利水电第八工程局有限公司	席　浩 戴志清 涂怀健	张超然 周厚贵
第四卷	金属结构制作与机电安装工程	中国能源建设集团（股份）有限公司	中国葛洲坝集团有限公司 中国电力建设集团（股份）有限公司 中国葛洲坝集团机电建设有限公司	江小兵 付元初 张　晔	付元初 杨浩忠
第五卷	施工导（截）流与度汛工程	中国能源建设集团（股份）有限公司	中国能源建设集团（股份）有限公司 中国葛洲坝集团有限公司 中国水利水电第八工程局有限公司	周厚贵 郭光文 涂怀健	郑守仁

《水利水电工程施工技术全书》
第五卷《施工导（截）流与度汛工程》
编委会

主　　编：周厚贵　郭光文　涂怀健

主　　审：郑守仁

委　　员：（以姓氏笔画为序）

牛宏力　尹越降　吕芝林　朱志坚　汤用泉

孙昌忠　李友华　李克信　肖传勇　余　英

张小华　陈向阳　胡秉香　段宝德　晋良军

席　浩　梁湘燕　覃春安　戴志清

秘 书 长：李友华

副秘书长：程志华　戈文武　黄家权　黄　巍

《水利水电工程施工技术全书》
第五卷《施工导（截）流与度汛工程》
第一册《施工导流》
编写人员名单

主　　编：张小华　周厚贵

审　　稿：郑守仁

编写人员：张小华　汤用泉　周巧端　李新明　喻　玥

　　　　　虞贵期　涂　胜　屈庆余　何　毅　许　俊

　　　　　李棉巧　苏海龙　王　敏　代林林　曹中升

　　　　　熊建武

序 一

水利水电工程建设在我国作为一项基础建设事业，已经走过了近百年的历程，这是一条不平凡而又伟大的创业之路。

新中国成立 66 年来，党和国家领导一直高度重视水利水电工程建设，水电在我国已经成为了一种不可替代的清洁能源。我国已经成为世界上水电装机容量第一位的大国，水利水电工程建设不论是规模还是技术水平，都处于国际领先或先进水平，这是几代水利水电工程建设者长期艰苦奋斗所创造出来的。

改革开放以来，特别是进入 21 世纪以后，我国的水利水电工程建设又进入了一个前所未有的高速发展时期。到 2014 年，我国水电总装机容量突破 3 亿 kW，占全国电力装机容量的 23%。发电量也历史性地突破 31 万亿 kW·h。水电作为我国当前重要的可再生能源，为我国能源电力结构调整、温室气体减排和气候环境改善做出了重大贡献。

我国水利水电工程建设在新技术、新工艺、新材料、新设备等方面都取得了突破性的进展，无论是技术、工艺，还是在材料、设备等方面，都取得了令人瞩目的成就，它不仅推动了技术创新市场的活跃和发展，也推动了水利水电工程建设的前进步伐。

为了对当今水利水电工程施工技术进展进行科学的总结，及时形成我国水利水电工程施工技术的自主知识产权和满足水利水电建设事业的工作需要，全国水利水电施工技术信息网组织编撰了《水利水电工程施工技术全书》。该全书编撰历时 5 年，在编撰过程中组织了一大批长期工作在工程建设一线的中青年技术负责人和技术骨干执笔，并得到了有关领导、知名专家的悉心指导和审定，遵循"简明、实用、求新"的编撰原则，立足于满足广大水利水电工程技术人员的实际工作需要，并注重参考和指导价值。该全书内容涵盖了水利水电工程建设地基与基础工程、土石方工程、混凝土工程、金属结构制作与机电安装工程、施工导（截）流与度汛工程等内容的目标任务、原理方法及工程实例，既有理论阐述，又有实例介绍，重点突出，图文并茂，针对性及可操作性强，对今后的水利水电工程建设施工具有重要指导作用。

《水利水电工程施工技术全书》是对水利水电施工技术实践的总结和理论提炼，是一套具有权威性、实用性的大型工具书，为水利水电工程施工"四新"技术成果的推广、应用、继承、创新提供了一个有效载体。为大力推动水利水电技术进步和创新，推进中国水利水电事业又好又快地发展，具有十分重要的现实意义和深远的科技意义。

水利水电工程是人类文明进步的共同成果，是现代社会发展对保障水资源供给和可再生能源供应的基本需求，水利水电工程施工技术在近代水利水电工程建设中起到了重要的推动作用。人类应对全球气候变化的共识之一是低碳减排，尽可能多地利用绿色能源就成为重要选择，太阳能、风能及水能等成为首选，其中水能蕴藏丰富、可再生性、技术成熟、调度灵活等特点成为最优的绿色能源。随着水利水电工程建设与管理技术的不断发展，水利水电工程，特别是一些高坝大库能有效利用自然条件、降低开发运行成本、提高水库综合效能，高坝大库的（高度、库容）记录不断被刷新。特别是随着三峡、拉西瓦、小湾、溪洛渡、锦屏、向家坝等一批大型、特大型水利水电工程相继建成并投入运行，标志着我国水利水电工程技术已跨入世界领先行列。

近年来，我国水利水电工程施工企业积极实施走出去战略，海外市场开拓业绩突出。目前，我国水利水电工程施工企业在亚洲、非洲、南美洲多个国家承建了上百个水利水电工程项目，如尼罗河上的苏丹麦洛维水电站、号称"东南亚三峡工程"的马来西亚巴贡水电站、巨型碾压混凝土坝泰国科隆泰丹水利工程、位居非洲第一水利枢纽工程的埃塞俄比亚泰克泽水电站等，"中国水电"的品牌价值已被全球业内所认可。

《水利水电工程施工技术全书》对我国水利水电施工技术进行了全面阐述。特别是在众多国内外大型水利水电工程成功建设后，我国水利水电工程施工人员创造出一大批新技术、新工法、新经验，对这些内容及时总结并公开出版，与全体水利水电工作者分享，这不仅能促进我国水利水电行业的快速发展，提高水利水电工程施工质量，保障施工安全，规范水利水电施工行业发展，而且有助于我国水利水电行业走进更多国际市场，展示我国水利水电行业的国际形象和实力，提高我国水利水电行业在国际上的影响力。

　　该全书的出版不仅能提高水利水电工程施工的技术水平，而且有助于提高我国水利水电行业在国内、国际上的影响力，我在此向广大水利水电工程建设者、工程技术人员、勘测设计人员和在校的水利水电专业师生推荐此书。

2015 年 4 月 8 日

序 二

《水利水电工程施工技术全书》作为我国水利水电工程技术综合性大型工具书之一，与广大读者见面了！

这是一套非常好的工具书，它也是在《水利水电工程施工手册》基础上的传承、修订和创新。集中介绍了进入 21 世纪以来我国在水利水电施工领域从施工地基与基础工程、土石方工程、混凝土工程、金属结构制作与机电安装工程、施工导（截）流与度汛工程等方面采用的各类创新技术，如信息化技术的运用：在施工过程模拟仿真技术、混凝土温控防裂技术与工艺智能化等关键技术中，应用了数字信息技术、施工仿真技术和云计算技术，实现工程施工全过程实时监控，使现代信息技术与传统筑坝施工技术相结合，提高了混凝土施工质量，简化了施工工艺，降低了施工成本，达到了混凝土坝快速施工的目的；再如碾压混凝土技术在国内大规模运用：节省了水泥，降低了能耗，简化了施工工艺，降低了工程造价和成本；还有，在科研、勘察设计和施工一体化方面，数字化设计研究面向设计施工一体化的三维施工总布置、水工结构、钢筋配置、金属结构设计技术，推广复杂结构三维技施设计技术和前期项目三维枢纽设计技术，形成建筑工程信息模型的协同设计能力，推进建筑工程三维数字化设计移交标准工程化应用，也有了长足的进步。因此，在当前形势下，编撰出一部新的水利水电施工技术大型工具书非常必要和及时。

随着水利水电工程施工技术的不断推进，必然会给水利水电施工带来新的发展机遇。同时，也会出现更多值得研究的新课题，相信这些都将对水利水电工程建设事业起到积极的促进作用。该全书是当今反映水利水电工程施工技术最全、最新的系列图书，体现了当前水利水电最先进的施工技术，其中多项工程实例都是曾经创造了水利水电工程的世界纪录。该全书总结的施工技术具有先进性、前瞻性，可读性强。该全书的编者们都是参加过我国大型水利水电工程的建设者，有着非常丰富的各专业施工经验。他们以高度的社会责任感和使命感、饱满的工作热情和扎实的工作作风，大力发展和创新水电科学技术，为推进我国水利水电事业又好又快地发展，做出了新的贡献！

近年来，我国水利水电工程建设快速发展，各类施工技术日臻成熟，相继建成了三峡、龙滩、水布垭等具有代表性的水电工程，又有拉西瓦、小湾、溪洛渡、锦屏、糯扎渡、向家坝等一批大型、特大型水电工程，在施工过程中总结和积累了大量新的施工技术，尤其是混凝土温控防裂的施工方法在三峡水利枢纽工程的成功应用，高寒地区高拱坝冬季施工综合技术在拉西瓦等多座水电站工程中的应用……，其中的多项施工技术获得过国家发明专利，达到了国际领先水平，为今后水利水电工程施工提供了参考与借鉴。

目前，我国水利水电工程施工技术已经走在了世界的前列。该全书的出版，是对我国水利水电工程建设领域的一大贡献，为后续在水利水电开发，例如金沙江上游、长江上游、通天河、黄河上游的水电开发、南水北调西线工程等建设提供借鉴。该全书可作为工具书，为广大工程建设者们提供一个完整的水利水电工程施工理论体系及工程实例，对今后水利水电工程建设具有指导、传承和促进发展的显著作用。

《水利水电工程施工技术全书》的编撰、出版是一项浩繁辛苦的工作，也是一个具有创造性的劳动过程，凝聚了几百位编、审人员近 5 年的辛勤劳动，克服各种困难。值此该全书出版之际，谨向所有为该全书的编撰给予关心、支持以及为此付出了辛勤劳动的领导、专家和同志们表示衷心的感谢！

2015 年 4 月 18 日

前　言

由全国水利水电施工技术信息网组织编写的《水利水电工程施工技术全书》第五卷《施工导（截）流与度汛工程》共分为五册，《施工导流》为第一册，由中国葛洲坝集团第一工程有限公司编撰。

水利水电工程建筑物施工一般需要进行土石方开挖、坝体填筑、坝体混凝土浇筑、基础处理、金属结构及机电安装等项目的施工，施工工程量大、工艺复杂、质量要求高，施工周期长，通常需要几年甚至十几年的施工时间，通常需要在干地上进行施工才能快速、优质、安全、经济地完成工程项目的建设。

施工导流是水利水电工程在整个施工过程中对河道水流进行控制的全部行为的总称，是为了创造干地施工条件，将原河水通过适当的方式导向下游的工程措施。或者说施工导流是按预定方案围护基坑、控制河水下泄，为工程创造施工条件和保护水工建筑物能在干地上正常施工所采取的工程措施。

水利水电工程整个施工过程中的水流控制，概括起来就是采取导、截、拦、蓄、泄等施工措施来解决施工和水流蓄泄之间的矛盾，避免水流对水工建筑物施工产生不利影响，把河道水流全部或部分地导向下游或拦蓄起来，以保证工程在干地上施工和施工期内不影响或尽可能少影响水利资源的综合利用。

通过总结国内外水利水电工程施工导流经验，本书内容主要包括施工导流方式、施工导流标准、与选择施工导流方式相关的水力学计算、施工导流方案、施工导流实施、施工导流模型试验、施工导流工程实例等内容。

本册共分 8 章。第 1 章综述，主要叙述施工导流目的、必要性和重要性、地位和作用，施工导流主要任务，施工导流技术发展沿革、趋势。第 2 章施工导流方式，主要叙述施工导流分类，施工分期导流和一次拦断河床导流的程序、布置，施工导流方式选择主要考虑因素、选择原则、选择方法。第3章施工导流标准，主要叙述导流建筑物与导流建筑物级别划分，导流标准分类、技术要求、多种应用工况导流标准选择，导流标准风险分析。第4章施工导流水力学计算，主要叙述束窄河床泄流能力计算、导流明渠泄流能力计算、坝体和围堰过水泄流能力计算、导流隧洞和底孔泄流能力计算、联合泄流的水力学计算、调洪演算。第5章施工导流方案，主要叙述施工导流方案主要内容，常见水利水电工程施工导流方案，施工导流方案选择原则、选择主要考虑因素、选择方法，土石坝、混凝土闸坝、混凝土拱坝、发电厂房、地下厂房、隧洞等工程项目的导流方案选择。第6章施工导流实施，主要叙述施工导流方案编制方法，施工导流实施的项目管理、快速施工、梯级水库联合调控等关键技术，下闸蓄水及封堵施工等关键技术。第7章施工导流模型试验，主要叙述施工导流模型试验的目的，模型试验的内容和要求，导流模型试验，施工导流模型试验实例。第8章施工导流工程实例，主要介绍葛洲坝、深溪沟、五强溪、三峡、小浪底、二滩、溪洛渡、向家坝、石虎塘、乌东德等有代表性的工程施工导流实例。

在本册的编写过程中，得到了相关各方的大力支持和密切合作。在此向关心、支持、帮助本书出版、发行的领导、专家及工作人员表示衷心的感谢。

由于我们水平有限，不足之处在所难免，热切期望广大读者提出宝贵意见和建议。

作者

2020 年 7 月

目 录

1 综　　述

1.1　施工导流概述

纵观世界上大部分水利水电工程的建筑物，都是在干地上进行施工建设的。干地施工有很多优点。首先，可直观看到施工现场的地形、地貌和周边施工环境情况；其次，可直接进行建筑物各种施工项目的施工，适合机械化作业；其三，可直观了解现场施工形象进度和直接进行现场质量检查、检测，及时发现和解决施工中存在的各种问题。除严寒地区外，干地上可进行全年施工，使工程建设施工能够按期或提前完成。

在有水流动的河道上修建各种类型大坝、船闸、溢洪道、发电厂房等水利水电工程建筑物（即水工建筑物）时，一般需要进行土石方开挖、坝体填筑、坝体混凝土浇筑、地基处理、金属结构安装等项目的施工，施工工程量大、工艺复杂、质量要求高，一般需要几年甚至十几年的施工时间。因此，人们更希望在干地上进行施工。

在河道上修建水工建筑物时，为了能在干地上进行施工，人类在不断探索中研究出施工导流方法，使河道内修建水工建筑物能在干涸的河床上施工，同时让河水向下游宣泄。

施工导流是水利水电工程整个施工过程中对河道水流进行控制的全部行为的总称，是为了创造干地施工条件，将原河道的水流通过适当方式导向下游的工程措施。或者说，施工导流是按预定方案围护基坑、控制河水下泄，保护水利枢纽工程水工建筑物能在干地上正常施工所采取的工程措施。

根据不同水工建筑物坝型特点和各施工阶段的施工要求，采用不同的围护基坑方法。

（1）主体工程下部结构施工阶段围护基坑的方法。该围护基坑的方法就是在河道内修建水工建筑物的范围内修建临时防渗围堰，形成施工基坑，由围堰挡水，原河道的水流被引向预定的泄水通道或泄水建筑物往下游宣泄。当围堰内基坑积水和渗水排除后，防渗围堰所围的施工作业范围就成为干涸河床，即可进行水工建筑物的施工。

（2）主体工程上部结构施工阶段围护基坑的方法。该围护基坑的方法就是由围堰或围堰与已修建坝体挡水，河水由坝体所设置的各种泄水建筑物往下游宣泄，控制河水上涨，保证主体工程上部结构能在干地施工。

1.1.1　施工导流目的

在河道内修建水工建筑物，为满足干地施工要求而修建临时挡水围堰，会引起河道的水流变化，从工程开工到完建的整个施工期间往往还与通航、筏运、渔业、供水、灌溉或水电站运转等水利资源的综合利用的要求发生矛盾。因此，在河道内修建水工建筑物进行施工导流中，通常采取导、截、拦、蓄、泄等施工措施来解决施工和水流蓄泄之间的矛盾，避免水流对水工建筑物施工产生不利影响，把河道水流全部或部分地导向下游或拦蓄起来，以保证工程在干地上施工，尽可能少影响水利资源的综合利用。

在河道内修建水工建筑物进行施工导流最基本的目的包括两个方面：第一，施工用围堰将修建水工建筑物区域围护起来形成干地施工的基坑；第二，原河道的水流能够按照预定泄水建筑物往下游宣泄。随着科学的进步、施工技术和机械设备的不断提高，人们对在河道上修建水工建筑物的要求不断提高，施工导流需要达到的目的也不断增多，主要包括以下几个方面。

（1）形成干地施工基坑，原河道的水流能按预定泄水建筑物往下游宣泄。施工导流的基本方法总体可分为两类：一类是分段围堰法导流，即河床内导流，水流通过被束窄的河床、坝体底孔、缺口、涵管等往下游宣泄；另一类是全段围堰法导流，即河床外导流，水流通过河床外的临时或永久的明渠、隧洞等往下游宣泄。

两类导流方法都是为了达到形成干地施工基坑，让原河道的水按照预定泄水建筑物往下游宣泄。只是形成施工基坑范围大小、数量和施工时段不同，原河道的水流下泄建筑物和方式不同。

分段围堰法导流的基坑范围较全段围堰要小，基坑数量要多一些，所用施工时间长一些，施工时段多一些。全段围堰法导流是一次性将所建建筑物全部围护起来，基坑数量只有一个。原河道的水流通过河床外修建的临时或永久的明渠、隧洞等往下游宣泄。

（2）保证通航。在有通航要求的河道内修建水工建筑物，在进行施工导流时都应满足通航要求。在工程施工中主要采用分段围堰和分期施工导流方法，用围堰将水工建筑物分段和分期围护起来，从而达到保证通航的目的。施工导流中的分段和分期数量种类有两段两期、三段两期、三段三期等。如在两段两期施工导流中，在第一期施工期间，按照通航所需的流速和通航船只要求控制分段围堰束窄的河道的宽度。按照通航船只的吃水深度控制围堰高度，并考虑是否对河道底部河床进行疏浚。在一期分段围堰内修建船闸和二期导流使用的泄水建筑物，或修建导流明渠，使束窄河床过流和保持通航。在第二期施工导流中由二期围堰挡水，一期修建的船闸通航，泄水建筑物宣泄河水。或一期修建导流明渠泄水与通航，在二期分段围堰内进行其他建筑物的施工。

（3）满足不同阶段的施工导流要求。在河道内修建水工建筑物时，施工导流主要可分为初期导流、中期导流和后期导流三个阶段。初期导流为围堰挡水阶段，水流由临时导流泄水建筑物或束窄河床下泄。中期导流为坝体临时挡水阶段，洪水由临时和部分建成永久泄水建筑物下泄。后期导流为坝体挡水阶段，临时导流泄水建筑物下闸封堵或永久建筑物闸门下闸，水库开始蓄水，水库需要泄水时水流由永久泄水建筑下泄。三个导流时段的施工导流标准和施工要求各不相同，形成水工建筑物干地施工的基坑结构型式与河水从预定泄水建筑物往下游宣泄方法也各不相同。

在河道内修建水工建筑物的工程施工中主要针对3个不同阶段的施工导流时段，选择相应的导流标准和导流方式，形成干地施工基坑和宣泄河水导流泄水建筑物；严格按照各时段的施工进度要求组织施工，使各阶段的施工导流的挡水与泄水建筑物能够按期形成，从而保证各阶段水工建筑物都能在干地施工，原河道的水流能按所预定的泄水建筑物往下游宣泄，满足不同阶段的施工导流要求。

（4）满足工程所在地上、下游两岸防汛安全要求。在大流量、低水头的江河流域河道内修建水工建筑物，其所在地上、下游的地形和地貌比较平缓，高差不大，两岸防汛大堤挡水高度有限，相应的防洪度汛标准也不能提高。在修建水工建筑物时，各不同时段的施工导流所选择的洪水标准和临时围堰挡水高度一定要满足工程所在地上、下游两岸防汛标准，围堰挡水高程与束窄河道的宽度，不能出现超过两岸防洪大堤的挡水高度现象。在工程施工中主要采用过水围堰和自溃式子围堰方式来控制汛期水位，以满足工程所在地上、下游防汛安全要求。

（5）提前发挥工程效益。在主要的流域河道上采用分期分段围堰施工导流方法进行大、中型水利水电工程的建设中，为了提前发挥效益，如在二期施工导流中，都将发电厂房施工选择在一期围堰围护范围内先进行施工，在二期施工导流的围堰形成后，由围堰和已建成施工建筑物一起挡水，将河水拦蓄起来形成水头，使发电厂房机组能够发电，从而达到提前发电受益的目的。

1.1.2 施工导流必要性和重要性

（1）必要性。按照河道自然状况和水工建筑物修建要求，河道内修建水工建筑物必须进行施工导流。

1）河道自然状况。在河道上由于有流动的深层水介质淹没了河道底面，不能直观看到河道底部的地形和地貌，流动的河水在流动过程中产生的巨大水流冲击力又难以阻挡，即使有办法阻挡水流，也会出现河水立刻上涨壅高等现象，每年都还存在各种异常洪水现象发生，其危害都是难以估算的。在没有施工导流以前，人类没有办法在河道内修建水工建筑物。自从有了施工导流以后，人类才能在江河流域的河道内修建水工建筑物，用围堰将所修建的水工建筑物分段分期围护起来，形成干地施工条件，可以看清原河道底部的地形地貌，从而进行施工。原河道的水流按预定的泄水建筑物往下游宣泄后，解决不同时段和季节河水上涨的问题，避免每年的各种异常洪水现象发生所造成的危害。所以在河道内修建水工建筑物时，进行施工导流是十分必要的。

2）水工建筑物修建的要求。在河道内修建水工建筑物具有施工工程量大、施工项目多、工艺复杂、施工难度大、质量要求高、施工工期有限等特点，只有在干地上才能满足设计和施工要求。因此，必须采用施工导流方法修建封闭式围堰形成干地施工基坑，由围堰挡水使河水引向预定的泄水建筑物往下游宣泄，保证水工建筑物能够在干地上施工，从而满足水工建筑物设计和施工要求。

（2）重要性。在河流上修建水利枢纽工程使河道水流变化，从工程开工到完工一般需用几年时间，每一年都要经历枯水期、汛期水流变化。水工建筑物施工还是分阶段施工完成的，在各阶段施工中都需要采取措施对水流进行控制，从而保证水工建筑物能在干地施工。施工导流的重要性在于保证在河流上修建水工建筑物干地施工的安全性，满足原河道水资源的综合利用要求，它也是选定枢纽位置、布置永久水工建筑物形式的重要因素。

1）保证水利枢纽工程施工全过程干地施工的安全性。在河流上修建水利枢纽工程施工的全过程，是在河道不断流的干地基坑和已建水工建筑物结构上进行施工，施工中首先应保证施工全过程能在干地施工的安全性。施工导流主要采用分期导流和一次拦断河床两大类，以保证施工全过程能安全地在干地施工。

分期导流方式是由分期挡水围堰将河床围护起来，使一期河道水流通过被束窄的河床下泄，二期或后期河道水流通过一期基坑修建的泄水闸孔或底孔等其他永久泄水建筑物导向下游的导流方式。其中围堰和一期修建混凝土挡水建筑物结构，以及一期束窄河床和一期所修建泄水闸孔或底孔等其他永久泄水建筑物的水流下泄，保证基坑形成干地施工，达到控制河水上涨的要求，从而保证了基坑施工安全。

一次拦断河床导流亦称全断面围堰法。导流方式是用围堰一次拦断河床，将河水引向河床外的明渠或由隧洞导向下游。其中初期围堰为挡水建筑物，保证基坑形成干地施工条件，河水从河床外的明渠或隧洞下泄，达到控制河水上涨的要求。中、后期施工导流中，土石坝工程由坝体挡水，河水由导流洞和泄洪洞下泄，从而保证了土石坝坝体施工安全。混凝土拱坝工程由坝体挡水，河水由导流洞、坝体导流底孔、泄洪闸下泄，从而保证了混凝土拱坝坝体施工安全。

2）满足原河道水资源的综合利用要求。在不同的江河流域河道上修建水利枢纽工程时，原河流上可能有通航、渔业、供水、灌溉或发电等水力资源综合利用要求，不能因修建水利枢纽工程而影响原河道水资源的综合利用。施工导流采用分期导流和一次拦断河床两大类导流方式来满足原河道水资源的综合利用要求。

长江、汉江、赣江、沅水等流域河道江面宽阔，都有通航、渔业、供水、灌溉或发电等水力资源综合利用要求。水利枢纽工程施工导流采取分期导流方式，一期施工导流由束窄河床，后期施工导流由所建船闸、鱼道、发电厂房、泄洪闸等建筑物满足相应的原河道水资源的综合利用要求。

红水河、金沙江、雅砻江、大渡河等流域都有筏运、供水、灌溉或发电等水力资源综合利用要求。水利枢纽工程施工导流采取一次拦断河床导流方式，初期导流通过大断面的导流洞，中后期施工导流通过所建泄洪洞、漂木道、泄洪闸等建筑物满足相应的水力资源综合利用要求。

3）选定水利枢纽工程坝址位置、布置和水工建筑物形式重要因素。在江河流域河道内修建水利枢纽工程时，可以作为水利枢纽工程坝址的位置和可选择水工建筑物的形式有很多，相应工程施工采用的导流方式也不同，不同的导流方式可以加快工程施工进度，降低工程造价，否则会使工程施工遭受意外的障碍，拖延工期，增加投资，甚至会引起工程的失事。如三峡水利枢纽工程坝址最后选定在三斗坪，其主要原因之一是便于导流及施工。而上游的太平溪等坝址，就需要考虑隧洞导流方案，导流流量大，导流泄水建筑物工程量大，工期长，投资也大。因此，施工导流是选定枢纽工程坝址、水工建筑物形式重要因素。在选定枢纽工程坝址位置时，希望既能满足工程建成后应有效益的发挥，又能方便进行施工导流。选择水工建筑物形式时，既满足工程设计要求，又能利用枢纽工程水工建筑物作为施工导流的挡水与泄水建筑物，参与施工导流期间的拦蓄、下泄河水。

1.1.3 施工导流的地位和作用

（1）施工导流的地位。水利水电工程建设一般要经过规划、设计、施工、试运转和工程验收等过程，才能正式投入生产。施工导流主要发生在设计和施工两个阶段。在河道上要修建水利枢纽工程水工建筑物，除进行枢纽工程所发挥的效益结构设计外，还要对所设计的水工建筑物实施过程进行设计，亦即施工组织设计。

施工组织设计主要是针对施工导流和主体工程土建、金属结构安装等项目而进行，以确定所需总工期和投资范围。同时，修建水利枢纽工程的各项水工建筑物，建成后将发挥所建工程效益，而在施工期所建水工建筑物既是永久建筑物，又作为施工导流的挡水和泄水建筑物参与施工导流。因此，施工导流是水利枢纽工程总体设计的重要组成部分，是选定枢纽布置、永久建筑物形式、施工程序和施工总进度的重要因素，其地位与工程设计处于同等重要的地位。

从工程开工到建成投产各施工阶段，施工导流贯穿其全过程，其中某个阶段施工导流未按期实施完成，将直接影响整个枢纽工程施工总进度和工程经济效益，甚至造成工程停建等严重后果。因此，在施工阶段，施工导流处在首要位置。

1）施工导流与所建枢纽工程设计都处于同等重要的地位。在水利枢纽工程总体可行性研究、初步设计阶段中，水利枢纽工程水工建筑物结构设计完成后，开始进行施工实施的导流设计。根据工程所在地的河流特性、水文气象统计资料分析、施工环境，划分导流时段，选择各时段的导流标准和导流方式，进行施工导流模型试验。通过施工导流设计和模型试验，验证工程设计效果，并对枢纽布置、永久建筑物的形式和尺寸进行适当调整，结合主体工程施工方法设计，编制工程的总体施工程序和施工总进度计划，计算出工程所需投资与发挥工程效益的时间。

在主要流域河道上进行施工导流设计时，还要对施工导流方式实施的可行性进行论证，对于没有把握实施的施工导流工程，将推迟工程建设时间或调整坝址。如三峡水利枢纽工程建设，由于施工技术水平和施工机械设备性能等原因，施工导流技术问题得不到解决，改为先建葛洲坝水利枢纽工程，后建三峡水利枢纽工程。通过实践证明，由于有了葛洲坝水利枢纽工程施工导流经验，解决了三峡水利枢纽工程施工导流的技术难题，保证了三峡水利枢纽工程的顺利进行。如在五强溪水电站坝址选择中，因五强溪水电站坝址左岸河床有 40 多米深槽，不仅修筑深水围堰技术复杂，而且会延长工期，因此该坝址被放弃，选定了杨五庙水电站坝址。

2）施工导流处在施工阶段的首位。施工阶段就是按照设计要求在河道上进行水利枢纽工程建设全过程。其施工阶段全过程，都是在施工导流对河道水流进行控制后，所建水利工程枢纽水工建筑物能在挡水围堰的围护下，将河水引到束窄河道或泄水建筑物下泄时，形成的干地施工条件下进行施工。为了实现在河道内进行水利工程枢纽水工建筑物施工全过程的干地施工条件和水流控制要求，应该在所建水利枢纽工程开工前，根据枢纽工程布置类型、河道水流特性、气象与水文资料、水工建筑物的设计和施工要求，进行施工导流的研究，选择施工各阶段所采用的导流方式、导流标准、挡水和泄水建筑物的结构和布置形式，编制切实可行的施工导流方案，通过现场施工组织和控制实施后，形成施工全过程的干地施工条件，使整个工程正常有序施工，按期完成工程建设。

在水利水电工程施工中，导流工程施工为最先开始施工的工程项目，其施工所用时间直接影响后续施工项目的进度计划。在分期导流工程施工中，各期施工导流的施工挡水围堰施工没有完成，后续的土石方开挖、混凝土浇筑等施工项目就不能开始施工。在一次拦断河床导流工程施工中，挡水围堰和导流洞或明渠等泄水建筑物施工没有完成，后续的土石方开挖、基础处理坝体填筑、坝体混凝土浇筑等施工项目就不能开始施工。在工程实际施工中需要采取各种措施，来保证挡水围堰填筑、堰体防渗处理、泄水建筑物施工、基坑抽水的施工进度，以满足施工要求。因此，在水利水电工程施工中，都将施工导流建筑物施工作为控制工程施工进度的关键项目，并处在施工总进度的关键线路上。

在整个工程施工导流形成过程中，从施工导流技术研究、施工导流方案的编制到现场组织实施的全过程，都将会遇到各种困难和矛盾，其责任和风险也很巨大，需要高度重视，及时解决施工导流中存在的问题和矛盾，精心组织、精心施工，才能按期实现施工各阶段所制定的施工导流目标。反之，只要有一个时段或阶段的施工导流目标不能按期实现或出现问题，则可能导致整个工程的工期滞后，严重的可能造成工程停工或工程项目不能实施，其严重后果难以想象。国内外大型水利枢纽工程的施工导流方案选择往往需要几年甚至更长时间，需进行多种方案的研究、论证，模型试验分析比较，从中选择出合适的施工导流方案。在选择导流方式后，还要对施工导流布置做进一步的比较、论证，结合河道水流特性、地形、枢纽工程结构布置、设计和施工等要求，选择出合理、经济的施工导流布置形式，以达到技术上可行、实施中安全可靠、经济合理的目的。

（2）施工导流的作用。施工导流的主要作用是有效控制河道水流，使工程能正常连续有序按期完成；保持河道航运；不影响上、下游地区的防汛安全；控制工程总进度和成本；使枢纽工程建设提前发挥效益。

1）有效控制河道水流，使工程能正常连续有序按期完成。在河道上修建水利枢纽工程中，建设总工期是连续施工工期，不允许中断和间断现象发生。而河流在每年施工时间内，都存在枯水期和汛期等周期性季节，受季节影响，水流变化大。枯水期时段内洪水少，河水水量小，水位较低，是水工建筑物的工程施工的好时段。而在每年的汛期时段，暴雨和洪水频发，江河洪水来势凶猛、水流量大、水位高、持续时间长，直接影响现场施工。在施工中进行导流控制水流时，将根据不同河道水流特性和施工阶段的施工要求，选择相应的导流标准和合理的导流方式，并按照所制定的施工导流要求组织现场施工，形成各阶段施工导流所需的挡水和泄水建筑物，在导流建筑物的围护下实现各阶段干地施工环境，保证在不同季节的环境条件下，水工建筑物能够按照总进度要求连续有序施工。如在土石坝工程施工中，初期导流阶段采用围堰一次拦断河道，全年施工围堰挡水，河水由导流隧洞下泄。中后期导流阶段坝体超出围堰顶部，由坝体临时断面挡水，河水由导流隧洞和岸边永久泄洪洞下泄，从而保证土石坝工程能正常连续有序的施工，并按期完成。又如混凝土重力坝或混凝土闸坝工程施工，采用分期围堰拦断河道的导流方式。在一期导流时段内根据坝址所在地水文气象资料，选择满足全年施工的洪水标准的挡水围堰，先围一岸或两岸，河水由束窄河道下泄。在全年挡水的围堰内，进行船闸、厂房和下一期施工导流挡水和泄水建筑物的施工。在二期或三期导流时段内，用围堰将河道截断后，由一期修建的挡水建筑物，截断河道的全年围堰或枯水期围堰挡水，河水由一期导流围堰基坑内已修建的泄水建筑物下泄，在围堰内进行厂房工程、二期或三期挡水与泄水建筑物的施工，从而保证混凝土重力坝或混凝土闸坝工程能够能正常连续有序按期完成。

2）保持河道航运。在有通航要求的河道修建水利工程时，航道是重要的运输通道，施工期间必须保持河道航运不能中断。在施工导流进行控制水流时，分期导流采用分期拦断河道的方式。一期由束窄原河道保持通航，以后各期由前一期工程施工导流基坑修建的通航建筑物保持通航。一次拦断河道导流在河道旁侧修建导流明渠保持通航，后期导流由河道上修建的通航建筑物保持通航。

3）不影响上、下游地区的防汛安全。在上、下游水面坡降较小，较宽阔的河道上修建水利枢纽工程时，原河道两岸都修建有防洪大堤，防洪大堤的防汛挡水标准是有限的，不允许超过防洪大堤挡水防洪标准以及汛期洪水漫过大堤的情况发生。在施工进行水流控制中，挡水围堰修建的高度将影响上游地区汛期度汛安全，如果高度偏大，会造成上游地区的淹没，同时在也会造成下游地区的淹没和防洪大堤冲刷破坏。在施工导流水流控制中，采用按当地修建的防洪大堤的防汛要求选择导流洪水标准和围堰挡水高度，并用过水围堰控制汛期水位，保证上、下游地区的防汛安全。

4）控制工程总进度和成本。在河道内修建水利枢纽工程施工中，选择不同的施工导流方案，其施工的程序和方法也各不相同，相应的施工总进度和成本也不相同。

在采用分期导流方式中，用围堰将水工建筑物分段分期围护起来进行施工，分段和分期数量各不相同，每段每期的施工项目和程序不同，施工进度和成本也不同。分段和分期数量越多工程总进度越长，成本就越高。在采用分期施工导流方式中进行分段和分期数量选择中，尽可能选择分段分期数量少的导流方式。

在采用一次拦断河床导流中，挡水围堰有全年挡水围堰和枯水期挡水汛期过水围堰两种围堰布置形式。采用全年挡水围堰布置时，围堰填筑与拆除工程量大，围堰施工时间长，修建围堰成本高。围堰修建完成后，枢纽工程在围堰内可不受河道水流影响，全年不间断连续施工，相应工程建设进度和成本可得到控制。采用枯水期挡水汛期过水围堰布置时，相对于全年围堰布置方式，枯水期围堰填筑与拆除工程量要小，在围堰施工时间段，修建围堰成本低，但在第一个汛期时段内枢纽工程不能施工，施工总进度将会延长，成本将会提高。大中型水利枢纽工程施工在一次拦断河床导流方式中，主要采用全年挡水围堰布置方式。

采用分期导流和一次拦断河床导流方式枢纽工程施工中，两种导流方式布置各不相同，对原河道水资源影响程度不同，相应的工程量、施工进度和所需的成本也不相同。相比之下，分期导流方式要比一次拦断河床导流方式施工总进度要长，建设成本相应要高一些。在水利枢纽工程施工中一般都希望尽可能地选择全段围堰法导流，在分段围堰法施工导流中尽可能选择分段分期数量少的导流方式。

5）使枢纽工程建设提前发挥效益。在河道内修建水利水电工程时，希望枢纽工程建筑物尽可能提前发挥效益。

在混凝土重力坝和混凝土闸坝为拦河大坝的枢纽工程建设中，采用分期导流时，在二期导流时段内，利用二期挡水围堰挡水形成水头，可使一期修建的厂房提前发电，船闸可以通航。

在土石坝和混凝土拱坝为拦河大坝的枢纽工程建设中，采用一次拦断河床导流时，在中后期导流时段，当导流洞进水口下闸封堵后，由坝体临时断面和导流洞闸门挡水形成水头，可使初期导流阶段修建的厂房提前发电。

1.2 施工导流主要任务

在河道内修建水工建筑物，按照从下往上的顺序进行水工建筑物施工。一般都是在枯水期开始施工，首先按照施工导流方案进行临时挡水围堰填筑或导流洞、导流明渠泄水建筑物开挖、混凝土衬砌施工。围堰闭气防渗处理完成后，将围堰内积水和渗水排到围堰外，形成干涸河床基坑，河水由束窄河床或导流洞、导流明渠下泄。然后依次进行河床以下基础开挖、基础处理、混凝土闸坝工程的挡水坝体和泄水闸、冲沙闸、底孔、厂房、船闸等结构混凝土浇筑施工。土石坝工程进行挡水坝体填筑、泄洪洞、地下厂房等结构施工，混凝土拱坝工程进行坝体混凝土、导流底孔、泄水闸导流洞和导流明渠开挖、混凝土衬砌等结构部位和项目的施工。

在第一个汛期到来前，各施工部位按照安全度汛和施工的进度要求，达到所规定的高程和形象要求。汛期到来时由围堰和汛期前所修的水工挡水建筑物挡水，泄水建筑物将汛期洪水往下游河水宣泄。按全年标准修筑的围堰内基坑闸坝工程，采用度汛断面挡水的坝体土石坝工程，或采用导流底孔和导流洞泄水的混凝土拱坝工程，可在汛期内继续进行施工。

第一个汛期结束后，开始进行第二个枯水期河道内各部位的施工。在第二个汛期到来前，各施工部位按照安全度汛要求和施工的进度，达到所规定的高程和形象要求。第二个汛期到来时，继续由围堰和汛期前所修的水工挡水，泄水建筑物将汛期洪水往下游河水宣泄。不受洪水影响部位在汛期继续进行施工，依次循环到坝体临时挡水阶段洪水由导流泄水建筑物下泄。在水工建筑物修建到设计高程后，坝体挡水阶段，所设置的导流泄水建筑物下闸封堵，水库开始蓄水，水库来水由坝体泄水建筑物往下游宣泄。从在河道内修建水工建筑物全过程可以看出，施工导流贯穿枢纽建筑物施工的全过程。施工各阶段施工导流方式和要求各不相同，施工导流总的任务就是要保证水工建筑物施工各阶段创造干地施工条件，河道内的河水能按预定泄水建筑物往下游宣泄。施工导流设计具体任务如下。

（1）收集整理和分析研究水工建筑物修建所在地的水文、地形、地质、枢纽布置及施工条件等基本资料。

（2）根据水文气象资料和水工建筑物设计与施工要求进行导流时段的划分。

（3）根据国家与行业现行标准确定导流各时段导流建筑物等级、导流标准和设计流量。

施工导流使用的国家与行业现行标准主要是：《防洪标准》（GB 50201）、《水电工程施工导流设计规范》（NB/T 35041）、《水电工程施工组织设计规范》（DL/T 5397）、《水利水电工程等级划分及洪水标准》（SL 252）、《水利水电工程施工组织设计规范》（SL 303）。

（4）选择导流方案及导流建筑物的形式。

（5）确定导流建筑物的布置、构造。

（6）拟定导流建筑物的修建、拆除、封堵施工方法。

（7）拟定各阶段基坑排水、施工度汛方法与措施。

（8）施工导流实施。

1.3 施工导流技术发展沿革

施工导流技术就是在控制河道水流中，所采用的导流方式和所使用的施工机械与施工技术组合后，所具有控制水流的能力。三者是相辅相成的，从而使施工导流技术不断向前发展。

（1）施工导流方式就是施工期在河道内选择临时挡水和泄水建筑物来控制水流，形成干地施工基坑的环境。在水利枢纽工程施工中，首先需要根据河道水流特性、枢纽布置、设计和施工要求选择合理的施工导流方式。

（2）施工机械就是修建临时挡水和下泄河道水流建筑物时，所使用的能体现水利水电建筑施工先进性的设备。施工机械分为地面工程、地下工程施工机械和试验设备3类。地面工程施工机械主要是土石方开挖、运输、推土、碾压、钻爆设备，基础处理固结、帷幕灌浆、混凝土防渗墙施工、高压喷射灌浆设备，基坑供排水设备，混凝土浇筑垂直、水平运输、模板制作加工、钢筋加工与连接、混凝土平仓振捣、抹面等设备。地下工程施工机械主要是钻爆台车、通风排烟、排水、出渣、运输、喷锚支护台车、支护灌浆、混凝土衬砌钢筋台车、钢模台车、混凝土输送泵、搅拌运输车、混凝土振捣等设备。试验设备主要是土工试验、混凝土试验、水力学模型试验设备。

体现水利水电工程施工先进性的施工机械设备的主要标志是设备种类规格齐全，机械性能好、生产能力高，操作灵活、自动化操作、数据显示程度高，能耗低、噪声小。现代水利水电工程施工中正是有了各种先进机械设备，解决了施工中很多问题，加快了工程建设速度，提高了施工质量，减少了施工事故的发生。

（3）施工技术就是在修建临时挡水和下泄河道水流建筑物时，采用能体现当代建筑施工先进水平的施工技术。主要包括地面工程和地下工程施工技术。地面工程施工技术主要是土石方开挖、钻爆、边坡喷锚支护、土石方填筑、基础处理、供排水、混凝土浇筑、闸门制造安装等专业施工技术。地下工程施工建筑技术主要是隧洞钻爆、围堰拆除爆破、岩塞爆破、出渣、通风排烟、喷锚支护、混凝土衬砌、洞口与洞身段封堵、闸门和启闭机制造安装等专业施工技术。

水利水电工程先进的施工技术的主要标志是专业齐全，具有先进的工艺理论和技术，施工进度采用电子计算机仿真模拟，工程实施使用信息化网络技术，无人机、摄像等手段全过程监控，工程施工质量、安全等项目管理采用标准化与精细化管理方法，使工程施工全过程处于有效控制状态。现代水利水电工程施工中正是有了各种先进理论和技术，加上信息化网络技术应用，编制出先进合理的施工方案，通过现场使用的各种监控设施和标准化与精细化管理，及时提前发现和解决施工可能遇见的问题，保证工程施工质量和安全，同时也使工程成本得到有效控制，使各项施工导流工程能按期和提前完成。

（4）导流方式和所使用的施工机械与施工技术组合关系是，在水利水电工程的建设中研究发现总结出的各种导流方式，它们主要是靠使用机械和相应的施工技术来完成。施工机械和建筑施工技术水平不高的时候，只能满足中小流量江河流域河道施工导流要求，不能满足在大江大河高强度、高标准条件下的施工导流要求，这促进了机械设备和施工技术的发展。新的施工机械出现后，机械种类增加，机械性能大大提高，带动了新技术、新工艺的出现，提高了施工技术水平和质量控制标准，解决了大江大河施工导流中各种的技术难题，满足了在大江大河进行施工导流的要求，使工程中选择的施工导流方式控制水流的能力和规模得到提高。

随着国内外不同类型和规模的水利水电工程的建设，施工技术不断进步，施工设备机械性能不断提高，施工导流的流量和导流建筑物的规模逐渐增大，对施工导流要求也相应提高，其施工难度也随之增大，同时在工程建设实践中促进了导流设计和施工技术的发展。

施工导流技术的发展沿革，可以从国内外部分已建成有代表性的水利水电工程在实施中所达到的规模和主要技术指标来体现。

1.3.1 明渠导流

明渠导流是在河岸或河滩上开挖渠道，在基坑上、下游修筑围堰挡水，河水经渠道下泄。一般适用于岸坡平缓或有一岸具有较宽的台地、垭口、古河道的地形。它是大中型水利水电工程建设中常用的导流方式。

20世纪60年代在印度塔皮（Tapi）河上修建乌凯（Ukai）水电站时，建成当时世界上最大的导流明渠，设计流量45000m³/s，明渠长度1371m，渠底最大宽度234m，明渠水深18.25～21.0m，底坡2.5‰，断面接近半圆形，渠道最大开挖深度80m。明渠运行期实测最大泄流量35000m³/s，渠内最大流速13.71m/s。

20世纪70年代，巴西和巴拉圭两国在巴拉那（Parana）河上修建伊泰普（Itaipu）水电站，1978年建成导流明渠，设计流量30000m³/s，明渠全长2000m，底坡2.5‰，渠内水深10m。明渠进口处底宽150m，其他部位底宽100m，开挖深度20～80m，最大开挖深度达100m，边坡为20∶1，施工中采取预裂爆破及光面爆破等控制爆破技术，采用锚杆、预应力锚索和喷混凝土锚固，另外还采取在一些地段设排水孔等一系列措施，保持开挖边坡的稳定性。明渠开挖工程量2210万m³，其中石方开挖量1840万m³，土方开挖量280万m³，水下开挖量90万m³。施工工期35个月，最高月开挖强度125.5万m³。

20世纪90年代，我国在长江上修建三峡水利枢纽工程，1997年建成当今世界上最大的导流明渠，设计流量79000m³/s，明渠兼作施工通航渠道，其通航流量标准为长江航运公司船队通航流量20000m³/s，最大流速4.4m/s，船舶最小对岸航速大于1m/s；地方航运公司船舶通航流量10000m³/s，最大流速2.5m/s。明渠布置在坝址弯曲河段的凹岸，渠道右岸边线总长3950m，其中上游引航道长1050m，明渠段长1700m，下游引航道长1200m。渠道左边线为混凝土纵向围堰，长1191.5m，分为上纵段、坝身段及下纵段。上纵段为大坝上游部分，长度491m，其上游端部为椭圆曲线形，弯向左侧主河床；坝身段长115m，为大坝组成部分；下纵段为大坝下游部分，兼作泄流坝与右岸水电站的导墙，长度585.5m，其尾部为半径300m的圆弧，弯向左侧主河床，以利明渠泄流扩散。明渠最小底宽350m，渠内水深20～35m。明渠采用左低右高的复式断面，高渠底宽100m，底高程58.00m；低渠底高程50～45m，高低渠间1∶1坡比连接。明渠土石方开挖量

2221 万 m³，其中淤砂 878 万 m³，覆盖层 208 万 m³，全强风化岩石 894 万 m³，弱风化及微风化岩石 241 万 m³；填筑石渣及护坡块石 49 万 m³，护坡及护底混凝土 18.4 万 m³。

三峡水利枢纽工程导流明渠运行 5 年，实测最大泄流量 62000m³/s，混凝土纵向围堰上游端部最大流速达 12m/s，明渠内流速 7~9m/s。明渠布置在弯曲河道的凹岸，由于弯道水流特性，其水流流态流速对渠道通航十分不利，设计通过水工模型试验研究比较了多种明渠断面形式，优选左低右高的复式断面，利用弯道效应，调整渠内流速分布，并利用自航船模结合水流条件试验，选取可行的航线，解决了弯道复杂水流条件下的通航水流问题。实船试验和通航实践表明，实船航线与航模试验推荐的航线一致，明渠运行 5 年未发生船舶水上交通事故，实现了安全通航。导流明渠设计针对明渠泄洪流量和通航流量相差较大而引起的技术难题，对明渠布置及断面防冲保护进行深入研究及计算分析，并通过水工模型试验验证，对高渠重点部位采用混凝土防冲板保护，明渠经过 1998 年 8 次洪峰的考验，表明导流明渠布置合理，渠底及边坡防冲保护措施安全可靠。在运行部门密切配合下，采用大马力推轮，明渠最大通航流量高速船提高到 40000~50000m³/s，客船及大型船舶（队）提高到 30000~45000m³/s，中型船舶（队）提高到 30000~35000m³/s，延长了通航时间，成功地解决了明渠泄洪流量和通航流量相差大的矛盾，保障了三峡水利枢纽工程施工期安全导流和通航。科研机构对明渠施工及运行过程中出现的各种问题进行了跟踪研究，进行了大量计算分析及水工模型试验和实船原型观测，并在数学模型自由表面跟踪、不规则边界处理、科学计算可视化方面提出一整套方法，对明渠水流特征进行了精细模拟，计算结果与物理模型及原型观测成果吻合较好，为明渠泄洪及通航研究提供了新的研究手段。三峡水利枢纽工程导流明渠的实施为大型导流明渠设计、施工、运行积累了成功的经验。

1.3.2　隧洞导流

隧洞导流是在河岸边开挖隧洞，在基坑的上、下游修筑围堰挡水，河水经隧洞下泄。适用于河谷狭窄、两岸地形陡峻山区河流。隧洞的泄水能力有限，一般用于枯水期下泄水流，汛期洪水宣泄须另外准备出路。在大中型拱坝、混凝土面板堆石坝施工使用较多。

20 世纪 50 年代，印度在印度河支流萨特莱杰（Sutlej）河修建的巴克拉（Bhakla）水电站：施工采用隧洞导流，在两岸各布置 1 条直径 15.2m 的隧洞，长度分别为 730m 和 785m，设计导流流量 5500m³/s，为当时世界上最大断面的导流隧洞。

20 世纪 70 年代以前，世界上已建的导流隧洞泄流量大多在 2000m³/s 以内，隧洞断面积在 200m² 左右，圆洞洞径在 18m 以内，导流隧洞流速不大于 20m/s。20 世纪 70 年代，莫桑比克在赞比亚河上修建卡博拉巴萨（Cabora Bassa）水电站，施工采用隧洞导流，在左、右岸各布置 1 条导流隧洞，均为城门洞形断面，尺寸为 16m×16m（宽×高），隧洞长分别为 440m 和 540m，设计导流流量 6500m³/s。

20 世纪 80 年代，苏联在布列亚河修建布列依水电站，施工采用隧洞导流，在右岸布置 2 条导流隧洞，城门洞形断面，尺寸为 17m×22m（宽×高），断面积达 350m²，隧洞长度分别为 860m 和 990m，设计导流流量 12000m³/s。导流隧洞后期改为泄洪洞，泄流量为 14600m³/s。

国外大型水利工程导流隧洞由于后期导流的需要及综合地质和施工等因素，也有布设

3条以上隧洞的。印度在巴吉拉蒂（Bhagirathi）河上修建特里（Tehri）水电站，施工采用隧洞导流，在左、右岸各布置2条导流隧洞，洞径均为11.25m，导流设计流量7720m³/s，后期均改为泄洪洞。巴基斯坦在印度河上修建塔贝拉（Tarbela）水电站，施工采用隧洞导流，在右岸布设4条导流隧洞，洞径均为13.7m，导流设计流量4960m³/s，后期分别改建为发电和灌溉引水洞各2条。美国波特（Boulder）水电站施工采用隧洞导流，在左右岸各布置2条导流隧洞，洞径均为15.25m，导流设计流量5670m³/s。印度在比阿斯（Beas）河上修建比阿斯坝〔又称庞坝（Pong）〕，施工采用隧洞导流，布设5条导流隧洞，洞径均为9.15m，隧洞总长4780m，导流设计流量6730m³/s，后期改建为发电和灌溉引水洞。导流隧洞后期改建为泄洪洞，洞内最大流速超过30m/s。加拿大在哥伦比亚河（Columbia）河修建麦卡（Mica）水电站，施工采用隧洞导流，在左岸布置2条导流隧洞，洞径均为13.7m，长度分别为893m和1093m，设计导流流量4250m³/s，2条导流隧洞后期改建为泄水底孔和中孔泄洪洞。泄水底孔的主要任务是在水库蓄水过程中向下游供水。在180m水头下，泄洪洞内流速达52m/s，为了降低流速，避免洞底空蚀破坏，采用有压消能工，在洞内修建2个混凝土塞，间隔104m，上游塞长49m，下游塞长37m。在上游塞内安装3根钢管，按"品"字形排列，各由2扇2.3m×3.5m的高压平板滑动闸门控制；在下游塞内安装3根钢管并排布置，分别由1扇闸门控制。水流进入上、下游混凝土塞之间的扩散室掺混消能，流速由52m/s降至35m/s，3孔最大泄量达850m/s。"孔板"消能使隧洞底板处于"超空穴"状态，免受空蚀损坏，是工程水力学的重要创新。

20世纪90年代，在雅砻江上修建二滩水电站，施工采用隧洞导流，左右岸各布置1条导流隧洞，城门洞形断面，尺寸为17.5m×23m（宽×高），断面积达362.5m²，设计导流流量13500m³/s。左岸隧洞长1090m，右岸隧洞长1168m。隧洞围岩主要为坚硬的正长岩，稳定性较好，右岸隧洞一部分洞段围岩为蚀变玄武岩，在隧洞开挖过程中视实际情况予以适当的喷锚支护。隧洞进出口明挖68万m³，洞挖量98m³，混凝土17.6万m³。隧洞于1991年9月开工，1993年10月建成通水。二滩水电站导流隧洞仅左岸洞下游约280m长一段被利用为水电站发电尾水洞，其他洞段均未与永久建筑物结合。其隧洞封堵段在进水前预先按永久堵头设计要求开挖成截锥形，并在混凝土衬砌面上设置了键槽，增设保护罩，可避免隧洞封堵时进行二次开挖，该施工方案值得类似工程借鉴。小浪底水利枢纽工程施工采用隧洞导流，在左岸布置3条导流隧洞，洞径均为14.5m，隧洞长度分别为1220m、1183m及1149m。设计导流流量8740m³/s。隧洞围岩为砂岩夹泥岩，岩层倾角平缓（约12°），且断层发育，大部分为Ⅲ类围岩，部分为Ⅳ类、Ⅴ类岩石，开挖洞径为16.4m，3条隧洞洞挖量达83万m³，开挖过程中曾发生多次塌方，经采用管式锚杆及喷混凝土锚固，才使围岩趋于稳定。导流隧洞后期全部改建为龙抬头式孔板泄洪洞，导流隧洞进口段由于顶拱距泄洪洞进口底板太近，且地质条件不良，全部用混凝土回填封堵，导流洞与泄洪洞共用洞段总长达3000m，占洞身总长88%。在利用导流隧洞改建而成的3条有压泄洪洞的有压段内设3道环形孔板，水流通过孔板一缩一扩，可以消耗大量的能量。孔板设计通过水工模型试验了解孔板段水流脉动压力的分布规律，优化孔板体形（如调整孔板顶端角度，采取孔板根部贴角等），采用的孔板间距按3倍洞径（43.5m），三级孔板的孔径与洞径比 d/D 分别为 0.689、0.723 和 0.723，孔缘半径分别为 0.02m、0.2m 和 0.3m，孔板前的底部还设有 1.2m×1.2m 的消涡环，以防止产生空蚀。导流隧洞改建成泄洪洞，采用孔板消能，为新型消能方式，运行实践证明是成功的，为我国大型水利水电工程导流隧洞改建为泄洪洞闯出了新路。鉴于导流隧洞属临时泄水建筑物，运行时间相对较短，故在隧洞围岩较好的地段，一般都不用衬砌，局部围岩差的地段采用衬砌。导流隧洞衬砌已广泛采用光面爆破加喷锚支护，一般糙率系数可达 0.02～0.025，如隧洞洞壁开挖凹凸不平，喷混凝土的糙率系数大于 0.03。在导流隧洞设计中应注意隧洞围岩地质条件和洞内水力条件。隧洞洞线平顺，沿线的转弯半径、通气孔及出口水力衔接和消能设施，均需满足导流泄洪水力学条件，以防止空蚀破坏。

进入 21 世纪，位于珠江干流红水河上游，拦河坝为碾压混凝土坝，最大坝高为 216.5m 的龙滩水电站开工建设。施工导流采用隧洞导流，2 条隧洞分别布设于左、右两岸。左岸导流洞洞身段长 598.63m，右岸导流洞洞身段长 849.42m，隧洞断面形式均为城门洞形，开挖最大断面 24.88m×26.15m（宽×高），左、右岸导流洞衬砌后尺寸 16m×21m（宽×高）。初期导流标准为全年 10 年一遇，相应设计流量 14700m³/s。龙滩水电站导流洞运行期最高内水水头达 55m，最大流速达 30m/s。为便于碾压混凝土施工，坝体未设后期导流通道，下闸后堵头施工期只有坝体高程 290.00m 的 2 个泄洪底孔 5m×8m（宽×高）参与泄洪，封堵期的外水设计水头高达 105m，为当时国内已建工程中封堵期外水水头最高的导流洞。

2013 年，位于四川和云南交界的金沙江上的溪洛渡水电站首台机组开始发电，其装机容量仅次于三峡水利枢纽工程和巴西伊泰普水电站。拦河大坝为混凝土双曲拱坝，最大坝高 278.0m，施工初期导流采用隧洞导流，在左右岸各布置 3 条导流隧洞，6 条导流洞平面呈单弯道布置，洞身断面为城门洞形，导流洞衬砌后尺寸 18m×20m（宽×高），开挖最大断面 22.00m×24.00m（宽×高），进口闸室竖井与洞身交汇最大开挖跨度约 34m。左岸 3 个导流洞从山体向江边依次布置，长度分别为 1937.7m、1705.0m、1360.5m，靠近江边的两条导流洞分别与左岸地下厂房泄水洞结合布置。右岸 3 个导流洞从山体向江边依次布置，长度分别为 1258.9m、1435.0m、1697.1m，靠近江边的 2 条导流洞分别与右岸地下厂房泄水洞结合布置。初期导流标准为全年 50 年一遇，相应导流设计流量 32000m³/s，平均每孔下泄流量 5333.3m³/s。由于导流洞布置高程较低，进出口在沿江低线公路以下 33.0～34.0m 之间，不具备从进出口进行施工条件，导流洞主要依靠施工支洞进行施工。导流洞总长约 9.4km，洞挖 447 万 m³，混凝土浇筑约 110 万 m³，金属结构安装约 1.5 万 t。

1.3.3 分期导流

分期导流是利用围堰将水工建筑物分段分期围护起来以便在干地进行施工的导流方式，前期河水从束窄河床下泄，其他时期利用前期修建的泄水建筑物和预留缺口下泄河水。主要适用于河床较宽的河道，尤其适用于当河床具有滩地、河心洲、礁岛等可利用的地形时进行大中型水利水电工程施工。

在大中型水利水电工程施工中通常分两期施工，也有分三期或多期施工的。分期导流多在河道内第一期围堰围护下先修建大坝泄水建筑物、船闸及水电站厂房等，并在大坝预留底孔、缺口或梳齿以宣泄二期导流流量。一期导流期间，河道水流从束窄河床宣泄。若第一期围堰围护基坑占压河道太多，则束窄河床泄洪、通航及纵向围堰保护增加困难，需综合分析比较，选择合适的束窄度，一般一期围堰占压河道的束窄度为30％～60％，如纵向围堰采用土石围堰，需控制束窄河床内的最大流速在8m/s以内；如纵向围堰采用框格填石围堰或钢板桩格型围堰，束窄河床内的最大流速不超过10～12m/s。

1969年，苏联在叶尼塞河上修建萨扬-主舒申斯克水电站，施工导流分两期。第一期围河床右侧形成一期基坑，在一期围堰围护下施工大坝导流底孔坝段及下游消力池和纵向围堰坝段（包括上纵及下游导墙），河道水流通过左侧束窄河床宣泄，束窄度为42％；第二期围河床左侧形成二期基坑，在二期围堰围护下施工大坝厂房坝段及电站厂房，河道水流从大坝导流底孔宣泄。一期围堰为土石围堰，束窄河床的最大流速8m/s，土石围堰纵向段基础覆盖层厚度达10m，围堰高度23m，迎水侧坡脚处设大块石防冲体，在上游横向段与纵向段交汇处设木笼丁坝，坡脚处用大块石保护。围堰运行期间实测最大洪水流量10800m³/s，丁坝坡脚处最大流速8.5m/s，围堰运行正常，为在束窄河床砂砾石覆盖层较厚的基础上修建土石纵向围堰积累了有益的经验。

1974年，在葛洲坝水利枢纽建设中，采用分期导流，坝址江面宽2200m，江面河道内有葛洲坝和西坝两小岛将长江分为大江、二江、三江，大江宽约800m，为主河槽，二江、三江宽度分别为300m和550m。一期围大江河道左侧的二江、三江，在葛洲坝小岛右侧的大江漫滩上修建土石纵向围堰与二江、三江上、下游土石围堰共同形成一期基坑，河床束窄过流面积为原河床总过水面积约45％，为大江过水面积的19％。围堰防冲是一期土石纵向围堰设计的关键技术问题。水工模型试验表明，当流量71100m³/s时，围堰上游"转角"（即上游横向段与纵向段连接处）及下游"转角"（即下游横向段与纵向段连接处）流速5～7m/s，上游转角处的局部落差达2.5m，最大流速达7.2m/s。设计参照国内堤防护岸工程的经验，结合一期纵向围堰的具体情况，确定围堰防冲设计的原则是"守点保线"。在围堰上游转角处设防冲丁坝，下游转角处设防冲矶头，作为重点防冲保护部位。上游丁坝与葛洲坝头部的丁坝联合作用，共同挑流分担落差，使一期纵向围堰其他部位的堰体坡脚在回流区内，以简化围堰全线的防冲措施。对围堰迎水坡沿线也配以必要的防护设施。守点也是保线，而保线又有利于固点。"点""线"统筹考虑，使防冲措施既经济合理又确保安全。丁坝坡脚范围河床高程38.00～39.00m，覆盖层厚18～22m，附近最大流速7.2m/s，局部落差2.5m，采用砂砾石坝体，混凝土护坡，丁坝坡脚用混凝土块柔性排防冲板保护。混凝土标号R28C20，混凝土块厚度1.2～1.7m，分块尺寸4m×4m、5m×5m，柔性排宽度40～50m，顶面高程43.50m。矶头处河床高程37.00～38.00m，覆盖层厚14～16m。附近最大流速4～5m/s，采用块石体保护。块石体高程45.00m，宽度30m，顺水流向长80m，块石粒径0.3～0.5m，面层块石粒径0.5～0.8m。围堰纵向段坡脚河床高程38.00～39.00m，覆盖层厚10～15m，位于回流区，沿线采用块石护坡，厚度0.4～0.5m。围堰建成运行5年，上游丁坝及下游矶头挑流效果显著，围堰纵向段坡脚回游尚未发现异常情况。实践证明，一期土石纵向围堰防冲设计采用"守点保线"方案是成功的。由于堰体建在天然河床砂砾石基础上，围堰防冲的要害问题是防止坡脚覆盖被掏刷，设计考虑流速、流态和覆盖层的不同情况，分别选用不同的保护措施。丁坝采用混凝土块柔性排防冲板保护坡脚覆盖层；矶头采用堆石体保护坡脚覆盖层，实施结果表明防止围堰坡脚淘刷效果都比较好。葛洲坝水利枢纽工程施工导流，在束窄河床砂砾石覆盖层厚 $10\sim22m$ 的基础上修建土石纵向围堰，运行中围堰迎水坡脚处水流流速 $5\sim7m/s$，防冲设施正常，为我国大中型水利水电工程建设在束窄河床修建土石纵向围堰防冲技术提供了成功经验。

大中型水利水电工程施工如采用分期导流，第二期导流大多是在混凝土坝体中的底孔导流；如采用隧洞（或明渠）导流，在工程施工后期导流也常采用底孔导流。国内外大中型水利水电工程建设中，在混凝土坝体中的导流底孔尺寸逐步增大、数目逐渐增多，导流流量也越来越大。

20 世纪 30 年代，美国在哥伦比亚（Columbia）河上修建大古力（Grand Coulee）水电站，施工采用分期导流，第二期导流用在混凝土重力坝体中设置的 20 个直径 2.6m 的底孔导流和 40 个直径 2.6m 的永久泄水孔，设计流量 $15600m^3/s$。20 世纪 60 年代，苏联在伏尔加河修建萨拉托夫水电站，施工采用分期导流，第二期导流为在厂房坝段中设置的 36 个 $12m\times8.6m$ 底孔导流，设计流量 $42000m^3/s$。

1975 年，巴西和巴拉圭在巴拉那（Parana）河上修建伊泰普（Itaipu）水电站，施工采用分期导流，第二期导流用混凝土重力坝体中设置的 12 个导流底孔，尺寸为 $6.7m\times22m$（宽×高），设计流量为 $35000m^3/s$。

1976 年，我国在第二松花江上修建白山水电站，施工采用分期导流，第二期导流为在混凝土重力坝体中的 2 个底孔导流，断面为城门洞形，尺寸为 $9m\times21m$（宽×高），排冰和泄洪运行情况良好。

1989 年，我国在闽江上修建水口水电站，施工采用三期导流，第三期导流为在混凝土重力坝溢流坝段设置的 10 个底孔和溢流坝段缺口导流，底孔断面为贴角矩形，尺寸为 $8m\times15m$（宽×高），设计流量 $25200m^3/s$，虽曾遇超标准洪水，但由于底孔运用水头较低，情况良好。

1993 年，我国在长江上修建三峡水利枢纽工程，施工采用三期导流，第三期导流为在混凝土重力坝泄流坝段设置的 22 个底孔和 23 个永久泄洪深孔导流，底孔采用有压长管接明流泄槽形式，断面为矩形，尺寸为 $6.0m\times8.5m$（宽×高），设计流量 $72300m^3/s$，设计运行水头达 80m。底孔与深孔均采用挑流消能形式，由于底孔鼻坎高程较低，受下游水位淹没影响，水流出鼻坎后，下游水流衔接流态基本上为面流，水舌下有逆向漩滚。模型试验成果表明，库水位 135m 时，底孔单独运用和底孔与深孔同时运用两种工况下，水舌下逆向漩滚水流的最大底部流速分别为 5.9m/s 及 4.8m/s，距坝趾约 50m；下游冲刷坑最低高程分别为 29.40m 及 26.50m，距坝址约 144m 及 139m。坝趾下游 30m 范围均未受到冲刷。坝下消能区两侧设左、右导墙，以防泄洪对水电站运行产生不利影响，在右导墙左侧设混凝土防冲齿墙保护，最低高程 30.00m。坝基岩面高程 30.00m 以上部位设置宽 50m 的护坦以预防基岩淘刷。

进入 21 世纪，我国在赣江和湘江宽河道、低水头、大流量流域河道上修建的航电枢纽工程，采用分期导流，前期采用全年围堰，后期枯水期采用围堰挡水发电，汛期采用过水围堰。

2009年7月，位于赣江上的石虎塘航电枢纽工程开工建设，拦河坝为闸坝，通航采用船闸，发电厂房为低水头灯泡贯流式水轮发电机组。坝址河床宽800～1350m，工程采用两期施工导流方式。一期采用全年挡水围堰，将左岸的船闸与7.5孔泄水闸和右岸的发电厂房等部位围护起来进行全年施工，河水由河床中部束窄河道下泄和通航。二期枯水期兼过水围堰将束窄河道中部14孔泄水闸围护起来进行施工，枯水期河水由一期修建的7孔泄水闸下泄，汛期前将围堰拆至为过水围堰防护层面，河水由过水围堰以上过水体和一期修建的泄水闸孔联合过流，一期修建船闸通航。汛期过后恢复过水围堰防护层以上部分堰体形成枯水期挡水围堰，继续进行泄水闸部位施工，同时满足右岸厂房机组发电挡水要求。一期全年导流标准为全年10年一遇洪水，相应流量14800m³/s。二期枯水期施工导流标准为5年一遇洪水，相应流量6580m³/s，汛期为导流标准为全年5年一遇洪水，相应流量12500m³/s。

2012年11月，位于湘江上的土谷塘航电枢纽工程开工建设，拦河坝为闸坝，通航采用船闸，发电厂房为低水头灯泡贯流式水轮发电机组。坝址处常水位时河水面宽480～520m，工程采用三期施工导流。用全年围堰将右岸通航船闸和7.5孔泄水闸围护起来进行全年施工，束窄河道泄水和通航。二期用全年围堰将发电厂房围护起来，全年进行施工，束窄河道泄水和通航。三期采用枯水期兼过水围堰将一期束窄河道布置的9.5孔泄水闸围护起来进行施工，三期枯水期河水由一期修建的7孔泄水闸下泄，三期汛期河水由一期修建的7孔泄水闸和三期过水围堰以上过水体下泄。一期、二期采用全年10年一遇洪水，相应流量13500m³/s。三期采用枯水期围堰挡水，洪水流量8000m³/s，汛期围堰过水采用全年10年一遇洪水，相应流量13500m³/s。

枯水期兼过水围堰，结构设计中将过水围堰防护面以上采用的是自溃式土石堰体，当汛期出现湘江流量大于8000m³/s的情况时，提前向基坑内冲水；当上游围堰水位达到自溃式土石围堰顶部时，土石围堰开始自溃被洪水冲走，在洪水过后利用洪中枯的时间及时恢复过水围堰防护层以上自溃式土石围堰，形成枯水期挡水围堰，继续进行泄水闸部位施工，同时满足厂房发电挡水要求，加快了工程施工的总进度。

1.4 施工导流技术发展趋势

在国内外江河流域上进行各种不同类型、不同等级规模的水利水电工程建设中，成功有效地解决了工程施工中遇到的各种施工难题与复杂的施工导流技术问题，保证了工程建设顺利按期或提前完成。通过对国内外有代表性水利水电枢纽工程建设中，所采用的施工导流技术进行分析总结，施工导流技术发展趋势如下。

1.4.1 土石坝、混凝土面板堆石坝

采用土石坝、混凝土面板堆石坝作为拦河大坝的水利水电工程，主要由拦河大坝、泄水建筑物、引水发电系统等组成。土石坝、混凝土面板堆石坝作为拦河大坝的高度已达到200～300m。塔吉克斯坦努列克工程心墙堆石坝达到300m，我国在建大渡河双江口心墙堆石坝将达到312.0m。拦河坝的泄水建筑物为开敞式溢洪道、泄洪洞、放空洞等。高度为200m以上的拦河坝泄水建筑物为开敞式溢洪道、洞室溢洪道、深孔泄洪洞、放空洞

等。发电站为地下引水式发电站，由地下引水系统、地下厂房等组成。

土石坝、混凝土面板堆石坝为拦河大坝的水电站工程施工导流技术发展趋势如下。

（1）主要导流方案。

1）初期全年围堰一次拦断河床，隧洞过流，汛期坝体临时断面挡水，隧洞过流。中期大坝临时断面挡水，隧洞过流。后期大坝挡水，导流洞封堵后，泄洪洞、溢洪道等过流。我国鲁布革、拉西瓦、小浪底、瀑布沟、两河口、公伯峡、糯扎渡、双江口等水电站工程均采用这种导流方案。

2）初期枯水期围堰一次拦断河床，隧洞过流，汛期过水围堰过水和隧洞过流。中期人坝临时断面挡水，隧洞导流。后期大坝挡水，导流洞封堵后，泄洪洞、溢洪道等过流。我国天生桥一级、水布垭等水电站工程采用这种导流方案。

3）初期枯水期围堰一次拦断河床，隧洞过流。中期大坝临时断面挡水，隧洞过流。后期大坝挡水，导流洞封堵后，泄洪洞、溢洪道等过流。我国三板溪、洪家渡等水电站工程采用这种导流方案。

（2）利用枢纽主体工程建筑物参与施工导流。在土石坝、混凝土面板堆石坝施工导流工程布置中，根据施工导流要求和枢纽工程建筑物结构布置情况，在初期导流阶段通过布置挡水围堰和泄水隧洞等临时导流工程建筑物满足施工导流要求。进入中后期导流阶段，导流标准提高，临时导流工程挡水和泄水建筑物已不能满足导流要求。采取利用填筑的土石坝、混凝土面板堆石坝坝体，一岸或两岸所布置的泄洪洞、放空洞、溢洪道等泄水建筑物作为挡水和泄水建筑物参与施工导流。初期用围堰挡水和泄水隧洞过流，中后期采用坝体挡水，泄洪洞、溢洪道、放空洞等泄水建筑物过水，在导流洞下闸封堵时，采用泄洪洞、放空洞下泄河水控制水位。国内外土石坝、混凝土面板堆石坝工程都采用利用枢纽工程建筑物参与施工导流的方法。

（3）导流洞与枢纽工程建筑物结合布置。土石坝、混凝土面板堆石坝为拦河大坝枢纽工程进行施工导流洞布置中，在满足施工导流要求和枢纽工程建筑物结构设计的基础上，采取将导流洞与枢纽工程建筑物结合起来的方法，进行导流洞和枢纽工程建筑物结构设计，可加快工程施工总进度，减少枢纽工程的隧洞土石方开挖、混凝土衬砌等项目的工程量，并节约工程投资。导流洞与枢纽工程建筑物结合布置主要是导流洞与泄洪洞、地下厂房引水系统建筑物的结合布置。

1）导流洞与泄洪洞结合布置。在有泄洪洞的土石坝、混凝土面板坝工程施工导流布置中，根据工程地质、地形条件，施工导流和泄洪洞布置要求，将导流洞与泄洪洞、放空洞采取龙抬头和竖井方式进行结合布置。初期由隧洞过流，后期导流洞改建后变为泄洪洞过流，达到一洞多用效果。我国鲁布革水电站（坝高101.0m，土石坝）、小浪底水电站（坝高167.0m，土石坝）、碧口水电站（坝高101.0m，土石坝）、猴子岩水电站（坝高223.5m，混凝土面板堆石坝）、糯扎渡水电站（坝高261.5m，心墙堆石坝）、两河口水电站（坝高295.0m，心墙堆石坝）、正在建设的双江口水电站（坝高312.0m，心墙堆石坝）等枢纽工程，都采用了导流洞与泄水建筑物结合布置的方式。

2）导流洞与地下厂房引水系统结合布置。在有地下厂房工程的施工导流布置中，根据施工导流和地下式厂房引水系统的尾水洞的布置要求，将导流洞与厂房尾水洞结合布置。初期由导流洞过流，后期导流洞下闸封堵后将厂房尾水洞与导流洞连接贯通，导流洞就成为地下厂房尾水洞组成部分。我国糯扎渡、两河口等水电站就采用导流洞与厂房尾水洞结合布置的方法。埃及阿斯旺水电站大坝施工初期导流采用6条直径15m、长315m的隧洞导流，其上游有引水明渠，下游有泄水明渠，明渠全长1950m，深80m，最小宽度40m，可通过11000m³/s的流量。施工后期，导流隧洞改建成发电和泄洪共用的引水洞，厂房布置在引水洞末端，每条洞向2台机组和底部泄洪孔供水，引水明渠和泄水明渠则相应成为水电站的引水渠和尾水渠。

3）挡水围堰与土石坝、混凝土面板堆石坝结合布置。在进行挡水上、下游围堰布置时，结合土石坝、混凝土面板堆石坝结构设计要求，将上游土石围堰或下游碾压混凝土围堰在坝体采用临时断面挡水时，将上游土石围堰或下游碾压混凝土围堰作为土石坝、混凝土面板堆石坝结构组成部分。我国在土石坝工程施工中，多数采用上游围堰与坝体相结合的方式，如碧口水电站土石坝、白莲河水电站土坝、柘林水电站土坝、小浪底水利枢纽心墙堆石坝等。水布垭水电站采用下游碾压混凝土围堰与混凝土面板堆石坝相结合布置的方式。鲁布革水电站把上下围堰作为堆石坝一部分逐渐升高；澳大利亚塞塔纳坝还把上游围堰的防渗作为大坝的防渗，把下游过水围堰的钢筋网护坡作为大坝护脚。

（4）初期导流采用全年高围堰挡水、大断面的隧洞过流。在一些坝高为100m以上的大型土石坝、混凝土面板堆石坝工程施工中，由于工程量巨大，不可能在一个枯水期将坝体填筑到汛期挡水高程。为满足全年正常施工要求，根据工程等级与风险分析，初期施工导流选择全年20~50年一遇洪水导流标准，在河道一岸或两岸按照全年20~50年一遇洪水导流标准，布置若干条大断面的导流隧洞过流和挡水围堰，取得很好的效果。糯扎渡水电站，两河口水电站，猴子岩水电站等工程，初期施工导流就是采用全年挡水围堰，大断面的隧洞过流，实现了初期导流阶段全年施工要求。

（5）300m左右土石高坝的导流洞采取分层布置。当在坝高为300.0m左右的土石高坝施工中采用隧洞导流时，存在初期导流隧洞下闸封堵水头和闸门挡水水头都超过150.0m，相应的导流洞下闸封堵设施规模、投资都比较大，封堵结构设计和施工难度与风险也很大的问题。为控制坝高在300.0m左右的土石高坝施工初期隧洞导流的下闸封堵和闸门挡水水头，同时减少初期导流洞布置规模和施工难度，将隧洞导流的导流洞设置成分层布置方式。初期由围堰挡水，最底层隧洞过流，在坝体临时断面开始挡水后，下闸封堵下层导流洞，上一层的导流洞开始过流，直到后期由大坝挡水，深孔泄洪洞、放空洞等泄水建筑物泄水。国外塔吉克斯坦努列克水电站（坝高300.0m，土石坝），罗贡水电站（坝高325.0m，土石坝），我国糯扎渡水电站（坝高261.5m，心墙堆石坝），两河口水电站（坝高295.0m，心墙堆石坝），正在建设的双江口水电站（坝高312.0m，心墙堆石坝）施工导流洞都采用分层布置方式。

（6）采用坝体临时断面作为施工导流挡水建筑物。为满足土石坝、混凝土面板堆石坝全年施工要求和降低初期导流围堰布置规模，根据工程设计和施工情况，在初期施工导流阶段的汛期到来前，不能将坝体全部断面填筑到汛期挡水高程时，将坝体部分填筑成一个能够满足汛期挡水要求的断面，工程中也称为经济断面。汛期到来时由坝体经济断面挡水，经济断面后的坝体可在汛期继续施工。国内外很多的土石坝、混凝土面板堆石坝工程都是采用经济断面的方法来满足汛期的施工要求。

1.4.2 混凝土拱坝

采用混凝土拱坝作为拦河大坝的水利水电工程主要由拦河大坝、泄洪建筑物、引水发电系统等组成。按照施工方法，混凝土拱坝分为碾压式和浇筑式两种形式，按照拱坝曲面形状分为单曲拱坝和双曲拱坝。混凝土拱坝作为拦河大坝的坝高已达到 200～300m，锦屏一级水电站混凝土双曲拱坝坝高已达到 305.0m。泄洪建筑物由拱坝坝身的孔口式溢洪道、坝顶溢洪道、泄洪表孔、中孔、放空底孔、施工期的导流底孔组成。坝高 200m 以上的高拱坝的泄水建筑物由坝身的泄洪表孔、中孔、放空底孔、施工期的导流底孔与岸边山体泄洪洞组成。发电站由地下引水系统、地下厂房或地面厂房组成。

混凝土拱坝为拦河大坝的水电站工程施工导流技术发展趋势如下。

（1）主要导流方案。

1）初期导流采用全年围堰一次拦断河床，隧洞过流的方式。中期大坝临时断面挡水，隧洞和坝体内导流底孔联合泄流。后期大坝挡水，导流洞封堵后，由坝身放空底孔、泄洪表孔等泄水建筑物过流。

坝高 200m 以上的高拱坝初期导流采用全年围堰一次拦断河床，隧洞过流的方式。中期导流由坝体临时断面挡水，导流隧洞和坝身导流底孔、导流中孔联合过流。后期导流由坝体挡水，隧洞和导流底孔封堵后由坝身导流中孔、放空底孔、泄洪中孔联合过流。在坝体泄洪表孔完建后，封堵坝身，逐层封堵导流中孔，由坝身放空底孔、泄洪中孔、表孔等泄水建筑物联合过流。我国龙羊峡、二滩、小湾、大岗山、锦屏一级等水电站工程均采用这种导流方案。

2）初期枯水期围堰一次拦断河床，隧洞过流，汛期围堰过水和隧洞联合泄洪。中期大坝挡水，隧洞导流和坝身导流底孔联合过流。后期大坝挡水，导流洞、坝身导流底孔封堵后，由坝身放空底孔、泄洪中孔、表孔、溢洪道等泄水建筑物过流。我国乌江渡、东江、东风、隔河岩、光照等水电站工程均采用这种导流方案。

（2）拱坝坝身设置导流泄水孔。在坝高 100m 以上的高拱坝施工中，中后期导流阶段，坝体高度超过上游围堰顶高程，施工导流标准提高，围堰的挡水能力和导流洞的过流能力都已不能满足施工导流要求，拱坝坝身设置的放空底孔、泄洪中孔等泄水建筑物距导流隧洞高差大，也使导流洞封堵水头也很高。为满足中后期施工导流挡水泄水和导流洞的封堵要求，不在岸边山体内设置导流隧洞，而是利用混凝土能够过水的特点，在拱坝坝身放空底孔下部设置临时导流底孔，有些坝高在 300.0m 左右的高拱坝还在拱坝身放空底孔下部设置临时导流底孔和导流中孔，来满足中后期施工导流和导流隧洞封堵要求。

（3）利用拱坝工程建筑物参与施工导流。在拱坝工程施工导流工程布置中，根据施工导流要求和拱坝工程建筑物结构来进行布置。在初期导流阶段，通过布置挡水围堰和泄水隧洞等临时导流工程建筑物来满足施工导流要求。进入中后期导流阶段，导流标准提高，临时导流工程建筑物已不能满足导流要求。利用拱坝浇筑坝体和坝身所设置的导流底孔、中孔、泄洪深孔、放空孔、泄洪中孔、表孔等泄水建筑物作为中后期施工导流的挡水和泄水建筑物参与施工导流。初期用围堰挡水，隧洞过流。中后期采用坝体挡水，坝身所设置的各种泄水建筑物过水。在导流隧洞和坝身导流底孔、中孔下闸封堵时，采用坝身所设置的泄水建筑物下泄河水控制水位。在国内外拱坝工程施工中都利用拱坝工程建筑物参与施工导流。

（4）施工导流建筑物与枢纽工程建筑物结合布置。在混凝土拱坝为拦河大坝枢纽工程进行施工导流的建筑物布置中，在满足施工导流要求和枢纽工程建筑物结构设计的基础上，采取将导流洞与枢纽工程建筑物结合起来的方法，进行导流洞和枢纽工程建筑物结构设计，可加快工程施工总进度，减少枢纽工程的隧洞土石方开挖、混凝土衬砌等项目的工程量，节约工程投资。导流洞与枢纽工程建筑物结合布置主要是岸边山体泄水洞和地下引水系统的结合布置。

1）导流隧洞与拱坝泄水建筑物结合布置。在有泄洪洞的拱坝工程施工导流布置中，根据工程地质、地形条件，施工导流和泄洪洞布置要求，将导流洞与泄洪洞进行结合布置。初期由隧洞过流，后期导流洞改建后变为泄洪洞过流。我国溪洛渡水电站工程，施工期左、右岸各布置有3条导流洞，其中左岸有一条导流洞与非常泄洪洞结合布置。美国胡佛水坝工程，施工期左、右岸分别布置2条直径为15.25m的导流隧洞，2条导流洞中有1条导流隧洞在施工期后半段改建为泄洪隧洞。

2）导流隧洞与地下厂房引水系统结合布置。在进行导流洞布置时，结合地下厂房引水系统的布置要求，将导流洞与厂房尾水洞结合布置。初期由导流洞过流，后期导流洞下闸封堵后将厂房尾水洞与导流洞连接贯通，导流洞就成为地下厂房尾水洞组成部分。我国溪洛渡水电站工程施工期左、右岸各布置有3条导流隧洞，其中左、右岸各2条与厂房尾水洞结合布置。美国胡佛水坝工程施工期左、右岸分别布置2条直径为15.25m的导流隧洞，2条导流洞中有1条导流洞改建为发电引水隧洞，兼作辅助泄洪隧洞用。

（5）初期导流采用全年高围堰挡水、大断面的隧洞过流。在一些高度为200m以上的大型高混凝土拱坝工程施工中，由于工程量巨大，不可能在一个枯水期将坝体浇筑到汛期挡水高程。为满足全年正常施工要求。根据工程等级与风险分析，初期施工导流选择全年20～50年一遇洪水导流标准，在河道一岸或两岸按照全年20～50年一遇洪水导流标准，布置若干条大断面的导流隧洞过流和挡水围堰取，得很好的效果。我国小湾水电站（坝高294.5m，混凝土拱坝）、锦屏一级水电站（坝高305.0m，混凝土拱坝）、溪洛渡水电站（坝高278.0m，混凝土拱坝）、二滩水电站（坝高240.0m，混凝土拱坝）、拉西瓦水电站（坝高250.0m，混凝土拱坝）等，初期施工导流就是全年挡水围堰、大断面的隧洞过流，满足了初期阶段导流全年施工要求。

（6）导流泄水建筑物分层布置。在进行高拱坝工程施工导流泄水建筑物布置时，由于运用水头和导流隧洞封堵要求，将施工导流的隧洞、拱坝坝身的导流底孔、导流中孔和坝身的放空底孔、泄洪深孔、中孔、表孔等泄水建筑物从下往上分层布置。初期由围堰挡水，最底层隧洞过流，坝体达到临时断面挡水高程，导流洞封堵时由坝身的导流底孔、深孔、中孔，放空底孔、泄洪中孔泄水控制封堵水位。中期导流由坝体临时断面挡水，导流底孔封堵时由坝身的导流深孔、中孔，放空底孔、泄洪中孔泄水控制封堵水位。后期导流由坝体挡水，在导流中孔封堵时，由坝身的放空底孔、泄洪深孔、中孔、表孔泄水控制封堵水位。我国小湾水电站（坝高294.5m，混凝土拱坝）、锦屏一级水电站（坝高

305.0m，混凝土拱坝）、溪洛渡水电站（坝高278.0m，混凝土拱坝）、二滩水电站（坝高240.0m，混凝土拱坝）、拉西瓦水电站（坝高250.0m，混凝土拱坝）等，虽然拱坝坝身泄水建筑物布置不同，但施工导流泄水建筑物都用分层布置方式。

1.4.3 混凝土重力坝

采用混凝土重力坝作为拦河大坝的枢纽工程主要由混凝土重力坝、泄水、冲沙建筑物、通航建筑物、电站厂房等建筑物组成。

混凝土重力坝由各种不同长度和不同结构的坝段所组成，坝身没有泄水建筑物的坝段称非溢流坝段。坝身设置泄水建筑物的坝段称泄水闸坝段或冲沙闸坝段。设有发电厂房的称厂房坝段。按照施工方法将混凝土重力坝分为碾压式和浇筑两种形式。混凝土重力坝的高度目前已达到200m以上。瑞士大狄克逊水电站为重力坝坝高达到285.0m，美国德沃夏克水电站为混凝土重力坝高度达到219.0m，我国龙滩水电站碾压混凝土重力坝坝高已达到216.5m，黄登水电站碾压混凝土重力坝坝高为203.0m。泄洪、冲沙建筑物为重力坝中所设置的泄洪孔、冲沙孔、泄洪底孔、溢流表孔等泄水孔。通航建筑物为船闸、升船机。电站厂房为河道一侧或两侧坝后式厂房、岸边地下厂房。

混凝土重力坝为拦河大坝的水利枢纽或水电站工程施工导流技术发展趋势如下。

（1）主要导流方案。

1）初期围堰一次拦断河床，明渠过流。后期明渠截流后，由所建坝体挡水，泄水建筑物过流。国外伊泰普水电站，国内龚嘴水电站等工程均采用这种导流方案。

2）初期围堰一次拦断河床，隧洞过流；中期坝体挡水，隧洞和坝体缺口过流；后期由坝体挡水，坝体泄洪闸、放空底孔等泄水建筑物过流。导流洞封堵时，由坝体放空底孔和泄水闸控制水位。我国龙滩、深溪沟、漫湾、金安桥等水电站工程均采用这种导流方案。

3）围堰分二期或三期拦断河床。一期全年围堰先围左岸或右岸，由一期全年围堰挡水，束窄的原河床过流。二期用全年挡水围堰截流拦断河床，由二期全年围堰挡水，明渠过流。三期用全年围堰挡水截流拦断明渠，由三期全年围堰挡水，一期、二期所建重力坝段挡水，泄水建筑物过流。国内三峡水利枢纽、水口、天生桥二级、岩滩、铜街子水电站等工程均采用这种导流方案。

4）围堰分二期拦断河床。一期用全年围堰先围左岸或右岸，也有同时围左右岸，由一期全年围堰挡水，束窄的原河床过流的情况。二期用全年挡水围堰截流拦断河床，由全年围堰挡水，所修建的重力坝段挡水，泄水底孔和坝体缺口等泄水建筑物过水。罗马尼亚和南斯拉夫两国共同兴建的铁门水利枢纽（坝高60.6m）、我国向家坝水电站（坝高160.0m）、丹江口水利枢纽（坝高160.0m）、景洪水电站（坝高108.0m）、正在建设的大藤峡水利枢纽（坝高80.01m）等这些工程均采用这种导流方案。

（2）利用枢纽工程建筑物参与施工导流。在重力坝工程施工导流布置中，根据施工导流方式和枢纽工程建筑物结构布置情况，利用施工导流阶段内所修建的枢纽工程建筑物参与施工导流。

1）分期围堰拦断河床利用所修建的枢纽工程建筑物参与施工导流。在分期围堰拦断河床施工导流中，一期施工导流阶段，在全年挡水围堰基坑内修建的重力坝段、泄水闸坝段、冲沙闸坝段、厂房坝段、船闸坝段等建筑物就具有挡水和泄水作用，可加以利用作为二期施工导流的挡水和泄水建筑物参与二期施工导流。二期导流阶段，在二期基坑内修建的挡水和泄水建筑物，在汛期泄水坝段泄水能力不足时，采取在所修建的重力坝段预留缺口过流。我国葛洲坝、丹江口、向家坝、水口、龚嘴等水电站工程均采取利用枢纽工程建筑物参与施工导流。

2）围堰一次拦断河床利用所修建的枢纽工程建筑物参与施工导流。在围堰一次拦断河床，采用全年围堰挡水，明渠过流的初期导流阶段，在全年挡水围堰基坑内修建的重力坝段、泄水闸坝段、冲沙闸坝段、厂房坝段、船闸坝段等建筑物就具有挡水和泄水作用，可加以利用作为中后期施工导流的挡水和泄水建筑物参与中后期的施工导流。国外伊泰普水电站，我国岩滩、龚嘴等水电站工程采取利用枢纽工程建筑物参与施工导流。

（3）施工导流建筑物与枢纽工程建筑物结合布置。在满足施工导流要求和枢纽工程建筑物结构设计的基础上，采取将挡水围堰与枢纽工程建筑物结合起来的方法，进行导流洞和枢纽工程建筑物结构设计，可加快工程施工总进度，减少枢纽工程的隧洞土石方开挖、混凝土衬砌等项目的工程量，并节约工程投资。导流洞与枢纽工程建筑物结合布置，主要岸边山体泄水洞和地下引水系统的结合布置。在采用混凝土重力坝作为拦河大坝的枢纽工程施工导流建筑物与枢纽工程建筑物结合布置主要有以下几种方式。

1）分期导流纵向混凝土围堰与泄水坝段导墙结合布置。在分期导流方式中，围堰由上游横向围堰、左侧或右侧及左右侧纵向围堰组成。上、下游横向围堰迎水面的来水基本没有流速，而纵向围堰迎水面的来水是流动的，对纵向围堰有冲刷作用。流速越大，水越深，对纵向围堰冲刷作用越大，使纵向围堰产生边坡塌滑，甚至出现溃口破坏。为防止和减少纵向围堰冲刷破坏，节约投资，根据施工导流要求和枢纽工程建筑物结构设计，在纵向围堰布置中，一期采取抛大块石等措施来防止纵向围堰被冲刷破坏，二期采取结合重力坝拦河坝中泄水闸、冲沙闸、厂房坝段的闸墩、混凝土导墙等挡水泄水建筑物的方式进行纵向围堰布置。在国内外重力坝工程施工中，分期导流的纵向围堰布置都采用与枢纽工程的泄水闸、冲沙闸、厂房坝段的闸墩、混凝土导墙等挡水泄水建筑物结合布置的方法。

2）导流明渠与岸边船闸或升船机结合布置。有些工程导流流量大，明渠开挖量也大，但可与永久工程相结合，例如岩滩水电站与水口水电站都利用岸边船闸或升船机布置导流明渠。三峡水利枢纽工程为明渠导流的一个特例，该工程曾研究在明渠内先浇筑大坝并设置导流底孔或预留缺口，但为了满足重要的航运要求，利用右岸后河，将其扩挖成宽达350m、可全年通航的特大导流明渠。明渠封堵后，在修建右岸厂房坝段及坝后厂房期间，用碾压混凝土围堰挡水，为左岸双线船闸通航和左岸厂房提前发电创造条件。

3）导流明渠与挡水坝段结合布置。在分期明渠导流方式中，用岸边坝段作为明渠下泄河水。一期采用围堰挡水，明渠过流，二期围堰一次截流拦断明渠，河水由已修建的泄水建筑物过流。国内铜街子、宝珠寺、岩滩等水电站工程，均采用导流明渠与挡水坝段结合布置的方法。

（4）导流兼顾通航。在有通航要求的河道上进行重力坝工程施工时，分期导流采取以下方法来满足通航要求。

1）初期导流由分期围堰挡水，束窄河床过流并保持通航。后期由初期修建坝体挡水，泄水建筑物泄水，船闸或升船机通航。葛洲坝水利枢纽、在建大藤峡水电站等工程就是采用这种方式保持施工期通航的。

2）初期导流由分期围堰挡水，导流明渠过流并保持通航。中期坝体挡水，泄水建筑物泄水，预留泄水坝段过流并保持通航。后期坝体挡水，泄水建筑物泄水，船闸通航。我国水口水电站就是采用这种方式保持施工期通航的。

3）初期导流由分期围堰挡水，束窄河床过流并保持通航。后期由初期修建坝体挡水，泄水建筑物泄水，临时船闸通航，永久船闸建成后，由永久船闸通航，修建临时船闸占压坝体结构。我国三峡水利枢纽工程、五强溪水电站工程就是采用这种方式。

（5）大断面明渠导流。随着施工机械化程度和施工技术水平的提高，在主要江河流域宽阔河道上修建水利枢纽工程中，采用全年围堰一次拦断河床时，由于河道宽、水深、流量大，同时水运交通繁忙，为满足全年施工和河道大流量过流与水运交通要求，在施工导流布置中，在河道旁侧采用人工开挖大断面明渠导流方式来解决大流量导流和水运交通问题。国内三峡水利枢纽工程二期施工采用全年挡水围堰一次拦断长江，人工开挖大断面复式导流明渠导流方式。由全年围堰挡水，长江来水由导流明渠下泄，来往船舶从导流明渠和临时船闸通行。导流明渠过流能力，选择 50 年一遇洪水标准，相应流量为 79000m³/s。巴西和巴拉圭两国共同兴建的伊泰普水电站工程，施工导流采用全年挡水围堰一次拦断巴拉那河，人工开挖大断面的明渠导流方式。由全年围堰挡水，巴拉那河来水由导流明渠下泄。导流明渠过流能力，选择 100 年一遇洪水标准，相应流量为 30000m³/s。

（6）利用挡水围堰发电。采用分期导流方式中，为满足提前发电要求，在一期全年挡水围堰内进行厂房结构施工和金属结构与电气设备安装。在二期截流后，利用二期全年挡水围堰挡水，形成发电水头，使厂房发电机组能够发电。我国葛洲坝、三峡等水利枢纽工程均利用围堰挡水发电的方法。

1.4.4 混凝土闸坝航电枢纽工程

混凝土闸坝作为拦河大坝的航电枢纽工程，它主要由泄水闸、冲沙闸、船闸、发电站、左右岸土坝等建筑物组成。船闸布置在紧靠河道的一侧。泄水闸、冲沙闸为低水头建筑物布置在河道中部，泄水闸具有挡水和泄水双重作用。冲沙闸布置在厂房与泄水闸之间，具有挡水和冲沙作用，也可参与泄水。发电厂房为河床式，低水头灯泡贯流式水轮发电机组，布置在河道的另一边。

混凝土闸坝为拦河大坝的航电枢纽工程施工导流技术发展趋势如下。

（1）施工导流方案。

1）围堰分二期拦断河床。一期用全年围堰先围左右岸或先围一岸，预留主河道。由一期全年围堰挡水，束窄的原河床过流并保持上下船舶通行。二期在枯水期用枯水期围堰截流拦断河床，由枯水期围堰挡水，一期修建的泄水闸孔过流，船闸恢复通航。汛期将枯水期围堰变为过水围堰，由过水围堰堰面以下堰体挡水，过水围堰堰面以上过水体和一期修建的泄水闸孔联合过流。汛期结束后将过水围堰重新恢复到枯水期围堰断面，由枯水期围堰挡水，一期修建的泄水闸孔过流。我国赣江石虎塘、新干等航电枢纽工程采取一期先围左右岸，二期后围中间主河道的导流方案。富流滩航电工程采取一期先围右岸，二期围左岸的导流方案。

2）围堰分三期拦断河床。一期用全年围堰先围左岸或右岸，由一期全年围堰挡水，束窄的原河床过流并保持上下船舶通行。二期用全年围堰先围另一岸，由一期、二期全年围堰挡水，束窄的原河床过流并保持上下船舶通行。三期在枯水期用枯水期围堰截流拦断河床，由枯水期围堰挡水，一期修建的泄水闸孔过流，汛期将三期枯水期围堰变为过水围堰，由过水围堰堰面以下堰体挡水，过水围堰堰面以上过水体和一期修建的泄水闸孔联合过流。汛期结束后将过水围堰重新恢复到枯水期围堰断面，由枯水期围堰挡水，一期修建的泄水闸孔过流。我国湘江土谷塘等航电枢纽工程采取一期先围左岸、二期围右岸、三期围中间主河道的三期拦断河床导流方案。

（2）利用一期施工导流期间所修建的航电枢纽工程建筑物参与施工导流。在混凝土闸坝作为挡水大坝的航电枢纽工程施工中，在一期施工导流阶段，在全年挡水围堰基坑内修建的泄水闸坝段、厂房坝段、船闸坝段等挡水和泄水建筑物，加以利用作为二期施工导流的挡水和泄水建筑物参与二期施工导流。我国万安、石虎塘、新干等水电站工程采取利用一期修建的船闸、厂房、泄水闸建筑物参与施工导流。

（3）施工导流建筑物与枢纽工程建筑物结合布置。在闸坝工程分期施工中，施工导流建筑物与航电枢纽工程建筑物有以下几种结合布置方式。

1）分期导流二期或三期纵向围堰与挡泄水坝段导墙结合布置。在分期导流方式中，纵向围堰迎水面的来水是流动的，对纵向围堰有冲刷作用，使纵向围堰产生边坡塌滑，甚至出现溃口破坏。为防止和减少纵向围堰冲刷破坏，节约投资，根据施工导流要求和枢纽工程建筑物结构设计，在纵向围堰布置中，一期采取抛大块石等措施，二期或三期混凝土纵向围堰采取结合已修建的泄水闸、冲沙闸、厂房坝段等挡水和泄水建筑物的闸墩、混凝土导墙进行纵向围堰布置。国内闸坝航电枢纽工程分期导流的二期或三期纵向围堰布置都采用与航电工程的泄水闸、冲沙闸、厂房坝段的混凝土导墙等挡水泄水建筑物结合的布置方法。

2）二期围堰与坝址上、下游防汛标准结合布置。修建航电枢纽工程坝址处的河道上、下游落差很小，二期围堰挡水高程和汛期过水围堰过水面高程不能太高，需要满足坝址处的河道上、下游防汛要求。否则，枯水期围堰挡水时上游水位超过防汛水位将上游淹没，汛期洪水到来时，过流围堰的过流能力不足，水位上涨会危及两岸的安全。在二期围堰布置中采取结合上、下游防汛要求进行布置，二期施工导流挡水围堰采取的是枯水期挡水汛期为过水围堰的布置方式，过水围堰的过水面高程采取结合汛期导流标准来进行布置。

3）二期采用过水围堰与船闸通航结合布置。航电枢纽中的船闸工程在一期导流时段建成后，在二期导流时段投入使用，二期枯水期围堰挡水的水位可满足通航要求。在汛期时段内需将挡水围堰改为过水围堰，汛期过水围堰顶面高程不能过低，否则会造成河道水位在洪水过后水位降低至通航水位线以下而影响通航。为满足汛期通航要求，二期汛期过水围堰布置中除满足泄洪要求外，还应达到船闸最低通航水位的要求。

（4）汛期过水围堰采用自溃式。在闸坝工程二期施工导流中挡水围堰采用的是枯水期兼过水围堰。枯水期围堰以过水面为界，分为两部分，过水面以上是挡水堰体，过水面以下是过水堰体。过水面以上的枯水期挡水堰体需要在汛期到来前拆除完，它存在拆除时机不易掌握、工期利用难等问题。由于过水面以上堰体高度不高，一般在 5.0m 左右，将过水面以上的挡水堰体设计成自溃式的结构可以很好解决挡水堰体的拆除问题。自溃式堰体是在上游水位未达到挡水围堰顶部时，提前将基坑内充水，在洪水的水压力的作用下自行溃口至过水围堰的过水面，自溃式堰体填筑料被冲到基坑内沉积，汛期过后清理。土谷塘、新干等航电枢纽工程在后期施工导流中就是将上游围堰过水面以上挡水堰体设计成了自溃式结构，取得了很好的效果。

（5）利用围堰挡水发电。航电枢纽工程的发电厂房为低水头灯泡贯流式水轮发电机组，所需发电水头较低（4.5m左右）。为满足提前发电要求，如在二期分期导流中，采取在一期施工导流阶段，进行泄水闸、船闸、厂房等建筑物土建和机电项目的施工；在二期围堰截流后，利用二期枯水期围堰和一期修建的挡水和泄水建筑物挡水形成发电水头，使厂房发电机组能够发电的方式。我国葛洲坝水利枢纽、万安水电站、石虎塘航电枢纽、新干航电枢纽、土谷塘航电枢纽等工程均利用围堰挡水发电的方法。

2 施 工 导 流 方 式

水利水电工程施工中的导流方式是指工程施工期各阶段控制水流的原理和方法。不同的施工阶段或时段，应选择相应的水流控制原理和方法，也就是相应的施工导流方式。施工各阶段的导流方式是施工导流方案编制的基础。在河道内修建水工建筑物整个施工过程各阶段中的水流控制方法，概括地说就是要采取导、截、拦、蓄、泄等施工措施来解决施工中河水拦蓄与下泄之间的矛盾，避免水流对水工建筑物施工和工程所在地上、下游居民正常生活带来不利的影响，并把河道水利资源综合利用好。

2.1 施工导流方式分类

国内外水利水电工程施工建设中，根据枢纽工程所在地的地形地质条件、水文气象特性、枢纽布置、航运、供水及施工条件，研究总结出多种不同类型的导流方式。可按照河道断流方法、泄水道形式、泄水组合方式、导流阶段、基坑施工特点等方法进行分类，其分类见图 2-1。

2.1.1 河道断流方法分类

国内外水利枢纽工程项目在河道内修建水工建筑物时，按照河道断流方法施工导流方法可分为分期导流和一次拦断河床导流两大类。

（1）分期导流方式。分期导流方式就是在较宽的河道或河床内，采用挡水围堰分期分段将河床拦断，在分期分段挡水围堰的围护下形成干地施工条件，进行枢纽工程的挡水、泄水、发电厂房、通航、灌溉、供水等建筑物的施工方法。河道水流前期通过被束窄的河床过流，后期通过前期导流阶段修建的坝体底孔、预留缺口等泄水建筑物过流。分期导流方式也称为分期围堰法导流，或称为分段围堰法导流方式。

在河道上分期修建水利枢纽工程水工建筑物施工中，就是用围堰将河床围成若干个干地基坑，将所修枢纽工程建筑物分成若干段进行施工。分期就是从时间上将导流分为若干期。分段是就空间而言的，分期是就时间而言的。导流分期数和围堰分段数并不一定相同。段数分得越多，施工越复杂；期数分得越多，工期占用越长。导流分期数和围堰分段数由河床特性、枢纽及导流建筑物布置等因素综合研究分析比较后进行选择。常见的分期分段导流布置为两期一段、两期两段、两期三段、三期三段、三期四段五种类型。分期导流布置见图 2-2，常见导流分期与围堰分段布置见图 2-3。

从图 2-2、图 2-3 中可以看出，导流的分期数和围堰的分段数并不一定相同，因为在同一导流分期中，建筑物可以在一段围堰内施工，也可以同时在两段围堰内施工。分段越多，围堰工程量越大，施工也越复杂；同样，分期数越多，工期有可能拖得越长。在工

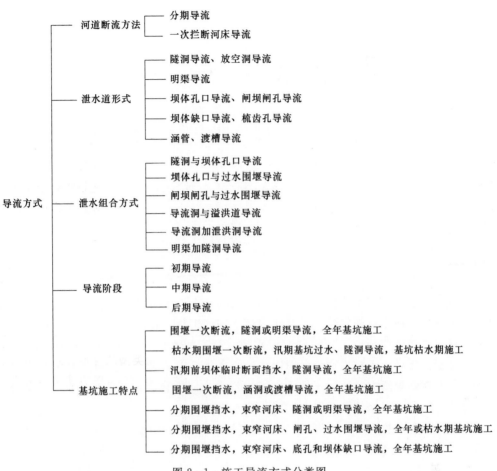

图 2-1 施工导流方式分类图

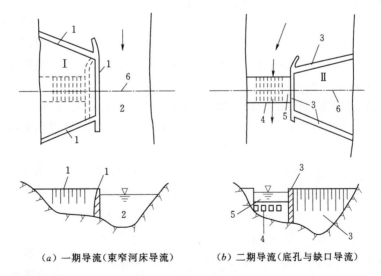

（a）一期导流（束窄河床导流）   （b）二期导流（底孔与缺口导流）

图 2-2 分期导流布置图

1——期围堰；2—束窄河床；3—二期围堰；4—底孔；5—坝体缺口；6—坝轴线

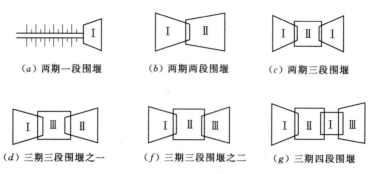

（a）两期一段围堰	（b）两期两段围堰	（c）两期三段围堰
（d）三期三段围堰之一	（f）三期三段围堰之二	（g）三期四段围堰

图 2-3　常见导流分期与围堰分段布置图

程实践中，两期两段围堰、两期三段围堰在导流布置采用得最多。

分期导流适用于河床宽、流量大、施工期较长的工程中，尤其适合在通航河流或冰凌严重的河流上。

（2）一次拦断河床导流方式。一次拦断河床导流方式就是在河道或河床上进行枢纽工程主体建筑物施工中，在所建枢纽工程主体建筑物的上、下游各建一道拦河围堰，一次拦断河床，使河水经河床以外修建的临时泄水道或主体工程设置的泄水建筑物导向下游，在主体工程建成或接近建成时，再将临时泄水道封堵，河水由枢纽工程泄水建筑物导向下游。一次拦断河床导流方式也称全段围堰法导流方式，或围堰一次拦断河床导流方式。

河床一次拦断导流方式适用于枯水期流量不大，河道狭窄，基坑工作面不大，水深、流急，覆盖层较深难以修筑纵向围堰实施分期导流的坝址。

河床一次拦断导流方式，又可根据导流时段划分不同，围堰断流的时间不等，分为以下 3 类：

1）全年断流围堰，修筑高围堰挡汛期洪水，基坑内可全年施工。这种导流方式适用于基坑工作量恒定，或基坑工作量虽然不是很大，需全年施工才能满足工期要求。如龚嘴、龙羊峡、二滩、构皮滩等水电站工程。

2）枯水期断流围堰，修筑低围堰挡枯水，汛期利用坝体挡水。这种导流方式只适用于基坑工作量不大的工程，设计确有把握在汛前能将坝体部分抢到拦洪高程以上，形成临时挡水断面的工程。

3）枯水期断流围堰，汛期围堰过水，淹没基坑导流。这种导流方式主要用于河床狭窄，汛期洪峰流量和水位变幅较大，主体工程量较大，难于在一个枯水期内抢至临时挡水断面。如隔河岩、上犹江、乌江渡、东风等水电站工程。

2.1.2　泄水道形式分类

在河道内修建水工建筑物时，采用围堰分期围护河床和一次拦断河床后，导流方式按照导流泄水道形式可分为隧洞导流、明渠导流、放空洞导流，施工过程中的坝体孔口导流、闸坝闸孔导流、缺口导流、梳齿孔导流、涵管导流等类型。

（1）隧洞导流。隧洞导流是首先在河岸的一侧或两侧修建隧洞，然后在所建枢纽工程主体建筑物的上、下游拦河围堰，一次拦断河床形成基坑，保护主体建筑物干地施工，天然河道水流全部或部分由导流隧洞下泄的导流方式。在修建导流洞时，还需在所建导流洞进出口洞外分别填筑围堰，保证导流洞能在干地施工。隧洞导流结束后，先用闸门将洞口封堵，然后在将主体建筑物下部分洞身段用混凝土进行封堵。隧洞导流布置见图2-4。

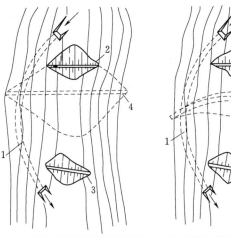

（a）土石坝工程隧洞导流布置图　　（b）混凝土拱坝工程隧洞导流布置图

图2-4　隧洞导流布置图

1—导流隧洞；2—上游围堰；3—下游围堰；4—拦河大坝

隧洞导流适用于山区河谷狭窄、两岸地形陡峻、山岩坚实的河流坝址。

（2）明渠导流。明渠导流首先在河岸或河滩开挖渠道，然后在建筑物所占河道上修筑围堰，分期或一次拦断河床形成基坑，保护主体建筑物干地施工，使河水经渠道下泄。在修建导流明渠时还需在所建明渠上、下游侧分别填筑围堰，保证明渠能在干地施工。明渠导流结束后，在明渠上、下游分别修筑围堰一次拦断明渠，进行明渠所占部位的主体建筑物的施工，河道水流由主体工程泄水建筑物导向下游。明渠导流布置见图2-5。

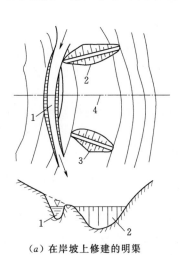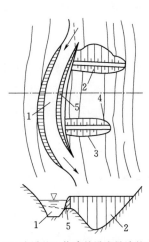

（a）在岸坡上修建的明渠　　　　（b）在滩地上修建并设有导墙的明渠

图2-5　明渠导流布置图

1—导流明渠；2—上游围堰；3—下游围堰；4—坝轴线；5—明渠外导墙

明渠导流适用条件如下：

1) 明渠导流方式适用于河流流量较大，岸边具有台地、缓坡的地形，或附近有旧河道、山沟、垭口、河弯等可供利用的地形。

2) 河床分期施工导流中，在河道一侧主体泄水建筑物部位布置明渠进行导流。明渠内主体工程混凝土量较小，且施工简便，一般可与其他施工准备工程同时进行，这样有利于缩短工期，例如新丰江、柘溪、龚嘴、宝珠寺等水电站工程。

3) 有些工程河床虽较宽，可分期导流，但纵向围堰修建在覆盖层较厚或水深较大处，施工困难，也可采用明渠导流，如铜街子、水口等水电站工程。

4) 在岸边开挖的明渠进行导流，可满足较大流量的导流要求，使基坑内可以全年进行施工。例如岩滩与水口水电站都是利用岸边船闸或升船机布置导流明渠的。

5) 还有些工程导流流量大，但考虑与永久工程相结合，也采用明渠导流，例如三峡水利枢纽工程在右岸厂房坝段修建导流明渠以满足泄水和通航要求。

（3）放空洞导流。在混凝土面板堆石坝工程中，有的工程在岸边山体内设有放空洞，也有工程是将导流洞改建为放空洞。放空洞相当于坝体底孔，在水库蓄水期向下游供水。若在坝体迎水面面板出现严重漏水需要处理或其他情况需要放空水库，此时就采用放空洞导流。由于放空洞泄水能力有限，施工导流一般都安排在枯水期进行。导流时首先开启放空洞闸门将拦河坝上游库水位降至放空洞底板高程，然后恢复加高上游围堰形成基坑，基坑内的水排除后，保护面板漏水处理能在干地施工或进行其他作业，施工时河水经放空洞导流。

（4）坝体孔口导流。在初期导流的挡水围堰内，混凝土坝体内的临时导流底孔或泄水底孔在中、后期施工导流时，让全部或部分河水通过底孔宣泄到下游，保证工程继续施工。

坝体孔口导流适用于混凝土重力坝、拱坝、支墩坝工程。底孔导流可用于分期导流，也可以用于明渠或隧洞导流的中、后期施工导流中。底孔可与缺口联合泄流，也有先用梳齿或缺口导流，后期加盖形成底孔。导流底孔还常与永久孔口结合，改建为放空孔、排沙孔、泄洪孔及灌溉孔等。

（5）闸坝闸孔导流。在初期导流的挡水围堰内，修建混凝土闸坝泄洪闸、冲沙闸，在二期、三期施工导流时，让全部或部分河水通过泄水闸宣泄到下游，保证工程继续施工。

闸坝闸孔导流适用于江面宽阔、流量大、低水头的混凝土闸坝工程。

（6）缺口导流。在二期或中、后期导流阶段中混凝土坝枢纽施工过程中，当汛期河水暴涨暴落，而其他导流建筑物不足以宣泄全部流量时，为了不影响坝体施工速度，使大坝在涨水时仍能继续施工，可以在未建成的坝体上预留缺口，以便配合其他导流建筑物宣泄洪峰流量。待洪峰过后，上游水位回落，再继续修筑缺口。缺口导流适用于大体积混凝土坝工程，常与隧洞、底孔等配合。

（7）梳齿孔导流。在低水头闸坝枢纽工程的初期导流阶段修建梳齿状混凝土泄水道，在二期施工导流时河水通过梳齿孔宣泄到下游，保证工程继续施工。在工程完建阶段按一定顺序轮流过水，在上、下游侧闸门的围护下进行梳齿孔内混凝土浇筑。梳齿孔导流见图2-6。

梳齿孔导流适用于低水头闸坝枢纽工程。

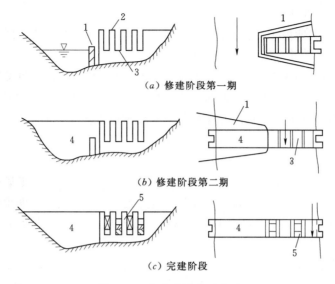

（a）修建阶段第一期

（b）修建阶段第二期

（c）完建阶段

图 2-6　梳齿孔导流示意图

1—围堰；2—闸墩；3—梳齿孔；4—坝体；5—闸门

（8）涵管导流。在修筑土规、堆石坝、引水建筑物等工程中，在河岸岩滩或河道上，其位置常在枯水位以上，可在枯水期不修围堰或只修一小围堰，先将涵管建好，然后再修上下游全段围堰，使河水通过涵管下泄。涵管一般为钢筋混凝土结构。涵管导流布置见图 2-7。

涵管导流适用于中、小型土石坝工程、引水管道穿城区的河道工程。

2.1.3　泄水组合方式分类

在河道内修建水工建筑物时，采用围堰分期围护河床和一次拦断河床后，主体工程进行水面以上结构施工时，水流控制需要采取组合方式。按照泄水组合方式可分为隧洞与坝体孔口导流、坝体孔口与过水围堰导流、闸坝闸孔与过水围堰导流、导流洞与溢洪道导流、导流洞加泄洪洞导流、明渠加导流洞导流等。

（1）隧洞与坝体孔口导流。在拱坝混凝土施工中，枯水期由隧洞导流，汛期河水由隧洞与坝体所设导流底孔或泄水底孔组合往下游宣泄。

（2）坝体孔口与过水围堰导流。混凝土重力坝工程施工中，枯水期由围堰挡水，河水由束窄河道下泄，在汛期围堰改为过水围堰，河水由围堰与坝体孔口组合往下游宣泄。

（3）闸坝闸孔与过水围堰导流。在混凝土闸坝工程二期或三期施工中，枯水期由围堰挡水，河水由一期施工所修建的闸孔下泄，在汛期河水由闸孔和过水

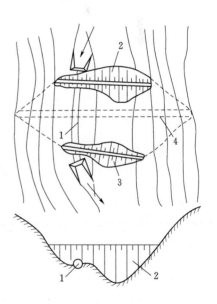

图 2-7　涵管导流布置图

1—导流涵管；2—上游围堰；

3—下游围堰；4—土石坝

围堰组合往下游宣泄。

（4）导流洞与溢洪道导流。在土石坝、堆石面板坝施工中，枯水期由导流洞过流，汛期河水由导流洞与溢洪道组合往下游宣泄。

（5）导流洞加泄洪洞导流。在堆石面板高坝施工中，坝体下部施工时河水由导流隧洞过流，坝体上部施工时河水由导流洞与泄洪洞组合往下游宣泄。

（6）明渠加导流洞导流。在河谷狭窄位置修建混凝土坝工程时，采用明渠和导流洞组合导流。

2.1.4 导流阶段分类

水利水电工程的施工导流，按施工导流阶段挡水情况的不同，一次拦断河床导流时，施工导流分为初期、中期、后期3个阶段。分期施工导流主要分为一期、二期、三期3个阶段。分期越多，导流阶段也随之增加。

（1）一次拦断河床导流。

1）初期导流为围堰挡水阶段，水流通过束窄河床或导流泄水建筑物下泄。

2）中期导流为坝体临时挡水阶段，坝体填筑或混凝土浇筑超过围堰堰顶高程，洪水由导流泄水建筑物下泄，坝体满足安全度汛条件。

3）后期导流为坝体挡水阶段，导流泄水建筑物下闸封堵，水库开始蓄水，永久泄水建筑尚未具备设计泄洪能力。

一次拦断河床导流适用于围堰一次拦断河床的导流方式，如土石坝、混凝土拱坝等工程。

（2）分期施工导流。

1）一期导流为围堰挡水阶段，水流通过束窄河床或导流明渠等泄水建筑物下泄。

2）二期导流为围堰挡水阶段，水流通过一期修建的泄水建筑物或继续由束窄河床下泄，汛期水流通过一期修建泄水建筑物下泄，或一期修建的泄水建筑物和坝体预留缺口或一期修建的泄水建筑物与过水围堰组合下泄。

3）三期导流为围堰挡水阶段，水流由一期、二期修建的泄水建筑物下泄。

分期施工导流适用于分期导流方式，如河道宽、流量大、有航运要求的混凝土重力坝、闸坝等工程。

2.1.5 基坑施工特点分类

按照各阶段施工导流泄水建筑物形式下的基坑施工特点，导流方式可进一步分类（表2-1）。

表2-1　　　　　　　　　　　导流方式分类表

基本分类	基坑施工特点	工程实例
围堰一次拦断河床的导流方式	围堰一次断流，基坑全年施工的隧洞（明渠）导流方式	刘家峡、龙羊峡、鲁布革、漫湾、二滩、小湾、拉西瓦、龙滩、小浪底、溪洛渡、锦屏一级、瀑布沟、大岗山、两河口、公伯峡、察汗乌苏、糯扎渡、阿海、金安桥、天花板、梨园、双江口等

基本分类	基坑施工特点	工程实例
围堰一次拦断河床的导流方式	枯水期围堰断流，汛期过水围堰及基坑过水的隧洞导流方式	乌江渡、东江、大朝山、东风、隔河岩、普定、天生桥一级、鲁地拉、功果桥、滩坑、水布垭、珊溪、锦屏二级、光照、大华桥等
	枯水期围堰断流，汛期坝体临时断面挡水，全年基坑施工的隧洞导流方式	三板溪、洪家渡、引子渡等
	枯水期围堰断流，汛期坝体临时断面挡水，全年基坑施工的明渠导流方式	白山、映秀湾等
	涵洞、渡槽等导流方式	琅琊山抽水蓄能电站上水库工程采用涵洞导流，金江工程采用渡槽导流
围堰分期围护河床的导流方式	截流前全年围堰挡水、束窄的原河床过水，截流后围堰断流、明渠过水的导流方式	三峡、水口、宝珠寺、观音岩、龙开口、龚嘴、铜街子、岩滩、大峡、喜河、银盘、蜀河、天生桥二级、藏木等
	截流前全年围堰挡水、束窄的原河床过水，截流后围堰断流、导流底孔和坝体缺口过水的导流方式	丹江口、向家坝、景洪、新干、石虎塘、桃源等
	截流前枯水期围堰挡水、束窄的原河床过水、汛期基坑过水，截流后枯期围堰断流、导流底孔过水、汛期导流底孔和坝体缺口过水的导流方式	五强溪等
	截流前围堰挡水、束窄的原河床过水，截流后枯水期围堰断流、隧洞过水、汛期束窄的河床坝段基坑和隧洞联合过流的导流方式	土卡河等
	在河床较窄、水位变幅大的河流上，枯水期堰断流，汛期基坑过水的明渠导流方式	安康等

2.2 分期导流

在河道内修建水工建筑物施工采用分期导流后，首先进行导流阶段分期划分，然后依次进行导流施工安排、选择河床束窄程度、分期导流围堰布置，施工期挡、泄水建筑物布置等工作。

2.2.1 导流分期划分

导流分期划分主要是根据坝址地形、地质、水文及枢纽布置等特点以及施工条件，并按照施工进度计划的要求，可划分为两期（也称为"二期"）、三期以至四期，一般分为两期。

导流分期越多，导流工程量相对较大，主体工程（如大坝）施工连续性较差，对主体工程施工特别是施工进度会产生不利影响。国内嫩江干流上的尼尔基水利枢纽导流方案设计对两期导流方式和三期导流方式进行过方案比较，最后选定两期导流方式（表 2-2～表 2-5）。

表 2-2　　　　　尼尔基水利枢纽两期导流方式和各期导流标准及水力特性表

| 分期 | 时段 | 重现期/a | Q/(m³/s) | | 泄流条件 | 水位/m | | 备注 |
			Q（来水）	Q（泄水）		上游	下游	
一	主汛期	10	4880	4880	明渠	190.10	187.55	宽190m明渠过流
二	10月中旬	5	514	514	2个8m×8m底孔	189.39	183.65	底孔进口底高程182.00m
	春汛期	20	4100	1732	2个8m×8m底孔	202.52	185.28	坝体拦洪

表 2-3　　　　　尼尔基水利枢纽三期导流方式和各期导流标准及水力特性表

| 分期 | 时段 | 重现期/a | Q/(m³/s) | | 泄流条件 | 水位/m | | 备注 |
			Q（来水）	Q（泄水）		上游	下游	
一	主汛期	10	4880	4880	束窄河床	188.49	187.55	原河床过流
二	主汛期	10	4880	4880	明渠	188.72	187.75	明渠底宽190m，渠底高程183.00m
三	10月中旬	5	514	514	2个8m×8m底孔	189.39	183.65	底孔进口底高程182.00m
	春汛	20	4100	1732	2个8m×8m底孔	202.52	185.28	坝体拦洪

表 2-4　　　　　尼尔基水利枢纽主要导流工程量比较表

项目 分期方式	土石方开挖/万 m³	土石方回填/万 m³	混凝土/万 m³	高喷灌浆/万 m²	钢筋/t
两期	86.26	33.80	2.21	0.78	890
三期	144.77	57.90	2.21	0.78	890

表 2-5　　　　　尼尔基水利枢纽两期、三期导流方式比较表

方式	优　点	缺　点
两期导流方式	1. 导流分期较少，主坝施工连续性较好，主坝填筑工期2年以上，月上升高度较小，易保证； 2. 一期上游围堰可与主坝完全结合； 3. 导流工程量相对少； 4. 一期导流明渠可在旱地施工，且基础处理简单，因此一期导流明渠的施工较易保证按期完成； 5. 施工总工期提前一年零三个月	1. 一期导流明渠进出口与河道主流衔接不好； 2. 由于填筑料主要在坝址下游左岸，因此两期导流方式主坝部分填筑料运距增加1.0km左右
三期导流方式	1. 三期导流明渠进出口与河道衔接好； 2. 由于将主坝分成三段施工，因此左侧段坝体填筑料运距较短	1. 导流分期较多，增加了施工组织难度，对主坝施工产生影响； 2. 因明渠在河床中部，覆盖层厚，且在二期明渠过流前完成，因此基础处理和防护工程施工对保证按期完成风险度大； 3. 因明渠在河床中部，在明渠截流是需要有公路通向明渠，因此上游围堰不能与坝体全部结合； 4. 导流工程量相对较大

2.2.2　分期导流程序

分期导流程序就是根据已选择或确定的施工分期数量，选择分期挡水围堰拦断河道顺序，在挡水围堰内进行枢纽工程建筑物和下一期施工导流泄水建筑物的施工安排。分期施

工导流程序是整个分期施工导流的一个重要的组成部分，是现场进行施工导流的依据。施工导流程序需要结合地形、地质、水文特性，枢纽布置特点，施工期通航要求和施工要求等方面进行选择。

（1）根据地形、地质、水文特性选择导流程序。分期导流一般先围浅滩、覆盖层不深、受洪水威胁较小的一岸，并注意到如果河床被缩窄流速增加，冲刷河床，则应采取可靠的防冲措施。如有滩地江心洲可利用时，可先进行滩地施工，以减少一期围堰工程量。有条件的也可围两岸滩地，后围河床中部。

（2）根据枢纽布置特点选择导流程序。分期程序要考虑枢纽布置的特点，对于低水头电站，厂房是施工进度控制点，一般是先围厂房，以便提前发电。对于中高水头工程，若厂房不控制发电工期，则应先围非厂房坝段，并在其中设导流底孔、缺口供第二期导流过水用。

（3）根据施工期通航要求选择施工程序。在通航要求河道上，为保持施工期通航，第一期不宜围主航道，以尽量缩短碍航时间，并在一期工程内先建通航建筑物，以便二期导流时可利用已建成的通航建筑物通航。如葛洲坝水利枢纽工程一期用主河道通航，二期利用已建成的通航建筑物（船闸）通航。三峡水利枢纽工程一期利用主河道通航，二期利用明渠及临时航闸通航，并建好永久航闸，明渠封堵后先由临时船闸继续通航。后由永久船闸通航。临时船闸坝段封堵及蓄水期仅断航67d，断航时间较短。

（4）根据施工要求选择导流程序。水利枢纽工程施工从准备期到施工高峰期，施工能力、运输能力是由小到大逐步形成的过程。施工程序应先易后难，第一期工程应先围施工工程量少而场地开阔对外交通方便的一岸，施工简单，强度小，对外运输量少。

在实际工程施工中，将会遇到各种复杂的施工导流技术问题，对分期导流的要求会有很多，编制施工导流程序时需要通过具体分析，区分主次，权衡利弊，经过技术经济比较后，选择出满足工程各期施工要求的施工导流程序。

分期导流适用于较宽的河道，一般多分为二期，也有分三期导流的情况。分期导流的程序是：一期导流由纵向围堰及横向围堰挡水，在挡水围堰的围护下修建枢纽工程主体建筑物和二期施工导流泄水建筑物，河水由束窄后的河床过流。二期导流由一期形成的纵向围堰及二期横向围堰挡水，在二期导流挡水围堰的围护下，修建枢纽工程主体建筑物和三期施工导流泄水建筑物，河水由一期建成的泄水建筑物泄流。三期导流由三期横向围堰挡水，在三期挡水围堰的围护下，修建枢纽工程主体建筑物和三期施工导流泄水建筑物，河水由一期、二期建成的泄水建筑物泄流。

国内部分已建工程施工分期导流方式及导流程序见表2－6。

表2－6　　　　　　国内部分已建工程施工分期导流方式及导流程序表

序号	工程名称	导流方式	导　流　程　序		
			一期	二期	三期
1	大源渡	二期导流闸孔泄流	围右岸，进行厂房及8孔水闸施工，左岸河床泄流通航	拦断乌江，15孔水闸施工，右岸8孔水闸泄流，船闸通航	

序号	工程名称	导流方式	导流程序		
			一期	二期	三期
2	凌津滩	二期导流闸孔泄流	围护右岸礁滩，进行9孔泄水闸、船闸施工，束窄河床泄水	拦断沅水，修建左岸厂房及相邻的5孔泄水闸、泄水闸、过水围堰泄洪，船闸通航	—
3	三峡	三期导流明渠、底孔泄流	围护右岸，修建导流明渠，主河床泄洪、通航	拦断长江，进行河床主体工程施工，导流明渠泄洪、通航	拦断右岸明渠，进行右岸厂坝段及水电站厂房施工，底孔泄流、船闸通航
4	大峡	三期导流明渠泄流	围护右岸，修建明渠，河水经原河床下泄	拦断黄河主河床，修建河床式水电站、泄水底孔等工程，明渠泄洪	修建溢流道工程，坝体挡水，永久底孔及排沙孔泄洪
5	万家寨	二期导流底孔泄流	先围左岸，进行1~11号坝段和坝体中导流底孔与导流缺口施工，束窄河床泄水	拦断黄河，修建右岸12~0号坝段导流底孔、缺口泄洪	—
6	桃源	二期导流闸孔泄流	围护右岸浅滩，11孔泄水闸、厂房、船闸施工，左岸主航道通航	拦断沅水主航道，右岸已建成的11孔泄水闸泄流，船闸通航	—
7	向家坝	二期导流闸孔、坝体缺口泄流	围左岸，进行左岸非溢流坝、非溢流坝导流缺口、冲沙闸坝段施工，束窄河床泄水	拦断金沙江，进行右岸非溢流坝、泄水坝、坝后厂房、升船机施工，底孔、坝体缺口泄流	
8	石虎塘	二期导流闸孔泄流	围左右岸，进行船闸、7孔泄水闸、厂房施工，束窄河道泄水	拦断赣江，进行泄水闸施工，船闸通航，7孔泄水闸和过水围堰泄水	
9	土谷塘	三期导流闸孔泄流	围左岸，进行船闸、7孔泄水闸施工，束窄河道泄水	围右岸，进行厂房施工，束窄主河道过流、通航。	拦断湘江，进行泄水闸施工，船闸通航，7孔泄水闸和过水围堰泄水
10	新干	二期导流闸孔泄流	围左右岸，进行船闸、9孔泄水闸、厂房施工，束窄河道泄水	拦断主河道，进行泄水闸施工，船闸通航，泄水闸和过水围堰泄水	

2.2.3 选择河床束窄程度

在采用分期导流方式时，一期施工导流用围堰围护基坑修建水工建筑物，河水通过束窄河床下泄，在进行一期分期围堰布置时，需要根据枢纽布置、施工通航、筏运、围堰或河床防冲、施工工程量和施工强度等的要求，选择一期围堰围护基坑对河床的束窄程度。

河床束窄程度常用河床束窄系数来表示，河床束窄系数就是一期围堰所占河床过水面积与原河床过水面积的百分比，或一期基坑占河床宽度与原河床宽度之比，可用式（2-1）计算：

$$K = \frac{A_z}{A_1} \times 100\% \tag{2-1}$$

式中　　K——河床束窄程度，%；

A_z——围堰和基坑所占据的过水面积，m^2；

A_1——原河床的过水面积，m^2。

（1）河床束窄程度确定应考虑下列因素。

1）束窄河床段的流速要考虑施工通航、筏运、围堰或河床防冲等的要求，不能超过允许流速。

束窄河床段的允许流速，一般取决于围堰及河床的抗冲允许流速，但在某些情况下，也可以允许河床被适当刷深，或预先将河床挖深、扩宽，或设置防冲措施。在通航河道上，束窄河床段的流速、水面比降、水深及河宽等还应与当地航运部门共同协商研究来确定。束窄河床段的平均流速，可粗略按式（2-2）确定：

$$v_c = \frac{Q}{\varepsilon(A_1 - A_z)} \tag{2-2}$$

式中　v_c——束窄河床段的平均流速，m/s；

　　　Q——导流设计流量，m^3/s；

　　　ε——侧收缩系数，一侧收缩时采用0.95，两侧收缩时采用0.90；

其余符号意义同前。

2）各段主体工程量、施工强度比较均衡。

3）便于布置后期导流用的泄水建筑物，不应使后期围堰过高或截流落差过大，造成截流困难。

分期导流围堰束窄河床段水力计算见图2-8，水位壅高值按式（2-3）计算：

$$z = \frac{1}{\varphi^2} \times \frac{v_c^2}{2g} - \frac{v_0^2}{2g} \tag{2-3}$$

式中　z——壅高，m；

　　　φ——流速系数，随围堰的布置形式而定；当其平面布置为矩形时，$\varphi=0.75\sim$
　　　　　0.85；为梯形时，$\varphi=0.80\sim0.85$；如有导流墙时，$\varphi=0.85\sim0.90$；

　　　v_0——行近流速，m/s；

　　　g——重力加速度，约等于$9.81m/s^2$。

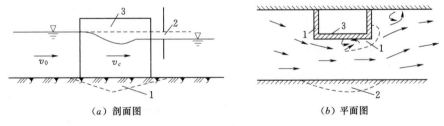

图2-8　分期导流围堰束窄河床段水力计算图
1、2—冲刷地段；3—围堰

（2）河床束窄系数选择。在《水电工程施工导流设计规范》（NB/T 35041）、《水电工程施工组织设计规范》（DL/T 5397）中规定，一期基坑占河床宽度与原河床宽度之比可采用0.4～0.6，束窄后的河道设计平均流速不宜大于原河床的抗冲流速。国内部分工程河床束窄系数统计见表2-7。

工程名称	枢纽布置形式	河床宽度/m	导流分期数	河床束窄系数/%
桓　仁	混凝土单支墩大头坝	200	二期	55
三门峡	混凝土重力坝	300	二期	58
新安江	混凝土重力坝	180	二期	60
盐锅峡	混凝土宽缝重力坝	300	二期	67
西　津	混凝土宽缝重力坝	400	二期	60
红　石	河床式水电站厂房	200	二期	70
丹江口	坝后式水电站	500～600	二期	50
葛洲坝	河床式水电站	大江：880 二江：300 三江：550	二期	55～60
景　洪	碾压混凝土重力坝	70～100	二期	44.686
喜　河	碾压混凝土重力坝	100～180	三期	30
蜀　河	混凝土重力坝	140～160	二期	43
沙溪口	河床式水电站	350	二期	72
五强溪	坝后式水电站	350	二期	66
水　口	坝后式水电站	380	二期	5
万　安	河床式水电站	450	二期	60
大　峡	河床式水电站	140	二期	30
万家寨	坝后式水电站	420	二期	55
小浪底	斜墙堆石坝	700	二期	64
石　门	地下厂房	340	二期	50
三　峡	坝后式水电站	1000	三期	30
藏　木	混凝土重力坝	100～150	二期	40
向家坝	混凝土重力坝	160～220	二期	46

2.2.4　分期导流围堰的布置

采用分期导流形成的枢纽工程建筑物施工干地基坑，由左右侧纵向围堰和上、下游横向围堰组成的闭合防渗临时围堰所围成。当河床中一期导流河床束窄程度确定后，可以进行一期导流纵向围堰及上、下游横向围堰布置。围堰布置应综合考虑地形、地质条件、泄流、防冲、通航、施工总布置等要求。

为使围堰布置能满足基坑建筑物施工和导流工程的施工要求，首先对施工围堰布置应满足的要求和施工中应考虑的因素进行研究，明确围堰布置要求，制定围堰布置原则，然后在所制定的围堰布置原则下，进行可能实现的多种围堰结构型式布置方案对比、分析，从中选择合适的围堰布置形式。

（1）围堰布置原则。

1）安全可靠，满足稳定、防渗、抗冲的要求。

2）构造简单，施工方便，易于拆除，尽量利用当地材料及开挖渣料。

3）堰基易于处理，堰体便于和岸坡或已有建筑物连接。

4）能在预定的施工期内修筑到需要的断面及高程，满足施工进度要求。

5）与堰基地形、地质条件、堰址水文条件、堰体水力学条件等相适应。

6）具有良好的技术经济指标。

（2）围堰布置。分期导流围堰是由左右侧纵向围堰和上、下游横向围堰相互连接形成的闭合围堰。

1）纵向围堰布置。纵向围堰的位置决定了河床束窄宽度。故选择时应考虑不同频率洪水通过河床时占有的河床宽度的要求，在满足一期导流过水断面要求的同时，还要满足二期以后的导流要求，并考虑围堰类型占用河床的宽度对束窄河床流速的影响。对于河床式水电站工程要考虑使一期、二期导流时，上游壅高相差不大，这就要求一期基坑必须建有足够的泄洪建筑物，以满足二期导流泄洪的需要。

纵向围堰多为直线型布置，为此，选择纵向围堰位置时，在河床一侧的纵向围堰，宜利用厂坝、厂闸、闸坝等永久建筑物之间的分水导墙等。如葛洲坝、万家寨等水电站工程都是利用永久导墙作纵向围堰一部分。在岸边一侧的纵向围堰，一般根据岸坡渗漏情况来进行布置，岸坡渗漏较大时，主要通过防渗处理来形成纵向围堰。岸坡渗漏较小时可不需布置纵向围堰，但需要加强基坑排水措施。

2）横向围堰布置。上、下游横向围堰的位置决定了基坑的大小。需考虑基坑排水、施工道路和主体工程施工需要等主要因素。基坑过大，不仅增加了纵向围堰的工程量，也使围堰内排水历时长、费用高（据不完全统计，多数工程基坑内排水费用占导流工程投资的 4%～11.5%，最多为 26.3%）；基坑过小，则会妨碍基坑排水布置、出渣运输道路的布置。

3）纵向围堰与横向围堰连接布置。为使横向围堰与纵向围堰相接处的水流平稳顺畅，上、下游横向围堰平面常采取梯形布置，两堰（横向与纵向围堰）轴线之间的夹角为105°左右，并要求围堰坡脚与基坑开挖线、模板施工支撑间需留有一定的安全距离。

4）对两堰平面布置，应充分考虑纵、横围堰的水流条件，不使两堰相接处附近的水流形成紊乱状态；在上游围堰的连接处附近应防止收缩水流对堰体及坡脚的冲刷；在上游两堰的连接处附近应防止扩散水流（或回流）对围堰堰坡的冲刷影响。

分期导流采用两期两段导流围堰平面布置见图 2－9。两期两段导流围堰布置过程如下。

1）在一期导流时段内，首先一期枯水期布置一个闭合子围堰，在子围堰内进行一期和二期共用的纵向混凝土围堰、围堰占压部分厂房导墙混凝土施工和一期上、下游横向围堰施工。河水由左侧束窄河道下泄。

2）一期和二期共用纵向混凝土围堰和一期上、下游横向土石围堰形成后，在汛期前将一期子围堰拆除。由一期上、下游横向围堰和一期和二期公用的纵向混凝土围堰组成一期闭合围堰，将导流底孔、发电厂房等主体工程围护起来可在干地进行施工，河水由左侧束窄河道下泄。

3）在二期施工导流时段内，先拆除一期上、下游围堰，进行二期截流围堰填筑，截流后进行二期上、下游防渗围堰填筑，并与纵向围堰相接，形成二期闭合围堰，河水由一期所修建的导流底孔泄水，在二期围堰基坑内干地进行主体工程结构施工。

国内外部分水电站工程分期导流围堰布置特性见表 2－8。

表 2 - 8

国内外部分水电站工程分期导流围堰布置特性表

工程名称	河床宽度/m	导流方式	缩窄河床程度/%	挡水标准 时段	重现期/a	流量/(m³/s)	上游围堰 形式	上游围堰 高度/m	下游围堰 形式	下游围堰 高度/m	纵向围堰 形式	纵向围堰 高度/m	泄水建筑物
桓仁	200	二期底孔、梳齿导流	55	一期全年 二期上游6月 二期下游全年	20 10 10	7600 1660 6200	一期混凝土 二期混凝土	13 10.5	一期混凝土 二期土石	10.5 7.5	一期混凝土重力	13	梳齿 5 个 $B=7m$底孔 8 个 3.5m×4m
三门峡	300	二期梳齿、底孔导流	30	全年设计 全年校核	20 100	16500 22500	一期土石 二期土石	24 47	一期土石 二期土石	14 25	一期土石 二期混凝土	5~7 17.5	底孔 12 个 3m×8m
新安江	180	二期底孔导流	60	一期9月至次年4月 二期2月	20 20	4600 3000	一期过水木笼 二期不过水木笼、土石	16 22	木笼	15	一期块石混凝土	12	底孔 3 个 10m×13m
盐锅峡	300	二期底孔导流	67	二期全年一期 11月至次年4月	10 100	1470 5870	一期草土 二期土石	6 28	一期草土 二期土石	12.5	一期块石混凝土	22	底 6 个 5m×9m， 2 个 4m×9m 坝顶 溢洪道宽 32m
回龙山	200	二期底孔导流	35	一期11至次年7月 二期11至次年7月	20 10	523 360	一期土石 二期土石	28 9	一期土石 二期土石	4 6	一期土石 二期土石	4 7	底孔 6 个 4.2m ×3.5m
西津	400	二期厂房导流	68	一期全年 二期11月至次年3月	10 10	15700 1300	一期土石 二期土石	28 9	一期土石 二期土石	4 6	一期木笼堆石 二期木笼堆石	26 26	3 号、4 号机组段 及 2 号机尾水管
红石	200	二期底孔导流	70	一期上游白山水库控制泄流量 二期全年	2	1300 1820	一期土石 二期土石	10.5 14.1	一期土石 二期土石	7.4 8.6	一期混凝土	10.5 15.1	底孔 6 个 4m×7.5m
丹江口	500~600	二期泄水闸孔导流	50	枯水 全年	20 100	8060 47000	一期土石 二期土石	46			低水：土石 高水：混凝土		底孔 10 个 4m×8m 底孔 2 个 2×4m
葛洲坝	大江880	二期泄水闸孔导流	55~60	一期全年 二期全年	10 20	66800 71100	一期土石 二期土石	14 38	一期土石 二期土石	20 28	一期土石 二期钢板桩	21 19.5	二江泄水闸 27 孔 12m×12m 二期水电站 7 台机组 二江冲沙闸 6 孔 12m×12m

续表

工程名称	河床宽度/m	导流方式	缩窄河床程度/%	挡水标准 时段	重现期/a	流量/(m³/s)	上游围堰 形式	上游围堰 高度/m	下游围堰 形式	下游围堰 高度/m	纵向围堰 形式	纵向围堰 高度/m	泄水建筑物
沙溪口		二期厂房导流	72	一期10月至次年3月 / 二期全年	10 / 50	4380 / 18500	一期混凝土与砌石混合 / 二期混凝土与砌石		一期混凝土 / 二期土石	25			10个溢流坝组段 / 2台机组
三峡	1000	二期明渠导流 / 三期底孔导流	30	二期全年 / 三期全年	20 / 100 / 20	72300 / 83700 / 72300	一期土石 / 二期土石 / 三期碾压混凝土	42.4 / 82.5 / 12.1	一期土石 / 二期土石 / 三期土石	68.5 / 36.5	一期碾压混凝土 / 二期碾压混凝土 / 三期碾压混凝土	94 / 94	原河床二期明渠宽350m 三期22个6.0m×8.5m底孔 23个7m×9m永久底孔
万安	500	一期明渠导流 / 二期底孔导流	60	一期全年 / 二期10月至次年3月	20 / 20	1550 / 7100	一期土石 / 二期碾压混凝土	20 / 23	一期土石 / 二期土石	18 / 13	一期混凝土 / 二期混凝土	26 / 26	左河床并开挖明渠 二期10个7×9m底孔
向家坝	160~220	二期底孔、缺口导流	46	二期全年 / 二期全年	20 / 50	28200 / 32000	一期土石 / 二期土石	59	一期土石 / 二期土石	45	一期土石 / 二期混凝土	20.5 / 94	二期6个10m×14m导流底孔和宽115m缺口
(苏联)萨扬-舒申斯克	350	二期梳齿、底孔导流	58	二期全年	20	10600	一期土石 / 二期土石	23	一期土石 / 二期土石	23	一期土石 / 二期土石		梳齿、底孔 9个5.3m×11m
(苏联)克拉斯诺雅尔斯克	750	二期底孔导流	50	二期全年	20	20400	一期土石 / 二期土石				钢板桩加固的土石围堰	19	底孔9个6m×6.6m

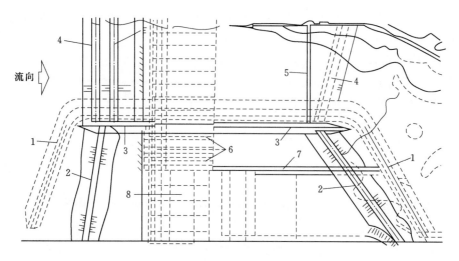

图 2-9　两期两段导流围堰平面布置图

1——期子围堰；2——期上、下游围堰；3——纵向混凝土围堰；4——截流围堰；

5—二期上、下游围堰；6—二期导流底孔；7—厂房导墙；8—发电厂房

2.3　一次拦断河床导流

　　在河道修建枢纽工程建筑物采用围堰一次截断河道的导流方式时，首先应研究在原河道外修建导流明渠、隧洞等临时泄水建筑物的布置和施工方法，使原河道的水能够通过导流明渠、隧洞等泄水建筑物下泄。然后根据工程施工总进度和施工导流方案要求研究一次拦断河道挡水围堰的布置和填筑拆除的施工方法，在围堰保护下进行主体建筑物施工。当主体建筑物具备挡水和泄水条件后，研究导流明渠、隧洞等临时建筑物占压主体工程部位的封堵布置和施工方法，河水改由主体建筑物的泄水孔、排沙孔、溢洪道、引水口等后期导流泄水建筑物宣泄。

2.3.1　明渠导流

　　明渠导流是在河床一侧或河床旁侧设置明渠将河水导向下游的泄水方式。主要用作初期导流，中后期导流需有其他方式配合，通常组合方式有：明渠和底孔联合泄流，明渠和隧洞联合泄流，明渠和闸孔联合泄流等。明渠导流既可在河床分期施工导流中采用，又可在河床一次拦断施工导流方案中采用。

　　导流明渠为人工开挖过水河槽，属于导流工程的临时泄水建筑物，主要由进水口、明渠段、出水口组成。明渠断面形状分为矩形、梯形、复式等。

　　选择明渠泄水导流方式后，应根据枢纽工程结构布置、河床水流特性、坝址地形、地质等资料进行导流明渠布置，制定导流程序。

　　（1）导流明渠布置。导流明渠是初期施工导流的重要临时泄水建筑物，明渠导流效果直接关系到枢纽工程施工安全和施工总进度目标的实现，同时也影响原河道航运，意义重大。在导流明渠进行布置前，应对导流明渠布置所涉及的范围和资料进行研究，明确导流

明渠布置要求，制定导流明渠布置原则与要求，用以指导导流明渠的布置，使导流明渠布置效果能够满足枢纽工程施工和施工导流的要求。

1）导流明渠布置原则。导流明渠选择的原则就是对导流明渠布置所涉及的范围和资料进行分析，明确导流明渠布置应满足的相关要求和需要达到的效果，作为指导导流明渠布置的基本准则，使导流明渠布置能够满足枢纽工程施工、导流工程施工、当地水资源综合利用等要求。导流明渠布置原则如下。

A. 充分利用浅滩、台地、垭口、溪沟、旧河道等布置明渠。

B. 保证导流明渠泄洪能力与枢纽总布置相协调，力求与永久建筑物相结合，降低施工难度，节省投资。

C. 弯道少，避开滑坡、崩塌体及高边坡开挖区。

D. 便于施工和交通运输。

E. 进出口距上、下游围堰堰脚应有适当距离，与围堰接头应满足堰基防冲要求。

F. 明渠中心线弯道半径不宜小于30°，避免泄洪时对上、下游沿岸及施工设施产生冲刷。

以上导流明渠布置原则在工程建设施工应用时，需要根据工程实际情况编制具体的明渠布置原则来指导明渠布置。

2）明渠布置要求。明渠布置规范要求主要就是《水电工程施工导流设计规范》（NB/T 35041）中关于明渠布置的规定。

A. 明渠底宽、底坡、弯道和进出口高程应使上、下游水流衔接顺畅，满足导流、截流和施工期通航等要求。

B. 明渠的断面形式应根据地形地质条件、过流、通航、主体建筑物结构布置和运行要求确定。

C. 明渠结构型式应方便后期封堵及改建施工的要求。应在分析地质条件、水力条件基础上，经技术经济比较后确定衬护范围和方式。

D. 导墙宜与永久建筑物布置相结合。导（边）墙顶部高程不宜低于与之相接的围堰顶部高程。导（边）墙基础宜置于基岩上。

E. 明渠的进出口护岸、渠底前后缘、下游出口等部位应做好防冲、消能设计。设在软基上的明渠宜通过动床水工模型试验，改善水流衔接和出口水流条件，确定冲坑形态和深度，采取有效消能抗冲设施。

F. 有通航要求的明渠，应满足通航时的水深、水面宽度、比降、流速和转弯半径的要求，并应通过水工模型试验验证。

3）明渠布置形式。根据枢纽工程结构布置、河床水流特性、坝址地形、地质等因素综合比较分析，导流明渠布置形式可为以下3种类型。

A. 开挖岸边形成明渠。利用岸边河滩地开挖导流明渠，其渠身穿过坝段（挡水坝段），供初期导流，如水口、铜街子、宝珠寺、三峡等水电站工程。

B. 与永久工程相结合。利用岸边永久船闸、升船机或溢洪道布置导流明渠，如岩滩、水口、大峡等水电站工程。

C. 在河床外开挖明渠。在远离主河床的山垭口处设置导流明渠，这是典型的一次断流明渠泄流的导流方式，如陆水水电站、下汤水库等工程。

4）明渠进、出口的布置。

A. 明渠进、出口的布置应有利于进水和出流的水流衔接，尽量消除回流、涡流的不利影响，有利于通航、放木。进、出口方向与河道主流方向的交角宜小于30°，并需有收缩和扩散渐变段。出口扩散角一般为5°～7°，进口收缩角可略大于出口扩散角。

B. 进、出口的位置取决于基坑大小和施工要求，同时应选择在基础条件较好的部位。进、出口距上、下游围堰坡脚应有一定的安全距离，对于岩基可近一些，对于软基应远一些，视围堰形式和基础抗冲能力而定。对于斜墙式土石围堰，且无保护措施时，一般不宜小于30～50m；对于混凝土围堰或坡脚采取保护的土石围堰，其安全距离不小于10～20m。

C. 进、出口高程，直接影响明渠泄流流量和围堰的高度，也影响截流和通航、放木条件。一般取接近于河床高程，低于枯水位1～1.5m，使其不致造成冲刷或淤积，同时有利于截流和通航、放木。确定进、出口高程时，必须与底坡要求和进、出口水流的衔接同时考虑。

D. 考虑出口的消能和防冲保护。当出口为岩石基础时，一般不需要设置特殊的消能和防护措施，当为软基或出口流速超过基础抗冲能力时，需研究消能和防护措施。防护措施一般有混凝土齿墙、管柱、抛大块石、钢筋石笼、钢筋混凝土柔性板、钢板桩、沉井等。

5）明渠段布置。

A. 明渠弯道布置。明渠将河道水流从上游进水口引到下游出水口需要采用弯道布置，明渠弯道的弯曲半径过小，水面横向比降较大，流速分布极不均匀，势必导致渠内冲淤问题，同时将引起局部水头损失。S形弯道的水流情况将更为恶化，应力求避免。对于土质渠道，环流对边坡的影响较大，弯曲半径应严格控制；对于石质渠道或有保护的边坡，其要求可适当放宽。弯曲半径一般采用3～5倍水面宽。

B. 明渠底坡布置。明渠底坡越大，泄流能力也越大，但底坡过大则将引起冲刷及防冲保护等一系列问题。对于无通航要求的渠道，在流速允许的条件下，往往设计成陡坡，以减小渠道断面或降低围堰高度。对于需要通航、放木的渠道，常设计为缓坡。也可将各渠段采用不同的出口的水流衔接作为整体研究。

水口水电站导流明渠布置图见图2-10。

（2）明渠导流程序。明渠导流既可在围堰分期拦断河床施工导流中采用，又可在围堰一次拦断河床施工导流方式中采用。

1）围堰分期拦断河床施工方式中的明渠导流程序。分期导流中的导流明渠布置在河床内一侧建筑物

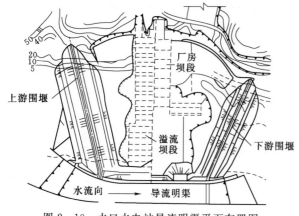

图2-10　水口水电站导流明渠平面布置图

上。其明渠导流程序如下：

A. 在河床内修建的明渠范围内，修建围护明渠基坑的上、下游横向挡水围堰，若明渠布置进入河道时，还要修建平行于明渠的纵向挡水围堰，河水由束窄河床过流，在围堰内修建导流明渠。

B. 当导流明渠具备过水条件后，在河床上修建分期导流的上、下游围堰，由上、下游横向围堰挡水，河水由明渠过流。在围堰内修建枢纽工程主体建筑物和后期施工导流泄水建筑物。

C. 当河道内修建的主体工程和后期施工导流泄水建筑物具备挡水与泄水条件后，在导流明渠上、下游修建围堰，用围堰一次拦断明渠，在围堰内进行明渠占压段主体工程建筑物施工，河水由前期修建的导流泄水建筑物过流。

D. 当明渠占压段主体工程建筑物施工完成后，拆除明渠上、下游围堰和明渠，河水由前期修建的导流泄水建筑物过流。

2) 围堰一次拦断河床明渠导流程序。围堰一次拦断河床导流的导流明渠布置在河道岸边或河道旁侧建筑物上，其明渠导流程序如下。

A. 在明渠的进出水口修建上、下游横向围堰挡水，在围堰内修建明渠，河水由原河床过流。

B. 初期导流阶段用围堰一次拦断河床，在围堰内进行主体建筑物和中后期导流阶段泄水建筑物施工，河水由明渠过流。

C. 在施工导流中后期，河道内主体建筑物具备挡水和泄水条件时，用围堰一次拦断明渠，在围堰内进行明渠占压河道岸边或河道旁侧上的主体工程建筑物施工，河水由初期导流阶段修建的泄水建筑物过流。

D. 当明渠占压段主体工程建筑物施工完成后，拆除明渠上、下游围堰和明渠，河水由初期导流阶段修建的泄水建筑物过流。

尼尔基水电站工程采用明渠导流时，其导流程序及水力特性见表 2-9。国内外部分水电水利工程施工明渠导流特性见表 2-10。

表 2-9　　　　　　尼尔基水电站工程施工导流程序及水力特性表

分期	施工年	时段	重现期/a	流量/(m³/s)	泄水建筑物	挡水建筑物顶高程/m		备　注
						上游	下游	
一	一	9月下旬	5	947	明渠泄流	185.70	185.12	截流戗堤挡水
	二	主汛期	10	4880	明渠泄流	191.57	187.80	一期围堰挡水宽190m明渠过流
	三、四	主汛期	100	9880	明渠泄流	195.13	195.13	坝体挡水宽190m明渠过流
二	四	10月中旬	5	534	2个8m×8m底孔	191.57	187.80	二期围堰挡水临时底孔过流
	五	春汛期	200	4400	溢洪道泄流	207.83	207.82	临时底孔下闸溢洪道泄流
		汛期前	200	5380	溢洪道泄流	208.70	208.70	临时底孔下闸溢洪道泄流
		主汛期	200	11400				坝体填筑完成机组发电

表 2-10　　　　　　　　　国内外部分水电水利工程施工明渠导流特性表

序号	工程名称	坝型	导流方式	设计流量 /(m³/s)	断面形式	明渠尺寸/m		底坡 /‰	综合利用
						长	宽		
1	龚嘴	重力坝	明渠导流	9650	梯形	600	35~45	5.4	漂木
2	映秀湾	泄水闸	明渠导流	620	矩形	308	14	7.84	漂木
3	陆水	装配式 重力坝	明渠导流	3000	复式断面	850	12, 23	3.0 0.42	—
4	柘溪	大头坝	明渠 隧洞导流	1300	梯形	560	16	2.5	放木
5	白山	重力 拱坝	明渠导流	3490	梯形	567	20	7.0 0	排水
6	黄龙滩	重力坝	明渠导流	800	梯形	328	8	2.5 1.15	—
7	新丰江	大头坝	明渠导流	1000	梯形	400	8	1.0	—
8	池潭	拱坝	明渠导流	1020	梯形	370	8	1.0	放木
9	铜街子	重力坝	明渠导流	10300	矩形	590	54	10	漂木
10	岩滩	重力坝	明渠导流	15100	矩形	1110	65	—	—
11	宝珠寺	重力坝	明渠导流	9570	矩形	527	35	—	—
12	安康	重力坝	明渠导流	4700	梯形	412	40	—	通航
13	万安	重力坝	一期明渠、 二期底孔	15500	梯形	1530	50		通航
14	水口	重力坝		32200	矩形	1170	75	3.0	通航 放木
15	三峡	重力坝		79000	复式断面	3410	350	—	通航
16	大峡	重力坝		5000	矩形	628	40	—	—
17	观音岩	重力坝 堆石坝		14200	复合梯形 和矩形	701	45	3.994	
18	龙开口	重力坝	土石围堰断流， 基坑全年施工 的明渠导流 方式	10800	梯形	953	40		
19	喜河	重力坝		3380	矩形	367	25.5~ 35.5	0	
20	银盘	重力坝		20800	矩形	769	90	5.0, 0	通航
21	蜀河	重力坝		19700 (13000)	梯形	471	148		
22	枕头坝一级	重力坝		6600	矩形	700	30.4		
23	沙坪二级	闸坝		7490	矩形	500	55		
24	沙坡头	闸坝		5860	梯形	1408	40	0, 0.8, 0	
25	尼尔基	土石坝		9880	梯形	1550	190	0	
26	藏木	重力坝	明渠导流	8870	矩形	1165	35	8.718	

序号	工程名称	坝型	导流方式	设计流量 /(m³/s)	断面形式	明渠尺寸/m		底坡 /%	综合利用
						长	宽		
27	飞来峡	重力坝	明渠导流	15500	复式断面	1697	300		通航
28	凤凰谷	重力坝	明渠导流	3010	梯形	366	35	4.0	—
29	伊泰普 （巴西）	支墩坝 堆石坝	明渠、底孔	30000	梯形	200	100	2.5	
30	乌凯 （印度）	堆石坝	明渠、底孔	45000	复式断面	1372	235	2.5	
31	塔贝拉 （巴基斯坦）	支墩坝 堆石坝	明渠、闸孔、 隧洞	21200		4800	198		

2.3.2 隧洞导流

隧洞导流是在狭窄的河道坝址岸边的一侧或两侧山体内开挖隧洞，然后在河道填筑围堰拦断河道后，使原河道的水流通过隧洞宣泄到下游的导流方式。主要用于河床一次拦断河床初期导流，中后期导流需有其他方式配合，通常组合方式有：隧洞和坝体底孔联合泄流、隧洞和过水围堰联合泄流、导流洞和放空洞联合泄流。

导流隧洞为人工开挖过水隧洞，属于导流工程临时泄水建筑物，隧洞主要由进水口、洞身段、出水口组成。隧洞的形状分为城门洞形、圆形、马蹄形、方圆形等。

选择隧洞导流方式后，应根据枢纽工程结构布置、河床水流特性、坝址地形、地质等资料进行导流隧洞布置选择，制定隧洞导流程序。

（1）导流隧洞布置。导流隧洞是初期施工导流的重要临时泄水建筑物，隧洞导流效果直接关系到枢纽工程施工安全和施工总进度目标的实现，意义重大。因此，在导流隧洞进行布置前，应对导流隧洞的布置所涉及范围和资料进行研究，制定导流隧洞布置原则与要求来指导导流隧洞的布置，使导流隧洞布置效果能够满足枢纽工程施工和施工导流的要求。

1）导流隧洞布置原则。导流隧洞布置原则就是对导流隧洞布置所涉及的范围和资料进行分析，明确导流隧洞布置应满足的相关要求和需要达到的效果，作为指导导流隧洞布置的基本准则，使导流隧洞布置能够满足枢纽工程施工、导流工程施工、当地水资源综合利用等要求。导流隧洞布置原则如下：

A. 导流隧洞布置应符合《水工隧洞设计规范》（DL/T 5195）的有关规定。

B. 洞线选择应综合考虑地形、地质、水力学条件、枢纽布置、施工、运行等因素，通过技术经济比较选定。

C. 隧洞的进、出口距上、下游围堰堰脚应有适当距离，应满足围堰防冲要求。宜避开高边坡影响。

D. 有条件时宜与永久隧洞结合，其结合部分应同时满足永久运行与施工导流要求。

以上导流隧洞布置原则为工程施工总结出的基本原则。在工程建设施工应用时，需要根据工程实际情况编制具体的隧洞布置原则来指导隧洞布置。

2）导流隧洞布置要求。导流隧洞布置要求主要是《水电工程施工导流设计规范》

（NB/T 35041）中关于隧洞布置的规定，具体要求如下：

A. 洞轴线与岩层层面、主要构造断裂面及软弱带宜大角度相交；当洞线布置为曲线时，其弯曲半径不宜小于 5 倍洞径，转角宜小于 60°，曲线两端宜设置不小于 5 倍洞宽的直线段。

B. 导流隧洞与相邻建筑物的距离和最小覆盖厚度，应根据地质条件、隧洞断面形状及尺寸、施工成洞条件、内水压力、支护（衬砌）形式、围岩渗透特性等因素分析确定。

C. 导流隧洞的进出口高程选择，除应满足导、截流要求外，尚需考虑施工方便、通航、泥沙淤积以及封堵条件等综合因素，并满足泄流及出口消能防冲的要求。

D. 导流隧洞的横断面形式应根据水力条件、地质条件及与永久建筑物结合的要求、施工方便等因素，经综合比较后确定。当地质条件较好时，宜选用城门洞形。

E. 导流隧洞进口设置封堵闸门时，进水口可采用岸塔式、斜坡式、竖井式及闸井式布置。进水口建筑物顶部高程及孔口尺寸应结合闸门的安装条件、运行条件和下闸、挡水要求等因素综合确定。

3）导流隧洞布置形式。导流隧洞需根据枢纽工程布置、坝址地形、地质条件、河道水流特性、导流标准、施工进度等因素综合比较分析，隧洞布置可分为以下 3 种形式。

A. 一岸布置。就是围堰一次拦断河床，在河道一个岸边山体内布置一条隧洞下泄河水。在高坝施工中，采用枯水期或全年挡水围堰时，在河道一岸山体内布置 2~3 条隧洞下泄河水。

B. 两岸布置。就是在高坝施工中，采用枯水期或全年挡水围堰一次拦断河床，在河道的两岸分别布置 1 条或 2~3 条隧洞下泄河水。

C. 分层布置。在 300m 左右高坝的施工中，采用全年挡水围堰一次拦断河床，为降低导流隧洞封堵难度，在河道一岸山体内分层布置导流隧洞。

4）洞线布置。洞线就是导流隧洞从进水口经洞身段到出水口的线路。选择关系到围岩的整体稳定、工程造价、施工工期与施工支洞和运行安全等问题，是导流隧洞设计的关键，应充分掌握基本资料，进行必要的水力计算，并根据地形、地质、水力学、施工、运行、沿程建筑物、枢纽总布置以及对周围环境的影响等因素综合考虑，通过多个方案的技术经济比较选定。洞线布置可采取以下步骤。

A. 通过区域性地质勘察和地表测绘，根据初步掌握的地质资料，结合枢纽总体布置，提出可供选择的若干条隧洞线路。

B. 在各比较线路上，进行有代表性的勘探，进一步掌握各条线路的地层情况，提出地质条件较优的洞线位置。

C. 考虑水力条件和施工因素，全面衡量，选出较为经济的洞线。

D. 在选定的路线上，增加钻孔，必要时在进出口进行平洞和坑槽探，搜集更加详细的地质资料，以最终确定洞线和选定隧洞设置高程，并为结构设计提供必要的计算参数。

5）导流隧洞进、出口布置。主要是导流洞进、出水口的高程，洞口结构、与上、下游河水流态衔接、施工交通等内容。

A. 进、出口布置应根据枢纽总布置、地形条件，使水流通畅，进流均匀，出流平稳，与下游水流良好衔接，并有利于防淤、防沙、防冰、防冲以及防污等，以满足过水流量及设置闸门的要求。

B. 进、出口应选在地质构造简单、风化覆盖层较浅的地区，尽量避开不良地质构造、山崩、危崖、滑坡等地区，并应尽可能避免高边坡的开挖，当无法避免时，应仔细分析开挖后边坡的稳定性，并注意分析研究加固处理措施。

C. 隧洞进、出口高程应根据水流流态、截流要求，减少导截流工程量及通航、排冰对进出口水流衔接的要求等方面综合考虑来选择确定；进口高程一般宜在枯水位或以下；出口高程不应使隧洞出流产生大的跌落。

6）导流隧洞纵断面及底坡布置。隧洞的纵断面及底坡是导流隧洞布置的重要内容。其布置方法如下。

A. 导流隧洞纵断面一般为坡度较小的直斜式断面，若洞身段必须设置竖曲线或陡坡时，应结合水力条件及施工方法一起考虑；对于无压隧洞，竖曲线半径应不小于 5 倍的洞径（或洞宽），有压隧洞可适当降低要求。

B. 隧洞纵坡应结合地形地貌、进出口高程、水流流态、施工要求综合考虑，不陡于 10‰，一般为 1‰～4‰；也有采用平底的，但应避免成反坡。对于有压导流隧洞可采用较小底坡，对无压导流隧洞应采用较大底坡，以产生急流水流流态为好。有通航、放木要求的河道，底坡应设计成缓坡。隧洞进出口位置、高程及底坡应综合各种因素择其利弊主次，通过设计计算及模型试验，反复调整确定。

国内部分水电工程施工隧洞导流特性见表 2-11。升钟水库工程隧洞导流布置见图 2-11。

表 2-11　　　　　　国内部分水电工程施工隧洞导流特性表

工程名称	坝型	坝高 /m	设计流量（实际流量）/(m³/s)	导流隧洞					岩性	与永久泄水建筑物结合
				条数	断面形式	断面尺寸 /(m×m) 或 m	长度 /m	衬砌		
乌江渡	混凝土拱形重力坝	165	1320	1	方圆形	10×10	501	衬砌段 287m，其余不衬砌和部分衬砌	石灰岩、页岩	
刘家峡	混凝土重力坝	147	4700	2	城门洞形	13×13.5	683	全衬 330m，顶拱衬砌 110m，不衬砌 243m	云母石英片岩	右岸洞与泄洪洞结合
碧口	土石坝	101	2840	1	城门洞形	11.5×13	658	381m 顶拱未衬砌，114m 边墙和底板不衬砌	千枚岩、凝灰岩	与泄洪洞结合
龙羊峡	混凝土重力拱坝	178	3340（5570）	1	方圆形	15×18	661	全衬 22.7% 衬砌，其余做边墙和底板的护面衬砌	花岗岩、闪长岩	
东江	混凝土双曲拱坝	157	2500	2	城门洞形	11×13 6.4×7.5	495 525.7	钢筋混凝土衬砌	花岗岩	6.4m×7.5m 洞与泄洪放空洞结合

工程名称	坝型	坝高/m	设计流量（实际流量）/(m³/s)	导流隧洞					岩性	与永久泄水建筑物结合
				条数	断面形式	断面尺寸/(m×m)或m	长度/m	衬砌		
鲁布革	土石坝	101	4260	2	方圆形	左隧洞12×15.3 右隧洞φ10	786	钢筋混凝土衬砌，部分顶拱喷锚支护		左、右导流洞分别与泄洪洞结合
隔河岩	混凝土重力拱坝	151	3000	1	城门洞形	13×16	695	厚0.4～2m钢筋混凝土衬砌、部分洞顶喷锚厚0.15m	石灰岩、页岩	
小浪底	土石坝	167	8740（4000）	3	圆形	φ14.5	1220 1183 1149	钢筋混凝土衬砌	砂页岩	与泄洪洞结合
漫湾	混凝土重力坝	132	9500	2	城门洞形	15×18	458 423	钢筋混凝土衬砌，2号洞220m未衬砌	流纹岩	
东风	混凝土双曲拱坝	162.3	3680	1	城门洞形	12×14.1	599.7	钢筋混凝土衬砌	灰岩	
李家峡	混凝土双曲拱坝	155	2000（1500）	1	城门洞形	11×14	1162.5	钢筋混凝土衬砌	黑云母更长质条带状混合岩	
二滩	混凝土双曲拱坝	240	13500（10500）	2	城门洞形	17.5×23	1090 1168	钢筋混凝土衬砌	正长岩、玄武岩	
莲花	混凝土面板堆石坝	71.8	3840	2	上段圆形下段城门洞形	φ13.7 12×14	913.8 746.8	上游半段0.6m钢筋混凝土衬砌，下游半段钢筋混凝土衬砌，其余0.15m厚喷锚支护	花岗岩	上游半段与引水发电洞结合
天生桥一级	混凝土面板堆石坝	178	10800（4430）	2	修正马蹄形	13.5×13.5	982 1054	喷锚与钢筋混凝土复合衬砌	厚层、中厚层泥岩，砂岩互层	
大朝山	碾压混凝土重力坝	115	6916（5000）	1	城门洞形	15×18	644	钢筋混凝土衬砌	玄武岩	
大华桥	碾压混凝土重力坝	107	3752	1	城门洞形	12×14	503	喷混凝土厚0.1～0.2m，混凝土衬砌厚0.6～2.0m	板岩夹石英砂岩，薄层-互层结构	
溪洛渡	混凝土双曲拱坝	278	32000	6	城门洞形	18×20	1887.7 1649.9 1330.5 1218.9 1385.6 1727.7	喷混凝土厚0.05～0.1m，混凝土衬砌厚0.8～2.0m	二叠系上统峨眉山玄武岩	1号、2号、5号、6号导流隧洞与2号、3号、4号、5号尾水洞相结合，3号导流洞将改建为泄洪洞

工程名称	坝型	坝高/m	设计流量（实际流量）/(m³/s)	导流隧洞					岩性	与永久泄水建筑物结合
				条数	断面形式	断面尺寸/(m×m)或m	长度/m	衬砌		
小湾	混凝土双曲拱坝	294.5	10300	2	城门洞形	16×19	861.6 980.9	除2号导流洞洞身段有660.75m长的顶拱不衬砌外，其余全断面钢筋混凝土衬砌，喷混凝土厚0.1～0.15m，混凝土衬砌厚1.0～2.0m	黑色花岗片麻岩及角闪斜长片麻岩，夹有少量片岩	
锦屏一级	混凝土双曲拱坝	305	9370 调蓄后 8877	2	城门洞形	15×19	1234.4 1210.7	喷混凝土厚0.05～0.1m，混凝土衬砌厚0.6～1.0m	中上三叠统杂谷脑组二段中厚层状大理岩	
构皮滩	混凝土双曲拱坝	232.5	13500 调蓄后 10930	3	马蹄形	15.6×17.7	左岸：888.13 673.21 右岸：917	Ⅰ类、Ⅱ类围岩段顶拱厚15cm钢纤维混凝土喷锚，底板及侧墙为厚度0.30m钢筋混凝土衬砌，Ⅲ类、Ⅳ类、Ⅴ类围岩段均采用全断面钢筋混凝土衬砌，顶拱0.5～0.8m，侧墙0.5～2.0m，底板1.2～2.0m	灰岩，砂、页岩	
大岗山	混凝土双曲拱坝	210	6190	2	城门洞形	12.5×15	左岸：926.68 右岸：810.70	喷混凝土厚0.10～0.15m，混凝土衬砌厚0.6～2.0m	花岗岩	
拉西瓦	混凝土双曲拱坝	250	2500 (1200)	1	城门洞形	φ15 13×14.5	1416.2	有压段（φ15）长739.6m，全断面钢筋混凝土衬砌厚1.5m，无压洞段底板边墙衬砌0.5m，顶拱喷混凝土厚0.10m	印支期花岗岩	
龙滩	碾压混凝土重力坝	216.5	17140 (8890)	2	城门洞形	16×21	左岸：598.63 右岸：849.42	全断面钢筋混凝土衬砌，洞身前50m段衬砌厚2.5m，其他洞段衬砌厚1.5～0.8m	砂岩、泥板岩及凝灰岩	

工程名称	坝型	坝高/m	设计流量（实际流量）/(m³/s)	导流隧洞					岩性	与永久泄水建筑物结合
				条数	断面形式	断面尺寸/(m×m)或m	长度/m	衬砌		
金安桥	碾压混凝土重力坝	160	12400	2	城门洞形	16×19	936.23 1231.99	喷混凝土厚0.10～0.25m，混凝土衬砌厚0.6～1.0m	玄武岩、杏仁状玄武岩、火山角砾熔岩和凝灰岩	
糯扎渡	心墙堆石坝	261.5	22000 调蓄后下泄21292	5	圆形和城门洞形	φ20 φ20 φ20 7×8 7×9	1011.69 1129.28 1305.83 1734.26 892.32	喷混凝土厚0.20～0.25m，混凝土衬砌厚0.8～1.2m	花岗岩	2号导流隧洞与尾水洞相结合，5号导流隧洞与左岸泄洪洞结合
水布垭	混凝土面板堆石坝	233	7250	2	马蹄形	12.83×15.72	1115 1022	全断面钢筋混凝土衬砌，衬砌厚度1.2～1.5m	栖霞组含碳泥质灰岩、泥质灰岩、泥质岩等软层岩体	
锦屏二级	混凝土闸坝	34	1825	1	城门洞形	14×15	595.43	C30钢筋混凝土衬砌	灰黑、深灰色条带状泥质板岩	后期改建成永久生态流量泄放洞
光照	碾压混凝土重力坝	200.5	1120	1	城门洞形	11.5×16	804.86	堵头前钢筋混凝土全断面衬砌、堵头后仅衬砌边墙底板	灰色薄至厚层泥质灰岩、粉砂岩互层、中厚层灰岩、钙质泥页岩夹泥灰岩	
洪家渡	混凝土面板堆石坝	179.5	5210	2	马蹄形	13×14.82 11.6×12.79	950 798	钢筋混凝土全断面衬砌	灰岩	
三板溪	混凝土面板堆石坝	185.5	7923（5250）	1	城门洞形	16×18	734	钢筋混凝土衬砌	凝灰质砂岩	
鲁地拉	碾压混凝土重力坝	140	5150	1	城门洞形	14.5×17	870	钢筋混凝土全断面衬砌	以青灰色变质砂岩为主，间夹正长岩脉等	
公伯峡	混凝土面板堆石坝	132.2	2000（1200）	1	城门洞形	12×15	724	钢筋混凝土全断面衬砌	花岗岩为主，间夹片岩捕房体	

工程名称	坝型	坝高/m	设计流量（实际流量）/(m³/s)	导 流 隧 洞					岩性	与永久泄水建筑物结合
				条数	断面形式	断面尺寸/(m×m)或m	长度/m	衬砌		
功果桥	碾压混凝土重力坝	105	3000	1	方圆形	16×18	837.7	钢筋混凝土衬砌，局部顶拱喷钢纤维混凝土	砂岩为主，局部为板岩条带	导流隧洞与尾水洞结合布置
阿海	碾压混凝土重力坝	138	12200	2	城门洞形	16×19	1054.92 1406.84	钢筋混凝土衬砌	砂岩、粉砂质板岩和灰岩及3条顺层侵入的辉绿岩条带	
梨园	混凝土面板堆石坝	155	10400 调蓄后 10127	2	城门洞形	15×18	1276.77 1409.70	钢筋混凝土衬砌	玄武质喷发岩	
两河口	心墙堆石坝	295	5240	2	城门洞形	12×14	1724 1983	钢筋混凝土衬砌	砂岩、板岩	
瀑布沟	砾石土心墙堆石坝	186	7320	2	城门洞形	13×16.5	926.44 1003.44	钢筋混凝土衬砌	以进口段f₂断层为限，上游段为玄武岩，下游段为花岗岩	
双江口	砾石土心墙堆石坝	314	4840	3	城门洞形	15×19 9×13.5 12×16	1522.61 1999.40 1593.45	钢筋混凝土衬砌	花岗岩	2号洞与放空洞相结合；3号洞与竖井泄洪洞相结合

（2）隧洞导流程序。隧洞导流主要用于初期导流时段中采用围堰一次拦断河床导流方式的情况。其隧洞导流程序如下：

1）在隧洞的进出水口处修建上、下游围堰挡水，在围堰内修建导流隧洞，河水由原河床过流。

2）初期导流阶段用围堰一次拦断河床，在围堰内进行主体建筑物和中后期导流阶段泄水建筑物施工，河水由隧洞过流。

3）在施工导流中期，河道内主体建筑物具备挡水和泄水条件时，由坝体挡水，导流洞和坝体泄水建筑物联合泄流。

4）在施工导流后期，河道内主体建筑物具备发电蓄水条件时，拆除导流洞进出口围堰，用闸门封堵导流洞进水口，进行导流洞内占压坝体部分的混凝土封堵施工。由闸门和坝体挡水，河水由坝体泄水闸孔下泄。

隔河岩水电站工程隧洞导流施工程序及标准见表2-12。

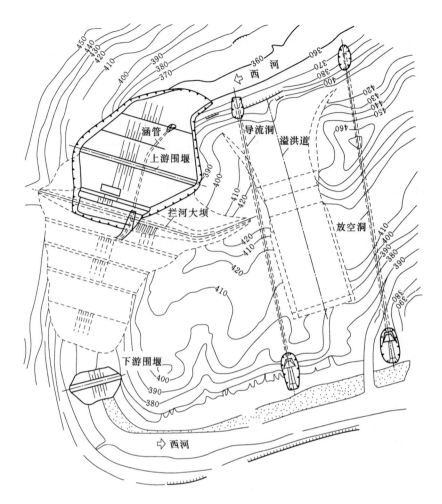

（a）导流隧洞平面布置图

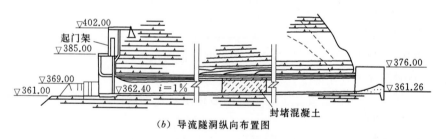

（b）导流隧洞纵向布置图

图 2-11 升钟水库工程隧洞导流布置图

表 2-12   隔河岩水电站工程施工导流程序及标准表

时　　段		导流标准		挡水建筑物	泄水建筑物
		频率/%	流量/(m³/s)		
初期导流	枯水期挡水	实测分析	3000～3500	围堰	导流隧洞
	汛期过水	5	13700	围堰	导流隧洞、坝身

时　段		导流标准		挡水建筑物	泄水建筑物
		频率/%	流量/(m³/s)		
后期导流	导流隧洞封堵后第一个枯水期及汛期	5（枯水期）		大坝	高程95.00m 2个4.5m×6.5m底孔
		1（汛期）	17700	大坝	高程150.00m缺口，高程95.00m 2个底孔 及高程134.00m 4个4.5m×6.5m深孔
	导流隧洞封堵后第二个汛期	1（汛期）	17700	大坝	高程170.00m缺口与高程134.00m深孔

2.3.3　底孔导流

底孔导流是利用坝体内设置的导流底孔（或利用永久底孔）将河水导向下游的导流方式。常用在河床较宽的条件下分期完成导流工作的工程上，在混凝土坝工程施工中较广泛采用。也有用在为满足隧洞提前封堵导流要求（如乌江渡、二滩等水电站工程）或泄流能力不能满足后期导流要求的隧洞导流工程中（如东风水电站工程）。

（1）导流底孔布置。导流底孔是初期施工导流的重要临时泄水建筑物，底孔导流效果直接关系到枢纽工程施工安全和施工总进度目标的实现，意义重大。因此，在导流底孔进行布置前，应对导流底孔布置所涉及的范围进行研究，制定导流底孔布置原则与要求来指导导流底孔的布置，使导流底孔布置效果能够满足枢纽工程施工和施工导流的要求。

1）导流底孔布置原则。导流底孔布置原则就是对导流底孔布置所涉及的范围和资料进行研究，明确导流底孔布置应满足的相关要求和需要达到的效果，作为指导导流底孔布置的基本准则，使导流底孔布置能够满足枢纽工程施工、导流工程施工、当地水资源综合利用等要求。导流底孔布置原则如下。

A. 宜布置在近河道主流位置，以利于泄流顺畅。

B. 宜与永久泄水建筑物结合布置。

C. 导流底孔宽度不宜超过该坝段宽度的一半。

D. 应考虑下闸和封堵施工的方便。

以上导流底孔布置原则为工程施工总结出的基本原则，在工程建设施工应用时，需要根据工程实际情况编制具体的底孔布置原则来指导底孔布置。

2）导流底孔布置要求。导流底孔要求主要就是《水电工程施工导流设计规范》（NB/T 35041）中关于导流底孔布置的规定。

A. 导流底孔的设置数量、高程和尺寸应考虑截流、航运、坝体度汛、下闸封堵和下游供水等要求并进行综合比较选定。当导流底孔和永久建筑物结合布置时，应同时满足永久建筑物和施工期运行的要求。

B. 导流底孔的体形、水流流态和消能方式宜通过水工模型试验确定。当底孔内发生高速水流时，应采取预防空蚀措施。进口上缘和侧缘宜选用椭圆曲线。

C. 底孔上方设有缺口或梳齿双层泄流时，应通过水工模型试验验证，必要时采取预防空蚀破坏的措施。

D. 对于高流速的导流底孔应研究过流体型和衬护方式，并对门槽采取保护措施。

3）导流底孔位置的选择。底孔（导流底孔或永久底孔）的位置一般设置在泄洪坝段内，汛期由已建成的底孔泄流。也有一些工程在明渠坝段内设置，与上、下游导流明渠相衔接，待明渠及其上的底孔形成后，再拦断河床，河水由底孔下泄，如白山、安康等水电站工程。在混凝土拱坝施工中，底孔可布置在河道中部坝体内。根据拱坝工程规模和导流要求，可采用单层和多层布置的方式。

4）导流底孔平面布置。底孔轴线一般呈直线布置，并与坝轴线呈正交，必要时，也可斜交，如乌江渡水电站工程底孔。在一个坝段内，根据坝体结构的要求，允许设置底孔的宽度，一般不超过坝段宽的50%，一般布置一孔或二孔。其布置方式有两种类型，即跨缝和跨中。

5）导流底孔的设置高程。底孔设置的高程应考虑多方面的要求，从泄流、截流以及通航等方面来看，应低一些好，可增大泄流能力，一般取接近于河床高程。对于中、后期度汛的底孔，可适当高一些。

三门峡水利枢纽工程导流底孔布置见图 2-12。

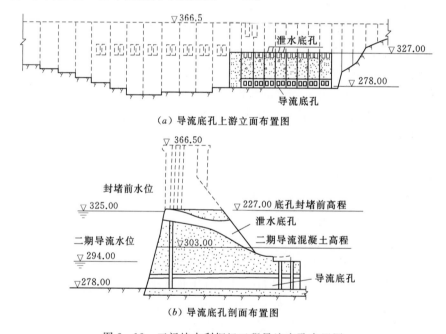

图 2-12　三门峡水利枢纽工程导流底孔布置图

（2）底孔导流程序。底孔导流既可在围堰分期拦断河床施工导流中采用，又可在围堰一次拦断河床施工导流方式中采用。

1）围堰分期拦断河床施工方式中底孔导流程序。分期导流中的导流底孔布置在泄水建筑物坝体内。底孔导流主要应用在分期导流方式中的二期导流时段，其施工导流程序如下。

A. 施工第一期先围河床一侧泄水建筑物坝段，河水由束窄河床下泄，在一期围堰的保护下，永久性泄水建筑物施工，并预留临时导流底孔。

B. 第二期围河床另一侧坝段，拦断河床后，河水改由泄水坝段的临时导流底孔（或永久底孔）泄流，提供水电站坝段施工条件直到机组安装发电为止。

万家寨水利枢纽工程底孔导流施工程序见表 2－13。

表 2－13　　　　　　万家寨水利枢纽工程底孔导流施工程序表

| 分期 | 导流时段 | 导流标准 | | 挡水建筑物 | 泄水建筑物 | 备注 |
		重现期 /a	流量 /(m³/s)			
一期	第一年 11 月至第二年 6 月	20	3600	低围堰	束窄河床	右岸底孔坝段施工
	第二年 6 月至 10 月	20	8350	高围堰		右岸坝段施工
二期	第二年 11 月至第四年 6 月	20	8350	二期围堰	导流底孔	左岸坝段施工
	第四年 7 月至 10 月	50	10300	坝体	导流底孔＋缺口	全坝上升
	第四年 11 月至第五年 10 月	100	11700	坝体	中孔＋表孔	全坝上升

2）围堰一次拦断河床施工导流方式中底孔导流程序。围堰一次拦断河床导流方式中，导流底孔布置在混凝土拱坝坝体内，其底孔导流程序如下。

A. 施工初期导流阶段，采用枯水期或全年挡水围堰一次拦断河床的方式，河水由导流隧洞下泄，在围堰保护下，进行混凝土拱坝坝体和拱坝坝体内导流底孔的施工。

B. 施工中期导流阶段，坝体超过挡水围堰高度，由拱坝坝体临时断面挡水，导流洞和导流底孔联合泄水。

C. 在施工后期导流阶段，拱坝坝体泄水建筑物具备泄水条件，封堵导流洞和导流底孔，由拱坝坝体和导流洞、导流底孔闸门挡水，坝体泄水建筑物泄水。

国内部分已建工程底孔导流特性见表 2－14。

表 2－14　　　　　　国内部分已建工程底孔导流特性表

工程名称	坝型	坝高 /m	孔数 宽×高 /(个 m×m)	断面形式	布置形式	使用情况
新安江	重力坝	105.0	3 个 10×13	拱门形	跨中布置	通航、过筏，实际最大水头 32.8m，流速 21.3m/s，情况良好
三门峡	重力坝	106.0	12 个 3×8	矩形	每跨 2 孔，跨中布置	改建为冲沙孔
丹江口	重力坝	97.0	12 个 4×8	贴角矩形	每跨 2 孔，跨中布置	实际最大水头 34.7m，流速 19.9m/s，17 号坝段进出口门槽未封盖，气蚀严重
凤滩	空腹重力拱坝	112.5	3 个 6×10	拱门形	跨中布置	空腹段为明槽，流态气蚀严重
柘溪	大头坝	104.6	1 个 8×10	拱门形	支墩间，跨缝布置	过筏，同隧洞配合使用，运行时间较短
古田二级	平板坝	44.0	2 个 4×4	—	支墩间	
白山	重力拱坝	149.5	2 个 9×21	拱门形	跨中布置	排冰，运行情况良好
龚嘴	重力坝	85.5	1 个 5×6 2 个 5×8	矩形	河床坝段	冲沙孔兼导流、漂木

工程名称	坝型	坝高/m	孔数 宽×高/(个 m×m)	断面形式	布置形式	使 用 情 况
湖南镇	梯形坝	129.0	2个 8×10	矩形	跨中布置	运行情况良好
池潭	重力坝	78.5	1个 8×13	拱门形	—	过筏，收缩出口，消除负压，运行情况良好
石泉	空腹重力坝	65.0	3个 7.5×10.25	拱门形	在实体坝跨中位置	
枫树坝	空腹坝宽缝重力坝	95.0	1个 7×9	—	跨缝布置在宽缝内	作三期导流和中、后期度汛
岩屋潭	空腹重力坝	66.0	2个 4×5	—	空腹段用混凝土管连接	
黄龙滩	重力坝	107.0	1个 8×11	拱门形	跨中布置	运行良好
乌江渡	拱形重力坝	165.0	1个 7×10	拱门形	跨中斜交布置	度汛底孔，运行良好
磨子潭	双支墩坝	82.0	2个 2.5×5	—	支墩间	不理想，有负压，实际泄流量减少20%
东风	双曲拱坝	162.0	3个 6×9	—	—	运行正常
水口	重力坝	101.0	10个 8×15	贴角矩形	跨中布置	度汛底孔，上层缺口同时过水，运行良好
五强溪	重力坝	87.5	2个 8.5×10 3个 7.5×10	贴角矩形	跨中、跨缝间隔布置	运行3年，第三年高水位运行后5个孔出现不同程度气蚀
二滩	双曲拱坝	240.0	4个 4×6	矩形	—	控制枯水期导流隧洞封堵时水位
铜街子	重力坝	82.0	2个 6×8 2个 4×7.5	矩形	跨中布置	
宝珠寺	重力坝	132.0	2个 4×8 2个 4×8	矩形	厂房左右侧	
岩滩	重力坝	110.0	8个 4×10	矩形	升船机坝段	虽遇超标准洪水，运行正常
万家寨	重力坝	90.0	5个 9.5×10	贴角矩形	跨中布置	
三峡	重力坝	181.0	22个 6.5×8.5	矩形	跨中布置	后期导流使用，运行良好
小湾	双曲拱坝	292.0 292.0	底孔 2个 6×7 中孔 3个 6×7	矩形	跨中布置	底孔设计最大流速 44m/s，中孔设计最大流速 43m/s
锦屏一级	双曲拱坝	305.0	5个 5×9	矩形	跨中布置	设计最大流速 38.8m/s
拉西瓦	双曲拱坝	250.0	2个 4×9	矩形	跨中布置	施工期取消底孔
溪洛渡	双曲拱坝	278.0	6个 5×10 4个 4.5×8	矩形	跨中布置	
构皮滩	双曲拱坝	232.5	4个 6.5×8	矩形	跨缝布置	
大岗山	双曲拱坝	210.0	3个 5.5×7	矩形	跨中布置	
景洪	碾压混凝土重力坝	114.0	5个 8×12.5	矩形	骑缝布置	
向家坝	重力坝	162.0	5个 10×12.5	矩形	跨中布置	钢门槽，设计最大流速 25.76m/s

2.3.4 涵洞（管）导流

涵洞导流是利用埋置在坝下的涵洞将河水导向下游的导流方式。这种导流方式在土石坝工程中采用较多，在混凝土坝中很少使用。

（1）坝下涵洞的布置。导流涵管的布置，国内多采用涵洞直接埋置于坝基中这种类型。对于采用河床一次拦断涵洞导流的工程，大多在通过河槽的一侧，稍低于最终基础开挖高程下面开挖出岩石槽，在基槽中设置混凝土输水涵洞，洞口进口端设置进水口及永久闸门，如密云（白河主坝）、岳城、柘林等土石坝工程。

1）涵洞的位置选择。在选择涵洞的位置时，首先应注意基础的地质条件。一般要求将涵洞放在岩基上，如不可能时，也应选择压缩性小、土质均匀而稳定的基础。当坝高超过 15m 时，应将涵洞放在岩基上；若坝高不超过 15m，且土质均匀而坚实时，也可以考虑放在软基上，但应从结构上加强。涵洞的轴线应当与坝轴线垂直，使涵洞的线路在平面上、纵断面上为直线，避免转弯。这种涵洞线路较短，水流畅顺，施工方便。涵洞纵向坡度一般为 10‰～15‰，其进口高程宜比原河床高出 2m 左右。

2）涵洞的结构型式。国内常用的涵洞的结构和断面形式有下列几种。

A．现场浇筑的钢筋混凝土矩形或拱门形涵洞。

B．预制的钢筋混凝土圆管。

C．盖板式浆砌石矩形涵洞。

对于塘坝工程或小（2）型水库，因其坝高较小，可考虑采用预制钢筋混凝土圆管，或采用浆砌石拱涵。

（2）涵洞（管）导流程序。涵洞导流的施工程序可分为两种类型：一是河床一次拦断的涵洞导流方式，适用于河床狭窄、来水量小，在一个枯水期可以建成的中小型工程；二是河床分期导流，将拦河坝分期施工。

1）河床一次拦断涵洞导流的施工导流程序。导流时先将涵管建好，然后在坝轴线上、下游修筑围堰，将河水断流，河水经涵洞流至下游。涵洞应有较大的泄水能力，足以宣泄施工期的来水。同时，在洪水到来之前，坝体高程必须达到一定标准的拦洪高程。如柘林水库土石坝高 70m，施工时，先建成埋置在坝下的涵洞，然后一次拦断河床。

2）河床分期涵洞导流的施工导流程序。这种导流方式将拦河坝分期施工，每一期施工中都利用围堰分隔水流。第一期围堰的位置应视地形、主河槽位置和涵洞位置而定。第一期导流的宽度不要太窄，避免汛期水位壅高过大，增加第一期围堰的工程量；也不要太宽，防止截流后剩余工程量太大，造成拦洪前填筑强度集中。比如汤河工程，一期施工右岸 6 孔涵洞，由左岸河床导流；二期施工左岸 9 孔涵洞。国内部分工程涵洞导流特性见表 2-15。

表 2-15　　　　　　　　　　国内部分工程涵洞导流特性表

序号	工程名称	坝型	坝高/m	涵洞断面形式	条数 宽×高/(m×m)	长度/m	设计流量/(m³/s)
1	柘林	心墙土坝	63.6	拱门形	1 条 9×12.2	234	1650
2	白莲河	心墙土坝	69.0	拱门形	1 条 5×10.5	230	407

序号	工程名称	坝型	坝高 /m	涵洞 断面形式	条数 宽×高 /(m×m)	长度 /m	设计流量 /(m³/s)
3	密云	斜墙土坝	66.0	蛋形	1条 4.5×5.1	410	247
4	岳城	均质土坝	53.0	拱门形	9条 6×6.7	190	570
5	百花	堆石坝	49.0	矩形	3条 3.5×5	106	680
6	狮子滩	堆石坝	52.0	矩形	2条 4×4	120	—
7	汤河	水闸	48.5	箱形	3条 8.5×9.5 12条 6.5×7.5	29.4	390

2.4 施工导流方式选择

在江河流域河道上修建水利枢纽工程施工时，每个施工阶段或各个导流时段可初拟多种施工导流方式，但每种施工导流方式所产生的技术经济指标各不相同，对工程施工和当地水资源综合利用效果也不相同，各有利弊，需要从多种施工导流方式中选择合理的施工导流方式。

施工导流方式的选择主要是根据所收集整理的工程所在地的施工导流相关资料，了解影响导流方式选择的主要因素，制定选择原则，根据常用的导流方式及适用条件，经综合分析比较后选择导流方式。

2.4.1 导流方式选择主要考虑因素

在水利枢纽工程施工各阶段导流方式选择中，影响导流方式选择的因素较多，主要有如下几个方面。

（1）地形、地质条件。坝址河谷地形、地质，往往是决定导流方式的主要因素。各种导流方式都应充分利用有利地形，同时也应结合地质条件，有时虽河谷地形适合分期导流，但由于河床覆盖层较深，纵向围堰基础防渗、防冲难以处理，不得不采用明渠导流。

（2）水文特性。径流量的大小、洪枯流量的变幅、洪枯水时段的长短、洪水峰量及出现的规律等都直接影响导流方案。对于大流量的河道，隧洞导流较难满足要求，宜用分期导流、明渠导流或其他多种方式的导流。对于洪枯水位变幅较大的河道，可用过水围堰，以降低导流工程造价。对于流量较为平稳、洪枯变幅不大的河道，宜用不过水围堰，以争取更多的有效工期。

（3）主体工程的型式与布置。水工建筑物的结构型式、枢纽工程总体布置、主体工程量等，是导流方式选择的主要依据之一。导流需要尽量利用永久建筑物，坝址、坝型的选择及枢纽布置也应考虑施工导流，两者是互为影响的。对于高土石坝，一般不采用分期导流，常用隧洞、涵洞、明渠等方式导流，不宜采用过水围堰，有时也允许坝面过水，但应有可靠的保护措施。对于混凝土坝，允许坝面过水，常用过水围堰。但对主体工程规模较大、基坑施工时间较长的工程，宜采用不过水围堰，以保证基坑全年施工。对于低水头水电站，有时还可利用围堰挡水发电，以提前受益，如葛洲坝水利枢纽工程。

（4）工程施工进度、施工方法及施工布置。导流方式与施工总进度的关系甚为密切，不同的导流方式有不同的施工程序，不同的施工程序影响导流的分期和导流建筑的布置，而施工程序的合理与否，将影响工程受益时间和总工期。因此，施工各阶段在选择导流方式时，必须考虑施工方法和程序、施工强度和进度、土石方的平衡和利用、场内外交通和施工布置。随着大型土石方施工机械的出现和机械化施工技术的不断提高，土石围堰用得更多、更高了，明渠的规模也越来越大。例如伊泰普水电站，虽河床宽阔，具有分期导流条件，为了加快施工进度和就近解决两岸土石坝的填料，采用了大明渠结合底孔的导流方案，明渠开挖量达 2200 万 m^3。随着地下工程施工技术的发展，导流隧洞的断面也逐渐增大，苏联的布列依水电站导流隧洞的断面尺寸达 17m×22m。

（5）施工期间河流的综合利用。施工期间的河流综合利用主要有通航、放木及上下游有梯级水电站时的发电、灌溉、供水等。在拟定和选择导流方式时，应综合考虑，使各期导流泄水建筑物尽量满足上述要求。

以上影响导流方式的诸因素，应根据工程具体情况分析而定，在一般情况下，坝型和河谷地形往往是导流方式选择的主要条件之一。如以坝顶长与坝高的比值 $\eta = L/h$ 表示河谷形状系数，经对国内外 100 多个工程的统计分析，得出如下关系：

1）对于混凝土坝，$\eta < 3$ 时，一般适合一次断流隧洞导流。

2）$\eta > 4.5$ 时，一般适合分期导流。

3）η 在 3~4.5 之间时，一次断流和分期导流均有可能。

4）对于土石坝，$\eta < 10$ 时，一般用一次断流隧洞或涵洞导流。

5）$\eta > 10$ 时，采用明渠、隧洞、涵洞导流均有可能。在河谷极为开阔的情况下，也可采用分期导流。

2.4.2 导流方式选择原则

导流方式选择原则就是在导流方式选择时需要考虑因素的基础上，对枢纽工程布置、河道水流特点、水资源综合利用、导流时段内枢纽工程施工等资料进行分析研究，明确导流方式应满足的相关要求，需要达到的效果，作为指导各个导流时段的导流方式选择的基本准则，使所选择的导流方式能够满足枢纽工程施工、导流工程施工、当地水资源综合利用等要求。枢纽工程施工中导流方式选择原则如下。

（1）适应枢纽工程布置、河流水文特性和地形地质条件。

（2）施工安全、方便、灵活，工期短，投资省，发挥工程效益快。

（3）合理利用永久建筑物，减少工程量和投资。

（4）适应施工期通航、排冰、供水等要求。

（5）截流、度汛、封堵、蓄水和发电等关键施工环节衔接合理。

以上导流方式选择原则为工程施工总结出的基本原则，在工程建设施工应用时，需要根据工程实际情况编制具体的导流方式选择原则。

2.4.3 导流方式选择方法

在水利枢纽工程建设中，由于江河流域上的水流情况和枢纽工程布置不同，所以建筑物型式、规模条件各不相同。河道水流控制情况复杂多变，施工要求也各不相同。为了按期完成水利枢纽工程建设，需要根据所建水利枢纽工程地形地质条件、水文气象特征、枢纽布置、航运、供水及施工条件，研究初拟多种可以采用的导流方式，通过比较分析，选择出技术可行、安全可靠、经济合理、保证工程能按期完成的导流方式，合理有效地解决施工期水流控制问题。

（1）施工导流方式比较方法。施工导流方式比较选定步骤如下。

1）收集整理、分析所建水利枢纽工程地形地质条件、水文气象特征、枢纽布置、航运、供水及施工条件等资料。

2）拟定若干个可以采用的导流方式。根据工程河道地形条件、水文条件，先拟定采用分期导流方式或一次拦断河道导流方式，还是分期导流方式和一次拦断河道导流方式两种同时采用。然后再根据分期导流方式和一次拦断河道导流方式，拟定与之配合的泄流方式，如隧洞泄流、明渠泄流以及施工过程中的坝体孔口泄流、闸孔泄流缺口泄流和不同泄水建筑物的组合泄流等。

3）编制导流方式比较表。导流方式比较表没有统一格式，均根据工程实际情况选择表格内容。导流方式比较表的内容主要包括导流挡水建筑物结构特性、泄水建筑物特性、工程量、造价、优缺点。

4）综合比较分析，给出所拟定各导流方式的分析评价结论，确定最终所采用的导流方式。

5）大型水利水电工程还要进行水力学模型试验，验证后确定导流方式。

（2）新安江水电站工程导流方式选择。

1）工程概况。新安江水电站工程位于钱塘江支流新安江的铜官峡谷区，是一个以发电为主的水电工程。枢纽主要建筑物有宽缝重力坝、坝后溢流式厂房、开关站等。最大坝高坝顶全长435m，厂房装机8台，装机总容量66.25万kW，属1级建筑物。主体工程混凝土152万 m^3，土石方开挖85万 m^3。

2）自然条件。

A. 地形条件。坝址处的铜官峡谷全长800m，为狭长形冲积台地。右岸河床较深，基岩高程15.00～18.00m；左岸较浅，基岩高程约18.00～20.00m；两岸山坡倾角约45°。常水位时河面宽约180m，洪水时水面宽约200m。

B. 地质条件。坝址右岸及右河床上游部分，分布石炭纪乌桐石英砂岩，右河床下游及左河床和左岸为泥盆纪千里岗砂岩。在两种岩石分界处有破碎带穿越上游围堰。

C. 水文情况。坝址以上流域面积 $10480km^2$，多年平均降水量为1747mm，最大降雨发生在5月和6月，最小降雨发生在12月。河流径流具有显著的山区特性，暴涨暴落。历年实测最大流量 $13600m^3/s$，最小流量 $11.4m^3/s$。水位最大变幅达17m。径流分配以5—7月为最大，10月至次年4月为枯水期，尤以10—12月为最枯季节，这3个月的径流量只占全年10%左右，根据水文分析，其施工期间不同频率设计流量见表2-16。

3）导流时段选择。新安江水电站工程水文特性是洪枯流量相差悬殊，如采用全年施工，则导流工程造价昂贵，技术复杂。结合施工进度研究，围堰只挡枯水流量，汛期堰体过水，坝体在洪水季间歇施工，对总进度并无严重影响，因此，选择9月1日至次年4月15日为围堰挡水期。

表 2-16　　　　　　　新安江水电站工程施工期间不同频率设计流量表　　　　单位 m³/s

时　段	频　率				
	1%	2%	5%	10%	50%
8月1日至次年4月15日	5950	5560	5000	4530	3110
9月1日至次年4月15日	5300	5000	4540	4150	2980
全年	20400	18900	16000	14100	8800

4）导流流量选择。按规范规定，新安江水电站工程施工导流建筑物应采用 20 年一遇洪水设计，相应设计流量枯水期用 4600m³/s（围堰挡水流量），汛期用 16000m³/s（围堰过水流量）。

5）导流方式选择。根据枢纽布置形式，结合水文、地形、地质条件以及计划工期和发电期限等因素，提出以下 3 个方案进行比较。

方案Ⅰ：分期围堰底孔导流。一期先围右岸，河水由左岸束窄河床通过。在一期基坑内修建导流底孔，在坝体浇至高程 38.00m 时拆除一期围堰，把河水导向右岸底孔，再修建二期围堰进行左岸坝体施工。待坝体全面浇至高程 85.00m 以上时即堵塞底孔，水库开始蓄水。

方案Ⅱ：分期围堰梳齿导流。导流程序同方案Ⅰ，只是把底孔改成 3 个 15m 宽的梳齿和 1 个 5m×5m 的底孔，二期坝体再留 1 个梳齿；后期坝体采用二级梳齿法完建。

方案Ⅲ：断流围堰隧洞导流。在左岸开挖两条直径 16m（内径 13m）的隧洞进行导流。上、下游均采用过水围堰，坝体浇至高程 85.00m 以上时即堵塞隧洞开始蓄水。

新安江水电站工程施工导流方式比较见表 2-17。

表 2-17　　　　　　　　新安江水电站工程施工导流方式比较表

比较方案		方案Ⅰ		方案Ⅱ			方案Ⅲ	
		分期围堰，底孔导流		分期围堰，梳齿导流			断流围堰，隧洞导流	
泄水建筑物	型式	坝体	底孔	梳齿	底孔		隧洞	
	断面尺寸/m	5×12	7×12	15（宽）	5×5		φ13（内径）	
	孔数/个	3	3	3	1		2	
	长度/m	75	75	75	75			
挡水建筑物	型式	一期	二期	一期	二期		上游围堰	下游围堰
		木笼围堰	混凝土框格	土石围堰	木笼围堰	混凝土框格	土石围堰	土石过水围堰	木笼围堰
	最大堰高/m	16	23	23	16	23	23	26	12
	工程量/万 m³	10.0	3.7	13.07	10.0	3.7	13.07	33.02	3.1
工程造价/万元		730.1		458.1			1896.0	
一号、二号机发电日期		1960 年 12 月		1961 年 5 月			1960 年 12 月	

比较方案	方案 I	方案 II	方案 III
	分期围堰，底孔导流	分期围堰，梳齿导流	断流围堰，隧洞导流
优缺点	1. 能满足计划工期与发电期限要求，有提前发电的可能； 2. 主体工程施工均衡； 3. 造价较隧洞导流方案少； 4. 施工期航运条件较好； 5. 底孔尺寸大，技术要求高； 6. 分两期施工，工作面较小，基础开挖较困难	1. 导流工程造价较省； 2. 需用钢材较少； 3. 工期长，不能满足发电期限要求； 4. 梳齿升高速度慢，与钢管安装施工干扰大； 5. 工作面较小，基础开挖较困难	1. 能满足计划工期与发电期限要求； 2. 基坑可以全面施工，布置方便； 3. 主体工程可以均衡施工； 4. 导流工程造价最高； 5. 地质较差，大型隧洞技术复杂，进度上无法把握； 6. 围堰较高，堰顶溢流较复杂； 7. 施工强度较大； 8. 航运条件较差

经分析比较，选定方案 I，即分期围堰底孔导流，主要理由如下。

技术上较为可靠，施工较为简便。该工程河床宽度适宜，覆盖层较浅，岩石抗冲性能好，具备分期导流条件。采用底孔可宣泄较大的施工流量，在施工方法及通航方面也比其他两个方案简便。

经济上较为合理。方案 I 的造价较方案 II 略高，但方案 I 可以按期或提前发电，所获得的经济效益估计在 500 万元，因此经济上仍较优越。新安江水电站工程导流布置见图 2-13。

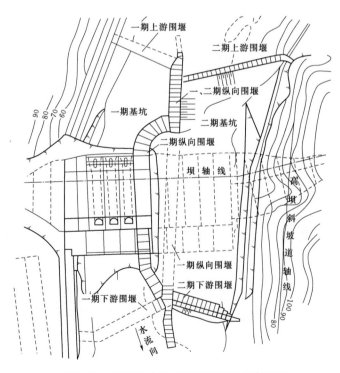

图 2-13 新安江水电站工程施工导流布置图

（3）柘溪水电站工程导流方式选择。

1）工程概况。柘溪水电站工程位于湖南省益阳市安化县资水中游。枢纽工程由拦河大坝、引水式厂房等组成。拦河大坝由溢流段的单支墩大头坝和非溢流段的宽缝重力坝组成，最大坝高104m，厂房为引水式，布置在右岸，安装6台机组，装机总容量44.75万kW。主体工程混凝土88.5万 m^3，土石方263万 m^3。其中拦河坝混凝土量为65.8万 m^3，坝基土石方开挖57.67万 m^3。

2）自然条件。

A. 地形条件。坝区河谷狭窄，水深流急，常水位时河面宽约100m，水深15～18m。

B. 地质条件。坝区地层为震旦纪板溪系砂质板岩和长石石英砂岩，抗压强度在100MPa以上。走向垂直河床，倾向下游，倾角60°。岩层节理发育，并有断层通过。河床砂砾石覆盖上游最深处达20m，下游约3m。平均渗透系数 $K=56m/d$。

C. 水文条件。枢纽控制流域面积22640km²，属山区性河流，洪水主要来自暴雨，具有暴涨暴落和洪中有枯。4—8月为洪水期，9月至次年3月为枯水期，实测最大流量10400m³/s，最小流量44m³/s，水位最大变幅12.6m。全年及枯水期不同施工时段各种频率进行了分析，柘溪水电站工程不同频率设计流量见表2-18。

表2-18 柘溪水电站工程不同频率设计流量表 单位：m³/s

时　段	总日数/d	频　率				
		1%	2%	5%	10%	20%
全年	365	13800	12700	11000	9650	8250
9月1日至次年3月31日	212	6990	6270	5280	4510	3650
10月1日至次年2月28日	151	6840	6010	4870	3980	3070
11月1日至次年2月28日	120	5010	4420	3640	3030	2380

3）导流时段及设计流量选择。由于河流洪枯流量变幅大，如采用全年导流，则按规范需用全年5%频率流量设计，1%频率流量校核，增大了导流建筑物规模，反而延误了进入基坑的时间。经对主体工程所需工期进行分析，采用过水围堰也能满足要求，因此决定采用洪枯水期均允许基坑过水的方式，并以枯水期内基坑可能的过水次数和主体工程施工所需的工日作为控制因素，选择枯水期施工时段和相应的设计流量。

在同一指定流量下，枯水期选用不同时段进行基坑过水次数统计，统计结果，9月15日至次年3月15日这一时段的可能过水次数远较其他时段为少。结合基坑工程所需的工日进行研究后，决定9月15日至次年3月15日为枯水施工时段。

为选择围堰挡水流量，曾就1000～2800m³/s的流量分级进行经济分析，得出当流量为1600m³/s时，导流造价最低，但基坑过水次数太多，对施工不利。为了保证基坑施工所需的有效工日，最后决定采用2700m³/s为围堰挡水流量，此流量在该时段内12年的水文纪录中仅过水2次。

4）导流方式选择。根据坝区河谷狭窄、水深、覆盖层厚的特点，首先放弃了分期导流方式，着重研究了隧洞导流和明渠导流，具体比较了4个方案，其成果见表2-19。

表 2–19柘溪水电站工程施工导流方式比较成果表

项目名称		单位	方案Ⅰ	方案Ⅱ	方案Ⅲ	方案Ⅳ
			右岸 大隧洞导流	通过厂房 短隧洞导流	左岸明渠 导流	明渠配合 隧洞导流
导工程 特性	上游围堰高度	m	26.5	25.5	27.0	28.5
	隧洞直径（马蹄形）	m	16	16		12
	明渠最小宽度	m			22	16
	隧洞及明渠长度	m	475	270	480	475
	下游围堰高度	m	8.2	8.5	8.2	8.2
工程量及 造价	土石方开挖量	万 m³	18.9	9.6	16.2	19.8
	围堰工程量	万 m³	18.1	26.6	20.8	24.4
	混凝土及钢筋混凝土	万 m³	3.5	2.4	4.2	5.3
	造价	万元	966	1050	985	1390

经分析比较，选定用方案Ⅳ导流。方案Ⅰ导流方式简便，费用较低，可靠性较好，曾为初设阶段采用。但由于用电紧迫，考虑需充分利用第一个枯水季节及早进入基坑施工。认为方案Ⅳ较为灵活，左岸明渠可在 1958 年年底建成过水，即可截流下基坑开挖，故最后决定选用方案Ⅳ。柘溪水电站工程施工导流布置见图 2–14。

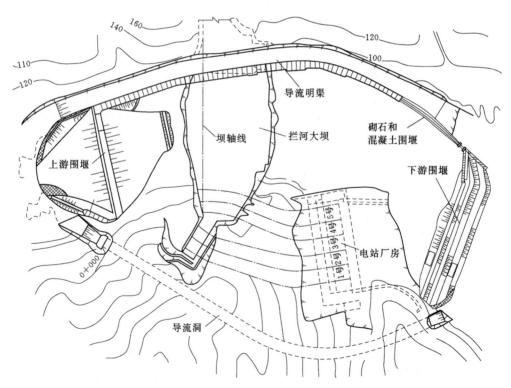

图 2–14　柘溪水电站工程施工导流布置图

3 施 工 导 流 标 准

在河道内修建水利枢纽工程建筑物时，为了创造干地施工条件，主体工程施工各阶段或各时段，需要根据工程枢纽布置、自然条件、施工和水资源综合利用等要求，选择相应的施工导流方式。按照所选择的导流方式进行挡水、泄水建筑物布置时，为了使挡水和泄水建筑物能够有效控制导流期间的河道洪水，同时达到导流工程建筑物的布置与施工满足经济合理要求，需要选定某一施工导流标准作为依据，确定导流建筑物的结构型式和规模。

施工导流标准是在河道上修建水工建筑物时，主体工程施工各阶段或各时段水流控制采用的拦蓄和下泄河水的洪水设计标准。施工各阶段主要是初期、中期、后期。各阶段包括枯水期、汛期、下闸蓄水期、围堰过水期等。施工导流标准按照主体工程施工各阶段或各时段施工导流要求，对应的施工导流标准种类较多。

施工导流洪水设计标准是施工导流建筑物在规定条件下，抵御洪水的能力，一般用洪水重现期表示；与海洋潮位相关的沿海地区水利枢纽工程洪水设计标准用潮位的重现期表示。抵御洪水能力就是导流建筑物拦蓄和下泄某一洪水重现期所出现的最大流量。导流标准亦即导流设计所选择某一洪水重现期时所出现的最大流量。

施工导流标准是根据主体工程施工过程中各阶段或各时段的水流控制措施即导流方式，而确定的导流洪水设计标准，与主体工程结构和临时工程导流建筑物紧密相连，是影响导流建筑物规模、主体工程建筑物施工安全、工程施工总进度和工程投资的主要因素。施工导流标准选用是每个水利枢纽工程施工导流中的一项重要的技术任务。

3.1 导流建筑物及其级别划分

3.1.1 导流建筑物

导流建筑物系指枢纽工程施工期所使用的临时性挡水建筑物和泄水建筑物。

（1）导流挡水建筑物。施工导流挡水建筑物主要是围堰和坝体。

1）在分期导流方式中，初期由基坑左右侧纵向围堰，上、下游横向围堰组成的封闭防渗围堰挡水，在中后期由围堰或坝体挡水。

2）在一次拦断河床导流方式中初期由基坑上、下游防渗围堰挡水，中后期由坝体挡水。

（2）导流泄水建筑物。

1）在一次拦断河床导流方式中的导流泄水建筑物主要是导流明渠、导流隧洞、导流涵管、导流底孔等临时建筑物和部分利用的底孔、泄水闸等永久泄水建筑物。

2）在分期导流方式中的导流泄水建筑物主要包括束窄河道、导流明渠、坝体预留缺口等临时建筑物和部分利用的底孔、泄水闸、冲沙闸等永久泄水建筑物。

3.1.2 导流建筑物级别划分

导流建筑物属临时性建筑物，其级别应根据其所保护的对象、失事后果、围堰使用年限和围堰工程规模进行划分。

在2004年以前，都是按照《水利水电工程等级划分及洪水标准》（SL 252—2000）、《水利水电工程施工组织设计规范（试行）》（SDJ 338—89）、《水电水利工程施工导流设计导则》（DL/T 5114—2000）等的规定进行导流建筑物等级划分。导流建筑物等级划分的规定都相同（表3-1）。

表3-1　　　　　　　　　　　　　导流建筑物级别划分表

项目 级别	保护对象	失事后果	使用年限 /a	导流建筑物规模	
				高度 /m	库容 /亿 m³
3	有特殊要求的1级永久建筑物	淹没重要城镇，工矿企业、交通干线或推迟工程总工期及第一台（批）机组发电，造成重大灾害和损失	>3	>50	>1.0
4	1级、2级永久建筑物	淹没一般城镇、工矿企业或影响工程总工期及第一台（批）机组发电而造成较大经济损失	1.5～3	15～50	0.1～1.0
5	3级、4级永久建筑物	淹没基坑，但对总工期及第一台（批）机组发电影响不大，经济损失较小	<1.5	<15	<0.1

注　1. 本表源于DL/T 5114—2000。

2. 导流建筑物包括挡水和泄水建筑物，两者级别相同。

3. 表列指标均按施工阶段划分。

4. 有、无特殊要求的永久性建筑物均系针对施工期而言，有特殊要求的Ⅰ级永久建筑物系指施工期不允许过水的土坝及其他有特殊要求的永久建筑物。

5. 使用年限系指导流建筑物每一施工阶段的工作年限，两个或两个以上施工阶段共用的导流建筑物，如分期导流一、二期共用的纵向围堰，其使用年限不能叠加计算。

6. 围堰工程规模一栏，堰高指挡水围堰最大高度，库容指堰前设计水位所拦蓄的水量，两者必须同时满足。

在2004年以后，使用水利行业规范的水利水电工程都是按照《水利水电工程施工组织设计规范》（SL 303—2004）的规定进行导流建筑物等级划分的。导流建筑物等级划分见表3-2。表3-2的等级划分与表3-1规定全部相同，只是取消表头项目和斜线，将表3-1中的围堰工程规模改为导流建筑物规模。

在2007年以后，使用电力行业规范的水电工程都是按照《水电工程施工组织设计规范》（DL/T 5397—2007）的规定进行导流建筑物等级划分的。导流建筑物等级划分见表3-3。表3-3的等级划分与表3-2规定相比，3级建筑物级别规定内容全部相同，4级、5级建筑物的使用年限不同，表3-2中4级使用年限为1.5～3年，5级为小于1.5年，表3-3中4级为2～3年，5级为小于2年。表3-3将表3-2中的导流建筑物规模改为围堰工程规模，围堰高度改为高度。

表 3-2　　　　　　　　　　　　　　　导流建筑物级别划分（SL 规范）

级别	保护对象	失事后果	使用年限 /a	导流建筑物规模 围堰高度 /m	导流建筑物规模 库容 /亿 m³
3	有特殊要求的 1 级永久性水工建筑物	淹没重要城镇，工矿企业、交通干线或推迟工程总工期及第一台（批）机组发电，造成重大灾害和损失	>3	>50	>1.0
4	1 级、2 级永久性水工建筑物	淹没一般城镇、工矿企业或影响工程总工期及第一台（批）机组发电而造成较大经济损失	1.5～3	15～50	0.1-1.0
5	3 级、4 级永久性水工建筑物	淹没基坑，但对总工期及第一台（批）机组发电影响不大，经济损失较小	<1.5	<15	<0.1

注　1. 导流建筑物包括挡水和泄水建筑物，两者级别相同。

　　2. 表列指标均按导流分期划分，保护对象一栏中所列永久性水工建筑物级别系按《水利水电工程等级划分及洪水标准》（SL 252—2000）划分。

　　3. 有、无特殊要求的永久性建筑物均系针对施工期而言，有特殊要求的 1 级永久建筑物系指施工期不允许过水的土坝及其他有特殊要求的永久建筑物。

　　4. 使用年限系指导流建筑物每一施工阶段的工作年限，两个或两个以上施工阶段共用的导流建筑物，如分期导流一期、二期共用的纵向围堰，其使用年限不能叠加计算。

　　5. 导流建筑物规模一栏，围堰高度指挡水围堰最大高度，库容指堰前设计水位所拦蓄的水量，两者应同时满足。

　　6. 本表源于 SL 303—2004。

表 3-3　　　　　　　　　　　　　　　导流建筑物级别划分表（DL 规范）

建筑物级别	保护对象	失事后果	使用年限 /a	围堰工程规模 高度 /m	围堰工程规模 库容 /亿 m³
3	有特殊要求的 1 级永久建筑物	淹没重要城镇，工矿企业、交通干线或推迟工程总工期及第一台（批）机组发电，造成重大灾害和损失	>3	>50	>1.0
4	1 级、2 级永久建筑物	淹没一般城镇、工矿企业或影响工程总工期及第一台（批）机组发电而造成较大经济损失	2～3	15～50	0.1～1.0
5	3 级、4 级永久建筑物	淹没基坑，但对总工期及第一台（批）机组发电影响不大，经济损失较小	<2	<15	<0.1

注　1. 导流建筑物中的挡水和泄水建筑物，两者级别相同。

　　2. 表列指标均按导流分期划分，保护对象一栏中所列永久性水工建筑物级别系按 DL 5180 的要求划分。

　　3. 有特殊要求的 1 级永久建筑物系指施工期不允许过水的土石坝及其他有特殊要求的永久建筑物。

　　4. 使用年限系指导流建筑物每一施工阶段的工作年限，两个或两个以上施工阶段共用的导流建筑物，如一期、二期共用的纵向围堰，其使用年限不能叠加计算。

　　5. 围堰工程规模一栏中，高度指挡水围堰最大高度，库容指堰前设计水位所拦蓄在河槽内的水量，两者应同时满足。

　　6. 本表源于 DL/T 5397—2007。

在 2014 年以后，使用能源行业规范的水电工程都是按照《水电工程施工导流设计规范》（NB/T 35041—2014）和《水电枢纽工程等级划分及设计安全标准》（DL/T 5180—2003）规范的规定进行导流建筑物级别划分。NB/T 35041—2014 规范是替代 DL/T

5114—2000 的规范。NB/T 35041—2014 规范中导流建筑物级别划分规定与 DL/T 5180—2003 规范中规定完全一样，只是表的名称和表内工程规模名称不一样。NB/T 35041—2014 规范中级别划分表的名称是《导流建筑物级别划分》，工程规模是围堰工程规模，导流建筑物级别划分见表 3-4。而 DL/T 5180—2003 规范中级别划分表的名称是《临时性水工建筑物级别》，工程规模是建筑物规模，表中的临时性水工建筑物系指仅在枢纽工程施工期使用的建筑物如围堰、导流隧洞以及导流明渠、临时挡墙等。临时性水工建筑物级别划分见表 3-5。

表 3-4　　　　　　　　　　　　　　导流建筑物级别划分表

建筑物级别	保护对象	失事后果	使用年限/a	导流建筑物规模	
				高度/m	库容/亿 m³
3	有特殊要求的1级永久建筑物	淹没重要城镇、工矿企业、交通干线，或推迟工程总工期及第一台（批）机组发电工期，造成重大灾害和损失	>3	>50	>1.0
4	1级、2级永久建筑物	淹没一般城镇、工矿企业，或影响工程总工期及第一台（批）机组发电工期，造成较大经济损失	2~3	15~50	0.1~1.0
5	3级、4级永久建筑物	淹没基坑，但对总工期及第一台（批）机组发电工期影响不大，经济损失较小	<2	<15	<0.1

注　1. 导流建筑物中的挡水和泄水建筑物，两者级别相同。

2. 表列指标均按导流分期划分，保护对象一栏中所列永久性水工建筑物级别系按《水电枢纽工程等级划分及设计安全标准》（DL 5180—2003）的规定划分。

3. 有特殊要求的1级永久建筑物系指施工期不允许过水的土坝及其他有特殊要求的永久建筑物。

4. 使用年限系指导流建筑物每一施工阶段的工作年限，两个或两个以上施工阶段共用的导流建筑物，如一期、二期共用的纵向围堰，其使用年限不能叠加计算。

5. 围堰工程规模一栏中，高度指挡水围堰的最大高度，库容指堰前设计水位所拦蓄在河槽内的水量，二者应同时满足。

6. 本表源于 NB/T 35041—2014，表 4.0.1。

表 3-5　　　　　　　　　　　　　临时性水工建筑物等级划分表

建筑物级别	保护对象	失事后果	使用年限/a	建筑物规模	
				高度/m	库容/亿 m³
3	有特殊要求的1级永久建筑物	淹没重要城镇、工矿企业、交通干线，或推迟工程总工期及第一台（批）机组发电工期，造成重大灾害和损失	>3	>50	>1.0
4	1级、2级永久建筑物	淹没一般城镇、工矿企业，或影响工程总工期及第一台（批）机组发电工期，造成较大经济损失	2~3	15~50	0.1~1.0
5	3级、4级永久建筑物	淹没基坑，但对总工期及第一台（批）机组发电工期影响不大，经济损失较小	<2	<15	<0.1

注　1. 临时性水工建筑物指仅在枢纽工程施工期使用的建筑物，如围堰、导流洞以及导流明渠、临时挡墙。DL/T 5180—2003 中，临时性水工建筑物限于临时挡水和泄水建筑物。

2. 本表源于 DL/T 5180—2003，表 5.0.9。

3.1.3 导流建筑物级别的选定

施工导流中导流建筑物级别的选定，一般都是按照规范要求，根据不同的导流阶段（分期）和导流建筑物的作用，划分导流建筑物级别。选定方法如下。

（1）按照施工导流初期、中期、后期3个不同导流阶段和导流建筑物的作用，根据导流建筑物的保护对象、失事后果、使用年限和围堰工程规模划分导流建筑的级别。

（2）根据工程特点遇到以下几种情况可适当调整导流建筑物的级别。

1）施工期利用围堰挡水发电，经过技术经济论证，围堰级别可提高一级。

2）当4级、5级导流建筑物的地质条件复杂、或失事后果较严重、或有特殊要求而采用新型结构时，其结构设计级别可提高一级，但洪水设计标准不相应提高。

3）当按表3-4和上述规定所确定的级别不合理时，可根据工程具体条件和施工导流阶段的不同要求，经过论证，予以提高或降低。

（3）当导流建筑物与永久建筑物结合时，结合部分的结构设计应采用永久建筑物的级别标准。

（4）我国水利水电工程导流建筑物的级别，按照规范规定大部分为4级、5级。少数有特殊要求的选定为3级，主要有三峡水利枢纽、葛洲坝水利枢纽、三门峡水电站、丹江口水电站、水口水电站等。个别选定更高的等级，如三峡水利枢纽工程二期上游围堰选定为2级，因其拦洪库容达20亿 m^3，且失事后将严重影响工程建设；三期碾压混凝土围堰和混凝土纵向围堰上纵堰内段选定为1级，因其拦洪库容147亿 m^3，失事后将危及下游，并推迟发电。现将几个有特殊要求的工程实例介绍如下。

1）葛洲坝水利枢纽工程。大江上游土石围堰除保护二期基坑施工外，还担负着壅高上游水位以确保三江船闸通航和二江电厂发电任务，大江上游横向土石围堰和纵向围堰上纵段按3级临时建筑物设计，其他围堰均按4级临时建筑物设计。

2）丹江口水电站工程。工程于1958年开工，1968年完工，一期围堰及纵向围堰按全年20年一遇洪水34500 m^3/s 设计，50年一遇洪水41600 m^3/s 校核。二期上游土石围堰高46m，动水库容26亿 m^3，下游有大片平原，围堰如失事，下游淹没损失大，上游土石围堰按2级临时建筑物设计，下游土石围堰按3级临时建筑物设计。

3）三门峡水电站工程。考虑到枢纽工程必须加快建设，同时洪水期又长，特别是如基坑被含有大量悬移质泥沙的水淹没时，其清淤费用很大，因此一期和二期围堰均列为3级临时建筑物。

4）水口水电站工程。考虑到坝址下游84km即为福建省政治经济文化中心——福州市，福州平原又是福建省三大产粮区之一，而闽江下流两岸当时防洪能力甚差，施工期二期围堰上游拦洪库容已超过7亿 m^3，围堰如果失事，下游淹没损失很大，因此导流明渠、明渠导墙、二期上游横向土石围堰均按3级临时建筑物设计。

3.2 导流标准

在河道内进行水利枢纽工程施工需要经过几年甚至十几年施工时间，期间施工导流可分为几个阶段或几个导流时段。各施工阶段或各导流时段的施工项目和施工导流要求各不相同，施工导流所选择的挡水和泄水导流建筑物也不相同，为了能够使各施工阶段或导流时段所选择的导流挡水和泄水建筑物能够有效控制河道水流，需要选择相应的导流标准。也就是说整个枢纽工程施工导流标准不是一个，而是若干个，即在每一个导流时段内，对应选择一个导流标准。

在河道内修建水工建筑物主体工程时，采用多种施工导流方式，相应的导流标准种类也较多，规定的要求各不相同。在实际工程施工中应了解施工导流各种类型的导流标准和我国能源、水利、电力行业现行规范对施工导流标准的要求，通过已建工程的成果，掌握导流标准的选用方法。在确定施工导流标准时，应注意以下几点。

（1）施工导流标准的合理确定对工程施工的顺利进行及经济效益有很大影响，其标准不宜过高，也不宜过低。在一定程度上，施工导流标准的高低是风险度大小的问题。

（2）影响导流标准确定的因素多而复杂，它不仅要受工程所在河段的地形、地质条件，河流水文特性，工程枢纽布置特点，施工导流方式，施工工期等制约，同时还要受各种施工条件的制约，如施工技术力量、施工设备等。在拟设施工导流标准时，除应执行现行规范中的导流标准外，还应根据工程的具体情况，对投资、工期风险等进行权衡，具体工程具体分析确定。

（3）确定的施工导流标准，应在确保永久建筑物的施工质量、安全及总工期的前提下，力求经济合理。不能确保工程施工质量、安全及总工期，而单纯考虑施工导流工程投资的经济性是得不偿失的。

（4）在施工导流实施中，由于施工条件等原因，降低了设计导流标准，虽然不一定就不安全，但承担过大风险、侥幸成功的经验是不可取的。同时，若确定的导流标准过低，工程会存在较大的、随机的风险，应尽可能避免这种现象发生。

（5）导流标准随导流方式的改变而改变，两者紧密相关，互相影响，在确定导流标准时应注意这一点。

我国一些已建和在建的水利水电工程所采用的施工导流标准，绝大多数是合适的，在施工导流标准选用方面积累了不少经验，但也有极少数工程因导流标准偏低，在实际施工中遭受了损失，或拖延了施工工期。而有的工程虽遭遇了超标准洪水，由于及时组织抢救，没有发生工程事故或导致较大损失。

3.2.1 导流标准分类

国内外在河道内修建水工建筑物时，为满足导流建筑物抵御洪水能力的要求，根据施工现场的地形地质条件、水文气象特性、枢纽布置、航运等实际情况采用多种类别的导流标准。

（1）按施工导流阶段分类。施工导流标准按施工导流的挡水、泄水和下闸蓄水等阶段特点划分，洪水设计标准分为导流建筑物洪水设计标准、坝体施工期度汛洪水设计标准、导流泄水建筑物下闸蓄水洪水设计标准。

1）导流建筑物洪水设计标准。导流建筑物在规定条件下，拦蓄与下泄洪水的能力以洪水重现期或频率（P）表示。规定条件主要是指施工初期、中期、后期阶段导流要求。

2）坝体施工期度汛洪水设计标准。正在建设的水利枢纽工程，在汛期坝体拦蓄和导流泄水建筑物下泄洪水的能力以洪水重现期表示或频率（P）表示。

3）导流泄水建筑物下闸蓄水洪水设计标准。导流泄水建筑物下闸蓄水时，河道上所建水工建筑物拦蓄与下泄洪水的能力，以洪水重现期表示。

（2）按导流时段分类。导流时段按照水文特征、围堰挡水时间、主体建筑物施工时间分为全年施工、枯水期施工、汛期施工三个时段。

1）全年施工洪水标准。即全年某一重现期或频率（P）所出现的最大流量。常用的全年标准为 4 个，即 $P=20\%$，5 年一遇洪水时的最大流量；$P=10\%$，10 年一遇洪水时的最大流量；$P=5\%$，20 年一遇洪水时的最大流量；$P=3.3\%$，30 年一遇洪水时的最大流量。

2）枯水期施工洪水标准。枯水期某一重现期或频率（P）所出现的最大流量。

3）汛期施工洪水标准。洪水汛期某一重现期或频率（P）所出现的最大流量。

（3）按与施工洪水设计标准相关的应用工况分类。在整个工程施工导流期内与施工洪水设计标准相关的应用工况有：全年施工围堰挡水洪水标准、枯水期施工围堰挡水洪水标准、基坑过水围堰洪水标准、蓄水前坝体临时挡水度汛期（汛后坝前基坑抽水，恢复围堰挡水）洪水标准、下闸蓄水前坝体正式挡水度汛期洪水标准、导流泄水建筑物封堵期洪水标准。

1）围堰挡水洪水标准。围堰挡水时段内，全年或枯水期某一重现期或频率（P）所出现的最大流量。围堰挡水时间根据工程施工要求，分为全年和枯水期挡水两种情况，所以选择全年或枯水期洪水标准。

2）基坑过水围堰洪水标准。汛期某一重现期或频率（P）所出现的最大流量。基坑过水一般出现在洪水量大的汛期，所以选择汛期洪水标准。

3）导流泄水建筑物封堵期洪水标准。导流泄水建筑物封堵时段，相应某一重现期或频率（P）所出现的最大流量。一般导流建筑物封堵在枯水期，选择枯水期洪水标准。

4）水库蓄水后坝体挡水度汛期洪水标准。水库蓄水后，50～1000 年中全年所出现的最大流量。水库蓄水时，坝体已到达度汛或设计高程，泄水建筑物已基本建成或全部建成，属于工程运用洪水阶段，选择设计洪水或校核洪水标准。50～1000 年区间应根据坝型类型和级别进行选择。

3.2.2 导流标准技术要求

导流标准技术要求主要是执行我国现行行业标准对施工导流中各阶段和应用工况所需导流标准的规定。其标准主要是《水电工程施工组织设计规范》（DL/T 5397—2007）、《水电枢纽工程等级划分及设计安全标准》（DL/T 5180—2003）、《水利水电工程施工组织设计规范》（SL 303—2004）、《水电工程施工导流设计规范》（NB/T 35041—2014）。选用具体工程导流标准规范时，应与工程合同中所使用的规范保持一致。规范对施工导流标准要求如下。

（1）导流建筑物洪水标准。导流建筑物洪水设计标准应根据导流建筑物的类型和级别在表 3-5 规定的范围内选择。各导流建筑物的洪水设计标准应相同，以主要挡水建筑物的洪水设计标准为准。对导流建筑物级别为 3 级且失事后果严重的工程，应提出发生超标准洪水时的应急预案和工程应急措施。在能源和电力规范中对于大型工程，可在初选的洪水设计标准范围内，进行施工导流标准风险分析。导流建筑物洪水设计标准见表 3-6。

表 3 - 6

导流建筑物结构类型	导 流 建 筑 物 级 别		
	3 级	4 级	5 级
土石	50～20	20～10	10～5
混凝土、浆砌石	20～10	10～5	5～3

注 本表源于 NB/T 35041—2014。在下列情况下，导流建筑物河水设计标准可选用表 3 - 6 中的上限值：

(1) 河流水文实测资料系列小于 20 年或工程处于暴雨中心区。

(2) 采用新型围堰结构型式。

(3) 处于关键施工阶段，失事后可能导致严重后果。

(4) 导流工程规模、投资和技术难度用上限值与下限值相差不大。

(2) 过水围堰设计洪水标准。过水围堰的洪水设计标准应根据围堰的级别在表 3 - 5 规定的范围内选择。过水围堰的洪水设计标准分为挡水和过水两种工况。

1) 过水围堰的设计挡水流量应结合水文特点、施工工期、挡水时段来选择，经技术经济比较后，在设计挡水时段 3～20 年重现期范围内选定。当洪水系列较长（不小于 30 年）时，也可根据实测洪水流量资料分析选用。

2) 过水围堰的设计过堰流量应通过围堰和导流泄水建筑物联合泄流的水力计算分析确定，并通过水工模型试验验证，分析围堰过水时将最不利流量作为设计依据。

(3) 坝体施工期临时度汛洪水设计标准。当坝体填筑到超过围堰顶部高程时，应根据坝型、坝前拦蓄库容，按表 3 - 7 的规定，确定坝体施工期临时度汛洪水设计标准。

表 3 - 7 坝体施工期临时度汛洪水设计标准表 单位：a（重现期）

坝 型	拦 蓄 库 容			
	>10.0 亿 m³	10.0 亿～1.0 亿 m³	1.0 亿～0.1 亿 m³	< 0.1 亿 m³
土坝、堆石坝	≥200	200～100	100～50	50～20
混凝土坝、浆砌石坝	≥100	100～50	50～20	20～10

注 本表源于 NB/T 35041—2014。

(4) 导流泄水建筑物下闸封堵洪水设计标准。导流泄水建筑物下闸封堵设计标准应考虑封堵施工期间水库拦洪蓄水的要求，根据施工总进度确定。

1) 对于天然来流量情况下的水库蓄水，导流泄水建筑物下闸的设计流量标准可取时段内 5～10 年重现期的月或旬平均流量，或按上游的实测流量确定；对于上游有水库控制的工程，下闸设计流量标准，可取上游水库控制泄流量与区间 5～10 年重现期的月或旬平均流量之和。

2) 封堵工程施工期，其进出口的临时挡水标准应根据工程重要性、失事后果等因素，在该时段 5～20 年重现期范围内选定，封堵施工期临近或跨入汛期时应适当提高标准。

(5) 导流建筑物封堵后与坝体度汛洪水设计标准。导流泄水建筑物封堵后，水库开始蓄水，且永久泄洪建筑物尚未具备设计泄洪能力，应分析坝体施工和运行要求，按表 3 - 8 的规定确定坝体度汛洪水设计标准。汛前坝体上升高度应满足拦洪要求，帷幕灌浆及接缝灌浆高程应能满足蓄水要求。

表 3-8　　　　　　　　导流泄水建筑物封堵后坝体度汛洪水设计标准表　　　　单位：a（重现期）

坝　型		大坝级别		
		Ⅰ级	Ⅱ级	Ⅲ级
土石坝	正常运用洪水	500～200	200～100	100～50
	非常运用洪水	1000～500	500～200	200～100
混凝土坝 浆砌石坝	正常运用洪水	200～100	100～50	50～20
	非常运用洪水	500～200	200～100	100～50

注　1. 本表源于 NB/T 35041—2014。
　　2. 在机组具备发电条件前、导流泄水建筑物尚未全部封堵完成时，坝体度汛可不考虑非常运用洪水工况。

（6）水库蓄水洪水标准。水库蓄水期河流来水保证率考虑发电、灌溉、通航、生态流量、供水等要求和大坝安全超高等因素，在 $75\%\sim85\%$ 范围内分析确定。

（7）开挖围填成形的抽水蓄能电站临时导流建筑物的洪水设计标准。对于开挖围填形成的抽水蓄能电站库盆工程，临时挡（泄）水建筑物的洪水设计标准应选择 5～20 年重现期的 24h 洪水量；坝体及电站进出水口施工期临时度汛洪水设计标准应选择 20～100 年重现期的 24h 洪水量。

3.3　导流标准的选择

施工导流标准的选用就是按各施工阶段或各时段采用的施工导流方式，选择所需要的导流标准。选择的导流标准种类主要是各阶段施工导流建筑物洪水设计标准、坝体施工期临时度汛洪水设计标准、导流泄水建筑物封堵后坝体度汛洪水设计标准与施工洪水设计标准相关的应用工况洪水设计标准。

导流标准是确定导流工程建筑物规模的依据，其选择原则是，在主体工程施工期要安全可靠，同时又要经济合理。

施工导流标准的选用方法是按照能源、水利、电力现行行业标准的规定选用导流洪水设计标准，结合工程水文观测统计资料选用导流设计洪水流量。当洪水系列较长（不小于30 年）时，经论证，也可采用实测流量资料分析选用导流设计洪水流量。

3.3.1　导流建筑物洪水设计标准选择

导流建筑物洪水设计标准选择程序：首先按照水利水电工程等级来确定导流建筑物的级别，然后根据导流建筑物级别和施工阶段或导流时段选择各施工阶段或导流时段的导流洪水设计标准与相应洪水流量，将所选择的洪水设计流量作为确定导流建筑物的规模依据。

（1）导流建筑物设计洪水设计标准选择。导流建筑物设计洪水设计标准就是在围堰一次拦断河床导流方式中初期导流阶段挡水围堰和隧洞、明渠泄水等导流建筑物的洪水设计标准，分期导流中挡水围堰和束窄河床、明渠泄水等建筑物的洪水标准。

导流建筑物洪水设计标准的选择方法是根据枢纽工程的导流建筑物的类型和级别，按照表 3-6 规定的范围，结合枢纽工程的施工环境条件、工程特点和风险度综合分析，选择出合适的导流建筑物洪水设计标准。在导流建筑物洪水设计标准选择中应注意以下几点。

1）导流建筑物级别。按被保护的永久建筑物的级别、失事后果、围堰使用年限、围堰工程规模，确定导流建筑物的级别与洪水标准。

2）水文资料实测系列的长短。当河流水文实测系列较长、洪水规律性明显时，可根据洪水规律性及相应频率选择标准；若水文资料实测系列较短，或资料不可靠时，需考虑不利情况，留有余地。

3）围堰的高低和其形成库容的大小以及失事后造成下游损失的大小。库容越大，一旦失事对下游的危害也大，其标准也应适当提高。对下游的危害不仅取决于库容大小，也取决于下游经济情况，影响居民生命财产多少，有时库容虽不大，但下游为居民密集区或经济发达区，一旦失事损失很大，特别是可能出现人员伤亡和财产损失的威胁，也不能完全按库容定级。

4）所保护的主体建筑物类型。对于土石坝，临时坝面过水，则冲刷损失很大，结合其他条件，其标准可选择上限，而对混凝土或浆砌石重力结构，临时坝面允许过水时可采用下限。

5）围堰本身结构类型。如为上游土石围堰且不允许过水时，其标准应高于混凝土及浆砌石重力围堰。

6）基坑施工期的长短。工期越长，遭遇较大洪水机遇越大，洪水标准宜高一些；工期越短时，则遭遇较大洪水机遇越少，洪水标准可低一些。

7）导流泄水建筑物为隧洞、涵管等封闭式结构时，其超泄能力比开敞式结构（如分期束窄河床、导流明渠等）要小，失事后修复也较难，其洪水标准应高一些。

8）导流泄水建筑物参与后期导流时，应按后期导流的洪水标准。

9）导流建筑物与永久水工建筑物结合时，其结合部分应采用永久建筑物的标准。

（2）导流设计洪水流量选择。导流建筑物洪水设计标准选择后，还需选择相应重现期内的设计洪水流量，为导流建筑物设计提供依据。导流建筑物设计洪水流量是设计洪水标准中的重现期内所出现的最大流量，如50年一遇洪水标准内所出现的最大流量。导流设计洪水流量是根据坝址或坝址附近较长期的流量记录及洪水系列计算频率，绘制频率曲线，按表3-6确定的洪水设计标准，在频率曲线上查取设计洪水流量。在我国水利水电工程中，一般都是在设计阶段根据坝址或坝址附近较长期的流量记录及洪水系列计算频率，绘制频率曲线，得出分期设计洪水成果表、各建筑物水位流量关系成果表等资料。工程施工时，直接根据工程总体要求进行选用选择。我国部分水利水电工程施工导流洪水设计标准选用统计见表3-9。

3.3.2 施工期临时度汛标准选择

当坝体升高超过上游围堰堰顶高程后，坝体可以挡水，围堰已不起作用。由未完建坝体挡水，应采用坝体施工期临时度汛标准。根据失事后对下游的影响，度汛标准应根据坝型及坝体升高而形成的拦洪库容（可从水位-库容曲线查取），在表3-7规定的幅度内进行分析拟定，再依据坝体不同施工时段的拦洪库容设置不同的施工度汛标准。

表 3-9 我国部分水利水电工程施工导流洪水设计标准选用统计表

工程名称	坝型	永久建筑物级别	导流方式	导流建筑物级别	围堰形式	堰高/m	导流洪水设计标准 重现期/a	导流洪水设计标准 设计流量/(m³/s)	实际最大流量/(m³/s)
丹江口	混凝土宽缝重力坝	1	分期导流	4	一期低土石围堰	13	一期 20（5月）	8060	5590
				4	一期高土石围堰	21	一期 20（全年）	34500	5770
				4	二期土石围堰	45	二期 设计100（全年）	47000	—
							校核200（全年）	52000	
富春江	混凝土重力坝	2	分期导流	4	一期竹笼戗石围堰	16	一期 20（全年）	18400	10800
				4	二期堆石竹笼围堰	15	二期 20（枯水期）	10160	
				4	三期木笼戗石围堰	—	三期 10（枯水期）	8550	—
刘家峡	混凝土重力坝	1	隧洞导流	4	混凝土拱形围堰	49	初期 10（全年）	4700	5350
龚嘴	混凝土重力坝	1	明渠导流	4	木板心墙堆石围堰	35	初期 20（全年）	9650	5680
							中期 50（全年）	10600	
青铜峡	混凝土重力坝	2	分期导流	4	一期低草土围堰		一期 10（枯水期）	2130	—
				4	一期高草土围堰	9.5	一期 20（全年）	5450	4200
				4	二期草土、土石混合围堰	17.5	二期 设计20（全年）	5450	5940
							校核50（全年）	6200	
碧口	黏土心墙坝	1	隧洞导流	4	围堰与坝体结合		初期 14	3260	1310
八盘峡	混凝土闸坝	2	分期导流（分四期）	4	一期土石围堰		一期 设计20（全年）	5500（经刘家峡调蓄后）	3680
							校核50（全年）		
白山	混凝土重力拱坝	1	明渠导流	4	土石围堰	28	初期 10（枯水期）	2910	—
							中期 10（全年）	5800	
							后期 100（全年）	11800	
葛洲坝	混凝土闸坝	1	分期导流	4	二期上游土石围堰	42	二期 设计10（全年）	66800	72000
							校核20（全年）	71100	
							保堰125（全年）	86000	
石虎塘	混凝土闸坝	3	分期导流	5	一期土石围堰	13.7	一期 10（全年）	14800	9121（二期汛期7闸孔泄洪）
				5	二期土石围堰、汛期过水围堰	13 7.8	二期 5（枯水期）	6580	
							5（汛期全年）	12500	
土谷塘	混凝土闸坝	3	分期导流	5	一期土石围堰	16	一期 5（全年）	11700	9600
					二期土石围堰	17.5	二期 10（全年）	13500	
					三期土石围堰、汛期自溃过水围堰	12.5 9.5	三期 10（全年）	13500	

工程名称	坝型	永久建筑物级别	导流方式	导流建筑物级别	围堰形式	堰高/m	导流洪水设计标准		设计流量/(m³/s)	实际最大流量/(m³/s)
							重现期/a			
鲁布革	心墙堆石坝	2	隧洞导流	4	围堰与坝体结合	46.24 61.14	初期	20（全年）	3400	—
							中期	50（全年）	4260	
							后期	100（全年）	4910	
乌江渡	混凝土拱形重力坝	1	隧洞导流	4	混凝土拱围堰	40	初期	挡水10（11月至次年4月）	1500	
								过水10（全年）	9700	
							中期	20（全年）	11000	
								50（全年）	13000	
							后期	100（全年）	14600	
								200（全年）	15100	
铜街子	混凝土重力坝	1	明渠导流	4	一期土石围堰	17	一期	20（全年）	9200	—
				4	二期土石围堰	30	二期	设计20（全年）	9200	5700
								校核50（全年）	10300	
				1	坝体	超过围堰	后期	100（全年）	11200	
安康	混凝土重力坝	1	明渠导流	4	一期土石围堰		一期	10（11月至次年5月）	4700	19200
				4	二期混凝土拱围堰	32	二期	10（11月至次年5月）	4700	
				1	坝体	超过围堰	三期	10（11月至次年6月）	9200	
							中期	20（全年）	22200	
								50（全年）	25200	
							后期	设计100（全年）	28100	
								校核200（全年）	35700	
江垭	碾压混凝土重力坝	1	隧洞导流	4	碾压混凝土过水拱围堰	20.5	初期	挡水10（枯水期）	2100	—
								过水10（全年）	5870	
							中期	50（全年）	8470	
							后期	100（全年）	9380	
东风	混凝土双曲拱坝	1	隧洞导流		土石过水围堰	17.5	初期	挡水10（枯水期）	1350	5140
								过水20（全年）	8420	
								设计10（全年）	7290	
								校核20（全年）	8420	
							中期	设计20（全年）	8430	
								校核50（全年）	9880	
								设计50（全年）	9880	
								校核100（全年）	11000	

工程名称	坝型	永久建筑物级别	导流方式	导流建筑物级别	围堰形式	堰高/m	导流洪水设计标准		实际最大流量/(m³/s)
							重现期/a	设计流量/(m³/s)	
沙溪口	混凝土重力坝	2	分期导流	4	混凝土与砌石	40.9	一期	10（全年）	13900	—
				3	上游混凝土围堰	44.2	二期	50（全年）	18500	
				4	下游土石围堰	25		20（全年）	15900	
隔河岩	混凝土重力拱坝	1	隧洞导流	4	碾压混凝土过水围堰	43.5	初期	挡水20（枯水期）	3000	—
								过水10（全年）	12000	
							中期	50（全年）	13500	
漫湾	混凝土重力坝	1	隧洞导流	4	土石围堰	64.3	初期	20（全年）	9500	8300
							中期	50（全年）	11600	
龙羊峡	混凝土重力拱坝	1	隧洞导流	3	混凝土心墙堆石围堰	53	初期	设计20（全年）	4100	5570
								校核50（全年）	4720	
							中期	50（全年）	4720	
							后期	200（全年）	5650	
水口	混凝土重力坝	1	明渠导流	4	一期预留岩埝		一期	枯期10（10月至次年2月）	7000	10750
					二期土石围堰	44.5	二期	设计20（全年）	28400	
								校核50（全年）	32200	
								保堰100（全年）	35000	
					三期上游横向碾压混凝土围堰	48	三期	10（全年）	25200	31300
二滩	混凝土双曲拱坝	1	隧洞导流	3	土石围堰	56	初期	设计30（全年）	13500	10500
								保堰50（全年）	14600	
							中期	100（全年）	16000	
							后期	200（全年）	17300	
万家寨	混凝土重力坝	1	分期导流	4	一期土石围堰	12		20（全年）	8350	—
				4	二期土石围堰	25.6		20（全年）	8350	
				1	坝体挡水	超过围堰	前期	50（全年）	10300	
							后期	100（全年）	11700	
三峡	混凝土重力坝	特级	二期明渠导流三期底孔导流	4	一期土石围堰	37	一期	20（全年）	72300	—
				2	二期上游横向土石围堰	77.5	二期	设计100（全年）	83700	—
								校核200（全年）	88400	
				3	二期下游横向土石围堰	67		50（全年）	79000	
				1	三期上游横向高碾压混凝土围堰	121		设计100（全年）	72300	—
								校核100（全年）	83700	
				3	三期下游横向土石围堰	36		50（全年）	79000	—
				1	上纵堰外段混凝土围堰	47.5		100（全年）	83700	
				3	导流明渠		二期	50（全年）	79000	
								校核100（全年）	83700	

工程名称	坝型	永久建筑物级别	导流方式	导流建筑物级别	围堰形式	堰高/m	导流洪水设计标准			实际最大流量/(m³/s)
								重现期/a	设计流量/(m³/s)	
小浪底	黏土斜墙堆石坝	特	隧洞导流	3	均质土围堰	59	初期	100（全年）	17340	4000
							中期	500（全年）	24760	
							后期	1000（全年）	26640	
拉西瓦	混凝土双曲拱坝	1	隧洞导流	4	土石围堰	45.3	初期	20（全年）	2000	1200（龙羊峡控泄后）
							中期	50（全年）	2500	
								100（全年）	3000	
							后期	设计100（全年）	3000	
								校核200（全年）	3770	
李家峡	混凝土双曲拱坝	1	隧洞导流	4	土石围堰	38	初期	20（全年）	2000	1500（龙羊峡控泄后）
							中期	50（全年）	2500	
							后期	100（全年）	3000	
公伯峡	混凝土面板堆石坝	1	隧洞导流	4	土石围堰	38	初期	20（全年）	2000	1200（龙羊峡控泄后）
							中期	50（全年）	2500	
								200（全年）	3770	
							后期	设计200（全年）	3770	
								校核500（全年）	4070	
溪洛渡	混凝土双曲拱坝	1	隧洞导流	3	碎石土斜心墙土石围堰	78	初期	50（全年）	32000	—
							中期	100（全年）	34800	
							后期	200（全年）	37600	
小湾	混凝土双曲拱坝	1	隧洞导流	3	黏土心墙土石围堰	60.59	初期	30（全年）	10300	—
							中期	50（全年）	11500	
								75（全年）	12500	
								100（全年）	13100	
								校核200（全年）	14600	
							后期	设计200（全年）	14600	
								校核300（全年）	15600	
锦屏一级	混凝土双曲拱坝	1	隧洞导流	3	复合土工膜斜墙土石围堰	64.5	初期	30（全年）	9370	—
							中期	100（全年）	10900	
								200（全年）	11700	
							后期	200（全年）	11700	
龙滩	碾压混凝土重力坝	1	隧洞导流	3	碾压混凝土围堰	82.7	初期	10（全年）	14700	8890
							中期	100（全年）	23200	
							后期	200（全年）	25100	

工程名称	坝型	永久建筑物级别	导流方式	导流建筑物级别	围堰形式	堰高/m	导流洪水设计标准			实际最大流量/(m³/s)
								重现期/a	设计流量/(m³/s)	
构皮滩	混凝土双曲拱坝	1	隧洞导流	4	碾压混凝土围堰	72.6	初期	10（全年）	13500	—
							中期	100（全年）	21000	
								200（全年）	23200	
							后期	设计200（全年）	23200	
								校核500（全年）	27900	
锦潭	混凝土双曲拱坝	2	隧洞导流	4	混凝土心墙土石过水围堰	16.5	初期	10（枯水期）	321	—
							中期	10（全年）	1240	
							后期	50（全年）	1730	
大岗山	混凝土双曲拱坝	1	隧洞导流	3	土工膜心墙土石围堰	51	初期	30（全年）	6190	—
							中期	100（全年）	7040	
							后期	200（全年）	8120	
金安桥	碾压混凝土重力坝	1	隧洞导流	3	复合土工膜堆石围堰	62	初期	30（全年）	10600	—
							中期	50（全年）	11400	
								100（全年）	12400	
							后期	500（全年）	14600	
糯扎渡	砾石土心墙堆石坝	1	隧洞导流	3	黏土斜墙土石围堰	74	初期	50（全年）	17400	—
							中期	200（全年）	22000	
							后期	设计500（全年）	25100	
								校核1000（全年）	27500	
水布垭	混凝土面板堆石坝	1	隧洞导流	4	土石过水围堰	33	初期	挡水20（枯水期）	4190	—
								过水30（全年）	11600	
							中期	30～300（全年）	11600～15500	
							后期	500（全年）	16500	
瀑布沟	砾石土心墙堆石坝	1	隧洞导流	3	复合土工膜斜墙土石围堰	47.5	初期	30（全年）	7320	—
							中期	100（全年）	8230	
								200（全年）	8770	
							后期	200（全年）	8770	
双江口	砾石土心墙堆石坝	1	隧洞导流	3	土工膜心墙土石围堰	51	初期	50（全年）	4840	—
							中期	100（全年）	5330	
								200（全年）	5810	
							后期	设计200（全年）	5810	
								校核300（全年）	6080	
								设计500（全年）	6430	
								校核1000（全年）	6900	

工程名称	坝型	永久建筑物级别	导流方式	导流建筑物级别	围堰形式	堰高/m	导流洪水设计标准		实际最大流量/(m³/s)
							重现期/a	设计流量/(m³/s)	
两河口	心墙土石坝	1	隧洞导流	3	复合土工膜斜墙土石围堰	64.5	初期 50（全年）	5240	—
							中期 200（全年）	6110	
功果桥	碾压混凝土重力坝	2	隧洞导流	4	土石过水围堰	22.5	初期 挡水10（枯水期）	2060	—
							过水20（全年）	7710	
							中期 100（全年）	10300	
蜀河	混凝土重力坝	2	分期明渠导流	4	纵向草土围堰 一期土石围堰	8～10,27	5（4月）	2730	13000
							10（全年）	19700	
					二期土石围堰	34	10（全年）（安康控泄）	17000	2600
梨园	混凝土面板堆石坝	1	隧洞导流	3	土石围堰	65.5	初期 30（全年）	8950	—
							中期 100（全年）	10400	
							后期 500（全年）	12200	
阿海	碾压混凝土重力坝	1	隧洞导流	4	土石围堰	69	初期 20（全年）	9800	—
					坝体挡水	超过围堰	中期 50（全年）	11200	
							后期 200（全年）	13200	
龙开口	碾压混凝土重力坝	1	分期明渠导流	4	明渠预留岩坎厂房土石围堰	16.5	一期 5（全年）	8360	
					混凝土纵向围堰		10（全年）	9640	
					二期土石围堰	45	二期 20（全年）	10800	7020
					枯水期围堰		三期 10 枯水期	2510	
					坝体临时断面挡水		三期 100（全年）	13400	7500
					明渠底孔封堵		三期 10（枯水期）	2510	
鲁地拉	碾压混凝土重力坝	1	隧洞导流	4	土石—碾压混凝土混合过水围堰	33.5	初期 挡水20（枯水期）	2170	—
							过水20（全年）	10700	
							中期 50（全年）	12200	
							100（全年）	13400	
							后期 200（全年）	14500	
观音岩	碾压混凝土重力坝和右岸黏土心墙堆石坝组成混合坝	1	分期明渠导流	4	一期预留岩埝		20（全年）	11400	—
				3	二期上游土石围堰	52	30（全年）	12100	
				4	三期上游土石围堰	37	20（枯水期）	3320	
					坝体挡水	超过围堰	中期 100（全年）	14200	
				1			后期 设计200（全年）	15400	
							校核500（全年）	16900	

工程名称	坝型	永久建筑物级别	导流方式	导流建筑物级别	围堰形式	堰高/m	导流洪水设计标准 重现期/a	导流洪水设计标准 设计流量/(m³/s)	实际最大流量/(m³/s)
景洪	碾压混凝土重力坝	1	分期底孔和缺口导流	4	一期纵向围堰		10（全年）	12700	—
				3	二期上游土石围堰	65	20（全年）	15100	
				1	坝体挡水	超过围堰	中期 100（全年）	20800	
天生桥一级	混凝土面板堆石坝	1	隧洞导流	4	土石过水围堰	19.4	初期 挡水20（枯水期）	1670	4430
							过水30（全年）	10800	
							中期 300（全年）	17400	
							500（全年）	18800	
天生桥二级	混凝土重力坝	1	明渠导流	4	土石过水围堰	14.7	初期 挡水20（枯水期）	1230	4310
							过水20（全年）	7310	
岩滩	混凝土重力坝	1	分期明渠底孔导流	4	一期明渠施工围堰	2～9	5（枯水期）	1340	19100
					二期上游土石围堰	27.5	20（枯水期）	2220	
					二期厂坝基坑上游碾压混凝土围堰	52.3	5（全年）	15100	
					三期明渠坝段施工		20（枯水期）	2220	
					坝体挡水		中期 20（全年）	19700	
							后期 1000（全年）	30500	
锦屏二级	混凝土闸坝	1	隧洞导流	4	土石过水围堰	堰高/过水堰高24.5/21	初期 挡水10（枯水期）	1450	6960
							过水20（全年）	8850	
							中期 20（全年）	8850	
珊溪	混凝土面板堆石坝	1	隧洞导流	4	土石过水围堰	20	初期 挡水10（枯水期）	1100	—
							过水20（全年）	7790	
							中期 100（枯水期）	4890	
							100（全年）	11500	
							后期 设计500（全年）	15200	
							校核1000（全年）	16700	
滩坑	混凝土面板堆石坝	1	隧洞导流	4	土石过水围堰	堰高/过水堰高23.5/18	初期 挡水10（枯水期）	2420	—
							过水20（全年）	10400	
							中期 200（5—6月）	10100	
							200（全年）	17500	
							后期 设计500（全年）	20300	
							校核1000（全年）	22500	

工程名称	坝型	永久建筑物级别	导流方式	导流建筑物级别	围堰形式	堰高/m	导流洪水设计标准		实际最大流量/(m³/s)
							重现期/a	设计流量/(m³/s)	
三板溪	混凝土面板堆石坝	1	隧洞导流	4	土石围堰	30	初期	20（枯水期，10月至次年4月）	3370	5250
							中期	100（全年）	12600	
								200（全年）	14300	
碗米坡	混凝土重力坝	2	隧洞导流	4	土石围堰	28	初期	5（枯水期）（11月至次年4月）	1830	1640
							中期	20（全年）	10900	
								50（全年）	13000	
向家坝	混凝土重力坝	1	分期底孔导流	4	一期纵向围堰	20.5		20（全年）	28200	—
				3	二期土石围堰	59		50（全年）	32000	
				1	坝体挡水	超过围堰	中期	100（全年）	34800	
							后期	200（全年）	37600	
光照	碾压混凝土重力坝	1	隧洞导流	4	土石过水围堰	22	初期	挡水10（枯水期）	1120	—
								过水10（全年）	5470	
				1	坝体挡水	超过围堰	中期	20（全年）	6260	
								50（全年）	7270	
							后期	设计200（全年）	8740	
洪家渡	混凝土面板堆石坝	1	隧洞导流	4	上游围堰（枯水期）	16	初期	10（枯水期）	1260	—
					下游围堰（全年）	19.6		10（全年）	3250	
				1	坝体挡水	超过围堰	中期	100（全年）	5210	
							后期	500（全年）	6550	
引子渡	混凝土面板堆石坝	2	隧洞导流	4	土石围堰	23.5	初期	10（枯水期）	1170	—
							中期	50（全年）	5780	
								100（全年）	6390	
							后期	设计100（全年）	6390	
								校核200（全年）	6980	
大朝山	碾压混凝土重力坝	1	隧洞导流	4	碾压混凝土拱围堰	53	初期	挡水5（10月至次年6月）	3940	5000
								过水20（全年）	10300	
							中期	50（全年）	12600	
								100（全年）	14200	

工程名称	坝型	永久建筑物级别	导流方式	导流建筑物级别	围堰形式	堰高/m	导流洪水设计标准		实际最大流量/(m³/s)
							重现期/a	设计流量/(m³/s)	
喜河	碾压混凝土重力坝	2	分期明渠导流	4	一期土石草土围堰	8.5	一期 10（枯水期）	880	—
					一期混凝土围堰	28	一期 10（全年）	15000	
				4	二期上游土石围堰	21	二期 10（枯水期）	3380	
				2	坝体挡水	超过围堰	三期 10（枯水期）	3310	
							中期 10（全年）	15000	
							后期 设计50（全年）	18900	
							校核100（全年）	21800	
土卡河	混凝土重力坝	3	分期枯期隧洞导流	5	一期土石围堰	9.9	一期 10（枯水期）	1230	6980
				4	一期上游碾压混凝土围堰	25.8	一期 10（全年）	5730	
				5	二期上游土石围堰	17.5	二期 5（枯水期）	730	
				3	坝体挡水	超过围堰	中期 50（全年）	8660	
							后期 50（全年）	8660	
天花板	碾压混凝土双曲拱坝	3	隧洞导流	4	土石围堰	40.5	初期 10（全年）	2130	—
							中期 20（全年）	2730	
大华桥	碾压混凝土重力坝	2	隧洞导流	4	胶凝砂砾石过水围堰	49	初期 挡水10（枯水期）	2060	—
							过水20（全年）	6950	
							中期 50（全年）	8300	
							100（全年）	9310	
							后期 20（枯水期）	1420	
五强溪	混凝土重力坝	1	分期底孔导流	4	一期上游混凝土过水围堰	18.6	一期 挡水	16000	21200
							过水20（全年）	31800	
				4	二期上游碾压混凝土过水围堰	40.8	二期 挡水	18000	30000
							过水20（全年）	31800	
				1	坝体挡水	超过围堰	中期 50（全年）	36600	—
							后期 200（全年）	43400	
枕头坝一级	混凝土重力坝	2	分期明渠导流	4	一期预留岩埂		一期 10（全年）	6080	—
					二期上游土石围堰	28	二期 20（全年）	6600	
				3	三期上游土石围堰	30	三期 20（枯水期）	3510	
				2	坝体挡水	超过围堰	后期 50（全年）	8150	
沙坪二级	混凝土闸坝	2	分期明渠导流	4	截流前预留岩埂	44.6	一期 5（全年）	6690	—
					一期上游土石围堰	37	10（全年）	7490	
					二期上游土石围堰	19	二期 20（全年）	8250	

工程名称	坝型	永久建筑物级别	导流方式	导流建筑物级别	围堰形式	堰高/m	导流洪水设计标准		实际最大流量/(m³/s)
							重现期/a	设计流量/(m³/s)	
藏木	混凝土重力坝	2	分期明渠导流	4	一期纵向围堰	15	一期 10（全年）	7760	—
					二期上游土石围堰	40	二期 20（全年）	8870	
					三期上游土石围堰	6	三期 20（11月至次年6月）	955	
					坝体挡水	超过围堰	中期 50（全年）	10300	
银盘	混凝土重力坝	2	分期明渠导流	5	一期预留岩埂	19.5	一期 3（全年）	12700	—
				4	二期上游土石围堰	42.4	二期 20（全年）	20800	
					三期上游土石围堰	40	三期 20（全年）	20800	
					坝体挡水	超过围堰	后期 100（全年）	27100	
卡基娃	混凝土面板堆石坝	1	隧洞导流	4	土石围堰	42	初期 20（全年）	973	—
							中期 100（全年）	1220	
							200（全年）	1320	
							后期 300（枯水期）	152	
立洲	碾压混凝土双曲拱坝	2	隧洞导流	4	土石围堰过水围堰	14 10.7	初期 挡水10（枯水期）	161	—
							过水10（全年）	1120	
							中期 20（全年）	1260	
							后期 100（枯水期）	225	

坝体施工期临时度汛标准的确定，是一个典型的风险决策问题。需考虑的主要因素如下。

（1）在按照《水电水利工程施工导流设计导则》（DL/T 5114—2000）中有关条款对照选定临时度汛洪水标准的基础上，参照国内坝体施工期临时度汛洪水标准资料进行类比分析。

（2）考虑坝体度汛期间，一旦失事，对下游已建的工程造成损失的严重程度，可适当提高和降低其洪水标准。

（3）按照施工方法及施工强度估算能否满足施工度汛要求。

（4）结合风险分析，根据工程的重要性和施工条件，合理地确定风险值。

综合以上需注意的问题选择所建工程施工期临时度汛洪水标准。国内部分工程施工期临时度汛洪水标准见表3-10。

表3-10　　　　　　　国内部分工程施工期临时度汛洪水标准表

序号	工程名称	坝型	导流方式	洪水标准		泄洪方式
				重现期/a	流量/(m³/s)	
1	二滩	混凝土双曲拱坝	隧洞导流	100	17340	导流隧洞
2	万家寨	混凝土重力坝	底孔导流	50	10300	导流底孔
3	江垭	碾压混凝土重力坝	隧洞导流	100	9580	导流隧洞

序号	工程名称	坝　型	导流方式	洪水标准 重现期 /a	洪水标准 流量 /(m³/s)	泄洪方式
4	天生桥一级	混凝土面板堆石坝	隧洞导流	30	17500	导流隧洞、放空洞
5	古洞口	混凝土面板堆石坝	隧洞导流	100	3260	导流隧洞、放空洞
6	莲花	混凝土面板堆石坝	隧洞导流	100	11400	导流隧洞
7	小浪底	斜心墙堆石坝	隧洞导流	100 500	18010 21530	导流隧洞、排砂洞
8	棉花滩	碾压混凝土重力坝	隧洞导流	50	8400	导流隧洞
9	龙滩	碾压混凝土重力坝	隧洞导流	100	23200	导流隧洞

3.3.3　下闸蓄水度汛标准的选择

下闸蓄水、封堵导流建筑物为施工导流最后一个时段，也是水电站首批（台）机组发电的重要时段。需要选择的导流标准主要是导流泄水建筑物封堵洪水标准、水库初期蓄水洪水标准、导流泄水建筑物封堵后坝体度汛洪水标准。

（1）导流泄水建筑物封堵洪水标准。导流泄水建筑物的封堵时间应在满足度汛安全、水库蓄水要求前提下，根据施工总进度确定。

封堵下闸的设计流量选择与河流水文特性、下门设备、启吊方式等密切相关，可用封堵时段5～10年重现期（常用10年重现期）月或旬平均流量。也可用其他实测水文统计资料分析确定，但应按较高的保证率，采用相应的流量值。封堵工程施工阶段的导流设计标准，可在该项施工时段5～20年重现期范围内确定。

（2）水库初期蓄水洪水标准。水库初期蓄水标准根据发电、灌溉、供水、通航等要求和大坝安全超高等因素进行综合分析确定。一般保证率为75%～85%。

（3）导流泄水建筑物封堵后坝体度汛洪水标准。当导流泄水建筑物封堵后，水库开始蓄水，且永久泄水建筑物尚未具备设计泄洪能力，应分析坝体施工和运行要求，根据不同类型的坝型按照正常运用洪水和非常运用洪水两种工况按表3-8的规定选用导流泄水建筑物封堵后坝体度汛标准。

二滩水电站工程导流泄水建筑物设计封堵时段及特性见表3-11，国内部分水利水电工程初期蓄水后坝体度汛洪水标准见表3-12。

表3-11　　　　二滩水电站工程导流泄水建筑物设计封堵时段及特性表

导流程序		时　段	设计标准 /a	设计流量 /(m³/s)	挡水建筑物	泄水建筑物
后期导流	导流隧洞下闸	第5年11月中旬	10 （旬平均）	1500	拱坝	临时导流底孔
	导流隧洞封堵	第5年11月中旬	10 （旬平均）	1500	拱坝，导流隧洞进口闸门左岸2号尾水闸门，右岸导流隧洞出口子堰	临时导流底孔
	临时导流底孔下闸	第6年5月	10 （旬平均）	1500	拱坝，临时导流底孔闸门导流隧洞堵塞	

表 3－12　　　　　　　　国内部分水利水电工程初期蓄水后坝体度汛洪水标准表

序号	工程名称	坝　　型	坝高/m	主体建筑物级别	蓄水库容/亿 m³	洪水标准 重现期/a	洪水标准 流量/(m³/s)	泄洪方式
1	水口	混凝土重力坝	101	1 级	23.40	100	35000	溢洪道表孔
2	普定	碾压混凝土坝	75	1 级	3.77	50	4729	泄水表孔
3	莲花	混凝土面板堆石坝	71.8	2 级	41.80	30	14700	溢洪道
4	瀑布沟	心墙堆石坝	188	1 级	9.76	200	8770	溢洪道、泄洪洞
5	江垭	碾压混凝土重力坝	131	1 级	15.75	100	9380	泄水表孔
6	天生桥一级	混凝土面板堆石坝	178	1 级	102.60	500	18800	溢洪道、泄洪洞
7	公伯峡	混凝土面板堆石坝	127	1 级	6.20	500	5440	溢洪道、泄洪洞
8	万家寨	混凝土重力坝	90	1 级	8.96	100	11700	泄水中孔、表孔
9	拉西瓦	混凝土拱坝	250	1 级	10.50	100	4000	溢洪道
10	二滩	混凝土拱坝	240	1 级	58.00	100	17340	泄水表孔、泄洪洞
11	龙滩	碾压混凝土坝	192	1 级	162.10	200	29500	泄水表孔
12	小浪底	斜墙堆石坝	167	特级	126.50	1000	24520	泄洪洞
13	古洞口	混凝土面板堆石坝	121	1 级	1.38	100	3260	溢洪道
14	小湾	混凝土拱坝	292	1 级	145.50	100	13100	泄洪洞
15	棉花滩	碾压混凝土坝	111	1 级	11.22	100	9400	泄水表孔
16	大朝山	碾压混凝土坝	115	1 级	8.90	500	18200	泄水表孔
17	三峡	混凝土重力坝	181	特级	234.00	200	88400	泄水深孔、表孔

3.3.4　施工相关应用工况洪水设计标准的选择

在施工导流中存在与施工洪水设计标准相关的应用工况，主要是过水围堰设计标准、利用围堰挡水发电的洪水标准、上游建有梯级水库的洪水标准等，需要针对应用工况导流要求选用导流标准。

（1）过水围堰设计洪水标准的选用。过水围堰允许基坑淹没的导流方式在国内外得到了广泛的运用，让河流最大洪峰流量通过围堰或施工中的坝体，事实证明是经济又可行的。国内外已建过水围堰最大高度达 40m，最大单宽流量 90m³/(s·m)。过水围堰的特点是既挡水又泄水，过水时最危险的流量不一定发生在最大洪水期，因此，其标准应按挡水和过水两种情况分别拟定。

1）过水围堰的使用条件。

A. 洪水、枯水流量与水位变幅均较大，常会碰到洪中有枯、枯中有洪的水情变化较大的不稳定河流。

B. 河流含沙量较少，基坑过水后清淤工作量较小。

C. 如果采用不过水围堰，导流工程量过大，围堰难以在一个枯水期内形成。

D. 坝体较低时允许过水；当不允许过水时，在一个枯水期内坝体能达到安全度汛高程。

2）过水围堰挡水设计洪水标准选择。首先按表 3-5 选择过水围堰的级别，然后按照表 3-6 选择设计洪水标准。

3）过水围堰过水洪水标准选择。为加快施工进度，在技术可行、经济合理的前提下，应尽量多争取一些工期。枯水施工时段内，一般不宜过水或尽量少过水。如需争取洪水期施工，全年的过水次数不宜过多。当挡水流量同枯水年份的最大流量接近时，也可选用枯水年的最大流量。这样既对枯水期基坑施工有保证，还可争取枯水年份基坑全年施工。

过水流量标准采用频率法和实测资料两种方法确定。第一种方法是按选定的围堰级别查看历史资料选定过水流量标准。第二种方法是分析实测洪水后选定过水流量标准。此标准主要用于堰体稳定分析和结构计算，也用于所有导流泄水通道的过水能力校核。国内部分水利水电工程过水围堰采用的挡水和过水标准见表 3-13。

表 3-13　　　国内部分水利水电工程过水围堰采用的挡水和过水标准表

序号	工程名称	坝　　型	坝高 /m	堰体型式	堰高 /m	挡水标准		过水标准	
						重现期 /a	流量 /(m³/s)	重现期 /a	流量 /(m³/s)
1	岩滩	混凝土重力坝	110.0	碾压混凝土	52.30	全年 5	15100	全年 20	19700
2	五强溪	混凝土重力坝	87.5	碾压混凝土	41.00	全年 2.17	18000	全年 20	31800
3	天生桥一级	混凝土面板堆石坝	178.0	土石过水	32.40	11月至次年5月 20	1670	全年 30	10800
4	莲花	混凝土面板堆石坝	71.8	土石过水	29.23	10月至次年3月 20	1860	全年 20	6940
5	江垭	碾压混凝土坝	131.0	碾压混凝土	20.50	10月至次年4月 10	2100	全年 10	5870
6	珊溪	混凝土面板堆石坝	130.8	土石过水	20.00	枯水期 10	1050	全年 20	7790
7	芹山	混凝土面板堆石坝	122.0	土石过水	16.50	枯水期 10	355	全年 20	2230
8	棉花滩	碾压混凝土坝	111	碾压混凝土	27.00	10月至次年3月 5	2120	全年 20	6950
9	石虎塘	闸坝	28	土石过水	17.00	8月至次年2月 5	6580	全年 5	12500

（2）利用围堰挡水发电的洪水标准选择。利用围堰挡水发电应具备一定的条件，不仅要有较好的施工条件，而且还要有较好的水工枢纽布置方案。对于利用围堰挡水发电的工程，施工导流需先围发电厂房，然后利用后期（二期）围堰挡水提前蓄水发电。

利用围堰挡水发电时，围堰的任务和作用已发生变化，成为半永久性建筑物。围堰的安全不仅关系到工程施工及对下游的影响，还涉及电力系统运行及国民经济各部门的生产。因此，围堰的挡水设计洪水标准应高于临时性建筑物，低于永久建筑物。其标准的选择，应根据使用期的长短及工程的重要性等具体情况分析、论证后综合确定。

在分两期施工导流的工程中，利用二期围堰挡水发电的洪水标准可分为全年挡水围堰和枯水期挡水、汛期过水围堰两种洪水标准。

1）全年挡水围堰发电的洪水标准。在分两期施工导流的工程中，利用二期全年挡水围堰发电的工程施工中，一期按照全年洪水标准修建发电厂房和二期导流使用的泄水建筑物，二期全年挡水围堰发电的洪水标准是根据工程建筑物的等级和失事后果的严重程度进行选择。如葛洲坝水利枢纽工程为我国第一个二期采用土石围堰挡水通航发电的工程，二期围堰挡水洪水标准为 71100m³/s（约相当理论重现期 20 年），保坝流量为 86000m³/s（理论重现期 120 年）；三峡水利枢纽工程三期碾压混凝土围堰挡水通航发电，设计洪水重现期为 20 年洪水 72300m³/s，保坝重现期为 100 年洪水 83700m³/s，最大堰高 121m，拦蓄库容 147 亿 m³，为世界上围堰挡水发电最大的工程。葛洲坝水利枢纽工程二期大江围堰选择的洪水标准见表 3-14。福建省闽江上游干流沙溪河各梯级工程大多采用围堰挡水发电，其洪水标准见表 3-15。

表 3-14　　　　　　葛洲坝水利枢纽工程二期大江围堰选择的洪水标准表

项目	流量/(m³/s)	理论频率重现期/a	经验频率重现期/a	在水文系列中的排位
设计	66800	10	约 30	1996 年实测系列第三位
校核	71100	20	96	1996 年实测系列第一位
保坝	86000	120	160	历史洪水调查第五位

表 3-15　　　　　　　沙溪河各梯级工程围堰挡水发电的洪水标准表

工 程 项 目		斑竹	高砂	竹洲
导流时段		全年挡水时段	全年挡水时段	全年挡水时段
导流建筑物级别		4 级	4 级	4 级
导流标准	重现期/a	10	10	10
	流量/(m³/s)	5850	6140	5310
导流分期		二期	二期	二期

2）枯水期挡水、汛期过水围堰洪水标准。在低水头航电枢纽工程的施工中，水电站厂房采用贯流式发电机组，发电水头为 5m 左右，在分期导流施工中，利用二期枯水期洪水标准挡水围堰发电。一期按照枯水期洪水标准，修建电站厂房和二期导流使用的泄水建筑物；二期枯水期挡水围堰形成后，电站厂房发电机组可提前发电。汛期将围堰改为过水围堰，由一期修建的泄水建筑物和过水围堰下泄洪水。在汛期过后及时恢复枯水期围堰挡水，水电站厂房可继续发电，同时完成二期基坑内的挡水和泄水建筑物。在汛期到来前，拆除二期枯水期围堰，此时暂停厂房发电，当二期枯水期围堰拆除后，由永久工程挡水和泄水建筑物控制水流，水电站厂房进入正常发电状态。二期枯水期围堰洪水标准是工程所在地枯水期导流时段的设计洪水标准，汛期选择工程所在地全年洪水设计标准。如石虎塘航电枢纽工程就是利用二期枯水期围堰挡水提前发电，二期枯水期围堰挡水洪水设计标准选择枯水期时段 5 年一遇洪水标准，洪水设计流量为 6580m³/s，汛期时段选择全年 5 年一遇洪水标准，洪水流量 125000m³/s。

（3）上游建有梯级水库的洪水标准的选择。随着我国水利水电工程建设开始对河流实施梯级开发，施工导流设计中遇到上游已建有梯级水库的情况会越来越多。在这种情况下，选择导流设计洪水标准及流量比较复杂，需要考虑众多实际综合因素，以力求经济合理。上游建有梯级水库时，有调蓄、削峰作用，当水库较大时，可控制其下泄量。下游施工工程的导流设计洪水标准，一般仍按规范规定的范围设计，即用同频率的上游洪水经水库调节后的下泄量，加区间流量确定。

1）施工导流洪水标准选择。上游建有梯级水库的洪水标准仍然在表 3-5 规定的范围内选择。

2）施工导流设计洪水流量的选择。当枢纽工程所在河段上游建有水库时，施工导流设计洪水由两部分组成，一部分是上游梯级水库泄流包括正常发电等运行下泄流量和汛期调蓄后的泄流量；另一部分是区间来水。施工导流设计洪水流量应经过技术经济比较后，再经同频率上游水库下泄流量和区间流量分析，组合选择。如八盘峡水电站施工时，考虑了刘家峡水库的调节作用。天然设计流量 6350m³/s，校核流量 7300m³/s，经水库调节后两者下泄流量均为 4540m³/s，在选定频率 5% 的情况下，区间流量 950m³/s，故八盘峡水电站导流设计流量 5500m³/s。但上犹江水库建在支流上，或虽在干流上，却有较大支流汇入时，干、支流的洪峰流量不能简单地叠加，需分析干、支流洪水的成因和发生时间，根据洪峰的传播时间考虑错峰作用。必须科学控制水库调度才能达到错峰的目的。

3.4　不同坝型施工导流标准的选择

在河道内可以修建各种不同类型的拦河大坝。拦河大坝的主要坝型有土石坝、混凝土面板堆石坝、混凝土拱坝、混凝土重力坝等。在水利枢纽工程施工导流期间，需要根据不同坝型结构布置、施工阶段、采用的施工方式来选择相应的施工导流标准。

3.4.1　土石坝导流标准选择

土石坝施工导流一般采用全断面断流、隧洞和溢洪道泄流的导流方式，施工时间一般都需要经过汛期。在土石坝施工导流中需要选择土石坝导流建筑物的洪水设计标准、土石坝体施工期临时度汛的洪水设计标准、导流建筑物封堵洪水设计标准等。

土石坝施工过程中不允许过水，若不能在一个枯水期建成拦洪，则导流时段应以全年为标准，导流设计流量以全年最大洪水的一定频率进行设计。若土石坝能在汛期到来之前填筑到临时拦洪高程，则可以缩短围堰使用期限，在降低围堰高度、减少围堰工程量的同时，又可达到安全度汛、经济合理、快速施工的目的。在这种情况下，导流时段的标准可以不包括汛期的施工时段，导流的设计流量即为该时段按某导流标准的设计频率计算的最大流量。

从挡水建筑物的防洪特点来看，土坝洪水漫顶极易引起垮坝事故，因此，其洪水设计标准要求较高。

（1）土石坝导流建筑物的洪水设计标准。土石坝导流建筑物的洪水设计标准，应根据建筑物结构类型及其级别，在表 3-16 所规定的范围内，综合分析确定。对失事后果严重的，应考虑遭遇超洪水设计标准的应急措施。

表 3 - 16　　　　　　　　　　　土石坝导流建筑物的洪水设计标准表

导流建筑物级别	3 级	4 级	5 级
重现期/a	50～20	20～10	10～5

（2）土石坝坝体施工期临时度汛的洪水设计标准。土石坝坝体施工期临时度汛的洪水设计标准应根据拦蓄库容，按照表 3 - 17 确定。考虑失事后对下游的影响程度，经技术经济论证，洪水设计标准还可适当提高或降低。

表 3 - 17　　　　　　　　　　土石坝坝体施工期临时度汛洪水设计标准表

拦蓄库容/亿 m³	>1.0	1.0～0.1	<0.1
重现期/a	>100	100～50	50～20

（3）导流建筑物封堵洪水设计标准。导流建筑物封堵后，如果永久性泄水建筑物尚未具备设计泄洪能力，土石坝坝体度汛的洪水设计标准应通过分析坝体施工和运行的要求，在表 3 - 18 所规定的范围内确定。

表 3 - 18　　　　　　　　导流建筑物封堵后土石坝坝体度汛洪水设计标准表

土石坝的级别	1 级	2 级	3 级
正常运用洪水重现期/a	500～200	200～100	100～50
非常运用洪水重现期/a	1000～500	500～200	200～100

3.4.2　混凝土面板堆石坝导流标准选择

混凝土面板堆石坝施工导流方式基本与土石坝基本相同，施工时间一般也需要经过汛期。在混凝土面板堆石坝施工导流中需要进行混凝土面板堆石坝导流建筑物的洪水设计标准、土石坝体施工期临时度汛的洪水设计标准、导流建筑物封堵洪水设计标准的选择。

混凝土面板堆石坝可利用坝体（堆石料和垫层）在汛期挡水度汛或在汛期短时间内过流泄洪，其度汛问题通常要比一般土石坝简单。因此，在相同拦蓄库容和级别条件下，一般土石坝施工期坝体度汛标准宜选用选择规范规定的上限值，而混凝土面板堆石坝则可适当降低。

混凝土面板堆石坝可提前拦洪度汛。当浇筑混凝土面板之前，对上游坝坡采取碾压砂浆或喷混凝土、水泥砂浆等固坡措施后即可临时挡水度汛，对坝体预留部位及坝坡采取防护措施后，可用坝体过流度汛，此时可降低导流设施规模。

3.4.3　混凝土坝导流标准选择

混凝土坝施工导流一般采取分期导流的方式，一期采用围堰挡水、束窄河床泄流；二期或二期以后各期施工导流，一般采取坝体挡水，一期修建坝体永久或临时泄水建筑物泄流，挡水泄流组合方式较多。施工时间一般需要经过汛期。在混凝土闸坝施工导流设计中，需要进行混凝土闸坝施工导流建筑物的洪水设计标准、闸坝工程施工期临时度汛的洪水设计标准、导流建筑物封堵洪水设计标准的选择。

混凝土坝坝体一般允许过水，因此，在洪峰到来时，让未建成的主体工程过水，部分或者全部停止施工，待洪水过后再继续施工。这样，减少了一年中的施工时间，但由于采用较小的导流设计流量，节约了导流费用，减少了导流建筑物的工期，也可能成为一种较经济的方式。允许基坑淹没时，应慎重确定导流设计流量。因为不同的导流设计流量，会有不同的年淹没次数，就有不同的年有效施工时间。每淹没一次，需做一次围堰检修、基坑排水处理、机械设备撤离和复工复产等工作。这些都需花费一定的时间和费用。当选择的导流标准比较高时，围堰增高，工程量增大，淹没次数少，年有效施工时间长，淹没损失费用少；反之，当选择的标准比较低时，围堰高度相应低，工程量相应小些，但淹没次数多，年有效施工时间短，淹没损失费用多。由此可见，选择混凝土坝导流建筑物的导流标准，需要进行充分的技术经济比较和论证。

（1）混凝土坝导流标准选用选择原则。

1）从挡水建筑物的防洪特点来看，混凝土坝洪水漫顶一般不会造成溃坝，因此，其洪水标准相比土石坝可相对降低。

2）混凝土坝遇特大洪水漫顶时抗御能力较强，同等条件下，其施工期坝体度汛洪水标准可比土石坝低。

3）混凝土重力坝施工期坝体度汛问题容易解决，而混凝土高拱坝存在封拱灌浆的问题，且坝身比较单薄，因此在同等条件下，混凝土重力坝施工期坝体度汛标准可取低值。与其他混凝土坝型相比，由于碾压混凝土坝施工进度快，相应缩短了施工期，可在施工期的安排上减少度汛次数，其施工期度汛标准可选较低值。

4）中期导流阶段坝体临时度汛洪水标准选取原则。

A. 与同等规模的围堰相比提高一个量级，与下闸蓄水发电后坝体的度汛标准相比降低一个量级。

B. 下游洪水影响区分布有重要城镇或交通设施时，坝体的度汛标准不应低于城镇或交通设施的设防标准。

C. 当坝体筑高到超过围堰顶部高程时，按坝体临时度汛确定洪水设计标准。汛前或汛期内部分时段坝体未超过围堰顶部高程，仍按围堰挡水标准度汛，同时应考虑围堰的运行使用期。

5）后期导流阶段坝体度汛洪水标准选取原则。

A. 水库下闸蓄水后的第一个汛期，坝体仍处于初期运行阶段，泄水建筑物尚未具体设计过水能力，因此坝体度汛设计洪水标准比建成后的大坝正常运用洪水标准低，用正常运用时的下限值作为施工期运用的上限值。由于混凝土坝施工期运用的标准应比土石坝低，故取土石坝的下限值作为混凝土坝的上限值。

B. 在机组具备发电条件前、导流泄水建筑物尚未全部封堵时，坝体度汛可不考虑非常运用洪水工况，即校核洪水工况。

（2）混凝土坝导流建筑物的洪水设计标准选择。混凝土坝导流建筑物的洪水设计标准，应根据建筑物结构类型及其级别，在表 3-19 所规定的范围内综合分析确定。

表 3-19　　　　　　　混凝土坝导流建筑物的洪水设计标准表

导流建筑物级别	3 级	4 级	5 级
重现期/a	20～10	10～5	5～3

（3）混凝土坝体施工期临时度汛的洪水设计标准选择。混凝土坝体施工期临时度汛的洪水设计标准，根据拦蓄库容，按照表3-20确定。考虑失事后对下游的影响程度，经技术经济论证后，洪水设计标准还可适当提高或降低。

表3-20　　　　　　　　　　混凝土坝坝体临时度汛洪水设计标准表

拦蓄库容/亿 m³	>1.0	1.0～0.1	<0.1
重现期/a	>50	50～20	20～10

（4）导流建筑物封堵后混凝土坝坝体度汛的洪水设计标准选择。导流建筑物封堵后，如果永久性泄水建筑物尚未具备设计泄洪能力，混凝土坝坝体度汛的洪水设计标准应通过分析坝体施工和运行的要求，在表3-21所规定的范围内确定。

表3-21　　　　　　　　导流建筑物封堵后混凝土坝坝体度汛洪水设计标准表

混凝土坝的级别	1级	2级	3级
正常运用洪水重现期/a	200～100	100～50	50～20
非常运用洪水重现期/a	500～200	200～100	100～50

（5）混凝土拱坝洪水设计标准选择。混凝土拱坝洪水设计标准由拱坝的级别确定（见表3-22），表3-22中洪水设计标准有较大的变动幅度，这是因为此标准通用于土石坝和混凝土坝。拱坝的超载能力较大，而且当下游地质条件较好时，一般不怕洪水翻顶，设计洪水可选择下限。如果拱坝很高，水库库容很大，下游河床地质条件较差或有其他建筑物、重要城镇时，则设计洪水宜选择上限。例如二滩水电站拱坝，坝高240m，库容58亿 m³，下游河床基岩裂隙较发育，设计洪水采用1000年一遇，校核洪水采用5000年一遇。拱坝枢纽泄水建筑物的总泄流能力，应满足设计洪水和校核洪水经水库调节后需要下泄的流量，难度较大。不同的拱坝枢纽泄水建筑物的布置不尽相同，主要由河流的水文条件、坝址区的地形和地质条件、水库的调蓄能力、坝型、坝高以及枢纽布置要求等因素决定。

表3-22　　　　　　　　　　混凝土拱坝洪水设计标准表　　　　　　　　　单位：a

运用情况	拱 坝 级 别				
	1级	2级	3级	4级	5级
正常运用（设计）	1000～500	500～100	100～50	50～30	30～20
非常运用（校核）	5000～2000	2000～1000	1000～500	500～200	200～100

3.4.4　抽水蓄能电站导流标准选择

对于开挖围堰形成的汇流面积小于 $0.5km^2$ 的抽水蓄能电站库盆工程，排水设备容量或临时挡（泄）水建筑物的洪水设计标准应选择5～20年重现期的24h洪水量，坝体施工期临时度汛洪水设计标准应选用20～100年重现期的24h洪水量。

当抽水蓄能电站的装机容量较大，而上、下水库库容较小时，若工程失事后对下游危害不大，则挡水、泄水建筑物的洪水设计标准可根据电站厂房的级别并按表3-23的规定确定；若失事后果严重，会长期影响电站效益，则上、下水库挡水、泄水建筑物的洪水设计标准应根据表3-24规定的下限确定。

　　　　　　　　抽水蓄能电站挡水、泄水建筑物洪水设计标准表

发电厂房的级别	1 级	2 级	3 级	4 级	5 级
正常运用洪水重现期/a	200	200～100	100～50	50～30	30～20
非常运用洪水重现期/a	1000	500	200	100	50

表 3－24 　　　抽水蓄能电站工程永久性壅水、泄水建筑物的洪水设计标准表

永久性壅水、泄水建筑物级别		1 级	2 级	3 级	4 级	5 级
正常运用洪水重现期/a		1000～500	500～100	100～50	50～30	30～20
非常运用 洪水重现期/a	土坝、堆石坝	PMF 或 10000～5000	5000～2000	2000～1000	1000～300	300～200
	混凝土坝、 浆砌石坝	5000～2000	2000～1000	1000～500	500～200	200～100

注　PMF 为可能最大洪水。

3.5　导流标准风险分析

　　施工导流属于风险工程，对于大型或有特殊要求的水利水电工程，可在初选的洪水设计标准范围内进行风险分析，也就是进行导流标准风险决策，从总体上优化导流标准。导流标准风险决策的内容主要有最大单位风险度效益法和最小期望损失决策法等。目前，由于施工导流风险度理论在实践中并未完全成熟，故未做强制性规定，只是要求对大型或有特殊要求的水利水电工程进行风险分析。根据部分水利水电工程的建设经验，建筑物级别为 3 级的土石围堰和混凝土围堰，其最大风险度分别不超过 15％和 20％，部分堰前库容大，且下游有重要城镇的工程还需再降低风险度。4 级围堰风险度可相对略做加大。国内部分水利水电工程初期导流阶段的风险度选择成果见表 3－25。

表 3－25 　　　国内部分水利水电工程初期导流阶段的风险度选择成果表

工程名称	初期导流阶段的 主要临时建筑物	有　关　时　间	洪水设计标准	风险度
三峡 二期工程	土石围堰（2 级）、 右岸导流明渠	1998 年 7 月围堰建成，2001 年汛 后围堰拆除，围堰度汛 4 年	下堰和导流明渠：$P=2\%$； 上堰 $P=1\%$， 按 $P=0.5\%$ 保堰	上堰：4％ 下堰：7.8％
二滩	土石围堰（3 级）、 左右岸导流隧洞	1994 年 5 月围堰建成，1997 年汛 前坝体具备挡水条件，1997 年汛后 导流洞下闸，围堰度汛 3 年	$P=3.33\%$ （上堰按 $P=2\%$ 保堰）	9.7％
小湾	土石围堰（3 级）， 左岸导流隧洞	2005 年汛前建成，围堰度汛 4 年	$P=3.33\%$	12.7％
龙滩	碾压混凝土围堰（3 级）， 左右岸导流隧洞	2004 年汛前建成，围堰度汛 2 年	$P=10\%$	19％
拉西瓦	土石围堰（4 级）， 左岸导流隧洞	2004 年汛后围堰建成，2008 年汛 前坝体具备挡水条件，围堰度汛 4 年	$P=5\%$	18.5％

工程名称	初期导流阶段的主要临时建筑物	有 关 时 间	洪水设计标准	风险度
锦屏一级	土石围堰（3级），左、右岸各一条导流隧洞	2007年汛前建成，围堰度汛5年	$P=3.33\%$	$7.23\%\sim9.63\%$
糯扎渡	土石围堰（3级），左、右岸共五条导流隧洞	2008年汛前建成，围堰度汛2年	$P=2\%$	2.88%
梨园	土石围堰（3级），二条导流隧洞	围堰度汛4年	$P=3.33\%$	2.47%
观音岩	土石围堰（3级）、导流明渠	2011年汛前建成，围堰度汛3年	$P=3.33\%$	7.15%
两河口	土石围堰（3级），导流隧洞		$P=2\%$	

3.5.1 导流标准风险分析方法

施工导流风险是指在导流施工中发生超过上游围堰高程所对应频率的洪水流量。它受到来流洪水过程、泄水建筑物的泄流能等因素影响。施工导流的挡水建筑物的设计需要考虑施工供水过程和导流建筑物的泄水能力，确定上游设计水位与上游围堰高程，分析上游围堰高程与上游设计水位的关系，判断围堰是否满足度汛要求。导流标准风险分析按以下步骤进行。

（1）根据设计资料，考虑水文、水力等不确定性因素的影响，分析上游围堰高程与上游设计水位的关系，判断围堰是否满足度汛要求，可采用 Monte - Carlo 方法模拟施工洪水过程和导流泄水建筑物的泄流能力。在围堰施工设计规模和一定的导流标准条件下，统计分析确定围堰上游水位分布和围堰的挡水高度对应的风险。围堰的堰前水位超过围堰设计挡水位的风险率采用式（3-1）计算：

$$R=P(Z_{up}\geqslant H_{upcoffer}) \tag{3-1}$$

式中　R——围堰堰前水位超过围堰设计挡水位的风险率；

　　　P——洪水设计标准；

　　Z_{up}——上游围堰堰前水位，m；

$H_{upcoffer}$——上游围堰设计挡水位，m。

（2）当量洪水重现期采用式（3-2）计算：

$$T_c=\frac{1}{R} \tag{3-2}$$

式中　T_c——当量洪水重现期。

（3）导流泄水建筑物泄流能力应满足当量洪水重现期 T_c 不小于设计洪水重现期（或导流标准）的条件。

（4）在围堰使用运行年限内，n 年内遭遇超标洪水的动态综合风险率采用式（3-3）计算：

$$R(n)=1-(1-R)^n \tag{3-3}$$

式中　$R(n)$——n 年内遭遇超标洪水的动态综合风险率。

（5）由于水文资料的收集、整理和设计洪水过程线推求结果与实际洪水过程之间存在差异，施工设计洪水可根据坝址的实测水文资料，按放大典型洪水过程线的方法确定计算洪水过程线，最大洪峰流量均值可采用 P-Ⅲ型分布，其密度函数见式（3-4）：

$$\begin{cases} f(Q_1)=\dfrac{\beta^\alpha}{\Gamma(\alpha)}(Q_1-\alpha_0)^{\alpha-1}\mathrm{e}^{-\beta(Q_1-\alpha_0)} \\[2mm] \alpha=\dfrac{4}{C_s^2} \\[2mm] \beta=\dfrac{2}{\mu_Q C_v C_s} \\[2mm] \alpha_0=\mu_Q\left(1-\dfrac{2C_v}{C_s}\right) \end{cases} \qquad (3-4)$$

式中　　Q_1——最大洪峰流量，m^3/s；

α、β、α_0——P-Ⅲ型分布的形状、刻度和位置参数；

　　$\Gamma(\alpha)$——α 的伽马参数；

　　C_s——P-Ⅲ型分布的离差系数；

　　C_v——P-Ⅲ型分布的离势系数；

　　μ_Q——P-Ⅲ型分布的均值。

（6）在施工导流泄水建筑物及其规模确定的情况下，受围堰上游水位和导流泄水建筑物流量系数等水力参数的不确定性影响，导流泄水建筑物的泄流量可采用三角分布，其分布函数见式（3-5）：

$$f(Q_2)=\begin{cases} \dfrac{2(Q_2-Q_a)}{(Q_b-Q_a)(Q_c-Q_a)} & Q_a\leqslant Q_2\leqslant Q_b \\[3mm] \dfrac{2(Q_c-Q_2)}{(Q_c-Q_a)(Q_c-Q_b)} & Q_b< Q_2\leqslant Q_c \\[3mm] 0 & Q_2\ \text{为其他} \end{cases} \qquad (3-5)$$

式中　　Q_2——导流泄水建筑物的泄流量，m^3/s；

　　Q_a——泄流能力下限，m^3/s；

　　Q_b——平均泄流能力，m^3/s；

　　Q_c——泄流能力上限，m^3/s；

Q_a、Q_b、Q_c——参数，通过导流泄水建筑物施工及其运行的统计资料确定。

（7）其他随机性因素按以下方法确定。

1）典型洪水过程线确定与水文资料的收集、整理和选择密切相关。在分析施工导流系统风险时，以各典型洪水过程线为基础分别计算，选择最不利的情况作为围堰挡水风险分析的依据。

2）由于工程测量的误差、围堰上游库区的坍塌和上游围堰起调水位等因素影响调洪计算结果，可通过敏感性分析确定上游围堰水位的不确定性。

（8）水电工程施工导流的风险受到来流洪水过程和导流泄水建筑物泄流能力的影响。为了确定上游围堰的堰顶高程和堰前水位，应综合考虑堰前的洪水水文特性、导流泄洪水力条件等的不确定性，通过随机调洪演算分析计算来确定。施工导流系统风险率的计算流程如下。

1）分析确定导流系统水文、水力原始数据及计算参数，得出洪水过程线。

2）生成导流泄水建筑物泄流过程及其随机数。

3）拟合导流泄水建筑物泄流过程线。

4）随机调洪演算分析和围堰上游水位的计算。

5）统计上游围堰的堰前水位分布。

6）分析在不同围堰高度条件下风险率 R（或保证率 P）及其动态风险 $R(n)$。

（9）当坝体的修筑高程超过围堰的高程，采用坝体的临时断面度汛时，其度汛洪水设计标准的风险分析方法和步骤与围堰挡水度汛相同。

（10）对于导流标准选择，风险、投资（或费用）与工期三者之间的关系取决于两方面的约束：一方面是最大允许施工进度的要求；另一方面是最大允许投资的限制。即当超标洪水发生后，是否有允许的时间和允许的投资把被破坏的导流建筑物重新恢复起来。在导流标准的选择时，应考虑在能够接受的风险范围内，协调处理投资规模、导流系统施工进度、超标洪水导致的导流建筑物损失、溃堰时对河道下游造成的损失和发电工期的损失之间的关系，并可采用多目标风险决策方法进行决策。

3.5.2 典型水利水电工程导流风险分析

典型水利水电工程导流的风险分析以两河口水电站拦河大坝为例，主要是对工程导流风险分析过程及方法加以叙述。

（1）工程概况。两河口水电站位于雅砻江干流上，由砾石土心墙堆石坝、溢洪道、泄洪洞、放空洞、地下厂房等建筑物组成。水电站枢纽工程为Ⅰ等大（1）型工程，主要建筑物级别为1级。

（2）初期导流设计。拦河大坝为施工期不允许过水的砾石土心墙堆石坝，属1级建筑物；拦河大坝为控制发电工期的关键项目，水电站装机容量大，导流建筑物失事后将推迟第1台机组的发电时间，同时也将延长工程总工期，经济损失大；根据初期导流建筑物的保护对象、失事后果、使用年限和围堰工程规模等指标，导流建筑物级别定为Ⅲ级。围堰堰型为土石类围堰，对于Ⅲ级土石类导流建筑物，相应的导流标准为洪水重现期30～50年。

在相同导流洞规模下，50年一遇标准上游围堰的堰高比30年一遇标准约高5.0m，围堰堆筑量约12.0万 m^3，围堰堆筑量相差不大，同时由于本阶段围堰与大坝完全结合，故围堰工程量基本不制约洪水标准的选择。同时，考虑到围堰失事经济损失大，初期导流建筑物使用时间较长，两河口水电站下游梯级为牙根水电站，围堰失事将可能对牙根水电站带来较大经济损失和影响，而50年一遇洪水与30年一遇洪水标准下工程投资差别不大，则初期导流洪水标准宜选择规范上限值50年一遇，相应设计流量为5240m^3/s。

（3）风险模型及求解

1）风险模型及因素。两河口水电站工程初期导流形成围堰库容较大，考虑调蓄的影响，施工导流风险定义为围堰堰前最高水位超过堰顶或设计水位的概率：

$$R = P(\max(Z_L(t)) > H_L) \tag{3-6}$$

式中 R——围堰堰前最高水位超过堰顶或设计水位的概率；

H_L——围堰设计水位或堰顶高程，m；

$Z_L(t)$——围堰形成水库调蓄影响下洪水位变化过程。

考虑到两河口工程洪峰与 3d 洪量具有较好的线性相关性，而变倍比方法可同时调整洪峰和洪量，从而较好地保持典型洪水过程线的形状，因此，采用变倍比方法对典型洪水过程进行缩放，基本公式如下：

$$Q(t) = \frac{(Q_d(t) - Q_{max}) \times (\overline{Q}_d - Q_{max})}{(\overline{Q}_d - Q_{d\,max}) + Q_{max}} \tag{3-7}$$

式中 $Q(t)$——t 时刻放大后的洪水流量，m^3/s；

$Q_d(t)$——t 时刻典型洪水流量，m^3/s；

$Q_{d\,max}$——典型洪水过程中某时段最大流量，m^3/s；

$\overline{Q}$——时段洪水平均值（$W_i / \sum \Delta t$），m^3/s；

Q_{max}——放大后时段洪水极值流量，m^3/s；

$\overline{Q}_d$——典型洪水过程中时段平均值（$W_{di} / \sum \Delta t$），m^3/s。

洪水洪峰的不确定性采用 P-Ⅲ型分布来描述，其密度函数表达式见式（3-8）。

$$g(x) = \frac{\beta^\alpha}{\Gamma(\alpha)}(X - a_0)^{\alpha - 1} e^{-\beta(x - a_0)} \tag{3-8}$$

其中

$$\alpha = \frac{A}{C_s^2}, \beta = \frac{2}{\mu_Q C_v C_s}, a_0 = \mu_Q\left(2 - \frac{2C_v}{C_s}\right)$$

式中 α、β、a_0——形状、刻度和位置参数；

$\Gamma(\alpha)$——α 的伽马参数；

C_v——离差系数；

C_s——离势系数；

μ_Q——均值。

考虑到土石围堰运行过程中受地形测量误差、库区坍塌、堰前堆渣等因素的影响，实际上水位库容关系具有不确定性，假定水库库容关系系数服从三角形分布，其密度函数按式（3-9）计算。

$$f(X) = \begin{cases} \dfrac{2(x - d)}{(m - d)(v - d)} & d \leqslant x \leqslant m \\[2mm] \dfrac{2(u - x)}{(u - d)(u - m)} & m < x \leqslant u \\[2mm] 0 & x \text{ 为其他} \end{cases} \tag{3-9}$$

式中 d——系数下限值；

m——平均值；

u——上限值。

d、m、u 通过相关统计资料及导流模型试验来确定。

泄流能力受众多不确定性因素影响，假设两河口水电站泄流能力流量系数同样服从三角形分布。

2）风险估计。综合考虑水位库容关系系数不确定性、施工洪水过程不确定性、泄流能力流量系数不确定性，采用 Monte-Carlo 方法模拟施工洪水过程、导流建筑物泄流过程和水库库容变化过程，风险求解流程如下。

A. 确定模拟仿真总次数 N。

B. 输入导流系统水文、水力原始数据及相关计算参数。

C. 生成洪水洪峰随机数，依据洪峰与洪量的数学关系确定洪量，变倍比缩放典型洪水过程产生随机施工洪水过程。

D. 生成水位库容关系系数随机数，拟合水位库容关系曲线。

E. 生成泄流能力流量系数，拟合导流建筑物泄流能力曲线。

F. 调洪演算，统计围堰最高水位大于围堰设计水位的次数 M，计算导流风险率。

$$R = \frac{M}{N} \tag{3-10}$$

（4）风险计算分析。

1）计算参数。

A. 水文统计参数。洪峰流量参数服从 P-Ⅲ型分布，分布均值 $\mu_Q = 2.780$，离差系数 $C_v = 0.5$，离势系数 $C_s = 3C_v$，50 年一遇设计洪峰流量为 5240m³/s。另外，洪水洪峰与 3d 洪量呈较好的线性关系，比较密切，函数关系为 $W_3 = 0.002369Q + 0.168$。

B. 泄流能力流量系数。泄流能力流量系数上、下限分别为 0.98、1.03。

C. 水位库容关系系数。水位库容关系系数分布参数上、下限分别为 0.99、1.02。

2）计算分析。

A. 分别用水力学方法与调洪演算方法计算围堰设计水位，对两种方法设计值进行风险评价。设计标准为 50 年一遇，仅考虑水文不确定性时，导流风险率为 0.02。经风险计算，水力学方法计算确定的围堰设计水位为 2654.81m，对应导流风险为 0.0116，当量重现期为 86.2 年，围堰设计水位偏高，安全裕度为 0.84%，具有一定优化空间；调洪演算确定围堰设计水位 2649.81m，对应导流风险为 0.0211，风险大于导流洪水风险，当量重现期为 47.4 年，未达到 50 年一遇标准，若从风险分析角度，围堰设计水位应加高至 2650.60m，对应当量风险期为 50.5 年，接近 50 年一遇。

B. 采用按洪峰放大法模拟洪水情况下导流风险值计算。水力学方法计算确定的围堰设计水位为 2654.81m，对应导流风险为 0.0121；调洪演算确定围堰设计水位为 2649.81，对应导流风险为 0.0213。因此，对于两河口水电站工程，对比变倍比放大法，两种洪水模拟方法计算导流风险值存在差异，但差值不大，按洪峰放大模拟洪水时计算的导流风险略大。

C. 随机参数敏感性分析见表 3-26。两河口水电站工程导流风险率对泄流流量系数的变化更为敏感。

（5）结论。通过对两河口水电站导流风险的综合分析，得到以下主要结论。

1）两河口水电站所在地区河道狭窄，相同导流洞规模条件下，不同导流标准的围堰高程对应的工程投资费用差距不大，但围堰失事造成工程本身及下游地区损失巨大，选取

表 3 - 26 　　　　　　　　　　　　　随机参数敏感性分析表

模拟 10000 次	水位库容关系系数			泄流流量系数		
	0.9	1.0	1.1	0.9	1.0	1.1
漫顶次数	215	210	202	435	216	106
导流风险率	0.0215	0.0210	0.0202	0.0435	0.0216	0.0106

导流洪水标准 50 年一遇标准上限是合理的。

2）规范未强制要求围堰设计中应采用水力学方法或调洪演算方法。在该导流工程中，采用水力学方法计算的围堰设计水位偏高，具有一定的安全裕度和优化空间；利用调洪演算方法确定围堰设计水位稍偏低，建议适当加高。

3）按峰量共同调整的变倍比方法可以较好保持洪水过程的性状，在模拟原理上较按洪峰放大方法更为合理。对于两河口水电站工程，基于按洪峰放大法的风险计算成果略大。

4）通过随机参数敏感性分析，两河口水电站工程导流风险对泄流流量系数较水位库容关系系数更敏感。

4 施工导流水力学计算

在水利水电工程施工导流中，选择导流方式时，需要对围堰和坝体等建筑物的挡水高程和下泄流量等水力学指标进行计算，以验证所选导流方式能否满足导流要求。在工程施工阶段，需要根据现场工程形象进度情况和工程各阶段导流要求，对在河道上施工的建筑物进行挡水高程和下泄流量等进行水力学指标计算，通过计算结果来分析现场施工形象进度是否满足施工导流和度汛的要求，提前提出应对措施。在汛期阶段洪水到来前，需要根据预报洪水来水量对工程导流建筑物挡水高程和下泄能力进行计算，分析工程现场施工各部位能否保证洪水顺利通过，并提出应急预防措施。

4.1 束窄河床泄流能力计算

当采用分期导流方案时，河床束窄造成上游水位的壅高（见图 4-1）。分期导流的流态随纵向围堰的长度 L 及上游水深 H 的不同而不同，可以分别按宽顶堰或明渠流处理。一般来说，宽顶堰的极限长度为 10 倍水深，对于临时水工建筑物可以放宽至 20 倍水深，其流态界限见表 4-1。

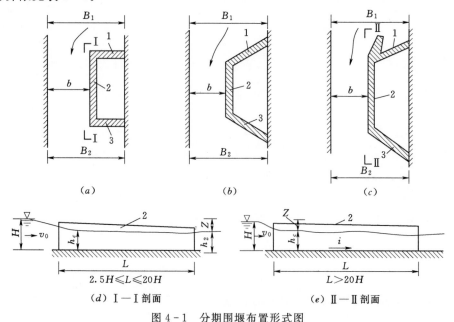

图 4-1 分期围堰布置形式图

1—上游横向围堰；2—纵向围堰；3—下游横向围堰

Z—上下游水位差；h_2—下游水深；B_1—上游河道宽；B_2—下游河道宽；

b—束窄后河道宽；L—纵向围堰长度；H—上游水深；h_c—堰顶水深；i—坡度

表 4－1		分期导流的流态界限表		
宽 顶 堰		明 渠 流		备 注
$L/H=2.5\sim20$		$L/H>20$		H_0——上游水头；
自由出流	淹没出流	缓流	急流	h_0——正常水深；h_k——临界水深；
$h_s<1.25h_k$	$h_s\geqslant1.25h_k$	$i<i_k$	$i>i_k$	h_s——下游水深（与 L 有关）；
$h_s<0.8H_0$	$h_s\geqslant0.8H_0$	$h_0>h_k$	$h_0<h_k$	其他符号见图 4－1

4.1.1 泄水能力计算

（1）对于淹没堰流，通过束窄河床的泄水流量 Q 近似按式（4－1）计算。

$$Q=\varphi A_C\sqrt{2g(H_0-h_s)} \tag{4-1}$$

对于矩形河槽，式（4－1）可写成：

$$Q=\varphi bh_s\sqrt{2g(H_0-h_s)} \tag{4-2}$$

或

$$z=\frac{v_c^2}{\varphi^2 2g}-\frac{v_0^2}{2g} \tag{4-3}$$

式中 φ——流速系数，见表 4－2；

v_0、v_c——行近流速和收缩断面流速，m/s；

H_0——上游水头，$H_0=H+v_0^2/2g$，m；

H——上游水深，m；

z——上、下游水位差，m；

A_C——收缩断面面积，m^2；

b——束窄后河流宽，m；

h_s——下游水位超顶高，m。

（2）对于非淹没堰流，计算公式为

$$Q=m\overline{B}_k\sqrt{2g}H_0^{2/3} \tag{4-4}$$

$$H_0=\left(\frac{Q^2}{2gm^2\overline{B}_k^2}\right)^{\frac{1}{3}} \tag{4-5}$$

式中 m——流量系数，见表 4－2；

H_0——计及行近流速的上游水头，m；

$\overline{B}_k$——临界水深下的平均过水宽度，m；

其余符号意义同前。

$$\overline{B}_k=\frac{A_k}{h_k} \tag{4-6}$$

式中 h_k——临界水深，m；

A_k——临界水深下的过水面积，m^2；

其余符号意义同前。

当河床束窄较大时，束窄河槽为棱柱形正坡渠道，而出口水深接近正常水深时，其计算方法可参见本书第 4.2 节。

表 4-2			流速系数 φ 和流量系数 m 值
布置形式	流速系数 φ	流量系数 m	备 注
矩形	0.80	0.30	梯形布置加挑流丁坝，其系数相同
梯形	0.80~0.85	0.30~0.32	梯形布置加顺流丁坝，其系数相同
梯形加翼堰	0.85~0.95	0.32~0.35	

束窄河床一般为非均匀流，而底坡又较平缓，可用分段累计法推算水面线，计算方法见本章第 4.2 节。当底坡堰断面变化较大时，宜以水位推算水面，并可计入局部水头损失。

4.1.2 局部冲刷计算

分期导流的束窄河床，从围堰转角处起流速急剧增加，可能淘刷堰脚。沿纵向围堰各点的最大流速 v_i 可由式（4-7）计算：

$$v_i = v_0 \sqrt{1 + a_i \frac{Z_0}{h_{v0}}} \tag{4-7}$$

式中　v_0——上游行近流速，m/s；

　　　h_{v0}——行近流速的水头，m；

　　　Z_0——计入行近流速的水头差，m；

　　　a_i——沿纵向围堰不同部位的相对压力差，其试验值见表 4-3。

表 4-3							a_i 与 b_i 试 验 值
围堰夹角 $\alpha/(°)$	试验值	相对位置 x/l					
		0	0.2	0.4	0.6	0.8	1.0
90	a_i	1.67	1.58	1.36	1.18	1.05	1.00
	b_i	1.67	1.64	1.52	1.35	1.18	1.08
120	a_i	1.61	1.51	1.33	1.17	1.04	0.98
	b_i	1.62	1.59	1.48	1.27	1.12	1.06
150	a_i	1.56	1.48	1.28	1.12	1.03	0.96
	b_i	1.57	1.52	1.40	1.22	1.02	1.00

x/l——相对位置；
l——纵向围堰长度

河槽最大底流速 v_{max} 一般产生在上游围堰转角处，可由式（4-8）计算：

$$v_{max} = v_0 \sqrt{1 + a_0 \frac{Z_0}{h_{v0}}} \tag{4-8}$$

其符号意义同式（4-7）。

当 v_{max} 超过河槽抗冲流速时，应加以保护。采用块石保护时，护脚块石尺寸由式（4-9）计算：

$$d_{max} = 0.22 \left(\frac{v_0^2}{2g} + a_0 Z_0 \right) h_0 \tag{4-9}$$

式中　d_{max}——块石粒径，m；

　　　h_0——上游围堰转角处（$x/l=0$）水深，m；

其余符号意义同前。

松散体河床、岩石及加固工程平均抗冲流速见表 4-4 和表 4-5。

表 4-4　　　　　　　　松散体河床平均抗冲流速表　　　　　　单位：m/s

松散体类型	粒径/mm	平均水深/m		
		1.0	3.0	10.0
细砂	0.05~0.25	0.25	0.30	0.30
中砂	0.25~1.00	0.30	0.50	0.70
粗砂	1.0~2.5	0.60	0.80	1.00
细砾石	2.5~5.0	0.80	1.00	1.20
中砾石	5.0~10	1.00	1.30	1.60
粗砾石	10~15	1.20	1.50	1.80
细卵石	15~25	1.50	1.80	2.20
中卵石	25~40	1.70	2.00	2.50
粗卵石	40~75	2.10	2.50	3.00
细顽石	75~100	2.40	2.80	3.50
中顽石	100~150	2.80	3.30	4.00
粗顽石	150~200	3.00	3.70	4.50
细漂石	200~300	3.50	4.00	5.00
中漂石	300~400	3.80	4.50	5.50
粗漂石	400~500	4.00	5.00	6.00

表 4-5　　　　　　　　岩石及加固工程平均抗冲流速表　　　　　　单位：m/s

项　目		平均水深/m			
		0.4	1.0	2.0	3.0
岩石	砾岩、泥灰岩、泥质板岩、页岩	2.1	2.5	3.0	3.5
	多孔石灰岩、紧密砾岩、石灰质砂岩、白云石灰岩	3.0	3.5	4.0	4.5
	白云砂岩、紧密的非成层石灰岩、硅质石英岩、大理石	4.0	5.0	6.0	6.5
	花岗岩、正长岩、辉长岩、斑岩、安山岩、辉绿岩、玄武岩、石英岩	16	20	23	25
梢笼	梢捆褥垫，厚 20~25cm			2.0	2.5
	柴排护底，厚 50cm	2.5	3.0	3.5	
	石笼，尺寸不小于 50cm×50cm×100cm	4.2	5.0	5.7	6.2
浆砌石	低强度石料，强度大于 10MPa	3.0	3.5	4.0	4.5
	高强度石料，强度大于 30MPa	6.5	8.0	10.0	12.0
混凝土	100 号混凝土护面，表面光滑	9.0	11.0	12.0	14.0
	150 号混凝土护面，表面光滑	12.0	15.0	17.0	19.0
	200 号混凝土护面，表面光滑	14.0	18.0	21.0	23.0

注　表中岩石指新鲜未风化的岩石。

4.2 导流明渠泄流能力计算

明渠（或渡槽）泄流时，水流可能呈现均匀流或非均匀流。水力学计算的目的是根据不同情况，计算渠道各段水深（水位）、流速及泄流能力，求出上游壅高水位及进、出口的水流衔接形式，据此确定上游围堰高程、侧墙高度及防护措施等。

4.2.1 明渠均匀流

明渠均匀流的水流保持匀速直线运动，重力所做的功等于水流阻力所做的功。因此，水力坡降 J、水面坡降 J_s 和渠底坡度 i 均相等，即 $J = J_s = i$，均匀流的公式为

$$Q = vA = AC\sqrt{Ri} = f(h_0) \qquad (4-10)$$

$$K = \frac{Q}{\sqrt{i}} = AC\sqrt{R} \qquad (4-11)$$

$$C = \frac{1}{n}R^{\frac{1}{6}} \qquad (4-12)$$

式中　K——流量模数，m^3/s；

　　　A——过水断面面积，m^2；

　　　v——流速，m/s；

　　　R——水力半径，m；

　　　C——谢才系数，$m^{\frac{1}{2}}/s$，按曼宁公式计算；

　　　n——糙率，查表 4-6 或表 4-7；

　　　h_0——正常水深，m。

表 4-6　　　　　　　　　　　　人工管（渠）道糙率 n 值

类别	壁面特征	n
岩石	经良好修整	0.025
	经中等修整，无凸出部分	0.030
	经中等修整，有凸出部分	0.033
	未经修整的有凸出部分	0.035～0.045
混凝土衬砌	以纯水泥抹面，表面光滑，但大范围平整度稍差	0.0115～0.0125
	底坡、边壁顺直，采用钢模且拼接良好者	0.012～0.013
	底坡、边壁顺直，木模拼接缝间凹凸度控制在 3～5mm 以内	0.0125～0.0135
	木模拼接缝间凹凸度控制在 3～5mm 之间，但底、壁稍欠顺直	0.013～0.014
	木模拼接不良，缝间凹凸度达 5～20mm，且底壁不够顺直	0.014～0.017
预制混凝土板护面	板面在 1.5m×1.5m 以上，底、壁顺直，拼砌良好，勾缝平整	0.0125～0.0135
	板面在 1.5m×1.5m 以上，底、壁稍欠顺直，拼砌勾缝稍欠平整	0.013～0.014
浆砌条石、块石	底、壁顺直，石面平整，石块在 30～40cm 以上，拼砌良好，勾缝饱满平整	0.015～0.017
	底、壁较顺直，石面尚平整，拼砌良好，但勾缝凸起	0.017～0.020
	底、壁欠顺直，石块尺寸较小，拼砌勾缝一般平整	0.020～0.025

类别	壁面特征		n
干砌块石	底、壁欠顺直，拼砌一般，石块尺寸较小		0.025~0.033
喷锚支护	岩面经水泥喷浆		0.020~0.030
	岩面喷射混凝土		0.030~0.033
不衬砌隧洞	一般爆破		0.035~0.044
	光面爆破		0.025~0.032
	掘进机全断面开挖		0.020~0.025

表 4-7　　　　　　　　　　天然河道糙率 n 值

类型		河段特征			n
		河床组成及床面特征	平面形态及水流流态	岸壁特性	
I		河床为沙质组成，床面较平整	河段顺直，断面规整，水流通畅	两侧岸壁为土质或土砂质，形状较整齐	0.020~0.024
II		河床为板岩，沙砾石或卵石组成，床面较平整	河段顺直，断面规整，水流通畅	两侧岸壁为土砂，形状较整齐	0.022~0.026
III	1	砂质河床，河底不太平整	上游顺直，下游接缓弯，水流不够通畅，有局部回流	两岸侧壁为黄土，长有杂草	0.025~0.029
	2	河底由砂砾或卵石组成，底坡较均匀，床面尚平整	河段顺直段较长，断面较规整，水流较通畅，基本上无死水，斜流或回流	两侧岸壁为土砂或岩石，略有杂草小树，形状较整齐	0.025~0.029
IV	1	细沙、河底中有稀疏水草或水生植物	河段不够顺直，上、下游附近弯曲，有挑水坝，水流不通畅	土质岸壁，一岸坍塌严重，为锯齿状，长有稀疏杂草及灌木；一岸坍塌，长有稠密杂草或芦苇	0.030~0.034
	2	河床由砾石或卵石组成，底坡尚均匀，床面不平整	顺直段距上弯道不远，断面尚规整，水流尚通畅，斜流或回流不甚明显	一侧岸壁为石质，陡坡，形状尚整齐，另侧岸壁为砂石，略有杂草、小树，形状尚整齐	0.030~0.034
V		河底由卵石、块石组成，间有大漂石，底坡尚均匀，床面不平整	顺直段夹在两弯道之间，距离不远，断面尚规整，水流显出斜流、回流或死水现象	两侧岸壁均为石质，陡坡，有杂草，树木形状尚整齐	0.035~0.040
VI		河床由卵石，块石，乱石；或由大理石，大乱石及大孤石组成，床面不平整，底坡有凹凸状	河段不顺直，上、下游有急弯，或下游有急滩、深坑等。河段处于S形不顺直段，不整齐，有阻塞或岩溶情况较发育，水流不通畅，有斜流、回流、漩涡、死水现象；河段上游为弯道或为两河汇口，落差大，水流急；河中有严重阻塞，或两侧有深入河中的岩石，伴有深潭或有回流等；上游为弯道，河段不顺直，水行于深槽峡谷间，多阻塞，水流湍急，水声较大	两侧岸壁为岩石及砂土，长有杂草、树木，形状尚整齐，两侧岸壁为石质砂夹乱石，风化页岩，崎岖不平整，上面生长杂草、树木	0.04~0.10

在正常水深 h_0 时，对于矩形或梯形渠道，建议用式（4-13）迭代计算。式中 h_{cm} 初值用 1.0 代入，通过 2~3 次迭代即可算得结果。

$$h_{cm} = \left(\frac{Q_n}{b^{\frac{8}{3}} i^{\frac{1}{2}}}\right)^{\frac{3}{5}} \frac{(1+2\sqrt{1+m^2}\,h_{cm})^{\frac{2}{3}}}{1+mh_{cm}} = f(h_{cm}) \qquad (4-13)$$

式中 h_{cm}——正常水深比，$h_{cm} = \dfrac{h_0}{b}$；

      B——渠道底宽，m；

      m——断面边坡系数。

4.2.2 明渠非均匀流

明渠的断面形状、尺寸和底坡沿程都不变的直渠，称为棱柱形渠道。断面形状、尺寸或底坡沿程改变的直渠，称为非棱柱形渠道。

（1）棱柱形渠道的基本性质和水面曲线的类型。

断面的单位能量按式（4-14）计算。

$$E_s = h + \frac{av^2}{2g} = f(h) \qquad (4-14)$$

式中 E_s——断面的比能也称断面单位能量，m；

      h——水深，m；

      v——流速，m/s；

      g——重力加速度，9.8m/s^2；

      a——动能修正系数。

在缓流区，断面单位能量随水深增加而增大。在急流区，断面单位能量随水深增加而减少。断面单位能量最小时的水深 h_k 为临界水深。

对于矩形或梯形渠道，临界水深建议用式（4-15）进行迭代计算。

$$h_{km} = \left(\frac{Q^3}{gb^5}\right)^{\frac{1}{3}} \frac{(1+2mh_{km})^{\frac{1}{3}}}{1+mh_{km}} = f(h_{km}) \qquad (4-15)$$

式中 h_{km}——临界水深比，$h_{km} = \dfrac{h_k}{b}$。

当渠道通过某一流量，断面的正常水深 h_0 恰好等于临界水深 h_k 时，此时渠底坡度为临界坡 i_k。

$$i_k = \frac{g\chi_k}{aC_k^2 B_k} \qquad (4-16)$$

式中 χ_k、B_k、C_k——临界水深时的断面湿周、水面宽度和谢才系数；

      a——动能修正系数，一般为 1.05~1.10。

当渠道底坡 $i < i_k$ 时为缓流；$i > i_k$ 时为陡坡，$i = i_k$ 时为临界坡。棱柱形渠道恒定渐变流水面曲线见图 4-2，计算时应先判别水面曲线的类型及其特性，其各型水面曲线特性和控制断面见表 4-8。

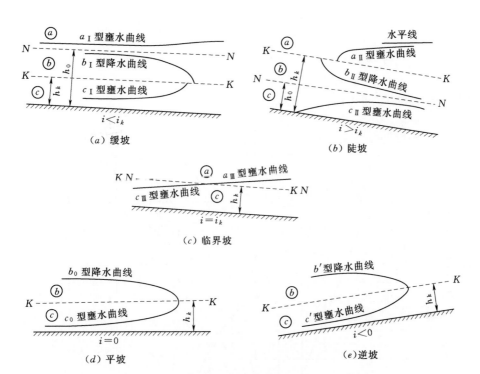

图 4-2　棱柱形渠道恒定渐变流水面曲线类型图

ⓐ—a 型壅水试区；ⓑ—b 型降水试区；ⓒ—c 型壅水试区；K—K—分界线；N—N—分界线

表 4-8　　　　　　　　　棱柱形渠道各型水面曲线特性和控制断面表

底坡	水面曲线类型	水面曲线特性和控制断面
$i<i_k$	a_I 型，缓流，壅水曲线	上游端水深渐近于 h_0，控制在下游端，水深大于 h_0
	b_I 型，缓流，降水曲线	上游端水深渐近于 h_0，控制在下游端，下游水深 $h_s \leqslant h_k$ 时，取计算水深 $h_p = h_k$，$h_s > h_k$ 时，$h_p = h_s$
	c_I 型，急流，壅水曲线	控制在上游端收缩断面处
$i>i_k$	a_{II} 型，缓流，壅水曲线	控制在下游端
	b_{II} 型，缓流，降水曲线	下游端渐近于 h_0，控制在上游端，控制水深小于 h_k
	c_{II} 型，急流，壅水曲线	下游端渐近于 h_0，控制在上游端收缩断面处
$i=i_k$	a_{III} 型，缓流，壅水曲线	下游端渐近于 h_k，控制在上游端，控制水深小于 h_k
	c_{III} 型，急流，壅水曲线	下游端渐近于 h_k，控制在上游端
$i=0$	b_0 型，缓流，降水曲线	控制在下游端，计算水深同 h_k
	c_0 型，急流，壅水曲线	控制在上游端收缩断面处

　　（2）水力指数法。对于棱柱形渠道，流量模数 K 和断面参数 M 与水深 h 近似有一定的指数关系。x 为流量模数的水力指数；y 为断面参数的水力指数。

$$x = 2 \frac{\lg K_2 - \lg K_1}{\lg h_2 - \lg h_1} \qquad (4-17)$$

$$y = 2\frac{\lg M_2 - \lg M_1}{\lg h_2 - \lg h_1} \tag{4-18}$$

式中 K_1、K_2——水深为 h_1 和 h_2 处的流量模数；

M_1、M_2——水深为 h_1 和 h_2 处的断面参数；

水力指数 x 和 y，可由图 4-3 和图 4-4 查取。

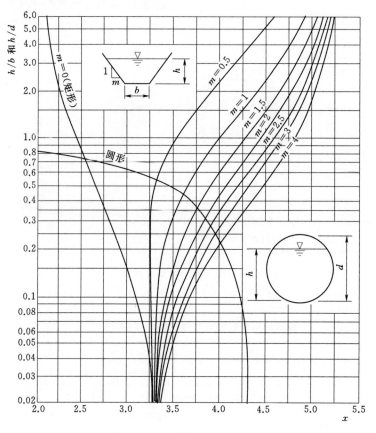

图 4-3 水力指数 x 取值图

（3）简化水力指数法。对于 $m = 0 \sim 1.0$ 的渠道，水力指数 x、y 的值十分接近，可近似地令 $x = y$，从而使式（4-17）和式（4-18）简化为

$$\Delta_{s1-2} = \frac{h_0}{i}\{(\eta_2 - \eta_1) + (\eta_k^y - 1)[f(\eta_2) - f(\eta_1)]\} \tag{4-19}$$

式中符号与式（4-18）同。列表计算时，可令：

$$A' = \frac{h_0}{i}, C = \eta_k^y - 1 = \left(\frac{h_k}{h_0}\right)^y - 1$$

当水深较浅时（$\eta = h/h_0 \leqslant 0.5$），矩形或梯形（$m = 0 \sim 1.0$）渠道，可进一步简化为

$$\Delta_{s1-2} = \frac{h_0}{i}\eta_k^y(\eta_2 - \eta_1) \tag{4-20}$$

水深较深（$\eta \geqslant 3.0$）的梯形渠道，可用式（4-21）计算：

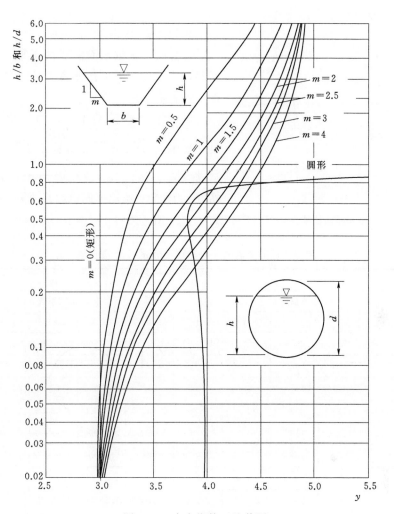

图 4-4　水力指数 y 取值图

$$\Delta_{s1-2} = \frac{h_0}{i}(\eta_2 - \eta_1) \qquad (4-21)$$

以上简化公式建议用于缓坡渠道。

（4）分段累计法。分段累计法适用于棱柱形渠道和非棱柱形渠道，按式（4-22）计算：

$$\Delta_s = \frac{\left(h_{n+1} + \frac{v_{n+1}^2}{2g}\right) - \left(h_n + \frac{v_n^2}{2g}\right)}{\overline{J} - i} = \frac{\Delta E}{\overline{J} - i} \qquad (4-22)$$

$$\overline{J} = \frac{\overline{v}^2}{\overline{C}^2 \overline{R}} \qquad (4-23)$$

式中　$\overline{J}$——两断面之间的平均水力坡降；

$\overline{v}$、$\overline{R}$、$\overline{C}$——两断面平均流速、平均水力半径、平均谢才系数；

ΔE——上游断面与下游断面的比能差，m。

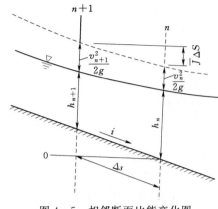

图 4-5 相邻断面比能变化图

相邻断面比能变化，见图 4-5。

计算时，根据水面曲线的类型，由控制断面算起，假定前一断面的水深，并求得有关水力要素，列表依次进行推算。

对于矩形或梯形渠道，为了提高效率，式 (4-22) 的水力坡降 J 和流速水头 $h_v = \dfrac{v^2}{2g}$ 可预先制成数表查取。表 4-9 中用无因次的水深比 (h/b) 为参数，给出不同边坡系数 m 的几何形状系数 α_r、β_r 值。然后计算出水力坡降 J、流速 h_v。

表 4-9　　　　　　　　矩形、梯形渠道的几何形状系数 α_r、β_r 取值表

水深比 h/b	α_r					β_r				
	边坡系数 m					边坡系数 m				
	0	0.25	0.5	0.75	1	0	0.25	0.5	0.75	1
0.025	233589	229235	225795	223056	220809	81.63000	80.62000	79.63000	78.66000	77.70000
0.050	24658	23746	23035	22474	22016	20.41000	19.91000	19.42000	18.96000	18.51000
0.075	6772	6400	6113	5890	5708	9.07000	8.73900	8.42600	8.13000	7.84900
0.100	2747	2548	2396	2280	2186	5.10200	4.85600	4.62800	4.41500	4.21700
0.125	1379	1255	1162	1092	1035	3.26500	3.07000	2.89200	2.73000	2.58000
0.150	791.2	706.5	644.4	597.6	560.8	2.26800	2.10700	1.96200	1.83200	1.71500
0.175	497.7	436.1	391.7	358.8	333.1	1.66600	1.52900	1.40900	1.30200	1.20700
0.200	334.8	287.9	254.7	230.3	211.6	1.27600	1.15700	1.05400	0.96450	0.88580
0.225	236.9	199.9	174.2	155.6	141.5	1.00800	0.90330	0.81430	0.73780	0.67160
0.250	174.4	144.5	124.0	109.5	98.520	0.81630	0.72310	0.64500	0.57890	0.52240
0.275	132.6	107.8	91.180	79.510	70.860	0.67470	0.59060	0.52140	0.46370	0.41500
0.300	103.5	82.610	68.840	59.320	52.350	0.56690	0.49060	0.42870	0.37780	0.33540
0.325	82.610	64.700	53.130	45.250	39.550	0.48300	0.41320	0.35740	0.31220	0.27510
0.350	67.150	51.630	41.790	35.180	30.460	0.41650	0.35220	0.30170	0.26130	0.22850
0.375	55.460	41.860	33.400	27.800	23.850	0.36280	0.30330	0.25730	0.22100	0.19190
0.400	46.430	34.410	27.070	22.290	18.950	0.31890	0.26350	0.22140	0.18870	0.16270
0.425	39.350	28.630	22.210	18.090	15.240	0.28250	0.23080	0.19210	0.16240	0.13910
0.450	33.700	24.080	18.420	14.840	12.400	0.25200	0.20360	0.16790	0.14080	0.11980
0.475	29.130	20.440	15.430	12.300	10.190	0.22610	0.18070	0.14770	0.12290	0.10390
0.500	25.400	17.500	13.030	10.280	8.4490	0.20410	0.16120	0.13060	0.10790	0.09070
0.525	22.310	15.100	11.090	8.662	7.0630	0.18510	0.14460	0.11610	0.09529	0.07959

水深比 h/b	α_r					β_r				
	边坡系数 m					边坡系数 m				
	0	0.25	0.5	0.75	1	0	0.25	0.5	0.75	1
0.550	19.730	13.120	9.509	7.352	5.9480	0.16870	0.13040	0.10380	0.08454	0.07020
0.575	17.550	11.470	8.203	6.280	5.0420	0.15430	0.11800	0.09309	0.07533	0.06221
0.600	15.710	10.080	7.118	5.397	4.3010	0.14170	0.10720	0.08386	0.06741	0.05536
0.625	14.120	8.905	6.210	4.664	3.6900	0.13060	0.09770	0.07582	0.06055	0.04946
0.650	12.760	7.906	5.444	4.051	3.1830	0.12760	0.08936	0.06878	0.05458	0.04436
0.675	11.580	7.049	4.795	3.536	2.7580	0.11200	0.08198	0.06260	0.04936	0.03991
0.700	10.550	6.311	4.240	3.099	2.4010	0.10410	0.07542	0.05713	0.04477	0.03603
0.725	9.648	5.672	3.765	2.727	2.0990	0.09707	0.06956	0.05229	0.04073	0.03262
0.750	8.852	5.115	3.355	2.409	1.8430	0.09070	0.06432	0.04798	0.03715	0.02962
0.775	8.148	4.628	3.000	2.136	1.6230	0.08495	0.05961	0.04412	0.03397	0.02696
0.800	7.522	4.200	2.691	1.900	1.4350	0.07972	0.05536	0.04067	0.03114	0.02460
0.825	6.963	3.822	2.421	1.696	1.2730	0.07495	0.05152	0.03757	0.02861	0.02251
0.850	6.463	3.488	2.184	1.518	1.1330	0.07062	0.04803	0.03478	0.02633	0.02063
0.875	6.013	3.191	1.975	1.362	1.0110	0.06664	0.04486	0.03225	0.02429	0.01896
0.900	5.607	2.926	1.791	1.226	0.9042	0.06291	0.04197	0.02996	0.02245	0.01745
0.925	5.2400	2.6890	1.62800	1.10600	0.81120	0.05963	0.039330	0.027880	0.020790	0.016090
0.950	4.9070	2.4770	1.48300	0.99970	0.72950	0.05653	0.036920	0.025980	0.019280	0.014870
0.975	4.6030	2.2850	1.35400	0.90600	0.65760	0.05367	0.034700	0.024260	0.017910	0.013760
1.000	4.3270	2.1130	1.23900	0.82280	0.59420	0.05102	0.032650	0.022680	0.016660	0.012760
1.025	4.0740	1.9570	1.13600	0.74880	0.53800	0.04856	0.030770	0.021230	0.015520	0.011840
1.050	3.8420	1.8160	1.04300	0.68280	0.48820	0.04628	0.029030	0.019900	0.014480	0.011010
1.075	3.6280	1.6870	0.95910	0.62380	0.44380	0.04415	0.027430	0.018680	0.013530	0.01025
1.100	3.4320	1.5700	0.88370	0.57090	0.40420	0.04217	0.025940	0.017550	0.012660	0.009561
1.125	3.2510	1.4640	0.81550	0.52330	0.36880	0.04031	0.024560	0.016510	0.011860	0.008927
1.150	3.0830	1.3660	0.75370	0.48050	0.33710	0.03858	0.023270	0.015550	0.011120	0.008359
1.175	2.9280	1.2770	0.69760	0.44190	0.30860	0.03695	0.022080	0.014660	0.010440	0.007812
1.200	2.7840	1.1950	0.64660	0.40700	0.28300	0.03543	0.020960	0.013840	0.009815	0.007320
1.225	2.6500	1.1200	0.60010	0.37540	0.25990	0.03400	0.019930	0.013080	0.009235	0.006868
1.250	2.5260	1.0500	0.55770	0.34680	0.23910	0.03265	0.018960	0.012370	0.008698	0.006450
1.275	2.4100	0.9864	0.51890	0.32070	0.22020	0.03139	0.018050	0.011700	0.008201	0.006064
1.300	2.3010	0.9274	0.48340	0.29700	0.20310	0.03019	0.017200	0.011090	0.007740	0.005707
1.325	2.2000	0.8728	0.45090	0.27540	0.18760	0.02906	0.016400	0.010510	0.007311	0.005376
1.350	2.1050	0.8223	0.42100	0.25570	0.17350	0.02799	0.015650	0.009978	0.006912	0.005069

水深比 h/b	α_r					β_r				
	边坡系数 m					边坡系数 m				
	0	0.25	0.5	0.75	1	0	0.25	0.5	0.75	1
1.375	2.0150	0.7755	0.39350	0.23770	0.16060	0.02699	0.014950	0.009477	0.006541	0.004784
1.400	1.9320	0.7320	0.36820	0.22110	0.14890	0.02603	0.014280	0.009007	0.006194	0.004519
1.425	1.8530	0.6915	0.34490	0.20600	0.13820	0.02513	0.013660	0.008567	0.005871	0.004273
1.450	1.7790	0.6539	0.32330	0.1921	0.12840	0.02427	0.013070	0.008155	0.005569	0.004043
1.475	1.7090	0.6188	0.30340	0.17930	0.11940	0.02345	0.01252	0.007765	0.005286	0.003828
1.500	1.6440	0.5861	0.28490	0.16750	0.11120	0.02268	0.011990	0.007404	0.005022	0.003628
1.525	1.5810	0.5556	0.26790	0.15670	0.10360	0.02194	0.011500	0.007062	0.004773	0.003441
1.550	1.5230	0.5270	0.25200	0.14670	0.09666	0.02124	0.011030	0.006740	0.004541	0.003266
1.575	1.4670	0.5003	0.23730	0.13740	0.09026	0.02057	0.010590	0.006437	0.004323	0.003102
1.600	1.4140	0.4753	0.22360	0.12870	0.08437	0.01993	0.010170	0.006151	0.004118	0.002948
1.625	1.3650	0.4518	0.21090	0.12100	0.07893	0.01932	0.009770	0.005881	0.003925	0.002804
1.650	1.3170	0.4298	0.19910	0.11360	0.07391	0.01874	0.009393	0.005627	0.003743	0.002669
1.675	1.2720	0.4091	0.18800	0.10680	0.06926	0.01819	0.009034	0.005386	0.003572	0.002541
1.700	1.2300	0.3896	0.17770	0.10050	0.06497	0.01765	0.008694	0.005158	0.003411	0.002422
1.725	1.1890	0.3714	0.16810	0.09461	0.06098	0.01715	0.008370	0.004943	0.003259	0.002309
1.750	1.1500	0.3541	0.15910	0.08915	0.05728	0.01666	0.008062	0.004739	0.003115	0.002203
1.775	1.1130	0.3379	0.15070	0.08406	0.05386	0.01619	0.007769	0.004545	0.002980	0.002103
1.800	1.0780	0.3226	0.14280	0.07931	0.05068	0.01575	0.007490	0.004362	0.002851	0.002009
1.825	1.0450	0.3082	0.13540	0.07489	0.04772	0.01532	0.007223	0.004188	0.002730	0.001919
1.850	1.0130	0.2945	0.12850	0.07076	0.04496	0.01491	0.006970	0.004023	0.002615	0.001835
1.875	0.9823	0.2816	0.12200	0.06690	0.04239	0.01451	0.006727	0.003866	0.002506	0.001756
1.900	0.9531	0.2694	0.11590	0.06330	0.04000	0.01413	0.006496	0.003717	0.002403	0.001681
1.925	0.9252	0.2579	0.11020	0.05991	0.03776	0.01377	0.006275	0.003575	0.002306	0.001609
1.950	0.8904	0.2470	0.10480	0.05675	0.03568	0.01342	0.006064	0.003440	0.002213	0.001542
1.975	0.8728	0.2366	0.09970	0.05379	0.03373	0.01308	0.005862	0.003311	0.002125	0.001478

对于明渠进出口渐变段（见图 4-6），槽底水平，可按能量方程忽略沿程损失计算，得近似式（4-24）和式（4-25）。

收缩渐变段的水面降落为

$$\Delta Z_1 = (1+\xi_1)\frac{v_2^2 - v_1^2}{2g} \tag{4-24}$$

扩散渐变段的水面回升为

$$\Delta Z_2 = (1+\xi_2)\frac{v_2^2 - v_1^2}{2g} \tag{4-25}$$

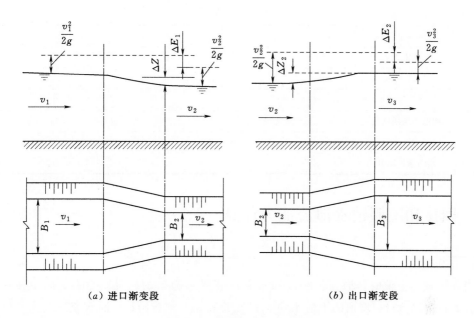

(a) 进口渐变段   (b) 出口渐变段

图 4-6　明渠进出口渐变段

上两式中　ξ_1——收缩渐变段局部损失系数，一般为 $0.20\sim0.30$；

　　　　　ξ_2——扩散渐变段局部损失系数，一般为 $0.30\sim0.80$；

其余符号意义同前。

4.2.3　上游壅高水深的计算

（1）缓坡渠道。明渠进口按宽顶堰公式计算，计算上游壅高时可按表 4-1 的准则判别是否淹没。上游壅高水深的计算近似计算淹没宽顶堰的公式：

$$Z=\frac{1}{\varphi^2}\frac{v_e^2}{2g}-\frac{v_0^2}{2g} \tag{4-26}$$

式中　v_e——进口断面处流速，根据进口断面处水深 h_e 与相应面积 A_e 和流量求得；

　　　h_e——进口断面处水深，应根据明渠末端水深 h_s 通过水面曲线推算；

其他符号意义同式（4-2）。

（2）陡坡渠道，非淹没条件下。即 $(h_s-iL)<1.25h_k$ 时，按自由出流宽顶堰公式计算：

$$H_0=\left(\frac{Q^2}{2gm^2\,\overline{B_k^2}}\right)^{\frac{1}{3}} \tag{4-27}$$

式中　$\overline{B_k}$——临界水深下过水断面的平均宽度，$B_k=A_k/h_k$；

　　　A_k——临界水深下的过水面积；

其他符号意义同式（4-5）。

明渠进口的流速系数 φ 和流量系数 m 可参考表 4-10 选取。

表 4 - 10　　　　　　　　　　　系 数 φ、m 取 值

进口条件	φ	m
无摩阻损失	1.00	0.385
进口流线形	0.95	0.365
堰槛边缘圆形	0.92	0.350
堰槛边缘成钝角	0.88	0.335
堰槛边缘成锐角	0.85	0.320
水力条件不利	0.80	0.300

4.3　坝体和围堰过水泄流能力计算

4.3.1　宽顶堰

当坝体缺口泄流时，堰顶长度 L 和水头 H 的关系为 $2.5H < L \leqslant 20H$，按宽顶堰公式计算。如自由出流时，堰顶的下游水深 $h_s < 1.25h_k$ 或 $h_s < 0.8H_0$，泄水流量按式（4 - 28）计算：

$$Q = \varepsilon m B \sqrt{2g} H_0^{\frac{3}{2}} \qquad (4 - 28)$$

式中　B——堰孔过水宽度，m；

H_0——缺口底槛以上的上游水头，m；

ε——侧收缩系数，可查图 4 - 7；

m——流量系数，当锐缘进口、缺口下游面垂直时，由式（4 - 29）计算：

$$m = 0.32 + 0.01 \frac{3 - \dfrac{P_1}{H}}{0.46 + 0.75 \dfrac{P_2}{H}} \qquad (4 - 29)$$

式（4 - 29）的适用范围为 $0 < P_1/H \leqslant 3$；当 $P_1/H > 3$ 时，$m = 0.32$。缺口泄流示意见图 4 - 8。

当缺口前缘为锐角、缺口下游面为斜坡（坡比约 $1:0.7$）时，原陕西机械学院水科所通过试验求得流量系数，见式（4 - 30）。

$$m = 0.34 + 0.01 \frac{4 - \dfrac{P_1}{H}}{0.89 + 2.24 \dfrac{P_1}{H}} \qquad (4 - 30)$$

式（4 - 30）的适用范围为 $0 < P_1/H \leqslant 4$；当 $P_1/H > 4$ 时，$m = 0.34$。

当淹没出流时（$h_s \geqslant 1.25h_k$ 或 $h_s \geqslant 0.8H$），按淹没流由式（4 - 31）计算：

$$Q = \varepsilon \sigma m B \sqrt{2g} H_0^{\frac{3}{2}} \qquad (4 - 31)$$

式中　ε——侧收缩系数，可查图 4 - 7；

σ——淹没系数，可查表 4 - 11。

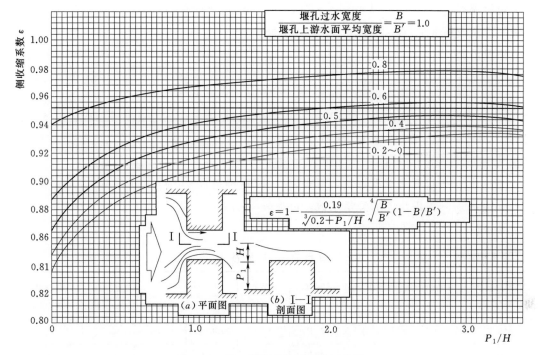

图 4-7 缺口泄流侧收缩系数 ε 曲线

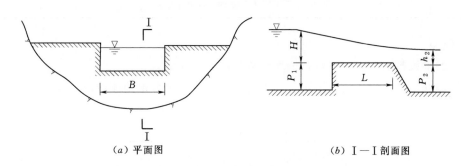

（a）平面图　　　　　　　　　　（b）Ⅰ—Ⅰ剖面图

图 4-8 缺口泄流示意图

表 4-11　　　　　　　　　　　　宽顶堰淹没系数 σ 值

H_s/H_0	0.8	0.81	0.82	0.83	0.84	0.85	0.86	0.87	0.88	0.89
σ	1.00	0.995	0.99	0.98	0.97	0.96	0.95	0.93	0.90	0.87
H_s/H_0	0.90	0.91	0.92	0.93	0.94	0.95	0.96	0.97	0.98	
σ	0.84	0.82	0.78	0.74	0.70	0.65	0.59	0.50	0.40	

4.3.2　台形堰

台形堰结构见图 4-9，土石过水围堰通常属于这种类型。

据车间试验，提出三种流态（自由出流、过渡流态、淹没出流）的出流公式如下：

自由出流：
$$Q = m_p B \sqrt{2g} H^{\frac{3}{2}} \tag{4-32}$$

过渡流态：

$$Q = \sigma_p m_p B \sqrt{2g} H^{\frac{3}{2}} \qquad (4-33)$$

淹没出流：

$$Q = \varphi_p B h_s \sqrt{2g(H-h_s)} \qquad (4-34)$$

$$\sigma_p = \alpha - \beta \frac{h_s}{H} \qquad (4-35)$$

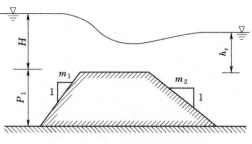

图 4-9　台形堰结构示意图

式中　　m_p——台形堰流量系数，可查表4-12；

　　　　σ_p——过渡流淹没系数，可查表4-12后确定；

　　　　φ_p——淹没出流的流量系数，可查表4-12；

　　其余符号意义同前。

表 4-12　台形堰有关系数表

上游面坡度 m_1	下游面坡度 m_2	自由出流流量系数 m_p	分界点 h_s/H	过渡流		分界点 h_s/H	淹没出流 φ_p/m_p
				α	β		
<0.6	0~3/4	$0.31+0.23H/P_1$	0.60	1.018	0.030	0.7	2.6
0.6~1.0	0~1.5	$0.29+0.32H/P_1$	0.45	1.090	0.200	0.8	2.6
1.0~1.5	0~3.0	$0.28+0.37H/P_1$	0.25	1.032	0.124	0.8	2.6

4.3.3　侧堰

　　侧堰的轴线与水流方向平行，侧堰分流见图4-10。

　　分期围堰的纵向围堰缺口过水，属于此种类型，直角分水的侧堰泄水流量为

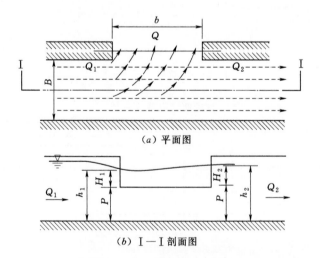

（a）平面图

（b）I—I 剖面图

图 4-10　侧堰分流示意图

P—侧堰高度；b—侧堰宽度；Q_1—上游流量；

Q_2—下游流量；B—河渠宽度

$$Q = cb\sqrt{2g}\,\overline{H}^{\frac{3}{2}} \tag{4-36}$$

侧堰的分流量又可为

$$Q = Q_1 - Q_2 \tag{4-37}$$

上两式中 c——侧堰流量系数，可取 $0.95m$，m 为正堰流量系数；

$\overline{H}$——侧堰平均水头，$\overline{H} = \dfrac{H_1 + H_2}{2}$，$H_1 = h_1 - P$，$H_2 = h_2 - P$，见图 4-10；

h_1、h_2——侧堰进口首端和末端的水深，如果变量流的断面单位能量 E_s 沿程不变，而且底坡为水平，则计算公式为

$$E_s = h_1 + \frac{v_1^2}{2g} = h_2 + \frac{v_2^2}{2g} \tag{4-38}$$

式中 v_1、v_2——变量流首端和末端断面的流速，m/s。

4.3.4 斜交堰

斜交堰见图 4-11。斜交堰的泄水流量按正堰乘以修正系数计算：

$$Q = k_b mb\sqrt{2g}\,H^{\frac{3}{2}} \tag{4-39}$$

式中 m——正堰的流量系数；

k_b——修正系数，见表 4-13；

b——斜交堰宽度，m。

表 4-13   斜交堰修正系数 k_b 取值表

角度 $\alpha/(°)$	15	30	45	60	90
k_b	0.86	0.91	0.94	0.96	1.0

4.3.5 弧形堰

拱坝或拱围堰过水时为弧形堰，弧形堰见图 4-12，其泄水流量按式（4-40）计算：

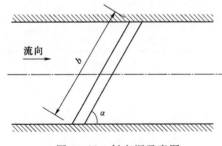

图 4-11 斜交堰示意图

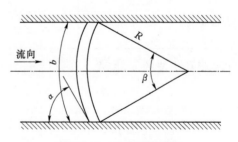

图 4-12 弧形堰示意图

$$Q = k_r mb\sqrt{2g}\,H^{\frac{3}{2}} \tag{4-40}$$

式中 m——正堰的流量系数；

b——沿弧长度，m；

k_r——修正系数；

H——堰底坎以上上游水头，m。

$$k_r = 1 - \frac{\eta H}{P} \tag{4-41}$$

式中　H、P——堰上水头和堰坎高度，m；

　　　η——形状系数，其取值参考表4-14。

表4-14　　　　　　　　　　弧形堰形状系数 η 取值表

河槽形状	角度 $\alpha/(°)$					
	15	30	45	60	75	90
宽河槽	0.71	0.35	0.20	0.11	0.04	0
窄河槽	0.83	0.48	0.28	0.13	0.04	0

4.3.6　水流衔接与消能

河床上修建水工建筑物，将改变天然的水流特性。为了消减集中下泄的水流造成的严重冲刷，应处理好水流的衔接和消能，通常的衔接和消能方式有下列几种。

（1）底流消能。其收缩水深 h_c（见图4-13）的计算式为

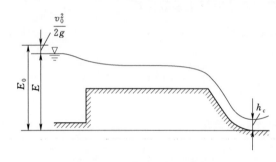

图4-13　收缩水深示意图

$$E_0 = h_c + \frac{q^2}{2g\varphi^2 h_c^2} \tag{4-42}$$

式中　E_0——以下游河床为基准面的总能头，m；

　　　q——收缩断面处的单宽流量，m/s；

　　　φ——流速系数，见表4-15。

表4-15　　　　　　　　　　泄水建筑物流速系数 φ 取值表

泄流方式	φ	泄流方式	φ
曲线形低实用堰溢流	0.90～0.95	折线形实用堰及宽顶堰溢流	0.80～0.90
曲线形低实用堰，堰顶闸孔或胸墙出流	0.85～0.95	折线形实用堰，堰顶闸孔或胸墙出流	0.75～0.85

平底闸孔出流的 h_c 按式（4-43）计算：

$$h_c = \varepsilon e \tag{4-43}$$

式中　ε——垂直收缩系数，见表4-16；

　　　e——闸门开启高度，m。

表4-16　　　　　　　　　　平板闸门垂直收缩系数 ε 取值表

开度 e/H	0.10	0.15	0.20	0.25	0.30	0.35	0.40	0.45	0.50	0.55	0.60	0.65
ε	0.615	0.618	0.620	0.622	0.625	0.628	0.630	0.638	0.645	0.650	0.660	0.675

矩形断面平底消能，收缩水深的跃后共轭水深 h_c'' 按式（4-44）计算：

$$h_c'' = \frac{h_c}{2}\left(\sqrt{1 + 8Fr_c^2} - 1\right) \tag{4-44}$$

式中 Fr_c——收缩断面弗劳德数，按式（4-45）计算。

$$Fr_c = \frac{q}{\sqrt{gh_c^3}} \qquad (4-45)$$

h_c、q 意义同式（4-42）。

矩形断面水跃长度 L_j 由式（4-46）计算：

$$\frac{L_j}{h_c} = 10.8(Fr_c - 1)^{0.93} \qquad (4-46)$$

水跃的衔接状态，以共轭水深 h_c'' 与下游实际水深 h_s 的比较来判别。当 $h_c'' > h_s$ 时为远驱水跃；当 $h_c'' < h_s$ 时为淹没水跃；当 $h_c'' = h_s$ 为临界水跃。为形成淹没水跃以提高消能效果，应使跃后水位低于下游水位。

（2）面流消能。一般在溢流坝末端设置跌坎，将高速水流的主流导向表面，使之形成面流消能。面流流态比较复杂，对跌坎高度及下游水位都有一定要求。利用面流消能的优点是主流在表面，可减少对河床的冲刷，还便于排除漂浮物，有利于过木、排冰。缺点是衔接形式复杂多变，不易控制。具体计算请参阅有关水力学专著，在此不做详细介绍。

（3）挑流消能。在泄水建筑物末端设置鼻坎，水流通过鼻坎挑离建筑物，利用水舌在空中和下游水垫中消能（见图4-14）。鼻坎至下游河床的水舌中心挑距 L 由式（4-51）计算。

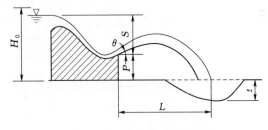

图 4-14 挑流消能示意图

$$L = 2\varphi^2 \cos\theta \left[\sin\theta + \sqrt{\sin^2\theta + \frac{1}{\varphi^2}\left(\frac{P}{S}\right)} \right] S \qquad (4-47)$$

式中 P——下游河床至鼻坎的高度，m；

S——上游水位至鼻坎的高差，m；

θ——挑射角度，（°）；

φ——鼻坎挑流的流速系数，据长江科学院的试验，提出经验公式（4-48）：

$$\varphi = \sqrt[3]{1 - \frac{0.055}{K^{0.5}}} \qquad (4-48)$$

式中 K——流能比，按式（4-49）计算。

$$K = \frac{q}{\sqrt{g}E^{1.5}} \qquad (4-49)$$

式中 E——下游河床至上游水位的高差。

刷坑深度 t，对于岩基河床，由式（4-50）计算：

$$t = K_r q^{0.5} Z^{0.25} - h_s \qquad (4-50)$$

式中 t——冲刷坑深度，m；

Z——上、下游水位差，m；

h_s——下游水深，m；

q——单宽流量，m³/(s·m)；

K_r——抗冲系数，坚硬完整的基岩 $K_r=0.9\sim1.2$；坚硬但完整性较差的基岩 $K_r=1.2\sim1.5$；软弱破碎、裂隙发育的基岩 $K_r=1.5\sim2.0$。

4.4 导流隧洞和底孔泄流能力计算

4.4.1 流态判别准则

在水利水电工程施工中，导流隧洞、导流底孔均属于管道泄流。当水流通过管道具有自由表面时为明流［见图 4-15 (a)~(c)］；当管道进口封闭而管身水流仍保持自由表面时为半有压流［见图 4-15 (d)］；进口封闭，管身充满水流时为有压流［见图 4-15 (e) 和图 4-15 (f)］。在明流和半有压流的分界处，上游临界壅高比 τ_{pc} 随进口形式而变；具有翼墙的圆形或接近圆形的进口，$\tau_{pc}=1.10$；具有翼墙的矩形或接近矩形的进口，$\tau_{pc}=1.15$；无翼墙的各型进口，$\tau_{pc}=1.25$。

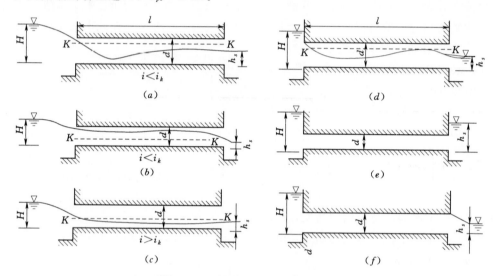

图 4-15 管道泄流的水流流态图

半有压流下限泄流量按式（4-51）计算：

$$Q_{pc}=\mu A_d\sqrt{2g(\tau_{pc}-\varepsilon)d} \tag{4-51}$$

式中 τ_{pc}——半有压流的下限临界壅高比，为管道进口底槛以上水深与管身高度之比；

μ——流量系数，随进口形式不同，取值范围为 $0.570\sim0.670$（见表 4-17）；对于锐缘进口可取 0.62；

ε——进口竖向收缩系数，为 $0.715\sim0.740$（见表 4-17），粗略计算时可取 0.70；

A_d——管道断面面积，m^2；

d——管身高度，m。

半有压流与有压流分界点的上游临界壅高比 τ_{Fc} 按式（4-52）计算：

$$\tau_{Fc}=H_{Fc}/d \tag{4-52}$$

表 4－17 半有压流的 μ、ε 系数取值表

进 口 类 型	示 图	μ	ε
走廊式		0.576	0.715
衣领式		0.591	0.726
从填方斜坡伸出的进口		0.596	0.726
边坡坡比为 $1:1\sim1:1.5$ 的圆锥体洞口式		0.625	0.673
具有淹没侧墙的喇叭式（$\theta=30°$），填土边坡为 $1:1.5$		0.670	0.740

式中　H_{Fc}——形成有压流时进口底槛以上的水深，m；

　　　　d——洞（孔）身高度，m。

从工程实践及模型试验观测到的数值看，τ_{Fc} 不是一个单一数值。当上游水位渐增，从半有压流到有压流时，其分界点的 τ_{Fc} 值较高；而当水位渐降，从有压流到半有压流时，则因出口处产生一定的负压而水流暂不脱壁，使在更低的 τ_{Fc} 值才能形成半有压流。

由于洞内流态还受洞长、坡度等因素影响，情况比较复杂，而目前用以计算的公式尚不成熟，近似计算采用经验值 $\tau_{Fc}=1.5$，相应的临界流量可按有压流公式（4-53）计算：

$$Q_{Fc}=\frac{1}{\sqrt{1+\Sigma\xi+\dfrac{2gl}{C_d^2 R_d}}}A_d\sqrt{2g(\tau_{Fc}d-\eta d+il)} \qquad (4-53)$$

式中　C_d——隧洞的谢才系数，隧洞管道可查表 4-18；

l——隧洞总长度，m；

R_d——水力半径，m；

A_d——隧洞出口计算断面面积，m²；

d——隧洞直径，m；

i——坡度；

τ_{Fc}——经验值取 1.5；

$\sum\xi$——局部损失系数；

η——有压流出口水头比（又称为出口水流势能修正系数），见表 4-19。

表 4-18 不同糙率下的圆形管道 C_d、K_d、A_d 系数

直径 d/m	断面面积 A_d/m^2	糙率 n									
		0.014		0.017		0.020		0.030		0.040	
		C_d	K_d	C_d	K_d	C_d	K_d	C_d	K_d	C_d	K_d
1.00	0.7854	56.69	22.26	46.69	18.33	39.69	15.58	26.46	10.39	19.84	7.792
2.00	3.142	63.64	141.4	52.41	116.4	44.55	98.96	29.70	65.97	22.27	49.480
3.00	7.069	68.09	416.8	56.07	343.2	47.66	291.8	31.77	194.50	23.83	145.900
4.00	12.570	71.43	897.6	58.82	739.2	50.00	628.3	33.33	418.90	25.00	314.200
5.00	19.630	74.14	1627.0	61.05	1340.0	51.90	1139.0	34.60	759.50	25.95	569.600
5.50	23.760	75.32	2098.0	62.03	1728.0	52.73	1469.0	35.15	979.30	26.36	734.100
6.00	28.270	76.42	2646.0	62.94	2179.0	53.50	1853.0	35.66	1235.00	26.75	926.300
6.50	33.180	77.45	3276.0	63.78	2698.0	54.22	2293.0	36.14	1529.00	27.11	1147.000
7.00	38.480	78.41	3992.0	64.58	3288.0	54.89	2794.0	36.59	1863.00	27.44	1397.000
7.50	44.180	79.32	4798.0	65.32	3952.0	55.52	3359.0	37.02	2239.00	27.76	1679.000
8.00	50.270	80.18	5699.0	66.03	4694.0	56.12	3990.0	37.42	2660.00	28.06	1995.000
8.50	56.750	80.99	6700.0	66.70	5517.0	56.69	4690.0	37.80	3126.00	28.35	2345.000
9.00	63.620	81.77	7803.0	67.34	6426.0	57.24	5462.0	38.16	3641.00	28.62	2731.000
9.50	70.880	82.51	9013.0	67.95	7422.0	57.75	6309.0	38.50	4206.00	28.88	3154.000
10.00	78.540	83.22	10334.0	68.53	8510.0	58.25	7234.0	38.83	4822.00	29.13	3617.000
10.50	86.590	83.89	11770.0	69.09	9693.0	58.73	8239.0	39.15	5493.00	29.36	4119.000
11.00	95.030	84.55	13324.0	69.63	10973.0	59.18	9327.0	39.46	6218.00	29.59	4663.000
11.50	103.900	85.18	15001.0	70.15	12354.0	59.62	10500.0	39.75	7001.00	29.81	5250.000
12.00	113.100	85.78	16804.0	70.64	13839.0	60.05	11763.0	40.03	7842.00	30.02	5881.000
12.50	122.700	86.37	18787.0	71.13	15430.0	60.46	13116.0	40.31	8744.00	30.23	6558.000
13.00	132.700	86.93	20802.0	71.59	17131.0	60.85	14562.0	40.57	9708.00	30.43	7281.000
13.50	143.100	87.48	23005.0	72.05	18945.0	61.24	16103.0	40.83	10736.00	30.62	8052.000
14.00	153.900	88.02	25348.0	72.48	20874.0	61.61	17743.0	41.07	11829.00	30.81	8872.000
14.50	165.100	88.53	27834.0	72.91	22922.0	61.97	19484.0	41.31	12989.00	30.99	9742.000
15.00	176.700	89.03	30648.0	73.32	25091.0	62.32	21327.0	41.55	14218.00	31.16	10664.000

表 4 - 19 有压流出口 $\eta = h_p / d$ 值

泄流状态	η	泄流状态	η
大气中射流	0.50	出口有顶托，侧墙有约束	0.85
出口有顶托，侧墙不约束	0.70		

综上所述，上游壅高水深比 $H/d < \tau_{pc}$ 时为明流；$\tau_{pc} \leqslant H/d < \tau_{Fc}$ 时为半有压流，流态不稳定；$H/d \geqslant \tau_{Fc}$ 时为有压流。

4.4.2 明流管道水力学计算

管道的长短、底坡的陡缓、进口形式及出流条件都直接影响明流的泄流能力。判别短管、长管的界限，影响泄流的因素不同（见表 4 - 20）。为保持明流，管内净空应为不少于 10%～20% 的断面面积。

表 4 - 20 明流管道影响泄流因素及其判别表

影响因素		判 别 界 限	流 态 描 述
缓坡	短管	$i < i_k,\ h > h_k$ $l < l_c = (106 \sim 270 m_0) h_k$ 或 $l < l_c = (64 \sim 163 m_0) H$ 式中　l、l_c——管道长度、长管的下限长度，m； m_0——进口系数	进口收缩断面未淹没，水流呈现全部急流或急流接缓流状态
	长管	$l \geqslant l_c$	进口收缩断面已淹没，水流呈现全部缓流状态，属 a_{I}、b_{I} 型曲线
陡坡		$i > i_k,\ h < h_k$	管道长度对泄流无影响，一般为 b_{II} 型曲线

（1）自由出流泄流能力计算。

1）缓坡。

A. 短管的泄流量按非淹没宽顶堰公式（4 - 54）计算：

$$Q = m\,\overline{B_k}\sqrt{2g}\,H_0^{\frac{3}{2}} \tag{4-54}$$

式中　m——流量系数，按式（4 - 55）计算：

$$m = m_0 + (0.385 - m_0)\frac{A_H}{3A - 2A_H} \tag{4-55}$$

式中　A——上游壅高水深处断面面积，m^2；

　　A_H——水深 H 与 B_k 的乘积；

　　m_0——进口系数，见表 4 - 21；

其他符号意义同式（4 - 4）。

表 4 - 21 管道进口系数 m_0 取值表

序号	进 口 形 式	m_0
1	进口伸出斜坡以外	0.300
2	进口倾斜同边坡一致	0.305

序号	进口形式	m_0				
3	具有垂直的侧墙	0.310				
4	具有坡度为 1:1～1:1.5 的圆锥体翼墙	0.315				
5	具有与洞轴线平行的垂直翼墙	0.330				
6	具有垂直八字形翼墙（$\theta=30°$）	0.361				
7	具有坡度为 1:1.5 的八字形翼墙（$\theta=30°$）	H/d	>0.6		<0.6	
		m_0	0.335		0.360	
8	具有垂直的八字形翼墙（$\theta=45°$）	H/d	0.2	0.4	0.6	0.8	1.0
		m_0	0.333	0.340	0.344	0.347	0.348
9	具有与两边相接的垂直八字形翼墙	$\theta/(°)$	15	30	45	60
		m_0	0.371	0.362	0.348	0.333
10	具有坡度为 1:1.5 的圆弧形翼墙（$\theta=30°$）	H/d	>0.4		<0.4	
		m_0	0.335		0.365	

注 H 为上游水深；d 为管道高度。

B. 长管泄流量按淹没宽顶堰式（4-56）计算。

$$Q=\varphi A_e\sqrt{2g(H_0-h_e)}$$

或

$$H_0=\frac{Q^2}{2g\varphi^2 A_e^2}+h_e \qquad (4-56)$$

式中 φ——流速系数，见表 4-12；

h_e——进口断面处水深，按水面线推算，m；

A_e——进口 h_e 处过水断面面积，m^2。

2）陡坡。按短管自由出流考虑，泄流量按式（4-54）计算。

3）进口具有压坡段的明流管道。为保证管内明流，改善进口段压力，在进口可设置压坡段。压坡段斜率一般为 1:4、1:5、1:6，当 H/h_1 之比在 3～12 时（h_1 为压坡末端高度），上述压坡后的竖向收缩系数分别为 0.895、0.914、0.918，粗略计算时可取 $\varepsilon=1.0$。

（2）出口淹没出流泄流能力计算。明流管道淹没出流见图 4-16。根据试验，淹没出流的条件见式（4-57）：

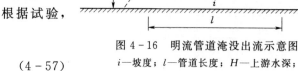

图 4-16 明流管道淹没出流示意图
i—坡度；l—管道长度；H—上游水深；
h_s—下游水深

或

$$\left.\begin{array}{l}h_s-il\geqslant 0.75H\\h_s-il\geqslant 1.25h_k\end{array}\right\} \qquad (4-57)$$

此时，泄流量可用式（4-58）计算：

$$Q=\sigma m\overline{B_k}\sqrt{2g}\,H_0^{\frac{3}{2}} \qquad (4-58)$$

式中 σ——淹没系数；见表 4-22；

m——流量系数；

$\overline{B_k}$——配临界水深下过水断面的平均宽度，m；

其余符号意义见图 4-16。

表 4-22 明流管道淹没系数 σ 取值表

$\dfrac{h_s-il}{H}$	<0.750	0.750	0.800	0.830	0.850	0.870	0.900	0.920	0.940
σ	1.000	0.974	0.928	0.889	0.855	0.815	0.739	0.676	0.598
$\dfrac{h_s-il}{H}$	0.950	0.960	0.970	0.980	0.990	0.995	0.997	0.998	0.999
σ	0.552	0.499	0.436	0.360	0.257	0.183	0.142	0.116	0.082

（3）掺气水深计算。当明流管道流速很大时，掺气不容忽视。矩形断面管道可按经验公式估算掺气水深：

$$\lg\frac{h_a-h}{\Delta}=1.77+0.0081\frac{v^2}{gR} \qquad (4-59)$$

式中 h_a——掺气水深，m；

h——未掺气水流的水深，m；

v——流速，m/s；

R——水力半径，m；

Δ——表面绝对粗糙度，对糙率 $n=0.014$ 的混凝土，$\Delta\approx0.002\mathrm{m}$。

式（4-59）的应用范围为：$h>1.2\mathrm{m}$，$0.6\mathrm{m}<R<1.4\mathrm{m}$，$15\mathrm{m/s}<v<30\mathrm{m/s}$。

掺气水深也可用式（4-60）估算。

$$h_a=(1+C')h \qquad (4-60)$$

式中 C'——掺气水流的气、水体积比（即 $C'=\xi v/100$，$\xi=1.0\sim1.4$），当流速大于 20m/s 时，取大值。

（4）分段累计法推算水曲线。

1）拱门形管道（见图 4-17）。3 种中心角（$\alpha=90°$、$120°$、$150°$）和 3 种直墙高宽比（$H/b=0.5$、1.0、1.5）的拱门形管道的水力要素见表 4-23，其几何形状系数 α_d、β_d 参见表 4-24～表 4-26。

对于任意直墙高宽比（$H/b=n$）的几何尺寸与水力要素可按式（4-61）计算：

$$\cos\frac{\varphi}{2}=\cos\frac{\alpha}{2}+2\left(\frac{h}{b}-\frac{H}{b}\right)\sin\frac{\alpha}{2} \qquad (4-61)$$

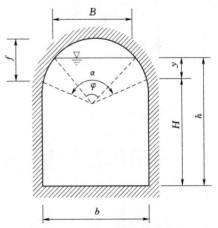

图 4-17 拱门形管道断面图

b—宽度；y—起拱点以上水深；h—水深；H—直墙高度；f—拱高；B—水面宽

过水断面面积比按式（4-62）计算：

$$\frac{A}{B^2}=\frac{H}{b}+\frac{1}{8\sin^2\left(\dfrac{\alpha}{2}\right)}\left[\alpha-\sin\alpha-\varphi+2\cos\frac{\varphi}{2}\sqrt{1-\cos^2\left(\frac{\varphi}{2}\right)}\right] \qquad (4-62)$$

湿周比按式（4-63）计算：

表 4－23

拱门形管道水力要素取值表

水深比 h/b	起拱点以上水深比 y/b	顶拱中心角/(°)								
		$\alpha=90$			$\alpha=120$			$\alpha=150$		
		A/b^2	x/b	B/b	A/b^2	x/b	B/b	A/b^2	x/b	B/b
0	0	H/b	$2H/b+1$	1	H/b	$2H/b+1$	1	H/b	$2H/b+1$	1
$H/b+0.025$	0.025	$H/b+0.02435$	$2H/b+1.0726$	0.9474	$H/b+0.02462$	$2H/b+1.0586$	0.9694	$H/b+0.02482$	$2H/b+1.0521$	0.9852
$H/b+0.050$	0.050	$H/b+0.04732$	$2H/b+1.1496$	0.8888	$H/b+0.04844$	$2H/b+1.1192$	0.9352	$H/b+0.04924$	$2H/b+1.1051$	0.9677
$H/b+0.075$	0.075	$H/b+0.06873$	$2H/b+1.2322$	0.8231	$H/b+0.07135$	$2H/b+1.1822$	0.8968	$H/b+0.07318$	$2H/b+1.1592$	0.9472
$H/b+0.100$	0.100	$H/b+0.08840$	$2H/b+1.3222$	0.7483	$H/b+0.09324$	$2H/b+1.2482$	0.8539	$H/b+0.09657$	$2H/b+1.2145$	0.9235
$H/b+0.125$	0.125	$H/b+0.1061$	$2H/b+1.4224$	0.6614	$H/b+0.1140$	$2H/b+1.3178$	0.8055	$H/b+0.1193$	$2H/b+1.2714$	0.8964
$H/b+0.150$	0.150	$H/b+0.1213$	$2H/b+1.5385$	0.5568	$H/b+0.1335$	$2H/b+1.3919$	0.7507	$H/b+0.1414$	$2H/b+1.3301$	0.8656
$H/b+0.175$	0.175	$H/b+0.1336$	$2H/b+1.6829$	0.4213	$H/b+0.1515$	$2H/b+1.4722$	0.6880	$H/b+0.1626$	$2H/b+1.3912$	0.8306
$H/b+0.200$	0.200	$H/b+0.1418$	$2H/b+1.91$	0.2000	$H/b+0.1678$	$2H/b+1.5607$	0.6149	$H/b+0.1829$	$2H/b+1.4550$	0.7910
$H/b+0.2071$	0.2071	$H/b+0.1427$	$2H/b+2.1107$	0						
$H/b+0.225$	0.2250				$H/b+0.1821$	$2H/b+1.6618$	0.5271	$H/b+0.2021$	$2H/b+1.5223$	0.7459
$H/b+0.250$	0.2500				$H/b+0.1939$	$2H/b+1.7842$	0.4155	$H/b+0.2201$	$2H/b+1.5942$	0.6943
$H/b+0.2887$	0.2887				$H/b+0.2047$	$2H/b+2.0092$	0	$H/b+0.2452$	$2H/b+1.7181$	0.5976
$H/b+0.300$	0.3000							$H/b+0.2517$	$2H/b+1.7583$	0.5643
$H/b+0.325$	0.3250							$H/b+0.2648$	$2H/b+1.8575$	0.4787
$H/b+0.350$	0.3500							$H/b+0.2755$	$2H/b+1.9798$	0.3672
$H/b+0.375$	0.3750							$H/b+0.2827$	$2H/b+2.1655$	0.1886
$H/b+0.3837$	0.3837							$H/b+0.2838$	$2H/b+2.3552$	0

表 4 - 24　拱门形管道几何形状系数 α_d、β_d 取值表（$H/b=0.5$）

水深比 h/b	起拱点以上水深比 y/b	顶 拱 中 心 角/(°)					
		$\alpha=90$		$\alpha=120$		$\alpha=150$	
		α_d	β_d	α_d	β_d	α_d	β_d
0.5000	0	25.398	0.2041	25.398	0.2041	25.3980	0.2041
0.5250	0.0250	22.730	0.1856	22.487	0.1854	22.3650	0.1852
0.5500	0.0500	20.686	0.1703	20.159	0.1696	19.8840	0.1691
0.5750	0.0750	19.140	0.1577	18.289	0.1563	17.8410	0.15530
0.6000	0.1000	18.014	0.1474	16.788	0.1450	16.1500	0.14340
0.6250	0.1250	17.270	0.1389	15.591	0.1353	14.7450	0.13300
0.6500	0.1500	16.919	0.1322	14.653	0.1271	13.5780	0.12400
0.6750	0.1750	17.061	0.1271	13.946	0.1202	12.6100	0.11620
0.7000	0.2000	18.224	0.1239	13.460	0.1144	11.8120	0.10940
0.7071	0.2071	19.768	0.1235				
0.7250	0.2250			13.205	0.1097	11.1630	0.10350
0.7500	0.2500			13.239	0.1059	10.6510	0.09839
0.7870	0.2870			15.081	0.1027	10.1290	0.09214
0.8000	0.3000					10.0150	0.09028
0.8250	0.3250					9.9114	0.08722
0.8500	0.3500					10.0080	0.08484
0.8837	0.3837					11.2990	0.08306

表 4 - 25　拱门形管道几何形状系数 α_d、β_d 取值表（$H/b=1.0$）

水深比 h/b	起拱点以上水深比 y/b	顶 拱 中 心 角/(°)					
		$\alpha=90$		$\alpha=120$		$\alpha=150$	
		α_d	β_d	α_d	β_d	α_d	β_d
1.0000	0	4.3267	0.05101	4.3267	0.05101	4.3267	0.05101
1.0250	0.0250	4.1227	0.04862	4.0940	0.04860	4.0799	0.04858
1.0500	0.0500	3.9574	0.04651	3.8927	0.04641	3.8595	0.04634
1.0750	0.0750	3.8291	0.04467	3.7200	0.04445	3.6632	0.04430
1.1000	0.1000	3.7377	0.04307	3.5738	0.04269	3.4890	0.04243
1.1250	0.1250	3.6858	0.04171	3.4528	0.04111	3.3352	0.04072
1.1500	0.1500	3.6811	0.04058	3.3566	0.03971	3.2004	0.03917
1.1750	0.1750	3.7440	0.03970	3.2857	0.03848	3.0836	0.03775
1.2000	0.2000	3.9598	0.03914	3.2423	0.03741	2.9842	0.03647
1.2071	0.2071	4.2129	0.39070				
1.2250	0.2250			3.2316	0.03651	2.9018	0.03531

水深比 h/b	起拱点以上水深比 y/b	顶 拱 中 心 角/(°)					
		$\alpha=90$		$\alpha=120$		$\alpha=150$	
		α_d	β_d	α_d	β_d	α_d	β_d
1.2500	0.2500			3.2660	0.03579	2.8368	0.03427
1.2750	0.2750			3.3858	0.03529	2.7902	0.03336
1.2887	0.2887			3.1314	0.03515		
1.3000	0.3000					2.7645	0.03256
1.3250	0.3250					2.7648	0.03189
1.3500	0.3500					2.8028	0.03136
1.3837	0.3837					3.0895	0.03096

表 4－26　　拱门形管道几何形状系数 α_d、β_d 取值表 （$H/b=1.5$）

水深比 h/b	起拱点以上水深比 y/b	顶 拱 中 心 角/(°)					
		$\alpha=90$		$\alpha=120$		$\alpha=150$	
		α_d	β_d	α_d	β_d	α_d	β_d
1.5000	0	1.6435	0.02268	1.6435	0.02268	1.6435	0.02268
1.5250	0.0250	1.5954	0.02196	1.5872	0.02195	1.5831	0.02194
1.5500	0.0500	1.5562	0.02131	1.5374	0.02128	1.5277	0.02126
1.5750	0.0750	1.5261	0.02073	1.4938	0.02066	1.4771	0.02062
1.6000	0.1000	1.5057	0.02022	1.4566	0.02010	1.4312	0.02002
1.6250	0.1250	1.4963	0.01978	1.4256	0.01959	1.3899	0.01946
1.6500	0.1500	1.5008	0.01941	1.4012	0.01912	1.3531	0.01894
1.6750	0.1750	1.2558	0.01912	1.3840	0.01871	1.3208	0.01846
1.7000	0.2000	1.5987	0.01893	1.3748	0.01834	1.2931	0.01802
1.7071	0.2071	1.6804	0.01891	1.3740	0.01825	1.2861	0.01790
1.7250	0.2250			1.3758	0.01803	1.2702	0.01761
1.7500	0.2500			1.3913	0.01778	1.2525	0.01724
1.7870	0.2870			1.4919	0.01756	1.2370	0.01677
1.8000	0.3000					1.2351	0.01663
1.8250	0.3250					1.2385	0.01638
1.8500	0.3500					1.2548	0.01619
1.8837	0.3837					1.3586	0.01604

$$\frac{x}{b}=\left(2\frac{H}{b}+1\right)+\frac{1}{2\sin\frac{\alpha}{2}}(\alpha-\varphi) \tag{4-63}$$

水面宽度比按式（4－64）计算：

$$\frac{B}{b}=\frac{\sqrt{1-\cos^2\left(\frac{\varphi}{2}\right)}}{\sin\frac{\alpha}{2}} \tag{4-64}$$

式（4-61）～式（4-64）中物理量含义同图 4-17。

拱的高宽比按式（4-65）计算：

$$\frac{f}{b}-\frac{\tan\frac{\alpha}{4}}{2} \tag{4-65}$$

式中 α——拱的中心角，（°）。

计算水面线，应先确定正常水深 h_0 和临界水深 h_k。当直墙高宽比为 0.5 或 1.0 时，可查图 4-18、图 4-19 中曲线；对于任意高宽比 $\left(\frac{H}{b}=n\right)$ 的拱门形断面，可按下列迭代式（4-66）、式（4-67）计算：

$$\frac{h_0}{b}=\frac{Q_n^{0.6}\left(\frac{x}{b}\right)^{0.4}}{b^{1.6}i^{0.3}\left(\frac{A}{b^2}\right)}\frac{h_0}{b} \tag{4-66}$$

$$\frac{h_k}{b}=\left[\frac{Q^2\left(\frac{B}{b}\right)}{9.8b^5}\right]^{\frac{1}{3}}\frac{\frac{h_k}{b}}{\frac{A}{b^2}} \tag{4-67}$$

式中 $\frac{A}{b^2}$、$\frac{x}{b}$、$\frac{B}{b}$ 可查表 4-23 确定。当中心角 α 在 90°～150° 之间的任意值时，可用内插确定。表 4-23 中 $\frac{H}{b}$、$\frac{2H}{b}$ 随选用的高宽比不同而异，查表时应注意。

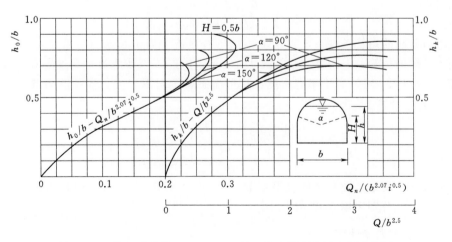

图 4-18　拱门形管道（$H=0.5b$）的正常水深与临界水深求解图

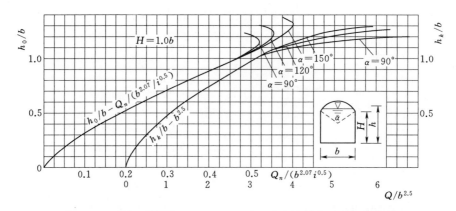

图 4-19 拱门形管道（$H=1.0b$）的正常水深与临界水深求解图

采用分段累计法时，按式（4-68）或式（4-69）计算 J 和 h_v：

$$J = \alpha_d \left(\frac{Q_n}{b^{\frac{8}{3}}} \right)^2 \qquad (4-68)$$

$$h_v = \beta_d \left(\frac{Q}{b^2} \right)^2 \qquad (4-69)$$

式（4-68）和式（4-69）中 α_d、β_d——拱门形断面的几何形状系数，参考表 4-24～
表 4-26 提供的 H/b 分别为 0.5、1.0、1.5
三种形状下的 α_d、β_d 值确定。

当 $h < H$ 时，过水断面为矩形，在表 4-9 中按 $m=0$ 查找 α_r、β_r 值。

4.4.3 半有压流水力学计算

当水流封闭进口，而洞内仍为明流时，为半有压流。在明流条件下，随着泄流量的增加，或在有压流自由出流条件下，随泄流量的减少，均可产生半有压流。当管道长度较短，水流经进口收缩后，未及扩展到充满全断面时，即为进口封闭短管。在近似计算时，短管极限长度 L_{pc} 可根据式（4-70）或式（4-71）计算出数值：

圆滑进口 $\qquad\qquad\qquad L_{pc}/d = 4.5 \qquad\qquad\qquad (4-70)$

锐圆进口 $\qquad\qquad\qquad L_{pc}/d = 10 + 4000i \qquad\qquad (4-71)$

在进口封闭的短管条件下，理论上不产生有压流。当管长超过短管极限长度 L_{pc} 后，即为进口封闭的长管。上游壅高水深比大于 τ_{pc} 而小于 τ_{Fc}，或泄流量超过半有压流的下限流量 Q_{pc} 而小于 Q_{Fc} 时，属于半有压流。这种流态属于闸下出流，泄流能力按式（4-72）或式（4-73）计算：

$$Q = \mu A_d \sqrt{2g(H_0 - \varepsilon d)} \qquad (4-72)$$

或 $\qquad\qquad\qquad H_0 = \frac{Q^2}{2g\mu^2 A_d^2} + \varepsilon d \qquad\qquad (4-73)$

式中 μ、ε——流量系数和竖向收缩系数（见表 4-17），对于锐缘进口可近似计算，可
分别采用 0.62 和 0.70。

4.4.4 有压流水力学计算

当下游水位超过出口管顶高程时，可近似认为属于淹没出流。在淹没出流条件下为有

压流 [见图 4-15 (e)]。当下游水位未淹没管顶时为自由出流。在自由出流条件下，上游壅高水深比超过 τ_{Fc}，或流量超过其下限流量 Q_{Fc} 后，管内将产生有压流 [见图 4-15 (f)]。

（1）泄流能力按式（4-74）计算：

$$Q=\mu A_d \sqrt{2g(T_0-h_p)}=\mu A_d \sqrt{2gZ_0} \tag{4-74}$$

底坡 i 沿程不变时按式（4-75）计算：

$$Q=\mu A_d \sqrt{2g(H_0+il-h_p)} \tag{4-75}$$

式中 h_p——出口底板以上的计算水深 m，自由出流时 $h_p=\eta d$，η 值见表 4-19；

Z_0——计入引近流速水头的上、下游计算水位差，m；

T_0——出口底板高程至上游水位并计入行近流速水头的总水头，m；

μ——流量系数。

在自由出流且管道断面沿程不变时按式（4-76）计算：

$$\mu=\frac{1}{\sqrt{1+\sum\xi+\dfrac{2gl}{C_d^2 R_d}}} \tag{4-76}$$

式中 l——管道总长，m；

$\sum\xi$——进口及管内局部水头损失之和，m；

C_d——谢才系数；

R_d——水力半径，m。

如管道断面沿程变化时按式（4-77）计算：

$$\mu=\frac{1}{\sqrt{1+\sum\xi_i\left(\dfrac{A_d}{A_{di}}\right)+\sum\dfrac{2gl_i}{C_{di}^2 R_{di}}\left(\dfrac{A_d}{A_{di}}\right)^2}} \tag{4-77}$$

式中 l_i——管道的分段长度，m；

A_{di}——管道的断面面积，m^2；

ξ_i——某一局部能量损失系数；

C_{di}、R_{di}——分段的谢才系数和水力半径；

A_d——管道出口计算断面面积，m^2。

在淹没出流条件下，当出口后的过水断面面积 A_s 远大于管道断面面积 A_d 时，μ 仍用式（4-76）计算；如果 A_s 和 A_d 相差不大，式（4-76）、式（4-77）中分子的 1 应以 $\left(\dfrac{A_s-A_d}{A_{di}}\right)^2$ 代替。

对于圆形或拱门形的大断面（直径为 8～12m）管道，近似计算时流量系数 μ 可查图 4-20 的曲线来取值。

（2）立轴漩涡的估算。当孔口或管道上游水头较小时，常在进口前产生立轴漩涡（见图 4-21）。此时空气被带入孔内，将减小过水面积，从而降低泄流能力，并可能产生气蚀，应力求避免。立轴漩涡的产生，不仅与水头及孔口大小有关，还与孔口高程、位置及进水口的形状等有关，即与进水条件有关，情况比较复杂。可用式（4-78）估算产生立轴漩涡的临界水头。

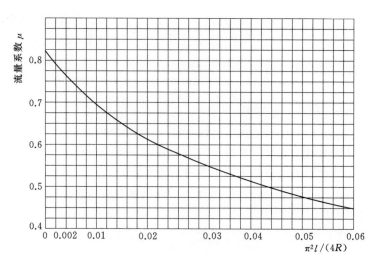

图 4-20 管道流量系数 μ 曲线

R—水力半径；l—管道长度

$$H_k = 0.5d \left(\frac{v_c}{\sqrt{gd}} \right)^{0.55} \qquad (4-78)$$

式中　H_k——临界水头，$H < H_k$ 时可能产生立轴漩涡，m；

　　　d——管道直径，mm；

　　　v_c——收缩断面的流速，m/s，可用式（4-79）估算。

$$v_c = \frac{Q}{\varepsilon A_d} \qquad (4-79)$$

式中　A_d——管道断面面积，m；

　　　ε——进口收缩系数，见表4-17。

（3）管道压坡线（侧压管水头线）计算。管道内有压水流任意断面 E_i 的总水头按式（4-80）计算：

$$E_i = Z_i + \frac{p_i}{\gamma} + \frac{v_i^2}{2g} \qquad (4-80)$$

式中　Z_i——断面 i 处测压管的位置水头，m；

　　　γ——水的容重，t/m³；

　　　p_i——断面 i 处的压强，t/m²；

　　　v_i——断面 i 处的平均流速，m/s。

图 4-21 进口立轴漩涡图

由式（4-80）得测压管水头，再按式（4-81）计算：

$$Z_i + \frac{p_i}{\gamma} = E_i - \frac{v_i^2}{2g} \qquad (4-81)$$

式中符号意义同前。

由式（4-81）可求得各计算点以上的压强水头 p_i/γ，以此作为管道结构设计和防止气蚀破坏的依据。绘制压坡线的步骤如下。

1）先逐项求出局部水头损失 $h_{ji}=\xi_i\dfrac{v_i^2}{2g}$，并逐段算出沿程水头损失 $h_{fi}=\dfrac{2gl_i}{C_i^2R_i}\times\dfrac{v_i^2}{2g}$。

2）以出口断面底板为基准面，从进口断面具有的总水头 E_0 开始，自上游至下游逐项逐段将损失水头累减，便得到各断面上的总水头 E_i，将各转变断面的总水头相连，得总水头线。

3）各断面的总水头减去该断面的流速水头，得各断面的测压管水头 $\left(Z_i+\dfrac{p_i}{\gamma}\right)$，将各转变断面上的测压管水头相连，即为压坡线（见图 4-22）。处于压坡线以上的管身为负压。

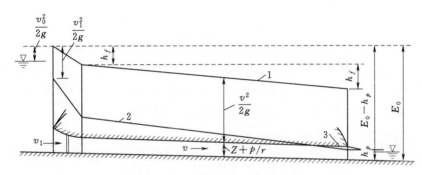

图 4-22　总水头线和测压管水头线
1—总水头线；2—测压管水头线；3—负压部分

4.5　联合泄流的水力学计算

在水利水电工程施工导流中，时常遇到几种泄水建筑物联合泄流的情况，各种组合联合泄流的水力学计算如下。

4.5.1　自由出流时开敞式泄水建筑物的联合泄流

几种开敞式泄水建筑物（如缺口、明渠等）均为自由出流时，泄流量按式（4-82）计算：

$$Q=\sqrt{2g}\sum\left[m_ib_i(\nabla H_u-\nabla T_i)^{\frac{3}{2}}\right] \tag{4-82}$$

式中　∇H_u——上游水位，m；

　　　∇T_i——进口底槛高程，m。

脚标 i 表示几种不同泄水建筑物的编号。假定一个上游水位 ∇H_u，可得泄流量 Q，计算几个点，便可绘制联合泄流曲线。

4.5.2　淹没出流时的缺口和有压流隧洞或底孔联合泄流

淹没出流的缺口泄流量按式（4-83）计算：

$$Q_1=\varepsilon\varphi A_1\sqrt{2g(\nabla H_u-\nabla H_d)} \tag{4-83}$$

式中 ε——侧收缩系数,可查图 4-7 的曲线;

φ——流速系数,见表 4-10;

∇H_u、∇H_d——上游水位和下游水位,m;

A_1——过水断面面积,m^2。

隧洞或底孔淹没出流时,泄流量按式(4-84)计算:

$$Q_2 = \mu A_2 \sqrt{2g(\nabla H_u - \nabla H_p)} = \mu A_2 \sqrt{2gZ_1} \tag{4-84}$$

式中 μ——流量系数,按式(4-76)计算;

∇H_p——当底孔或隧洞属有压非淹没出流时的下游计算水位(根据计算水深推算),当出口淹没时 $\nabla H_p = \nabla H_d$,即 $Z = Z_1 = Z_2$;

A_2——过水断面面积,m^2。

联合泄流量可按式(4-85)计算:

$$Q = \sqrt{2gZ}(\varepsilon\varphi A_1 + \mu A_2) \tag{4-85}$$

假定一个落差,可得泄流量 Q,计算几个点便可绘制联合泄流曲线。

当底孔或隧洞为非淹没出流时,可先按式(4-85)假定 Z 求得联合泄流量 Q,然后查下游水位与流量关系曲线后确定下游水位 ∇H_d,这时 ∇H_d 应修正为 ∇H_p,再分别利用式(4-83)和式(4-84)即可求得联合泄流量 Q-∇H_u 曲线。

4.5.3 自由出流与淹没出流组合情况下的联合泄流

坝体缺口、隧洞、底孔都有可能产生自由出流和淹没出流。隧洞、底孔有明流、半有压流和有压流以及明渠泄流,还可能有 3 种以上泄水建筑物联合泄流的情况,组合情况比较复杂。为适应各种情况的组合,可按以下方法计算联合泄流曲线。

在已知总泄流量和下游水位的情况下,任何泄水建筑物联合泄流应同时满足以下两个条件:

$$Q = Q_a + Q_b + \cdots + Q_n; Z = Z_a = Z_b = \cdots = Z_n \tag{4-86}$$

式(4-86)中脚标 a、b、$\cdots$、n 表示几种不同的泄水建筑物的编号。以坝体缺口与隧洞联合泄流为例,计算步骤如下:

(1)根据天然水位-流量关系曲线,拟定一个下游水位 ∇H_{d1},此时的总泄流量为 Q_1。在下游水位 ∇H_{d1} 已定的条件下,计算第 1 条缺口泄流曲线 Q_{a1}-∇H_u。因下游水位已知,可判别属于自由出流或淹没出流,分别按不同情况计算。再拟定一个下游水位 ∇H_{d2},此时的总泄流量为 Q_2。按上述情况算出缺口泄流曲线 Q_a-∇H_u。如此拟定几个下游水位,可算得在一定下游水位条件下的缺口泄流曲线族,绘于图 4-23 右侧。

(2)同样,根据不同下游水位 ∇H_{d1}、∇H_{d2}、∇H_{d3}、$\cdots$,可算出隧洞在一定下游水位条件下的泄流曲线族 Q_b-∇H_u,绘于图 4-23 左侧。计算隧洞泄流时,有明流、半有压流、有压流应分别按不同情况计算。

(3)利用图 4-23 的曲线族,先在对应的两条曲线 $\nabla H_{d1}(Q_a$-$\nabla H_u)$ 与 $\nabla H_{d1}(Q_b$-$\nabla H_u)$ 之间上下移动,$Q_{a1} + Q_{b1} = Q_1$ 时上游水位 ∇H_{u1} 即为所求的上游壅水位,此时的 Q_{a1}、Q_{b1} 即为缺口和隧洞的分流量。同样,在对应的曲线 $\nabla H_{d2}(Q_a$-$\nabla H_u)$ 与 $\nabla H_{d2}(Q_b$-$\nabla H_u)$ 之间,找出 $Q_{a2} + Q_{b2} = Q_2$ 时的上游壅高水位 ∇H_{u2},如此计算几个点,即可绘制

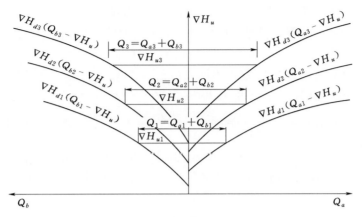

图 4-23　联合泄流曲线图

联合泄流曲线 Q-∇H_u。

但应注意，绘制联合泄流曲线的每一个点，都需要同一下游水位条件下的一对分流曲线。因此计算时不宜随意拟定下游水位，要根据绘制联合泄流曲线需要的流量来拟定。

有 3 种泄水建筑物联合泄流时也可采用此法，但在某一下游水位条件下需计算 3 组分流曲线 Q_a-∇H_u、Q_b-∇H_u、Q_c-∇H_u，得 $Q_a + Q_b + Q_c = Q$ 时的上游水位 ∇H_u，即为所求的上游壅高水位。

4.6　调洪演算

坝体拦洪或围堰挡水，当库容较大，在确定上游壅高水位时一般应考虑水库调蓄作用，并进行调洪演算，基本计算式（4-87）为

$$\overline{I}\Delta t - \left(\frac{Q_1 + Q_2}{2}\right)\Delta t = V_2 - V_1 \tag{4-87}$$

式中　Δt——计算时段，根据洪峰历时的长短，通常选用 3h、6h 或 12h；

　　$\overline{I}$——在 Δt 时段内的平均入库流量，m^3/s；

Q_1、Q_2——时段始、末的泄流量，m^3/s；

V_1、V_2——时段始、末的库容，m^3。

可将式（4-87）写成

$$\overline{I} + \left(\frac{V_1}{\Delta t} - \frac{Q_1}{2}\right) = \frac{V_2}{\Delta t} + \frac{Q_2}{2} \tag{4-88}$$

计算通常以绘制有关图表的方式进行。根据库容曲线及泄流曲线可绘制上游水位 ∇H_u-$\left(\frac{V_1}{\Delta t} - \frac{Q_1}{2}\right)$ 及 ∇H_u-$\left(\frac{V_2}{\Delta t} + \frac{Q_2}{2}\right)$ 两条辅助曲线，然后根据设计洪水过程线，按照式（4-88）的原理列表计算，即可求得调蓄后水位变化和相应的泄流流量变化过程。起调水位应使入流量与泄流量基本相等或限制水位调起。如果只需要推算调蓄后的最高水位和最大下泄流量，一般调至水位开始下降时即可。为校核计算误差，可调至水位下降到入流量等于泄流

量的位置，此时整个调蓄过程的下泄水量与存入水库水量之和应等于总来水量。

以某工程隧洞导流为例，其库容曲线及隧洞泄流曲线（∇H_u-Q）的数值列于表 4-27、表 4-28，在同一表内算得两条辅助曲线的有关数据，其曲线见图 4-24。根据设计洪水过程线，取计算时段为 3h，定出不同时段的入库流量 I 及平均值 $\bar{I}$。起调点由高程 $\nabla H_{u1}=343\text{m}$ 开始，从图 4-24 中查得相应的为 -225，相应的平均入库流量 $\bar{I}$ 为 $702.5\text{m}^3/\text{s}$，根据式（4-88），相加后得 $\left(\dfrac{V_1}{\Delta t}-\dfrac{Q_1}{2}\right)=477.5$，由图 4-24 中另一条辅助曲线查得与此相应的上游水位 $\nabla H_{u2}=347.5\text{m}$。依次类推，直至求出最高水位及相应的最大下泄流量（见表 4-28）。本例中最高水位 352.9m，最大下泄流量 705m^3/s。

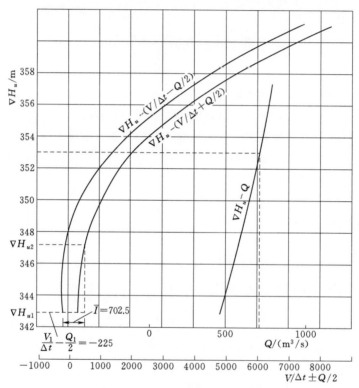

图 4-24　调洪演算辅助曲线图

表 4-27　　　　　　　　　　　　　调洪辅助曲线计算表

上游水位 ∇H_u /m	库容 V /万 m^3	$V/\Delta t$ /(m^3/s)	泄流量 Q /(m^3/s)	$Q/2$ /(m^3/s)	$\dfrac{V}{\Delta t}-\dfrac{Q}{2}$	$\dfrac{V}{\Delta t}+\dfrac{Q}{2}$
343	0	0	450	225	-225.0	225.0
345	60	55.6	510	255	-199.4	310.6
347	198	183.3	560	280	-96.7	463.3
349	485	449.1	610	305	144.1	754.1
351	1010	935.2	650	325	610.2	1260.0
353	1815	1681.0	700	350	1331.0	2031.0

上游水位∇H_u/m	库容V/万m³	$V/\Delta t$/(m³/s)	泄流量Q/(m³/s)	Q/2/(m³/s)	$\dfrac{V}{\Delta t}-\dfrac{Q}{2}$	$\dfrac{V}{\Delta t}+\dfrac{Q}{2}$
355	2928	2711.0	740	370	2341.0	3081.0
357	4358	4035.0	780	390	3645.0	4425.0
359	6128	5674.0	815	408	5266.0	6082.0
361	8448	7822.0	850	425	7397.0	8247.0

表4-28　　双曲辅助曲线调洪计算表

时间t/h	入流量I/(m³/s)	时段平均$\overline{I}$/(m³/s)	起始上游水位∇H_{u1}/m	$\dfrac{V_1}{\Delta t}-\dfrac{Q}{2}$	$\dfrac{V_2}{\Delta t}+\dfrac{Q}{2}$	泄流量Q/(m³/s)	时段末上游水位∇H_{u2}/m
3	455	702.5	343.0	−225	—	460	347.5
6	950	1125.0	347.5	−100	477.5	570	350.2
9	1300	1200.0	350.2	400	1025.0	640	352.0
12	1100	955.0	352.0	950	1600.0	685	352.8
15	810	700.0	352.8	1300	1905.0	700	352.9
18	590	500.0	352.9	1310	2000.0	705	352.5
21	410	375.0	352.5	1150	1810.0	690	351.8
24	340	315.0	351.8	860	1525.0	680	350.8
3	290	280.0	350.8	550	1175.0	660	350.6
6	270		350.6	—	830.0	650	

5 施 工 导 流 方 案

在河道上修建水利枢纽工程通常是分阶段进行施工的，从开工到完建，往往要经历多种多样的导流时段，每个导流时段所选择的导流方式各不相同，前一时段的导流方式需要与后一导流时段的导流方式紧密相连，合理衔接。同时，前一时段导流方式修建的临时导流建筑物会延续到后续导流时段，作为新的施工导流研究对象，需要在后续导流时段导流方式的选择中加以考虑。为了能够在水利枢纽工程施工全过程有效控制河道水流，需要将各施工阶段中各导流时段所采用的各种不同的导流方式组合起来配合运用，形成一个完整的综合水流控制措施方案，以取得最佳的技术和经济效果。这种在江河流域河道上修建水利枢纽工程施工全过程中，将不同导流时段不同导流方式组合运用形成的水流控制综合措施方案，即施工导流方案。

一个合理的施工导流方案，必须在深入研究各种影响因素的基础上，同时拟定几个可能的方案，不仅要从导流工程造价来衡量，还要从施工总进度、施工交通与布置、主体工程量等方面进行全面的技术经济比较。合理的施工导流方案，主要体现在以下几个方面。

（1）整个枢纽工程施工进度快、工期短、造价低。尽可能压缩前期投资，尽快发挥投资效益。

（2）主体工程施工安全，施工强度均衡，干扰小，能保证施工的主动性。

（3）导流建筑物简单易行，工程量少，造价低，施工方便，速度快。

（4）满足国民经济各部门的要求（如通航、放木及蓄水阶段的供水、移民等）。

在大型水利枢纽工程施工导流方案的选择和确定时，通常应提出以下成果。

（1）施工或导流时段，各时段导流方式、导流标准和导流设计流量的选择。

（2）各方案的导流工程量与造价，主要技术经济指标、水力学指标。

（3）导流建筑物的布置，挡水与泄水建筑物的形式与尺寸，施工导流程序与进度分析。

（4）截流、基坑排水的主要指标和措施。

（5）坝体施工期度汛及封堵蓄水的主要指标和措施。

（6）施工总进度的主要指标，包括总工期、第一台机组发电日期、河道截流、断航、施工强度、劳动力等。

（7）通航等综合利用措施。

（8）主要方案的水力学模型试验成果。

5.1 施工导流方案主要内容

5.1.1 工程施工导流方案的主要内容

为实现施工导流所设定的目标，在河道上修建水利枢纽工程施工前，需要编制施工导流方案，来指导水利枢纽工程施工全程的各项施工导流工作，使施工导流中的各项任务能够顺利实施并按期完成。施工导流方案包含的主要内容是施工导流时段划分，各导流时段的导流方式、导流标准选择，各导流时段的导流建筑物布置，施工导流程序，导流建筑物施工进度计划，施工导流方案的附图与附表等。

（1）施工导流时段划分。修建水利枢纽工程是分阶段施工的，每个施工阶段实际上就是工程建设中的阶段目标的实现。为保证河道上的施工安全，在各施工阶段中还有一些施工导流工程项目施工。

施工导流时段划分主要是对每年的枯水期、汛期起止时间进行选择，包括挡水围堰填筑施工时段起止时间选择、各种导流泄水建筑物闸孔封堵起止时间选择、施工导流挡水围堰拆除起止时间选择等。

（2）各导流时段的导流方式、导流标准选择。在河道上修建水利枢纽工程时，随着主体工程形象进度的不断变化，对施工导流要求和导流标准也各不相同，需要按照水利枢纽工程类别、河道特性和施工阶段与时段划分，进行相应的导流方式和导流标准的选择。

（3）各导流时段的导流建筑物布置。按照各导流时段选择的导流方式和导流标准，分别进行导流建筑物的布置。导流建筑物的布置主要分为导流建筑物的结构布置和导流建筑物的施工布置两部分。

1）导流建筑物的结构布置。导流建筑物的结构布置主要是各施工导流时段内所选择的挡水和泄水建筑物的结构布置。

2）导流建筑物的施工布置。主要是挡水建筑物的施工布置和泄水建筑物的施工布置。

A. 挡水建筑物的施工布置主要包括挡水围堰填筑施工中的填筑料、防渗料场布置，施工道路布置，施工水电供应布置，施工机械布置，基坑抽水机械与管道布置等。

B. 泄水建筑物的施工布置主要包括隧洞或明渠开挖、喷锚支护、混凝土衬砌、闸门、启闭机金属结构安装、闸门封堵等项目施工的道路布置、渣场布置、施工水电供应布置、施工机械布置等。

（4）施工导流程序。将枢纽工程施工全过程、各施工导流阶段和时段所选择采用的导流方式组合起来，明确施工各阶段和时段施工导流先后顺序和各施工导流方式之间的逻辑关系。

（5）导流建筑物施工进度计划。在河道上修建水利枢纽工程时，施工导流建筑物施工进度计划是关键。初期挡水围堰施工和泄水建筑物施工直接影响主体工程施工进度计划的实现，中后期导流闸孔封堵和挡水围堰的拆除将直接影响水库蓄水和厂房发电效益进度计划的实现。需要编制各施工阶段和施工时段导流工程的项目施工进度计划，对施工导流工程项目进度进行控制，以满足水利枢纽工程总进度计划的要求。

（6）施工导流方案的附图与附表。施工导流方案附图与附表是导流方案的成果资料，也是施工导流方案实施和结算的依据。主要附图包括各导流阶段与导流时段施工导流布置图、导流工程建筑物结构布置图、导流工程建筑物施工布置图、导流工程施工进度计划横道图和网络图、基坑抽水布置图等。主要附表包括施工导流方案选择技术经济对比表、导流工程挡水和泄水建筑物工程量表、导流建筑物施工主要机械设备和劳动力配置表等。

5.1.2 分期施工导流方案主要内容

分期施工导流方案就是用挡水围堰分期将河道拦断，河水在一期导流阶段通过被束窄的河床下泄，在以后各期导流阶段中通过坝体底孔、缺口、涵管等往下游宣泄的施工导流方案。它是国内外水利枢纽工程施工中常用的一种施工导流方案。分期施工导流方案的主要内容包括导流分期与围堰分段数量选择，分期导流时段选择，分期导流方式和导流标准选择，分期导流工程建筑物布置，分期导流工程进度计划，分期导流总程序，分期施工导流方案附图与附表。

（1）导流分期与围堰分段数量选择。导流分期数量就是用挡水围堰分期将河道全部拦断的数量，亦即用挡水围堰分期将河道全部围护起来的数量。围堰分段数量就是河道上主体建筑物分段施工的数量。导流分期数量与分段数量不一定是相同的两个指标。分期是从时间上将导流过程分为若干时期。分段是从空间上用围堰将河道主体建筑物分为若干段进行施工。导流分期与围堰分段数量是采用分期施工导流方案枢纽工程的两个很重要的技术经济指标，也是分期施工导流方案首先需要进行研究的课题。导流分期与围堰分段数量需要通过多方案研究，经过综合技术经济比较和模型试验验证后进行选择。

（2）分期导流时段选择。分期导流方案的导流时段分为束窄河床分期导流和明渠分期导流两种。

1）束窄河床分期导流的导流时段选择。采用束窄河床分期导流时，施工导流时段的选择主要包括每年的枯水期、汛期起止时间的选择，挡水围堰填筑施工时段起止时间的选择，施工导流挡水围堰拆除起止时间的选择等。

2）明渠分期导流的导流时段选择。采用明渠分期导流方案时，施工导流时段的选择主要包括每年的枯水期、汛期起止时间的选择，导流明渠施工起止时间的选择，挡水围堰填筑施工时段起止时间的选择，导流明渠封堵起止时间的选择，施工导流挡水围堰拆除起止时间的选择等。

（3）分期导流方式和导流标准选择。分期导流方案中的分期导流方式主要是一期和以后各期施工导流方式的选择，具体的导流方式需要通过多种导流方式研究，并经过综合技术经济比较和模型试验验证后进行选择。导流标准是根据选择的导流方式、枢纽工程和导流建筑物等级选择相应的导流标准。导流标准分为全年洪水标准、枯水期洪水标准、汛期洪水标准等。

（4）分期导流工程建筑物布置。按照选择的分期导流方式和导流标准，进行导流建筑物的布置。导流建筑物的布置主要包括导流建筑物的结构布置和施工布置两部分。

1）分期导流工程建筑物结构布置。分期导流方案导流工程建筑物结构布置主要包括束窄河床分期导流和明渠分期导流两种。

A. 束窄河床分期导流方案的导流工程建筑物结构布置主要是一期分段进行建筑物施工的上、下游横向、左右侧纵向挡水围堰的结构布置。后续各期挡水围堰可利用一期修建的泄水建筑物布置。

B. 明渠分期导流方案的导流工程建筑物结构布置主要是修建明渠围堰和明渠结构布置，一期分段进行建筑物施工的上、下游横向、左右侧纵向挡水围堰的结构布置。后续各期挡水围堰可利用一期修建的泄水建筑物、明渠封堵围堰结构的布置。

2）分期导流工程建筑物施工布置。主要是束窄河床分期导流中挡水围堰施工布置与明渠施工布置。

A. 挡水围堰施工布置主要是挡水围堰填筑施工中的填筑料、防渗料场布置，施工道路布置，施工水电供应布置，施工机械布置，基坑抽水机械与管道布置等。

B. 明渠施工布置主要包括明渠开挖，喷锚支护，混凝土衬砌，闸门、启闭机金属结构安装，闸门封堵等项目施工的道路布置、渣场布置、施工水电供应布置、施工机械布置等。

（5）分期导流工程进度计划。分期导流工程进度计划主要由导流临时工程施工进度和将利用主体建筑物作为下一期施工导流挡水和泄水建筑物时的主体工程建筑物施工进度两部分组成。

1）分期导流临时工程施工进度计划。主要包括各期挡水围堰的填筑、防渗处理和基坑抽水施工进度。采用明渠分期导流时，施工进度还要增加明渠开挖、边坡支护、混凝土衬砌，闸门、启闭机金属结构安装等项目的施工进度。

2）分期导流主体工程建筑物施工进度计划。主要包括挡水和泄水建筑物的开挖，混凝土浇筑，闸门、启闭机等金属结构安装调试等项目。

（6）分期导流总程序。将枢纽工程施工全过程、各期和时段选择采用的导流方式组合起来，明确施工各期施工导流先后顺序和各施工导流方式之间的逻辑关系。

（7）分期施工导流方案附图与附表。主要附图包括各期导流时段施工导流布置图，导流工程挡水围堰结构布置图，导流工程挡水围堰、明渠等建筑物施工布置图，分期施工导流工程施工进度计划横道图，基坑抽水布置图等。分期施工导流方案主要附表包括分期施工导流方案选择技术经济对比表，导流工程挡水围堰、明渠等建筑物工程量表，导流建筑物施工主要机械设备和劳动力配置表等。

5.1.3 一次拦断河床施工导流方案主要内容

一次拦断河床施工导流方案就是用挡水围堰一次将河道拦断，河水在初期导流阶段通过导流隧洞或明渠下泄，在中后期导流阶段通过坝体或山体内布置的泄水建筑物下泄的施工导流方案，也是国内外水利枢纽工程施工中常用的一种施工导流方案。一次拦断河床施工导流方案的主要内容包括导流时段选择，导流方式和导流标准选择，导流工程建筑物布置，导流工程施工进度计划，施工导流总程序，施工导流方案附图与附表。

（1）导流时段选择。采用一次拦断河床施工导流方案的施工导流分为初期、中期、后期3个阶段。初期导流阶段依靠围堰挡水，水流由导流泄水建筑物下泄。中期导流阶段的坝体筑高超过围堰堰顶高程，利用坝体临时挡水，洪水由导流泄水建筑物下泄，坝体满足安全度汛条件。后期导流阶段利用坝体挡水，导流泄水建筑物下闸封堵，水库开始蓄水，永久泄水建筑物尚未具备设计泄洪能力。

采用一次拦断河床施工导流方案中的施工导流时段选择主要包括每年的枯水期、汛期起止时间选择，导流隧洞或导流明渠施工起止时间选择，挡水围堰填筑施工时段起止时间选择，导流隧洞或导流明渠封堵起止时间选择，施工导流挡水围堰拆除起止时间选择等。

（2）导流方式和导流标准选择。采用一次拦断河床施工导流方案中的导流方式主要包括初期、中期、后期导流阶段的施工导流方式的选择，具体的导流方式需要通过多种导流方式对比研究、综合技术经济比较和模型试验验证后再进行选择。导流标准是根据选择的导流方式、水利枢纽工程和导流建筑物等级来选择。导流标准分为全年洪水标准、枯水期洪水标准、汛期洪水标准等。

（3）导流工程建筑物布置。按照各施工阶段所采用导流方式和导流标准，进行导流建筑物的布置。导流建筑物的布置主要包括导流建筑物的结构布置和施工布置两部分。

1）导流建筑物的结构布置。主要包括初期导流阶段挡水围堰结构布置，导流隧洞或导流明渠等泄水建筑物结构布置。

2）导流建筑物施工布置。主要包括挡水建筑物工程施工布置和泄水建筑工程施工布置。

A. 挡水建筑物工程施工布置主要包括挡水围堰填筑施工中的填筑料、防渗料场布置，施工道路布置，施工水电供应布置，施工机械布置，基坑抽水机械与管道布置等。

B. 泄水建筑物工程施工布置主要包括隧洞或明渠开挖、喷锚支护、混凝土衬砌、闸门、启闭机金属结构安装，闸门封堵等项目施工的道路布置，渣场布置，施工水电供应布置，施工机械布置等。

（4）导流工程施工进度计划。采用一次拦断河床施工导流方案的进度计划主要由初期导流临时工程施工进度计划和将利用主体建筑物坝体临时断面作为中期施工导流挡水和泄水建筑物时的主体工程建筑物施工进度计划两部分组成。

1）一次拦断河床施工导流初期导流临时工程施工进度计划，主要包括初期挡水围堰的填筑、防渗处理、基坑抽水施工进度计划。采用明渠泄水时，施工进度计划还要增加明渠开挖，边坡支护，混凝土衬砌，闸门、启闭机金属结构安装等项目。采用隧洞泄水时，施工进度计划还要增加隧洞开挖，边坡支护，混凝土衬砌，闸门、启闭机金属结构安装等。

2）一次拦断河床施工导流主体工程建筑物施工进度计划，主要包括挡水和泄水建筑物的开挖，混凝土浇筑，闸门、启闭机等金属结构安装调试等项目的施工进度计划。

（5）施工导流总程序。将枢纽工程施工全过程，初期、中后期导流阶段和时段选择采用的导流方式组合起来，明确各施工导流阶段和时段施工导流先后顺序和各施工导流方式之间的逻辑关系。

（6）施工导流方案附图与附表。一次拦断河床施工导流方案主要附图是初期、中后期导流阶段和导流时段的施工导流布置图，初期导流工程挡水围堰和隧洞或明渠等建筑物结构布置图，导流工程挡水围堰和隧洞或明渠等建筑物施工布置图，分期施工导流进度计划横道图，基坑抽水布置图等。分期施工导流方案主要附表是分期施工导流方案选择技术经济对比表，导流工程挡水围堰和隧洞或明渠等建筑物工程量表，导流建筑物施工主要机械设备和劳动力配置表等。

5.2 常见水利枢纽工程施工的导流方案

国内外常见水利枢纽工程主要是以土石坝、混凝土面板堆石坝、混凝土拱坝、混凝土重力坝、混凝土闸坝等坝型作为拦河大坝的水利枢纽工程。通过长期的施工总结，形成了适合这些常见水利枢纽工程施工的施工导流方案。

5.2.1 土石坝、混凝土面板堆石坝施工导流方案

采用土石坝、混凝土面板堆石坝作为拦河大坝的水利枢纽工程，主要由拦河大坝、泄水建筑物、引水系统、地下厂房或地面厂房等建筑物组成。土石坝、混凝土面板堆石坝作为拦河大坝的高度已达到 200～300m。塔吉克斯坦努列克水电站工程心墙堆石坝达300m，我国大渡河双江口心墙堆石坝将达到 312.0m。土石坝、混凝土面板堆石坝作为拦河大坝的水利枢纽工程施工导流方案主要包括导流时段选择，施工全过程导流方式组合方案，导流标准的选择，施工导流布置，施工导流程序等。

（1）施工导流时段选择。土石坝、混凝土面板堆石坝作为拦河大坝的水利枢纽工程施工导流方案导流时段主要分为初期、中期、后期 3 个导流阶段。在初期导流阶段中，每年按季节分为枯水期和汛期 2 个施工导流时段。中后期存在导流隧洞封堵导流时段。

（2）施工全过程导流方式组合方案。土石坝、混凝土面板堆石坝作为拦河大坝的水利枢纽工程施工全过程施工导流方式组合方案有 3 种。

1）施工导流方式组合方案 1。初期导流阶段时，枯水期挡水围堰一次拦断河床，河水由隧洞下泄，汛期临时坝体挡水度汛，河水由隧洞下泄，即一枯挡水方案。中期导流阶段由坝体临时断面挡水，河水由隧洞下泄。后期导流阶段由坝体临时断面挡水，导流洞下闸封堵后河水由水利枢纽工程的泄洪洞、放空洞等泄水建筑物下泄。

2）施工导流方式组合方案 2。初期导流阶段第一个枯水期由挡水围堰一次拦断河床，河水由隧洞下泄，汛期过水坝面以下坝体挡水，河水由过水坝面以上过水体和隧洞共同下泄。第二个枯水期将坝体临时断面填筑到汛期挡水高程，汛期临时坝体挡水度汛，河水由隧洞下泄，即二枯挡水方案。中期导流阶段由坝体临时断面挡水，河水由隧洞下泄。后期导流阶段由坝体临时断面挡水，导流洞下闸封堵后河水由枢纽工程的泄洪洞、放空洞等泄水建筑物下泄。

3）施工导流方式组合方案 3。初期导流阶段由全年挡水围堰一次拦断河床，河水由隧洞下泄，汛期临时坝体挡水度汛，河水由隧洞下泄，即围堰全年断流隧洞导流方案。中期导流阶段由坝体临时断面挡水，河水由隧洞下泄。后期导流阶段由坝体临时断面挡水，导流洞下闸封堵后河水由枢纽工程的泄洪洞、放空洞等泄水建筑物下泄。

（3）导流标准的选择。根据导流时段所选择的导流方式选择相应的导流标准。初期导流阶段由围堰挡水，河水由导流洞下泄，根据导流工程建筑物等级选择全年洪水标准、枯水期洪水标准、汛期洪水标准。在中后期导流阶段由坝体临时断面挡水，枢纽工程泄水建筑物泄水，根据土石坝或混凝土面板堆石坝建筑物等级，选择设计全年洪水标准、校核洪水标准。

（4）施工导流布置。根据施工导流选择的导流方式和导流标准，初期导流阶段在大坝的上、下游进行一次拦断河床的挡水围堰结构的施工布置，在左右岸山体内进行泄水隧洞结构的布置，导流洞进水口封堵闸门结构的施工布置。

（5）施工导流程序。土石坝、混凝土面板堆石坝施工导流按照初期、中期、后期3个导流阶段的先后顺序进行施工导流。

1）土石坝、混凝土面板堆石坝作为拦河大坝的水利枢纽工程施工先进行初期导流阶段导流隧洞的开挖与混凝土衬砌、闸门安装施工，隧洞具备过水条件后，在枯水期进行大坝上、下游围堰填筑与截流施工，挡水围堰防渗体形成后进行基坑抽水、坝体土石方开挖坝体填筑等项目的施工，初期导流阶段第一个汛期按照施工导流方式组合方案，在汛期到来前完成坝体和其他枢纽工程的结构度汛结构施工，汛期由围堰挡水，导流洞过流或坝体过水与隧道组合过流。初期导流阶段以后的枯水期与汛期，都是由土石坝、混凝土面板堆石坝坝体临时断面挡水，导流洞过流。在拦河大坝施工的同时，水利枢纽工程的泄水建筑和引水系统与地下厂房工程也相继开工建设。

2）进入中期导流阶段，坝体填筑高度已超过围堰挡水高度，由土石坝、混凝土面板堆石坝坝体临时断面挡水，导流洞过流。左右岸山体泄水建筑物、引水系统进水口闸门具备挡水条件。

3）进入后期导流阶段，枢纽工程具备挡水下闸条件时，先进行导流隧洞进水口封堵，然后进行坝体下部导流洞堵头的混凝土施工。导流洞进水口封堵后，水库开始蓄水，河道来水由坝体挡水，枢纽工程的泄洪洞、放空洞、溢洪道等泄水建筑物过流。

（6）工程实例。猴子岩水电站采用坝式开发，枢纽建筑物主要由拦河坝、两岸泄洪及放空建筑物、右岸首部式地下引水发电系统等组成。拦河坝为混凝土面板堆石坝，最大坝高223.50m；泄洪建筑物由右岸溢洪洞和泄洪放空洞、左岸深孔泄洪洞和非常泄洪洞（由1号导流洞改建）组成；引水发电系统布置于大渡河右岸，采用首部式地下厂房，水电站装机容量1700MW（4×425MW）。施工导流方案如下。

1）导流时段。导流共分初期、中期、后期3个时段。

2）导流方式组合方案。初期导流时段采用围堰一次拦断河床，由全年土石围堰挡水，左岸同高程布置的2条导流洞过流，基坑全年施工。中期导流时段由坝体临时断面挡水，导流洞泄洪。后期导流时段由导流洞闸门和大坝共同挡水，由泄洪放空洞、深孔泄洪洞、水电站机组单独或联合过流。

3）导流标准。按照导流时段选择的导流方式确定导流标准。

A. 初期导流阶段，围堰截流选择枯水期4月20年一遇的洪水导流标准。挡水围堰、隧洞过水，选择全年20年一遇洪水导流标准。

B. 中期导流阶段，坝体临时断面挡水，导流洞过流，选择200年一遇洪水导流标准。

C. 后期导流时段，导流洞闸门和大坝共同挡水，河水由泄洪放空洞、深孔泄洪洞、溢洪洞、电站机组单独或联合过流，大坝导流设计标准为500年一遇。

4）施工导流布置。初期导流阶段主要是进行导流隧洞和大坝上、下游一次拦断河床全年施工挡水围堰结构和施工布置，中后期导流阶段大坝临时断面挡水，主要利用水利枢纽工程泄水建筑物泄水。猴子岩水电站施工导流布置见图5-1。

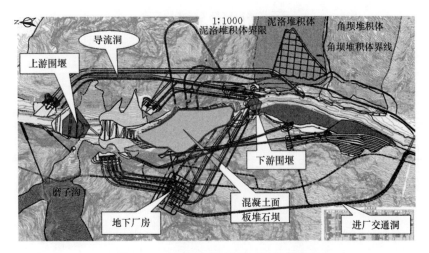

图 5-1　猴子岩水电站施工导流布置图

5）导流程序。

A. 初期导流阶段：工程于 2011 年汛前形成分流围堰，截流标准采用 4 月 20 年一遇洪水流量 875m³/s，对应上游水位 1706.25m，截流戗堤顶高程 1708.00m。2011 年 11 月初至 2012 年 4 月，上、下游围堰防渗墙施工平台挡水，导流洞泄流，导流设计标准为 20 年洪水重现期，相应设计流量为 985m³/s，上、下游围堰水位分别为 1706.75m 和 1698.00m，防渗墙施工平台顶高程分别为 1709.00m 和 1700.00m。2012 年 5 月，上、下游围堰（施工期临时断面）挡水，导流洞泄流，导流设计标准为 20 年洪水重现期，相应设计流量 2650m³/s，上游围堰水位 1715.00m，下游围堰水位 1703.48m。2012 年 6 月至 2014 年 12 月，上、下游围堰挡水，导流洞泄流，导流设计标准为 50 年洪水重现期，相应设计流量 5590m³/s，上游围堰水位 1742.50m，围堰顶高程 1745.00m，下游围堰水位 1707.87m，围堰顶高程 1710.00m。

B. 中期导流阶段：2015 年 6 月至 2016 年 10 月，大坝临时断面挡水，导流洞泄流，坝体施工期临时度汛洪水标准为 200 年洪水重现期，相应设计流量 6510m³/s，大坝上游水位 1754.50m，大坝填筑高程 1760.00m。

C. 后期导流阶段：2016 年 11 月初，2 条导流洞依次下闸，下闸设计标准为 10 年重现期旬平均，流量 740m³/s，2 号洞下闸前水位 1705.50m，1 号洞下闸前水位 1710.00m。2016 年 11 月初导流洞下闸封堵后，水库蓄水至死水位 1802.00m，具备挡水发电条件。2016 年 11 月至 2017 年 4 月在 2 条导流洞封堵施工期间，由导流洞闸门和大坝共同挡水，由泄洪放空洞、深孔泄洪洞、水电站机组单独或联合过流，控制库水位在死水位 1802.00m 运行，导流洞闸门挡水发电，导流洞闸门挡水水头 104.00m。2017 年 6 月水库蓄水，9d 左右可蓄至库区防洪运行控制水位 1835.00m。2017 年 5—10 月期间，由泄洪放空洞、深孔泄洪洞、溢洪洞、水电站机组单独或联合过流，导流洞堵头和大坝共同挡水，大坝度汛设计标准为 500 年洪水重现期，对应设计流量 7110m³/s，上游水位 1839.18m；大坝度汛校核标准为 1000 年洪水重现期，对应设计流量 7550m³/s，上游水位 1840.38m。2018 年 5 月底，枢纽工程完建。猴子岩水电站施工导流程序见表 5-1。

表 5-1 猴子岩水电站施工导流程序表

导流阶段和导流时段		导流标准		导流建筑物		上游水位/m	坝(堰)体高程/m	备 注
		重现期/a	流量/(m³/s)	挡水建筑物	泄水建筑物			
截流	2011年4月	5（旬平均）	875	分流围堰	1号、2号导流隧洞	1706.25	1708.00	形成分流围堰，2011年汛期围堰顶过水
初期导流	2011年11月至2012年4月	20	985	围堰	1号、2号导流隧洞	1706.75	1709.00	混凝土防渗墙施工平台高程1709.00m
	2012年5月	20	2650	围堰	1号、2号导流隧洞	1715.00	1718.00	2012年4月底围堰防渗体施工高程不低于1718.00m
	2012年6月至2014年12月	50	5590	围堰	1号、2号导流隧洞	1742.50	1745.00	2012年5月底围堰完工
中期导流	2015年6月至2016年10月	200	6510	大坝	1号、2号导流隧洞	1754.50	1760.00	2015年5月底坝体填筑至1760.00m高程
后期导流	2016年11月至2017年4月	300（设计）	1290	大坝	泄洪放空洞、深孔泄洪洞、水电站机组	1802.00	1844.00	2016年4月30日面板浇筑至1807.00m高程；2016年11月导流隧洞下闸后蓄水至死水位1802.00m，具备挡水发电条件
		500（校核）	1340	大坝	泄洪放空洞、深孔泄洪洞、水电站机组	1802.00	1844.00	
	2017年5—11月	500（设计）	7110	大坝	泄洪放空洞、深孔泄洪洞、溢洪洞、水电站机组	1839.18	1844.00	2016年12月15日坝体填筑完成，2017年4月底面板浇筑至1844.00m高程；水库起调水位1835.00m
		1000（校核）	7550	大坝	泄洪放空洞、深孔泄洪洞、溢洪洞、水电站机组	1840.38	1844.00	
2号导流洞下闸	2016年11月上旬	10（旬平均）	740	大坝	1号、2号导流隧洞	1705.50	1844.00	2号导流隧洞下闸前水位
1号导流洞下闸	2016年11月上旬	10（旬平均）	740	大坝	1号导流隧洞	1710.00	1844.00	1号导流隧洞下闸前水位
导流隧洞洞身封堵	2016年11月至2017年4月	20	985	大坝	泄洪放空洞、深孔泄洪洞	1791.50	1844.00	导流隧洞闸门挡水水头93.5m
		20	985	大坝	泄洪放空洞、深孔泄洪洞、水电站运行机组	1802.00	1844.00	导流隧洞闸门挡水发电，闸门挡水水头104.00m

5.2.2 混凝土拱坝施工导流方案

采用混凝土拱坝作为拦河大坝的水利工程主要由拦河大坝、泄洪建筑物、引水系统、地下厂房等建筑物组成。按照施工方法混凝土拱坝分为碾压式和浇筑式两种，按照拱坝曲面形状分为单曲拱坝和双曲拱坝。混凝土拱坝作为拦河大坝的高度已达 200～300m，锦屏一级水电站混凝土双曲坝高度已达 305.0m。混凝土拱坝作为拦河大坝的水利枢纽工程施工导流方案主要包括导流时段选择，施工全过程导流方式组合方案，选择的导流标准，施工导流布置，施工导流程序等。

（1）导流时段选择。混凝土拱坝作为拦河大坝的水利工程施工导流方案导流时段主要分为初期、中期、后期。在初期导流阶段中，每年按季节分为枯水期和汛期。中后期分为导流隧洞、导流底孔封堵导流时段。

（2）施工全过程导流方式组合方案。采用混凝土坝作为拦河大坝时，工程施工全过程导流方式组合方案分为两种。

1）施工导流方式组合方案 1。初期导流阶段枯水期挡水围堰一次拦断河床，河水由隧洞下泄，汛期临时坝体挡水度汛，河水漫过上、下游围堰，由隧洞和坝体导流底孔下泄，即一枯挡水方案。中期导流阶段由坝体临时断面挡水，河水由隧洞和坝体导流底孔下泄。后期由坝体临时断面挡水，导流洞、导流底孔下闸封堵后河水由拱坝坝身的放空底孔、泄洪表孔或泄洪中孔等泄水建筑物下泄。

2）施工导流方式组合方案 2。初期导流阶段由全年挡水围堰一次拦断河床，河水由隧洞下泄，即围堰全年断流隧洞导流方案。中期导流阶段由坝体临时断面挡水，河水由隧洞下泄。后期由坝体临时断面挡水，导流洞下闸封堵后河水由枢纽工程的泄洪洞、放空洞等泄水建筑物下泄。中期导流阶段由坝体临时断面挡水，河水由坝身导流底孔、放空底孔等泄水建筑物组合下泄。后期由坝体临时断面挡水，导流洞下闸封堵后河水由坝身放空底孔、泄洪中孔等泄水建筑物组合下泄。

坝高为 300.0m 左右的混凝土拱坝，中期导流阶段由坝体临时断面挡水，导流洞封堵后河水由坝身导流底孔、导流中孔、放空底孔等泄洪建筑物组合下泄。后期导流底孔封堵后由坝体临时断面挡水，导流洞下闸封堵后河水由坝身放空底孔、泄洪中孔等泄水建筑物组合下泄。导流中孔封堵后河水由坝身放空底孔、泄洪中孔等泄洪建筑物组合下泄。

（3）选择的导流标准。根据导流时段所选择的导流方式确定相应的导流标准。初期导流阶段主要由围堰挡水，河水由导流洞下泄，根据导流工程建筑物等级选择全年洪水标准、枯水期洪水标准、汛期洪水标准。在中后期导流阶段由坝体临时断面挡水，河水由坝身所设置的泄水建筑物泄水，根据混凝土拱坝工程建筑物等级，选择设计全年洪水标准、校核洪水标准。

（4）施工导流布置。根据施工导流选择的导流方式和导流标准，初期导流阶段施工导流布置是在大坝的上、下游进行一次拦断河床的挡水围堰结构与施工布置，在左右岸山体内进行泄水隧洞结构与布置，导流洞进水口封堵闸门结构与施工布置。中后期施工导流阶段在坝身进行导流底孔或导流底孔、导流中孔泄水建筑物布置。隧洞进水口和拱坝坝体下部隧洞洞身段永久堵头封堵。

（5）施工导流程序。混凝土拱坝施工导流按照初期、中期、后期 3 个导流阶段的先后顺序进行。

1）混凝土拱坝作为拦河大坝的水利枢纽工程施工时先进行初期导流阶段导流隧洞的开挖与混凝土衬砌、闸门安装施工工作。当隧洞具备过水条件后，在枯水期进行大坝上、下游一次拦断河床挡水围堰填筑与截流施工，挡水围堰防渗体形成后进行基坑抽水、河床段坝体土石方开挖、坝体混凝土施工等。

A. 采用枯水期挡水围堰的拱坝工程，在初期导流时段的第一个汛期到来前，将拱坝坝体混凝土浇筑至导流底孔以上，汛期河水漫过围堰，由坝体临时断面挡水，河水由导流洞和导流底孔组合过流。第一年汛期过后进入第二年枯水期时，恢复大坝上下游挡水围堰，河水由隧洞下泄，在第二个汛期到来前将拱坝坝体接缝灌浆至导流底孔以上，汛期到来时，由坝体临时断面挡水，河水由导流洞和导流底孔组合过流。在初期导流阶段、拦河大坝施工的同时，枢纽工程的引水系统与地下厂房工程也依次开工建设。

B. 采用全年挡水围堰的拱坝工程，初期导流时段由围堰挡水，河水由隧洞下泄。

2）进入中期导流阶段，由混凝土拱坝坝体临时断面挡水，坝身导流底孔。左右岸引水系统进水口闸门具备挡水条件。

3）进入后期导流阶段，枢纽工程具备挡水下闸条件时，先进行导流隧洞进水口封堵，然后进行坝体下部导流洞堵头混凝土施工。导流洞进水口封堵后，水库开始蓄水，河道来水由坝体挡水，水利水电工程的泄洪洞、放空洞、溢洪道等泄水建筑物过流。

（6）工程实例。小湾水电站位于澜沧江中游河段，以发电为主，兼有防洪、灌溉、拦沙及航运等综合利用效益。小湾水电站工程主要由拦河坝、坝后水垫塘和二拱坝、右岸地下厂房、左岸泄洪洞组成。拦河坝为混凝土双曲拱坝，坝高 292.0m，拱坝坝身设有泄洪表、中孔和放空底孔。泄水建筑物由坝身 5 个开敞式表孔溢洪道、6 个泄水中孔、2 个放空底孔和左岸 2 条泄洪洞组成。水电站总装机容量 420 万 kW。施工导流方案如下。

1）导流时段。导流共分初期、中期、后期 3 个导流时段。初期导流时段是从围堰截流至坝体临时挡水度汛（导流洞封堵）的时段。中期导流时段是从坝体临时挡水至第 1 台机组发电前的时段。后期导流时段是从第 1 台机组发电至工程永久泄水建筑物全部具备泄洪能力（封堵导流中孔）的时段。

2）导流方式组合方案。初期导流阶段采用全年断流围堰挡水、隧洞导流、基坑全年施工的导流方式。中期导流时段，采用坝体临时挡水的方式，河水由坝身导流底孔、导流中孔、永久放空底孔下泄。后期导流时段，采用坝体挡水，河水由坝身导流中孔、放空底孔、泄洪中孔联合下泄。坝体泄洪建筑物全部完建后下闸封堵导流中孔。

3）导流标准。按照导流时段所选择的导流方式确定导流标准。

A. 初期导流阶段前一次拦断河床围堰截流选择枯水期 10 年一遇洪水导流标准，相应流量为 1320m³/s。初期导流阶段挡水围堰、隧洞过水，选择全年 30 年一遇洪水导流标准，相应设计流量为 10300m³/s。

B. 中期导流阶段，坝体临时挡水，河水由坝身导流底孔、导流中孔、永久放空底孔下泄，选择全年 75 年一遇洪水导流标准，相应设计流量 12500m³/s，全年 100 年一遇洪水导流标准，相应设计流量 13100m³/s。导流洞封堵时选择枯水期 10 年一遇的洪水导流标准，相应流量 1320m³/s。

C. 后期导流时段，采用坝体挡水，河水由坝身导流中孔、放空底孔、泄洪中孔联合下泄，选择全年 200 年一遇洪水导流标准，相应设计流量 14600m³/s，导流底孔、导流中孔封堵时选择枯水期 10 年一遇洪水导流标准，相应流量 1320m³/s，堵头施工选择枯水期 20 年一遇洪水导流标准，相应流量 2140m³/s。

4）施工导流布置。初期导流阶段主要进行导流隧洞和大坝上、下游一次拦断河床的全年施工挡水围堰结构和施工布置，中期导流阶段大坝临时断面挡水，主要是进行拱坝坝身导流底孔、导流中孔的结构布置。后期利用拱坝坝身泄水建筑物泄水布置。小湾水电站施工导流平面布置见图5-2，小湾水电站中后期导流拱坝坝身导流底孔、中孔布置见图5-3。

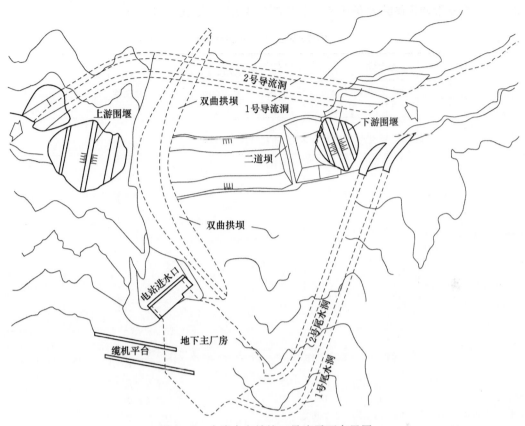

图5-2　小湾水电站施工导流平面布置图

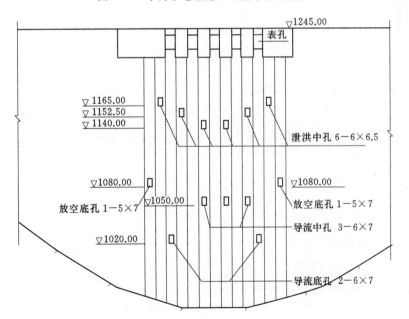

图5-3　小湾水电站中后期导流拱坝坝身导流底孔、中孔布置图（单位：m）

5）导流程序。根据施工总进度对截流、第一台机组发电工期安排，坝体拦洪度汛、水库分期蓄水及向下游供水等要求，经不同方案比较后选定的导流程序（见表5-2）。

表5-2　　　　　　　　　　　小湾水电站施工导流程序表

导流时段		导流标准		调洪后最大下泄流量/(m³/s)	挡水建筑物顶面高程/m	坝体接缝灌浆高程/m	上游水位/m	导流建筑物	备注
名称	起止时间	频率 P/%	流量/(m³/s)						
截流	2004年10月下旬	10	1320	1320	围堰 1005.00		1003.88	1号、2号导流洞	
初期导流	2005年6月1日至2007年5月31日	3.33	10300	9797	围堰 1040.00，拱坝 1003.00	953.00	1037.35	1号、2号导流洞	2005年9月1日拱坝从高程953.00m处开始浇筑混凝土
	2007年6月1日至2008年5月31日	2	11500	10770	拱坝 1065.0	1045.0	1043.51	1号、2号导流洞	
	2008年6月1日至2009年5月31日	1.33	12500	11623	拱坝 1118.0	1098.0	1049.39	1号、2号导流洞	2008年11月导流洞封堵，由导流底孔向下游供水470m³/s
中期导流	2009年6月1日至2009年9月20日至2010年5月31日	1	主汛期 13100，后汛期 9440	主汛期 9710，后汛期 7837	拱坝 1175.0，1190.0，1200.0	1155.0，1170.0，1175.0	1140.26，1161.51，1166.00	主汛期：2孔导流底孔+3孔导流中孔+2孔放空底孔 后汛期：3孔导流中孔+2孔放空底孔+泄洪中孔	2009年9月下旬封堵导流底孔，由导流中孔向下游供水470m³/s；2009年10月31日、12月31日第一批2台机组发电
后期导流	2010年6月1日至2011年5月1日	0.5	主汛期 14600	主汛期 11576	拱坝 1235.0 1245.0	拱坝 1205.0 1225.0	1181.65	3孔导流中孔+2孔放空底孔+6孔泄洪中孔+3台机组过流	2010年10月下旬封堵导流中孔；2010年4月、8月、12月第二批3台机组发电
	2011年6月1日以后	0.2	16700		拱坝 1245.0	1245.0		永久泄水建筑物泄洪	2011年4月第三批1台机组发电，2011年年底工程竣工

5.2.3　混凝土重力坝施工导流方案

采用混凝土重力坝作为拦河大坝的水利工程主要由混凝土重力坝，泄洪、冲沙建筑物，通航建筑物，发电厂房等建筑物组成。

混凝土重力坝由非溢流坝段，泄洪、冲沙坝段，发电厂房坝段，船闸坝段或升船机坝段等各种不同长度和不同结构的坝段所组成。其中泄洪坝段布置在主河道上，非溢流坝段布置在两岸边坡上，船闸、升船机布置在河道的一侧，冲沙闸布置在发电厂房与泄洪闸之间，发电厂房为河道另一侧或两侧坝后式厂房、岸边地下厂房。混凝土重力坝的高度目前已达到200m以上。混凝土重力坝作为拦河大坝的水利枢纽工程施工导流方案主要包括施工导流时段选择，施工导流方式组合方案，导流标准的选择，施工导流布置，施工导流程序等。

（1）施工导流时段选择。混凝土重力坝作为拦河大坝的水利枢纽工程施工导流采用分期分段的方案。分期施工导流采用较多的是二期两段或二期三段，也有三期三段的分期导流方案。在每一期导流时段内中，每年按季节分为枯水期和汛期。在分期挡水围堰填筑截流时还有一个截流时段。

1）一期导流时段。从一期分段围堰填筑施工开始到围堰内施工的泄水建筑物和二期预留缺口导流部位具备过流条件，挡水建筑物具备挡水条件，通航建筑物具备通航条件为止。

2）二期导流时段。从二期挡水围堰填筑开始到二期围堰内进行施工的挡水、泄水、发电厂房等建筑物具备下闸蓄水发电要求，一期继续施工的挡水、泄水坝段到达设计高程，发电厂房机组安装完成为止。

3）三期或四期导流时段。从三期或四期挡水围堰填筑开始到三期或四期围堰内进行施工的挡水坝段、泄水坝段、发电厂房等建筑物具备下闸挡水条件，一期、二期继续施工的挡水、泄水坝段达到设计高程，发电厂房机组安装完成为止。

（2）施工导流方式组合方案。混凝土重力坝作为拦河大坝的水利枢纽工程施工全过程施工导流方式组合分为两种。

1）施工导流方式组合方案1。一期用全年挡水围堰先将左岸或右岸，也可左右岸同时围护起来，河水由束窄河道下泄，有通航要求的河道过往船舶能够正常通航。二期用全年挡水围堰将河道拦断，由二期围堰和一期修建的挡水坝体挡水，河水由一期所修建的泄水底孔下泄或底孔与预留缺口联合下泄，有通航要求的过往船舶从一期修建的船闸通过。

2）施工导流方式组合方案2。一期在河道一侧修建明渠，明渠具备过水条件后，用全年挡水围堰先将左岸或右岸围护起来，河水由导流明渠下泄。二期用全年挡水围堰将明渠拦断，由二期围堰和一期修建的挡水坝体挡水，河水由一期所修建的泄水建筑物下泄。

（3）导流标准的选择。根据导流时段所选择的导流方式和混凝土重力坝水利枢纽工程等级选择相应的导流标准。分期导流围堰填筑截流标准选择截流时段内20～10年一遇的当月、当旬平均流量作为围堰截流的导流标准。各分期导流标准根据导流建筑物等级选择导流标准和相应洪水流量。

（4）施工导流布置。根据选择的导流组合方案和混凝土重力坝水利枢纽工程布置与等级，进行各期施工导流工程结构和施工布置。

1）束窄河床分期导流的施工导流布置。根据施工导流分期和分段施工数量和选择的束窄河床程度，进行上、下游横向和左右则纵向围堰的结构和施工布置。二期采用坝体缺口导流时，需要进行坝体缺口导流结构布置。

2）明渠分期导流的施工导流布置。在一期进行导流明渠和上、下游横向围堰的结构与施工布置。在二期明渠封堵时，进行明渠封堵结构与施工布置。

（5）施工导流程序。分期导流按照分期导流顺序依次进行施工导流。

1）采用束窄河床分期导流方案的导流程序。一期首先进行分期导流上、下游横向围堰和左右侧纵向围堰的填筑。由纵向围堰及横向围堰挡水，在挡水围堰的围护下修建工程主体建筑物和二期施工导流泄水建筑物，河水由束窄后的河床过流。一期工程施工结束后，在二期工程施工前将一期上、下游横向围堰和二期施工导流不需要的左右侧纵向土石围堰进行拆除。二期首先进行二期上、下游横向挡水围堰填筑，由一期形成的混凝土纵向围堰及二期横向围堰挡水，在二期挡水围堰的围护下，修建工程主体建筑物和三期施工导流泄水建筑物，河水由一期建成的泄水建筑物泄流。三期由三期横向围堰挡水，在三期挡水围堰的围护下，修建工程主体建筑物和三期施工导流泄水建筑物，河水由一期、二期建成的泄水建筑物泄流。

2）明渠分期导流方案的导流程序。一期先进行明渠施工围堰填筑，然后进行导流明渠施工，当导流明渠具备过水条件时，进行上、下游横向围堰填筑。由上、下游横向围堰挡水，在挡水围堰的围护下修建工程主体建筑物和二期施工导流泄水建筑物，河水从导流明渠下泄。一期工程施工结束后，在二期工程施工前将一期上、下游横向围堰、土石围堰进行拆除。

二期首先进行导流明渠封堵上、下游横向围堰填筑，由明渠上、下游横向围堰挡水，在挡水围堰的围护下修建明渠占压段主体工程建筑物，河水由一期修建的泄水底孔或泄水底孔与坝体缺口联合下泄。在二期施工结束时将封堵明渠上、下游横向围堰进行拆除。

（6）工程实例。丹江口水利枢纽位于湖北省汉江干流上丹江口下游，枢纽工程建筑物主要由混凝土重力坝、两岸土石坝、坝后式厂房、垂直升船机和斜面升船机等建筑物所组成。重力坝中有长 144m 的深孔坝段，长 240m 的溢流坝段，长 174m 的厂房坝段，最大坝高 97m。施工导流方案如下。

1）导流时段。丹江口水利枢纽工程采用两期施工，施工导流分为两期，河道重力坝主体工程分为两段施工。

2）分期导流方式组合方案。丹江口水利枢纽工程分两期导流，河道枢纽工程分两段施工。以河床中部有混凝土导墙编号的 18 号坝段作为一期、二期导流的分界线。

第一期用挡水围堰先围编号 18 号坝段至右岸岸边 1 个导墙坝段、4 个溢流坝段、6 个深孔坝段、编号为 8～18 号共 11 个坝段。所围宽度占全河床约 58%，束窄河床的过水断面约为天然情况下的 50%。经过第一期围堰的结构型式比较和施工进度安排，第一期导流采用挡春汛和挡大汛的 2 套围堰系统；挡春汛的围堰系统称低水围堰，挡大汛的围堰系统称全年施工高水围堰。在一期围堰内进行 11 个坝段坝体和坝体中 11 个底孔泄水建筑物的施工。河水由左侧束窄河床下泄。

第二期用全年挡水围堰截流拦断河床，将 18 号坝段至左岸岸边的 6 个溢流坝段、厂房坝段，即编号为 19～32 号共 14 个坝段围护起来。由二期全年上、下游横向围堰和一期修建坝体挡水，进行溢流坝段和发电厂房坝段结构施工，河水由一期编号为 12～17 号坝段内修建的 10 个 4m×8m 的底孔，以及 2 个 2m×4m 的底孔和编号为 9～17 号坝段预留的缺口联合泄水。当二期溢流坝段和发电厂房坝段形象进度达到缺口两侧高度时，在枯水期进行一期预留坝段混凝土浇筑，使重力坝全部达到高程 150.00m，河水全部由 11 个底孔下泄。

3）导流标准。根据丹江口水利枢纽工程等级和导流建筑物等，按照两期施工导流方式分别选择导流标准。丹江口水利枢纽工程属Ⅰ等工程，导流建筑物为4级。

A. 一期导流标准选择。一期导流采用土石围堰，枢纽属Ⅰ等工程，导流建筑物应为4级，导流标准为20年一遇，相应的施工设计流量 $Q=34500\text{m}^3/\text{s}$。但考虑到纵向堰处流速达10m/s以上，围堰结构和施工上都有困难，最后选择第一期导流采用挡春汛和挡大汛的2套围堰系统。挡春汛的围堰系统称低水围堰，挡大汛的围堰系统称高水围堰。低水围堰是用来挡1958年11月至1959年5月间的洪水。低水围堰选择5月、20年一遇洪水，相应流量8060m³/s的导流标准。高水围堰是挡1959年6—10月的大汛。高水围堰选择20年一遇洪水，相应的施工设计流量 $Q=34500\text{m}^3/\text{s}$。

在实际施工中第一期导流工程及第一期基坑工程于1959年12月完成。其中低水围堰工程经过1959年3月5500m³/s及5590m³/s两次流量的考验，证明丹江口水利枢纽工程采用分期导流方案是合适的。

B. 二期导流标准选择。二期导流设计流量本应按50年一遇洪水设计，100年一遇洪水校核，当上游横向围堰建成后，遇100年一遇洪水时，库容将达26亿m³，对中下游安全关系影响更重大。以后又因使用期延长，实际上设计和校核都采用200年一遇洪水，相应流量52000m³/s。

4）施工导流布置。按照两期施工导流方案分别进行施工导流布置。丹江口水利枢纽工程分期施工导流布置见图5-4。

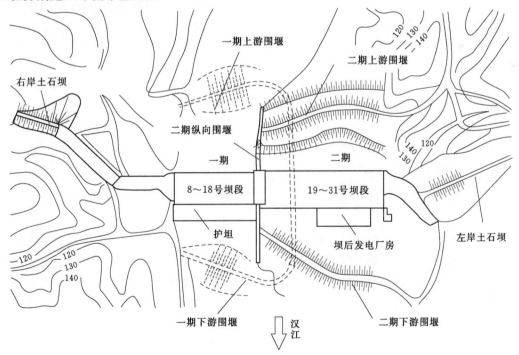

图5-4 丹江口水利枢纽工程分期施工导流布置图

A. 第一期施工导流进行挡春汛和挡大汛的低水头和高水头土石围堰的结构和施工布置，在第二期施工导流中进行泄水所需的坝体内导流底孔和坝体预留缺口的结构布置。一期导流时段工程施工结束后，高水头土石围堰的拆除施工布置。

一期低水土石围堰：按 $Q=8060\text{m}^3/\text{s}$ 设计，上游堰顶高程 97.00m，下游堰顶高程 96.00m。顶宽 3.0m，堰高一般为 10m，全长 1225m。纵向围堰设沉排护底，水中抛筑黏土铺盖。

一期高水围堰：根据计算和模型试验，规定上游横向围堰顶高程 108.00m（施工高程 105.00m），长 275m。下游横向围堰顶高程 101.00m，长 250m。上游纵向混凝土围堰长 210m，下游纵向混凝土围堰长 160m。

二期导流泄洪所用的导流底孔，布置在右岸 12～17 号坝段内，底孔断面为 10 个 4m×8m 的底孔及 2 个 2m×4m 的底孔，二期导流泄洪所用的预留缺口在 9～17 号坝段中，预留的缺口高程 99.60～100.60m。

B. 第二期进行二期土石围堰结构和施工布置。包括二期导流时段工程施工结束后土石围堰的拆除施工布置和二期导流底孔封堵布置。

二期上、下游横围堰的布置，右侧上、下游土石围堰轴线间距约 270m，围堰长度约 440m。

5）导流程序。丹江口水利枢纽工程分两期施工导流。

第一期工程自 1958 年 9 月开工至 1959 年 12 月 26 日右岸河床截流，一期先进行大坝上、下游横向与左侧纵向低水头土石围堰的施工，在低水围堰保护下，修建编号 8～18 号坝段并设置导流底孔，混凝土纵向堰和横向高水土石围堰。在当围堰内 18 号坝段的纵向混凝土导墙和混凝土围堰施工完成后，拆除低水头土石围堰。在高水围堰保护下，进行 8～17 号坝段内设置的泄水底孔和 8～17 号坝段预留的缺口等结构的混凝土浇筑。泄水底孔闸门安装，河水由左侧束窄河床下泄。

第二期工程自 1959 年 12 月截流后开始，1960 年 5 月底上、下游围堰达到设计高程。在围堰保护下修建堰顶溢流坝段，厂房坝段和发电厂房等工程开始进行基础土石方开挖、基础处理、混凝土浇筑等项目的施工，在 1960 年汛后 11 月开始进行右岸溢流坝段 9～17 号坝段预留的缺口混凝土浇筑，于 1961 年 6 月前将大坝修到高程 150.00m 以上，施工期的洪水全由底孔宣泄。

5.2.4 混凝土闸坝施工导流方案

采用混凝土闸坝作为拦河大坝的航电枢纽工程，主要由泄水、冲沙闸、船闸、发电厂房、左右岸土坝等建筑物组成。船闸布置在紧靠河道的一侧。泄水闸、冲沙闸作为低水头建筑物布置在河道中部，泄水闸具有挡水和泄水的双重作用。冲沙闸布置在厂房与泄水闸之间，具有挡水和冲沙作用，也可参与泄水。发电厂房为河床式，低水头灯泡贯流式水轮发电机组布置在河道的另一边。混凝土闸坝作为拦河大坝的水利枢纽工程施工导流方案主要包括导流时段选择，施工导流方式组合方案，选择的导流标准，施工导流布置，施工导流程序等。

（1）施工导流时段选择。混凝土闸坝为拦河大坝的水利枢纽工程施工导流采用的是分期分段施工导流方案。分期施工导流较多采用二期两段或二期三段，也有三期三段分期导流方案。在每一期的导流时段内中，每年按季节分为枯水期和汛期。在分期挡水围堰填筑截流时还有一个截流时段。

1）一期导流时段。从一期分段围堰填筑施工开始到围堰内施工的泄洪闸具备过流条件、厂房具备挡水条件、通航建筑物具备通航条件为止。或者从一期分段围堰填筑施工开始到围堰内施工的泄洪闸具备过流条件，通航建筑物具备通航条件为止。

2）二期导流时段。从二期挡水围堰填筑开始到二期围堰内的泄水闸具备泄水挡水条件。或从二期挡水围堰填筑开始到二期围堰内发电厂房等建筑物具备下闸挡水条件为止。

3）三期导流时段。从三期挡水围堰填筑开始到三期围堰内泄水闸具备泄水挡水条件为止。

（2）施工导流方式组合方案。混凝土闸坝作为拦河大坝的水利枢纽工程施工导流方式组合方案分为两种。

1）施工导流方式组合方案 1。一期用全年挡水围堰先将左岸或右岸，也可左右岸同时围护起来，河水由束窄河道下泄，有通航要求的河道过往船舶能够正常通航。二期用全年挡水围堰将河道拦断，由二期围堰和一期修建的挡水坝体挡水，河水由一期所修建的泄水闸下泄，有通航要求的河道过往船舶从一期修建的船闸通过，发电厂房利用二期全年围堰挡水形成水头发电。

2）施工导流方式组合方案 2。一期用全年挡水围堰先将左岸或右岸，也可左右岸同时围护起来，河水由束窄河道下泄，有通航要求的河道过往船舶能够正常通航。二期在枯水期用枯水期围堰截流拦断河床，由枯水期围堰挡水，一期修建的泄水闸孔过流，船闸恢复通航。汛期将枯水期围堰变为过水围堰，由过水围堰堰面以下堰体挡水，过水围堰堰面以上过水体和一期修建的泄水闸孔联合过流。汛期结束后将过水围堰重新恢复到枯水期围堰断面，由枯水期围堰挡水，一期修建的泄水闸孔过流，贯流式发电厂房利用二期枯水期围堰挡水形成水头发电。

（3）选择的导流标准。根据混凝土闸坝的水利枢纽工程所选择的导流方式，需要选择的导流标准主要是一期全年围堰挡水导流标准，二期或三期围堰截流导流标准，二期全年围堰挡水导流标准或二期枯水期挡水围堰导流标准，汛期过水围堰导流标准。其导流标准应根据导流时段所选择的导流方式和混凝土闸坝的水利枢纽工程布置与等级来选择。

1）一期围一岸部分泄水闸和船闸工程采用全年围堰挡水的导流标准为全年 5 年一遇洪水标准。

2）一期同时围两岸，其中一岸围部分泄水闸和船闸工程；另一岸围发电厂房，采用全年围堰挡水的导流标准为全年 10 年一遇洪水标准。

3）二期围另一岸发电厂房全年围堰挡水的导流标准为全年 10 年一遇洪水标准。

4）二期或三期拦断河道围堰截流导流标准，可选择对应截流时段的 5 年一遇的当月、当旬平均流量作为围堰截流的导流标准。

5）二期或三期拦断河道枯水期挡水围堰的导流标准，选择枯水期 5 年一遇的洪水标准，汛期选择全年 10 年一遇洪水标准。

（4）施工导流布置。根据混凝土闸坝的水利枢纽工程选择的导流方式组合方案和混凝土闸坝的水利枢纽工程结构布置，进行各期施工导流工程的结构和施工布置。

1）一期先围一岸或同时围两岸的施工导流布置主要是进行束窄河床程度的选择，先围一岸或两岸的上、下游横向和左右侧纵向挡水围堰的结构和施工布置。

2）二期围另一岸发电厂房施工导流布置是上、下游横向和左右侧纵向挡水围堰的结构和施工布置。

3）二期或三期拦断河道施工导流布置采用拦断河道围堰截流布置的方式，全年挡水时进行上、下游横向和左右侧纵向挡水围堰的结构和施工布置。枯水期挡水、汛期过水围堰导流时进行枯水期和汛期过水围堰的结构和施工布置。

（5）施工导流程序。混凝土闸坝的水利枢纽工程采用分期导流，按照施工总进度和导流时段划分为以下程序。

1）一期导流围一岸或同时围两岸的施工导流，首先进行所围河道范围的上、下游横向围堰和左右侧纵向围堰的填筑，由纵向围堰及横向围堰挡水，在挡水围堰的围护下修建水利枢纽工程主体建筑物和二期施工导流泄水建筑物，河水由束窄后的河床过流。当一期工程施工结束后，在二期工程施工前将一期上、下游横向围堰和二期施工导流不需要的左右侧纵向土石围堰进行拆除。

2）分两期导流的水利枢纽工程，首先进行二期上、下游横向挡水围堰填筑，截流拦断河道，然后将围堰填筑的设计要求断面，由一期形成的混凝土纵向围堰及二期横向围堰挡水，在二期挡水围堰的围护下，修建工程主体建筑物和三期施工导流泄水建筑物，河水由一期建成的泄水建筑物泄流。在二期基坑内工程施工结束后，拆除二期上、下游横向围堰和需拆除的纵向混凝土围堰。

3）分三期导流的水利枢纽工程，二期进行另一岸围河道范围的上、下游横向围堰和左右侧纵向围堰的填筑，由纵向围堰及横向围堰挡水，在围堰内修建另一岸厂房等工程主体建筑物，河水由束窄后的河床过流。当二期导流时段基坑厂房工程具备挡水条件后，在三期工程施工前将一期、二期上、下游横向围堰左右侧纵向土石围堰进行拆除。在三期进行三期上、下游横向挡水戗堤围堰填筑时进行截流拦断河道，然后将戗堤围堰加高加宽，填筑的设计要求断面由三期上、下游横向围堰和左右侧混凝土和土石结构纵向围堰挡水，在三期挡水围堰的围护下，修建泄水闸等建筑物，河水由一期建成的泄水闸下泄。当三期基坑内泄水闸具备挡水和泄水条件后，拆除三期上、下游横向围堰和需拆除的纵向混凝土和土石结构围堰。

（6）工程实例。土谷塘航电枢纽工程位于湖南湘江干流中游，枢纽工程主要包括船闸、泄水闸、发电厂房、鱼道、护岸、副坝等。枢纽工程从右至左依次为船闸，预留二线船闸，副坝，17孔净宽20m、最大坝高30m的低堰泄水闸，1孔净宽5m泄洪排污闸，4台单机22.5MW的贯流式发电厂房等建筑物。泄水闸最大坝高30m。工程等别确定为Ⅱ等，规模为大（2）型，工程主要永久建筑物为3级，次要永久建筑物为4级。施工导流方案如下。

1）导流时段。土谷塘航电枢纽工程分三期导流，河道闸坝枢纽工程分三段施工。导流时段分为一期、二期、三期，从2012年12月开始进行施工导流，2015年11月拆除三期围堰。期间经过4个枯水期、3个汛期时段。

2）导流方式组合方案。土谷塘航电枢纽工程采用分期导流方案，分三期导流，一期围右岸船闸与 7.5 孔泄水闸，二期单独围左岸厂房，船闸具备通航条件后三期截流，三期围剩余的泄水闸。

其中在一期围堰修筑前先修筑前期低水围堰，在低水围堰保护下修筑一期、三期共用纵向混凝土围堰和一期全年横向围堰，第二年汛前拆除前期低水围堰。

3）导流标准。根据三期导流方式选择相应的导流标准。

A. 一期导流采用全年围堰，围右岸船闸与 7.5 孔泄水闸，导流标准选用全年 5 年一遇洪水标准，相应设计流量 11700m³/s。在一期围堰修筑前先修筑前期低水围堰时的导流标准，选用枯水期 5 年一遇洪水标准，相应设计流量 3790m³/s。

B. 二期导流采用全年围堰，围发电厂房，导流标准选用全年 10 年一遇洪水标准，相应设计流量为 13500m³/s。

C. 三期采用过水围堰，围剩余的泄水闸，挡水标准采用洪水流量 8000m³/s；设计过水标准按全年 10 年一遇洪水，相应流量 13500m³/s。

4）施工导流布置。按照三期导流方式和导流标准分别进行施工导流布置。土谷塘航电枢纽工程分期施工导流平面布置见图 5-5。

A. 在一期导流时段内先进行河道右侧一期上、下游横向围堰和左侧纵向围堰的结构与施工布置，然后进行一期围堰修筑前的枯水期低水围堰结构和施工布置，将一期围堰施工部位围护起来，进行一期、三期共用纵向混凝土围堰，泄水闸第 7 孔右边墩与上、下游混凝土导墙，一期全年上下游横向围堰施工。

一期围堰施工前期低水枯水期围堰采用土石填筑，高喷灌浆防渗结构型式。围堰由上、下游横向围堰左侧纵向围堰组成。上游横向围堰堰顶高程 55.50m，轴线长约 347m，堰顶宽度 7.4m，围堰迎、背水面坡比均为 1:1.5。下游横向围堰堰顶高程 55.00m，轴线长约 472m，堰顶宽度 7.2m，围堰迎、背水面坡比分别为 1:1.5 和 1:1.3。纵向围堰堰顶高程 55.00～55.50m 过渡，轴线长约 328m，堰顶宽度 7.4m，围堰迎、背水面坡比均为 1:1.5。

一期全年挡水围堰用土石填筑，围堰基础为高喷防渗墙，以上部位堰体采用黏土心墙防渗。围堰由上游、下游横向围堰和左侧纵向围堰组成。上游横向围堰长 317m，其中与前期低水围堰结合段长 213m，堰顶高程 62.50m，顶宽 6m，最大堰高 16m；下游围堰长 468m，其中与前期低水围堰结合段长 348m，堰顶高程 62.00m，顶宽 6m，最大堰高 15.5m。迎水面坡比为 1:1.8，背水面坡比为 1:1.5。迎水面采用 17cm 厚 C20 模袋混凝土护面，底部采用块石护脚。一期左侧纵向围堰用一期围堰施工前期低水枯水期围堰内修建的泄水闸的边墩和边墩上下游的混凝土导墙结构作为纵向围堰。

B. 在二期导流时段内进行河道左侧二期厂房上、下游横向围堰和左侧纵向围堰的结构与施工布置。

发电厂房围堰为全年围堰，采用土石结构，围堰基础及截流戗堤采用高喷防渗墙防渗，以上部位堰体采用黏土心墙防渗。厂房围堰分上游围堰轴线长度约 238m，下游围堰 200m，纵向围堰顺水流方向布置，两端分别接上、下游围堰，围堰轴线长度约 305m。上游围堰堰顶高程 63.50m，最大堰高约 17.5m。下游围堰堰顶高程拟确定为 63.00m，最大堰高约 17.0m。纵向围堰堰顶高程 63.50～63.00m。厂房全年围堰堰顶宽度为 6.0m，

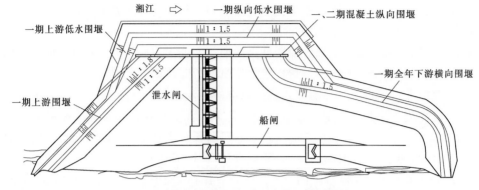

（a）土谷塘航电枢纽工程一期施工导流平面布置图

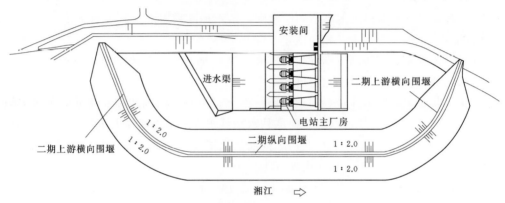

（b）土谷塘航电枢纽工程二期施工导流平面布置图

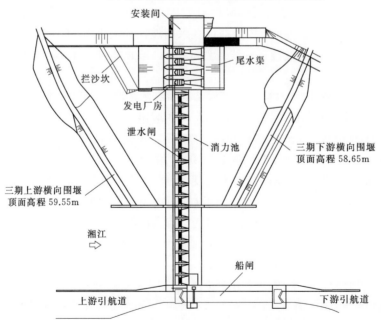

（c）土谷塘航电枢纽工程三期施工导流平面布置图

图5-5　土谷塘航电枢纽工程分期施工导流平面布置图

堰体迎水面坡比为 1 : 1.75，采用抛石护坡；背水面坡比为 1 : 2.0。考虑到河床束窄后流速加大，在纵向土石围堰迎水面堰脚上、下游 30m 范围内采用钢筋石笼和抛石护坡防冲。

C. 在三期导流时段内进行河道中部拦断河道的三期上、下游横向围堰、左右侧纵向围堰布置。三期上、下游横向围堰为枯水期挡水、汛期自溃式过水围堰，为土石结构。围堰基础及截流戗堤采用高喷防渗墙防渗，上方部位堰体采用黏土心墙及黏土堰体防渗。

上游枯水期横向围堰长度 257m，堰顶高程拟确定为 60.00m，最大堰高约 12.5m，上游堰体迎水面分 2 级台阶放坡：主堰体堰顶高程 57.00m 以下坡比为 1 : 1.5，高程 57.00m 以下采用抛石护坡。背水面分 2 级台阶放坡；高程 57.00m 以下坡比为 1 : 3.0，采用 C15 混凝土面板护坡、护面，坡脚设宽 4m、厚 1m 格宾石笼护脚。高喷防渗墙采用厚 0.5m 的混凝土连接板与护面混凝土相接。围堰顶高程 57.00m 以上部分为顶宽 1.5m 的自溃子堰，采用黏土填筑，内外坡比皆为 1 : 0.75，采用袋装黏土护坡。

下游枯水期横向围堰长度 244m，堰顶高程 58.65m，最大堰高 11.15m，下游堰体迎水面分 3 级台阶放坡：高程 53.00m 以下坡比为 1 : 1.5，采用抛石护坡；高程 53.00～56.50m 坡比为 1 : 3.0，采用 C15 混凝土面板护坡、护面。背水面分 2 级台阶放坡：主堰体堰顶高程 56.50m 以下坡比为 1 : 2.0，采用 C15 混凝土面板护坡、护面，坡脚设宽 4m、厚 1m 格宾石笼护脚。主堰体堰顶高程 56.50m 以上为顶宽 1.5m 的自溃子堰，采用黏土填筑，内外坡比皆为 1 : 0.75，采用袋装黏土护坡。

左右侧纵向围堰利用一期泄水闸边墩和边墩上、下游混凝土导墙和二期厂房边墙，以及边墙上、下游混凝土导墙作为纵向围堰。厂房一侧纵向导墙挡水高程不够的部分，采用填筑土石料进行加高。

5）导流程序。土谷塘航电枢纽工程按以下程序进行分期导流施工导流。

A. 土谷塘航电枢纽工程在 2012 年 11 月枯水期，开始进行一期施工导流时段施工，首先填筑河道右侧枯水期低水上、下游横向、纵向土石围堰，由低水头围堰挡水，束窄河道过流和通航。在低水围堰保护下，进行一期、三期导流纵向混凝土围堰，7.5 孔泄水闸泄水，泄水闸第 7 孔右边墩与上、下游混凝土导墙，一期全年上下游横向围堰、船闸等项目施工。在汛期到来前完成泄水闸 7 孔右边墩与上、下游混凝土导墙施工，一期全年上、下游横向围堰填筑，对基坑左侧枯水期低水头纵向土石围堰和影响河水过流的上、下游横向土石围堰进行拆除。

进入 2013 年汛期后，由上、下游横向和基坑左侧一期、三期导流纵向混凝土围堰挡水，束窄河道过流和通航。在一期全年挡水围堰内进行 7 孔泄水闸和船闸结构施工。

B. 2013 年 9 月汛后开始进行二期施工导流。首先进行河道左侧二期上、下游横向和基坑右侧防渗体以下挡水围堰，然后依次进行堰体内防渗体施工、基坑抽水、发电厂房基础土石方开挖与混凝土浇筑、二期围堰加高加宽等项目的施工。在汛期到来前，将二期围堰加高加宽并填筑至满足全年挡水围堰的设计要求。

进入 2014 年汛期后，由一期、二期左右侧岸边全年围堰挡水，中间主河道过流和通航，在二期全年挡水围堰内进行发电厂房的进水渠、尾水渠、安装间、主副厂房等结构的施工。

C. 当一期已建 7 孔泄水闸具备过流条件，左岸船闸具备通航条件，厂房进出水口具备挡水条件后，在 2014 年 9 月汛后开始进行三期施工导流。首先拆除一期上、下游围堰和二期基坑右侧纵向围堰，填筑三期截流围堰拦断湘江，河水由一期修建的 7 孔泄水闸孔过流，然后依次进行三期枯水期围堰内防渗体施工，基坑抽水，泄水闸基础土石方开挖和混凝土浇筑，枯水期围堰加高加宽和自溃式过水围堰等项目的施工。在汛期前完成过水围堰过水设施的施工。

进入 2015 年汛期后，由船闸、厂房挡水建筑物挡水，一期修建的 7 孔泄水闸孔和三期过水围堰堰顶以上过水断面组合联合过流。当汛期过后及时恢复三期过水围堰堰顶以上围堰形成的枯水期挡水围堰，由船闸、厂房挡水建筑物、三期枯水期围堰挡水，河水由一期修建的 7 孔泄水闸孔过流，左岸船闸通航。在三期围堰内，继续进行 10 孔泄水闸的混凝土浇筑，金属结构、机电设备等项目的施工。

在 2016 年汛期到来前，完成基坑内 10 孔泄水闸混凝土浇筑，金属结构、机电设备等项目具备下闸挡水条件。同时，完成三期上下游横向围堰的拆除。

5.3　施工导流方案选择

在河道上修建水利水电工程进行施工导流的过程中，可根据水利水电工程布置、河道水流特点，水资源综合利用，地质、地形等条件资料，编制出多个施工导流方案，每个施工导流方案技术经济指标和导流效果各不相同，都存在利弊问题，需要在多个施工导流方案中进行比较，选择出一个技术可行、安全可靠、经济合理的施工导流方案。

施工导流方案的选择主要是对枢纽工程布置、河道水流特点、地质地形条件、水资源综合利用、施工要求等因素进行分析研究，明确导流方案应满足的施工导流要求，制定与施工导流方案选择相关的原则，对编制出的多种施工导流方案，通过技术经济指标比较，大中型水利水电工程还要通过模型试验、试验成果分析比较后，选择出适合工程实际，技术可行、施工安全可靠、经济合理的施工导流方案。

5.3.1　导流方案选择的主要因素

（1）地形地质条件。坝址河谷地形地质条件是选择导流方案的主要因素，应充分利用水利水电工程河床的地形、地质条件，使施工导流布局合理。国内外不少工程常用河谷形状系数并结合地质条件来分析、选择导流方式。河谷形状由河谷形状系数 n 确定。经对国内外 100 多个工程的统计分析，得出如下关系：对于混凝土坝，$n < 3$ 时，一般适合一次断流隧洞导流；$n > 4.5$ 时，一般适合分期导流；n 在 $3 \sim 4.5$ 之间时，一次断流和分期导流均有可能。对于土石坝，$n < 10$ 时，一般用一次断流隧洞或涵洞导流；$n > 10$ 时，明渠、隧洞、涵洞导流均有可能。在河谷极为开阔的情况下，也可采用分期导流。

（2）水文气象条件。河流的水文特性和坝址气象条件，直接影响着工程的施工导流方式及导流程序，即施工导流方案受地区施工水文、气象特性的制约。应根据流域水文气象变化特点、洪水季节分布特点及年径流变化规律，进行施工导流标准、施工洪水时段的选择，使设计成果能与水情规律相适应。

（3）主体工程的形式与布置。施工导流方案与主体工程的形式与布置密切相关。在导流方案选择中，由于坝型及枢纽布置的特点、坝体结构特征的不同，其选择的导流方案也有所不同，导流设计流量也应根据坝型、枢纽布置等因素选择不同频率的流量值。各种形式的导流泄水建筑物都应考虑尽可能同永久建筑物密切结合。首先是施工期间，临时与永久工程组合共同承担施工导流工程的任务；其次是工程完成后，利用导流泄水建筑物承担永久工程的泄流任务。

（4）施工总进度的要求。选择的导流方案应能够满足工程施工总进度计划的安排和要求，在满足施工总进度的前提下，采用合适的导流标准、导流方式，编制导流的程序及导流工程施工进度计划。

（5）施工方法。在选择导流方案时，必须考虑主体工程施工方法确定的施工程序、施工强度和进度安排；同时，各期导流时段和坝体度汛的要求也需要对大坝施工提出要求（如坝体各期上升高程等要求），使选择的导流方案进度计划有保证，坝体防洪度汛安全有保障。

（6）施工道路的布置及总体规划。根据施工项目的不同设置的施工道路，应畅通且要求不容易受洪水影响，否则，导流建筑物施工的保证率不高，而截流线路的畅通是保证顺利截流的重要条件。对于采用分期导流的工程，合理选定第一期围堰地段涉及的施工场地布置这个因素，并根据施工场地总体规划，确定上下游围堰等导流建筑物的布置方式。

（7）综合利用因素。对具有通航、排冰等河道及上下游有梯级水电站时的发电、灌溉、供水等要求时，在导流方案的设计选择中应综合考虑，使各期导流泄水建筑物尽量满足上述要求，且在平面位置、尺寸、流速、流量等方面都应满足有关规范规定。

5.3.2 方案选择的原则

施工导流方案选择的原则就是通过对枢纽工程布置、河道水流特性、水资源综合利用、导流时段内主体工程施工要求、各导流阶段所选择的导流方式等资料进行分析研究，综合考虑的各种因素，明确施工导流方案应满足的相关要求，需要达到的效果，作为指导施工导流方案选择的基本准则。

水利水电工程施工导流方案的选择的原则概括起来就是因地制宜，统筹兼顾，综合分析，比选择优。具体内容如下：

（1）充分掌握基本资料，全面分析各种因素，将枢纽工程施工全过程中各导流时段选择的导流方式进行优化组合，形成一个完整的综合水流控制措施方案，使工程尽早发挥效益。

（2）对各期导流特点和相互关系进行系统分析、全面规划、统筹安排，运用风险度分析的方法，处理洪水与施工的矛盾，力求导流方案经济合理，安全可靠。

（3）适应河流水文特性和地形、地质条件。

（4）工程施工期短，工程施工安全、高效、方便。

（5）利用永久建筑物，减少导流工程量和投资。

（6）适应通航、排冰、供水等要求。

（7）河道截流、坝体度汛、封堵、蓄水和供水等初、后期导流在施工期各个环节，能合理衔接。

（8）在导流方案比较优选时，应根据地形、地质条件、水文特性、流冰、枢纽布置、航运、施工安全方便、施工进度、投资等要求综合比较选择。

以上施工导流方案选择原则为在工程施工中总结出的基本原则,在工程建设施工应用时,需要根据水利枢纽工程建设的实际情况,编制具体的施工导流方案选择原则,从而指导工程施工导流方案的选择。

5.3.3 导流方案选择方法

在江河流域所选坝址上修建水利枢纽工程时,根据所选坝址枢纽工程布置、河道特性、地形地质条件、水文气象特征、水资源综合利用、现场施工条件,可以初拟多种施工导流方案。在初拟的每一个施工导流方案中,还有多种导流建筑物的布置形式可以选择。要选择出一个符合工程实际情况且技术可行、实施安全可靠、经济合理、保证工程能按期完成,合理有效地解决工程施工全过程施工水流控制问题的施工导流方案,需要采取综合对比分析的方法。具体方法如下。

(1)导流方案介绍。逐一介绍按照施工导流方案编制原则,初拟的水利枢纽工程施工全过程各导流时段所采用的导流方案,导流方案优缺点,与其他方案相同和不同之处等。

(2)导流方案比较。从施工各阶段所选择导流方式、导流建筑物布置、工程施工总进度、下闸蓄水、首台机组发电时间、通航、导流工程的工程量、所需费用等方面进行比较。

(3)选择结果。采用淘汰法,选择出一个符合工程实际情况、技术可行、实施中安全可靠、经济合理、保证工程能按期完成的施工导流方案。

(4)工程实例。向家坝水电站施工导流方案的选择。向家坝水电站坝址位于金沙江下游河段,是金沙江下游河段中规划的最末一个梯级电站。水电站枢纽布置由大坝、厂房和升船机等建筑物组成。大坝挡水建筑物从左至右由左岸非溢流坝段、冲沙孔坝段、升船机坝段、左岸厂房坝段、泄水坝段及右岸非溢流坝段组成。升船机坝段位于河床左侧;发电厂房分设于右岸地下和左岸坝后,右岸地下厂房、左岸坝后厂房各装机 4 台,单机容量均为 750MW,左岸坝后厂房安装间与通航建筑物呈立体交叉布置。

向家坝水电站规模巨大,混凝土重力坝最大坝高 162m,水电站总装机容量 6000MW。其开发任务以发电为主,同时兼顾改善航运条件、防洪、灌溉,并具有拦沙和对溪洛渡水电站进行反调节等综合作用。导流方案选择方法如下。

向家坝水电站工程规模巨大,其发电经济效益和社会效益十分显著。整个工程控制第 1 批机组发电工期的关键线路为大坝施工,而最有利于缩短大坝施工历时的莫过于一次拦断河床的隧洞导流方式。经初步分析计算,若采用隧洞导流,则需要 6 条 17m × 21m(宽×高)的导流隧洞。

但从坝址河谷形态和地形地质条件来分析,右岸山势在逐渐向下游敞开,无完整连续的岩体布置导流隧洞,且布置有右岸地下厂房,左岸下游出露的岩体以泥质类软岩、较软岩为主,且有民间开采煤层的历史,成洞条件较差,不适宜于布置大规模导流隧洞。因此,向家坝水电站工程导流方案的研究重点放在了分期导流上。

根据该工程地形、地质、水文条件、枢纽总布置和河道通航要求,拟定了第一期围左岸、第一期围右岸、第一期围左右两岸等 3 大类型,对多个分期导流布置方案进行了研究。随着研究工作的不断深入和施工期通航要求的变化,研究工作重点集中在 3 个较优的先围左岸的方案上，再从导流布置、施工和运行条件、施工期通航、施工总进度和工程投资等方面进行综合比较。

1）一期围左岸、二期围右岸，设临时船闸方案（简称方案1）。一期围左岸非溢流坝段及冲沙孔坝段，在一期围堰的围护下，进行左岸非溢流坝段及冲沙孔坝段的施工，并在非溢流坝段内设置二期导流所需的5个10m×14m（宽×高）的导流底孔及高程280.00m、宽115m的缺口，在冲沙孔坝段留设10m×31m（宽×高）的临时船闸孔；同时在一期基坑中进行二期混凝土纵向围堰，上、下游引航道，上、下游引泄水渠等项目的施工，由束窄后的右侧主河床泄流及通航。

二期围右岸，待导流底孔和临时船闸具备运行条件后，拆除一期土石围堰横向段，于第3年11月进行二期右侧主河床截流工作，在二期基坑中进行右岸非溢流坝、泄水坝、消力池、左岸坝后厂房及升船机等建筑物的施工，由左岸非溢流坝段内的5个导流底孔及高程280.00m、宽115.0m的缺口泄流，临时船闸通航。

第6年枯水期，开始加高左岸非溢流坝段内的缺口，由5个导流底孔和10个永久中孔泄流，临时船闸继续通航。第7年汛前坝体全线达到拦洪高程以上，左岸坝后厂房自身具备挡水度汛条件，由5个导流底孔、临时船闸孔和10个永久中孔联合泄流度汛。汛后于第7年11月下闸封堵临时船闸孔和导流底孔，水库蓄水，第7年年底地下厂房第一批机组发电。第8年汛前导流底孔封堵完毕，汛前大坝已全线达到坝顶高程。

2）一期围左岸、二期围右岸，不设临时船闸方案（简称方案2）。该方案左岸不设临时船闸，一期围左岸非溢流坝段、冲沙孔坝段，将方案1中在冲沙孔坝段设置的临时船闸方案改为导流底孔，其导流程序与左岸设临时船闸方案基本相同。在一期围堰围护下，进行左岸非溢流坝段、冲沙孔坝段的施工，并在非溢流坝段内留设5个10m×14m（宽×高）的导流底孔及高程280.00m、宽115.0m的缺口，在冲沙孔坝段内留设1个10m×14m（宽×高）的导流底孔；同时在一期基坑中进行第二期混凝土纵向围堰、上下引泄水渠等项目的施工，由束窄后的右侧主河床泄流及通航。一期基坑内，因左岸不设临时船闸，一期、二期纵向围堰的布置相对宽松。

二期围右岸，在二期基坑中进行右岸非溢流坝、泄水坝、左岸坝后厂房及升船机等建筑物的施工，由左岸一期基坑内留设的6个导流底孔及高程280.00m、宽115.0m的缺口泄流，河道客货过坝运输采用驳运或其他方式解决。

第6年枯水期加高左岸非溢流坝段内的缺口，此后与方案1不同的是后期导流由6个导流底孔和10个永久中孔联合泄流与度汛，其他程序与方案1相同。

3）左岸小明渠方案（简称方案3）。该方案第一期导流与前述方案1和方案2基本相同，不同的是在左岸基坑内不是留设二期导流用的5个或6个导流底孔，而是利用5个非溢流坝段设置宽100.0m导流明渠，明渠坝段大坝混凝土浇筑至底板高程260.00m，明渠上下游段的布置和方案1上下游引泄水渠基本相同。

第3年11月右侧主河床截流后，由左侧明渠导流，左岸明渠同时兼顾小流量范围内的通航。在右岸基坑进行右岸非溢流坝、泄水坝、左岸坝后厂房及升船机等坝段的施工，并在泄水坝段下部设置12个6m×12m（宽×高）三期导流底孔。

第6年11月进行左岸明渠截流，时段围堰形成后，开始浇筑明渠占压的左岸非溢流坝段。此时由右岸泄水坝段内设置的 12 个导流底孔泄流。

第 7 年汛前坝体全线达到拦洪度汛高程以上、左岸坝后厂房自身具备挡水度汛条件，由 12 个导流底孔和 10 个永久中孔联合泄流度汛。汛后于第 7 年 11 月右岸导流底孔下闸，水库蓄水，年底地下厂房第 1 台机组发电。由于 12 个导流底孔占满了整个泄水坝的泄流通道，导流底孔的混凝土回填施工需分 2 个枯水期进行，第 7 年 12 月至第 8 年 5 月回填 6 个导流底孔，第 8 年 11 月至第 9 年 5 月回填另外 6 个导流底孔，封堵时由泄水坝段另一侧的 5 个永久中孔和 6 个表孔泄流。

4）方案比较。3 个方案从以下 6 个方面进行比较。

A. 一期基坑内建筑物的布置与施工。3 个导流方案第一期围堰的布置基本相同，工程施工控制工期也基本相同。不同点主要体现在二期和后期导流的泄水通道及二期纵向混凝土围堰的布置。

方案 1 需相应设置上下游引航道，这样二期纵向混凝土围堰左侧需留足引水渠和引航道的宽度，二期纵向围堰与一期纵向土石围堰距离很近，围堰及堰基处理施工干扰较大。

方案 2 二期导流泄水建筑物为 6 个导流底孔加缺口，方案 3 为左侧 5 个导流底孔坝段对应宽度的明渠，都因取消临时船闸及引航道造成一期、二期纵向围堰距离加大，围堰施工干扰减小。

B. 二期基坑内建筑物的布置与施工。二期基坑范围内水工建筑物里有泄水坝段和左岸厂房坝段等，方案 3 需在泄水坝段布置 12 个 6m×12m（宽×高）的三期导流底孔，与永久表孔、中孔形成三层孔洞，结构复杂，施工程序也复杂。从二期基坑内工期来分析，方案 1、方案 2 下游围堰挡水至第 7 年 5 月才拆除，而方案 3 在第 6 年 10 月就开始拆除围堰，消力池的开挖与浇筑、坝后厂房有关埋件的运输、升船机的塔楼及闸首的混凝土浇筑都可以利用右岸基坑，在时间上更有保证。

C. 后期缺口加高与度汛。3 个导流方案均从第 6 年 11 月起，开始加高左岸非溢流坝段（或缺口、或明渠坝段），加高高度分别为 50.83m、60.00m 和 78.60m，方案 3 因需进行三期截流和形成三期基坑，第 7 年坝体抢拦洪高程的混凝土浇筑时间只能利用第 7 年的 1—6 月，且明渠坝段抢到度汛高程的高差更大，因此，方案 3 实现的难度最大。

D. 坝后厂房发电工期。3 个方案第一批机组发电时间相同，方案 2 和方案 3 总工期相同，为 9 年 6 个月，方案 1 总工期为 10 年 1 个月。由于左岸坝后厂房的永久进厂通道跨二期导流底孔或明渠坝段，因进厂道路形成的时间各不相同，各方案坝后厂房机组发电时间存在较大差异。

E. 导流程序与下闸风险分析。3 个方案从导流程序上分析，方案 3 需反复三期施工，右侧 12 个导流底孔布满了整个泄水坝段，封堵分两个枯水期进行，施工程序复杂，风险大。从度汛上分析，方案 1 因临时船闸参与泄洪，临时船闸孔口大，闸门多，门槽及结构易受到破坏，存在一定风险；方案 3 在第 8 年临时拦洪度汛时，表孔底部有 6 个导流底孔未回填混凝土，泄洪消能运行工况不利，结构工况不利，存在一定风险。

经综合分析，方案 2 导流程序简单，其截流、下闸、封堵和后期度汛的风险均最小最优。

F. 施工期通航条件。第一期导流期均由束窄河床通航，通航条件完全相同；后期导流期客货过坝均采用驳运方式解决，条件也基本一样；3个方案在施工期客货过坝上的不同之处主要体现在二期导流期上。方案1二期为临时船闸通航，方案2二期采用驳运的方式，方案3因二期为明渠导流，在小流量范围由明渠兼顾通航，超过此流量范围及第三期和后期一样采用驳运方式。

方案1和方案3二期导流期历时42个月，通航保证率分别为81.95%和56.67%，在一定程度上维持了航道通航的连续性，对航运发展有利。但由于向家坝水电站坝址上游河段航运日趋萎缩，工程施工期通过采用驳运方式解决少量的客货过坝问题，对通航发展影响有限。

5）方案选择。导流方案综合比较见表5-3。

表5-3　　　　　　　　　　　　　　　导流方案综合比较表

比较内容		方案1	方案2	方案3
施工导流分期		二期	二期	二期
一期导流上游围堰堰顶高程/m		290.50	290.50	290.50
二期导流上游围堰堰顶高程/m		306.50	305.00	297.00
后期坝体拦洪高程/m		330.83	340.00	338.60
缺口填筑月平均上升高度/m		6.35	7.50	13.10
下闸封堵孔数/孔		6	6	12
底孔封堵回填需要时间		1个枯水期	1个枯水期	2个枯水期
施工期客货过坝方式	一期	束窄河床通航	束窄河床通航	束窄河床通航
	二期	临时船闸通航	驳运	明渠＋驳运
	三期	驳运	驳运	驳运
第一批机组发电时间/a		7	7	7
总工期		10年1个月	9年6个月	9年6个月
坝后厂房发电时间	⑤机组	第11年1月	第10年6月	第10年6月
	⑥机组	第10年4月	第10年1月	第10年1月
	⑦机组	第9年11月	第9年8月	第9年8月
	⑧机组	第9年3月	第9年3月	第9年3月
发电时间推迟/(台·月)		13	0	0

从一期施工布置和施工程序角度看，设临时船闸方案施工导流布置难度大、施工干扰大；从二期基坑内有关建筑物的工期分析结果来看，小明渠方案保证性较差；从坝后厂房发电工期上分析，设临时船闸方案有3台机发电时间均有所推后，少发电达13台·月，显然不利。从导流程序和风险方面分析，方案2导流程序简单，其截流、下闸、封堵和后期度汛的风险也最小，方案1次之，方案3风险最大。从缺口加高的难度来讲，小明渠方案采用碾压混凝土虽然理论上能实现，但对于永久大坝工程，这样的上升速度也远远超出现有水平。

综合上述分析，并经2004年国家发展和改革委员会组织审查，选用方案2：一期围左岸、二期围右岸，不设临时船闸的分期导流方案。

5.4 大坝工程导流方案选择

5.4.1 土石坝

土石坝的施工导流方案应按土石坝不宜过水的原则，结合不同的施工程序，依据河谷形态、地形地质条件、水文特性、坝体方量、上坝强度及施工条件等因素进行分析选择。

（1）按河谷形状系数分析所采用的导流方式。坝址河谷地形条件是选择导流形式的主要依据，按国内外工程常用的河谷形状系数分析所采用的导流方式。国内部分土石坝工程的河谷形状系数及施工导流方案见表5-4。

表5-4   国内部分土石坝工程的河谷形状系数及施工导流方案表

序号	工程名称	建设情况	坝型	坝高/m	河谷形状系数 n	施工导流方案	备　注
1	小浪底	2001年完工	壤土斜心墙堆石坝	167.00	7.90	河床分期，一期围护右岸，二期拦断河床，由左岸三条隧洞泄流施工导流方案	右岸有近宽400m滩区，三条导流洞封堵后改建成泄洪洞
2	金盆	在建	黏土心墙砾石坝	133.00	3.40	一次断流，隧洞泄流，高围堰全年施工导流方案	进行过分期围堰、明渠导流和一次断流隧洞导流方案比较
3	下汤	设计	黏土心墙砂壳坝	56.00	38.90	全断面围堰拦水、垭口明渠泄流的施工导流方案	对分期导流、明渠导流和隧洞导流3个方案比较
4	晓奇	设计	沥青混凝土心墙堆石坝	—	25.00	河床分三期导流，二期由河床合龙段过水，三期采用埋管过流的施工导流方案	三期过流利用引水道工程，即坝下埋管过流
5	四湖沟	设计	沥青混凝土心墙堆石坝	60.77	5.13	一次断流，隧洞泄流，围堰挡汛后洪水，汛期坝体缺口过流施工导流方案	对汛前、主汛和汛后3个方案进行比较

（2）导流方案比较与选择。

1）根据工程具体情况和条件，提出2～3个可进行比较的导流方式，从施工进度、施工强度、工程投资以及投资风险分析等方面，并结合施工期间道路的布置及施工场地布局总体规划进行导流方案比较。

土石坝导流一般采用土石围堰、河床一次拦断施工的导流方案，在选择泄水建筑物时，河床狭窄、两岸陡峻、山岩坚实的地区，往往采用隧洞泄流，应根据泄流量的要求、最大上坝强度，对小隧洞导流和大隧洞导流两个不同方案，多条多层隧洞导流方案、明渠导流和隧洞导流等不同方案进行技术经济比较、优化选定。

坝址处河谷宽阔，分期导流条件较好，或在河流洪枯变差很大以及有通航要求和冰凌严重等地区，也可采用分期导流方式。可根据坝址处地形、水文、施工进度等条件，比较分二期导流和分三期导流两个方案；又根据围堰布置形式比较一期先围护右岸河道和一期先围护左岸河道两个方案。分期导流的泄水建筑物有：岸边开挖明渠、坝下埋设涵洞或配合隧洞导流。大明渠一般适用于混合坝型或设有混凝土建筑物的坝型。

对高土石坝不宜选用分期导流方案。这是由于分期导流施工，将使左、右岸坝体施工时间不同，填筑的高差较大，待坝建成后，坝体的密实程度不一致，易于产生坝体不均匀沉陷，造成坝体裂缝，给工程带来永久性灾害。依据国内外高土石坝工程施工实践经验，应采用河床一次拦断、施工初期导流为隧洞泄流，后期导流为坝体挡水、隧洞导流的导流方案，既适应高土石坝施工程序的要求，又充分利用了永久建筑物（一般为导流洞与泄洪洞部分结合）。

2）对各比较方案进行必要的水力计算以确定方案的水力参数及基本尺寸。土石坝的施工导流标准在规范中有所规定，但对高土石坝的设计在执行导流标准时，在相同级别条件下，宜选择规定的上限值。

3）对导流泄水建筑物应提出其形式、断面尺寸、长度、工程量、泄流量及流速；对挡水建筑物围堰应提出围堰形式、高度及各导流时段挡水顶高程与相应的上下游水位等。土石坝导流一般采用土石围堰。在围堰选择上，高土石坝趋向于围堰与坝体结合的挡水方式。土石坝工程施工导流的调洪计算证明，通过技术经济比较，采用较高的导流围堰，增加了围堰所形成的滞洪库容，是减少导流隧洞泄洪规模最有效和最经济的途径之一。如龙滩水电站土石坝方案的施工导流围堰高度由81m增加到110m，可使直径为18m的导流隧洞由6条减为3条。

4）对各比较方案进行施工导流程序及施工布置设计，确定导流时段、导流控制期限、施工布置及有关施工综合指标。

（3）选定导流方案的导流程序及布置。根据施工总进度安排拟定施工导流程序，提出相应的水力特性指标，必要时应提出导流程序控制进度表。

1）河床一次拦断、隧洞或涵洞导流的导流程序：首先建成导流隧洞或导流涵洞，然后修建上、下游围堰，河水由导流隧洞或涵洞通过。待大坝填筑升高到围堰以上，围堰完成挡水任务，坝体开始挡水，坝体达到发电水位或防洪水位以上，封堵导流洞（涵洞或导流洞部分改建成永久泄洪洞），蓄水发电。

2）分期导流方案的导流程序：第一期围堰先围滩地，或加围一部分河槽，同时施工导流隧洞或导流明渠，待导流泄水建筑物建成后，在河槽修建二期围堰，枯水期截流，河水由隧洞或明渠通过。截流以后，在一个枯水期抢筑坝体到度汛高程，即开始拦洪蓄水。一般二期围堰只挡枯水期或春汛流量。大汛即由坝体挡水。此时，坝体应达到度汛高程。

3）导流建筑物布置：土石坝工程的导流建筑物在岸边或垭口处开挖明渠、河床旁侧开挖隧洞、坝下埋设涵洞及大坝上、下游围堰和纵向围堰。应注意以下几点。

A. 导流隧洞的布置主要考虑地形和地质条件、水流流速和流量要求、枢纽的布置及是否与永久建筑物结合等。

B. 导流明渠的布置在地形上要充分利用台地、垭口，在地质条件上要有利于边坡的稳定。

C. 导流涵洞的位置应选择在良好的地基上。

D. 大坝上游围堰大都利用作为坝体上游棱体的一部分，即采用与坝体结合的围堰。

E. 大坝下游围堰的位置应结合施工场地规划、施工期间道路布置情况以及基坑排水方式与布置等进行围堰布置。

F. 分期导流的第一期围堰的位置应视地形、主河槽位置和泄水建筑物的位置而定；一期导流缺口宽度不要太宽，要尽量减少后期工程量，一般束窄河床 40%～60%，但也不能太窄，避免汛期水位壅高过大，以防河床下切过深和对纵向围堰堰基的淘刷。

金盆水利枢纽工程施工导流平面布置见图 5－6。

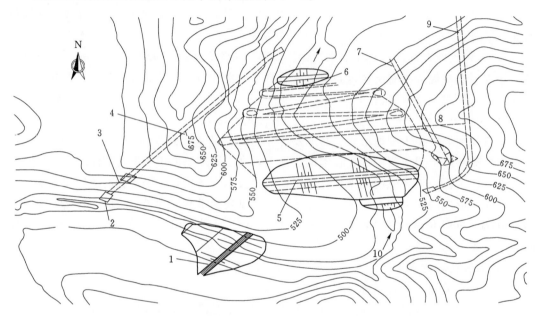

图 5－6　金盆水利枢纽工程施工导流平面布置图

1—上游低水围堰；2—导流洞进口；3—泄洪洞进口；4—导流洞；5—上游高水头围堰；
6—下游围堰；7—泄洪洞；8—坝轴线；9—引水洞；10—黑水河

（4）度汛方案的选择。高土石坝的度汛设计比较复杂，要考虑整个施工期的度汛安排，制定出全面的度汛方案。土石坝的度汛阶段可按坝体不同的施工阶段来划分，即分为初期导流、后期导流两个度汛阶段。后期导流又分为导流泄水建筑物封堵前、封堵后两个阶段。每个阶段的度汛标准的要求是不同的。根据这些标准才能确定导流建筑物的规模与各个导流时段大坝应有的安全度汛高程。各个度汛阶段的划分及相应度汛标准确定如下。

1）初期导流期，是指土石坝施工的初建阶段，利用围堰挡水，洪水经导流泄水建筑物下泄，即坝体初期导流阶段，相应的洪水标准应根据导流建筑物洪水标准度汛，可按规范规定设计。

2）中期导流阶段，是指大坝开始挡水至导流泄水建筑物封堵前的阶段。在这个阶段，大坝不断增高，库容逐渐增大，汛期坝体直接拦洪度汛，导流泄水建筑物泄流。此阶段要求导流标准不断提高，称为坝体施工期度汛标准，可按规范规定设计。

3）后期导流阶段，是指导流泄水建筑物封堵后大坝继续施工的完建阶段，即大坝基本建成，导流泄水建筑物已封堵，汛期坝体拦洪、蓄水，但这时枢纽泄洪等建筑物不一定全部建成并达到正常运用条件。因此，可称为施工运用期。坝体施工运用期拦洪蓄水度汛应采用导流泄水建筑物封堵后坝体度汛的洪水标准，并按规范规定设计。

4）施工期度汛方式的选择。土石坝施工期的度汛是处在坝体高度不大，而填筑断面又很大的条件下，施工强度要求高，故度汛方式的选择应充分考虑这一点。

5）不允许坝体过水。在截流后第一个汛期前坝体抢筑至度汛高程，导流泄水建筑物泄洪度汛方式。对高土石坝，往往较难在一个枯水期将坝体填筑至度汛安全高程的要求，所以抢筑拦洪高程是采用这类度汛方式的关键。

6）采用未完建坝体或预留一个缺口（采取防冲保护），由坝身漫洪和导流泄水建筑物联合过水度汛的方式。一般土石坝不允许坝体过水，但随着土石坝工程建筑的发展和科学技术的进步，堆石坝采用较低高程断面或留出一个豁口过水度汛的工程日益增多。如四湖沟水利枢纽施工导流方案设计留出 50m 缺口过流，春汛、汛前和大汛洪水由导流洞及坝体缺口联合泄流。土石坝常用的施工期临时措施有降低溢洪道高程、设置临时溢洪设施、采用坝体临时断面拦洪挡水等。

（5）导流建筑物形式选择。

1）对导流洞的形式、高程、尺寸（导流洞条数）进行比较与选定。

2）对围堰结构型式比较与选定。上、下游横向围堰选型的主要因素应从河床地形地质条件、导流洪水标准、工期、经济性和使用材料等方面综合分析确定。土石围堰因可与坝体结合，是我国应用最为广泛的围堰形式。

5.4.2　混凝土面板堆石坝

选择施工导流方案时，混凝土面板堆石坝应考虑其结构特性。

（1）导流方案的比较与选定。按照导流建筑物的特点与坝体挡水或过水的联合要求，对导流方案进行比较和优选。面板堆石坝常用的导流方式为河床一次拦断隧洞导流方式。依据工程所在地自然条件、工程布置及规模以及导流时段长短，可分为全年围堰或枯水期围堰、隧洞导流的方案。

1）全年围堰隧洞导流方案：采用这种导流方案时，截流后第一年汛期由围堰挡水，基坑内全年施工，第二年汛期时由坝体全断面或临时断面挡水。采用这种导流方案，要求按设计重现期的全年洪峰流量和全年一次洪量所设计的上游围堰高度和导流隧洞洞径都在允许的范围内。采用这种导流方案，有利于加快坝体的施工进度，如株树桥水电站工程。

2）枯水期围堰、隧洞导流方案：由于截流后至汛前工期极短，或由于上坝强度较大受施工机械设备条件限制以及其他原因，在蓄水和发电总进度要求下，截流后第一个汛期，低堆石坝体采取防冲保护后，由坝体顶部或预留缺口和导流隧洞联合过水度汛，汛期过后，即拆除坝体临时保护措施，并继续填筑堆石体，在第二个枯水期内将堆石体全部填筑完成；若在第二个枯水期内仍不能将堆石体填筑完成，则第二个汛期由坝体全断面或临时断面挡水。采用这种导流方案时，上游过水围堰的高度按枯水期重现期流量设计，导流洞洞径受第二个汛期洪水控制。天生桥一级水电站采用的就是这种导流方案。

3）东北地区混凝土面板堆石坝施工导流方案的几种模式。在寒冷地区修建混凝土面板堆石坝是可行的，我国建成的第一座面板堆石坝——关门山水库大坝，位于我国寒冷的东北地区。鉴于东北地区混凝土面板堆石坝所在河流的水文气象特点，导致施工导流受其制约，混凝土面板的施工时间有限，因此，依据施工水文时段的划分（挡大汛或挡春汛两种情况），有全年围堰隧洞导流方案、春汛围堰隧洞导流方案和枯水期围堰隧洞导流方案3种模式。

（2）导流程序选择及导流建筑物布置。混凝土面板堆石坝的施工应在施工总进度的要求下，根据河段水文特性、导流条件和坝体及厂区施工要求，选择合适的施工导流程序。一般按初建阶段、大坝主要施工阶段及施工运用阶段来进行施工导流程序设计和导流方案的布置。

（3）施工度汛方案选择。我国混凝土面板堆石坝工程，普遍采用了隧洞导流的方式，施工度汛方式按堆石坝体挡水或过水分为两种类型。

第一种类型：堆石坝体在截流后第一个汛期前，就抢筑到设计的挡水度汛高程（堆石坝体可按设计的临时断面填筑），导流隧洞泄洪度汛。

第二种类型：截流后第一个汛期前，堆石坝体填筑到一个较低的高程后，预留出一个缺口采取防冲保护，由堆石体顶部或坝体缺口和导流隧洞联合过水度汛，汛后继续填筑坝体；第二个汛期由升高后的堆石坝体挡水度汛。对于混凝土面板堆石坝，采用低标准围堰结合坝体的挡水度汛方式时，其拟定的临时断面尺寸不仅要满足稳定和抗渗要求，而且要满足施工机具和后续坝体的施工要求。对于中小型工程，应创造条件，争取在一个枯水期内将坝体临时断面填筑到度汛高程，避免采取坝体过水度汛的方式，以减少坝面保护工作量，使坝体填筑在汛期也能继续。

1）初期导流。围堰围护大坝施工期内，应以导流设计标准作为施工度汛标准。在采用过水围堰时，根据混凝土面板堆石坝基础处理及河床段趾板的施工需要，围堰的防洪标准一般为20年一遇枯水期洪水。

2）后期导流。大坝坝体施工高程超过围堰顶高程，可利用未完建的坝体拦洪挡水。

后期导流Ⅰ阶段：大坝开始挡水至导流泄水建筑物封堵前。此时坝体部分投入使用或坝体与导流建筑物部分结合（如坝体与围堰相结合），应按坝体施工期临时度汛洪水标准度汛，可按施工组织设计规范规定设计。

后期导流Ⅱ阶段：导流泄水建筑物封堵后。此时坝体尚未完建，进行初期蓄水时，其度汛洪水标准可按施工组织设计规范规定拟定。

国内部分混凝土面板堆石坝导流度汛标准选择情况见表5-5。

表5-5　　　　　　　国内部分混凝土面板堆石坝导流度汛标准选择情况表

序号	工程名称	坝高/m	导流工程级别	导流隧洞条数宽×高/(m×m)或m	围堰堰型	施工度汛标准（重现期）/a		
						初期导流	截流后第一个汛期	第二个汛期
1	成屏一级	64.6	Ⅴ	1条10×10	土石坝	枯20	50（挡水，坝高60m）	50（未过水，坝高25m）
2	西北口	95.0	Ⅳ	1条8.5×13.2 1-φ5	土石坝	枯20	20（过水，坝高31.5m）	>100（挡水）

序号	工程名称	坝高/m	导流工程级别	导流隧洞条数宽×高/(m×m) 或 m	围堰堰型	施工度汛标准（重现期）/a		
						初期导流	截流后第一个汛期	第二个汛期
3	株树桥	78.0	Ⅳ	1 条 φ5.2	土石坝	枯 20	100（挡水，坝高 61m）	＞300（挡水）
4	万安溪	93.8	Ⅳ	2 条 9.4×11.6	土石坝	枯 20	—	＞50（挡水）
5	花山	80.8	Ⅴ	1 条 5.5×6.5	混凝土（过水）	汛 50	50（挡水，坝高 67.3m）	＞100（挡水）
6	东津	85.7	Ⅳ	1 条 φ5	土石坝	枯 10	100（挡水，坝高 56.7m）	＞200（挡水）
7	白云	120.0	Ⅳ	1 条 7.5×9.2	土石坝（过水）	汛挡 3 过水 20	—	100（挡水）
8	莲花	71.8	Ⅳ	2 条 12×14	土石坝（过水）	枯 20 汛 20	—	300（挡水）
9	天生桥一级	178.0	Ⅳ	2 条 13.5×13.5	土石坝（过水）	枯 20 汛 10	—	300（挡水）
10	洪家渡	179.5	Ⅳ	1 条 14.8×13 1 条 12.8×11.6	土石坝	枯 10	—	＞100（挡水，坝高 132m）

（4）围堰形式选择。混凝土面板堆石坝常采用一次断流的隧洞导流方案。据此，上下游围堰按其结构和使用材料分为两大类，即土石围堰和混凝土（或 RCC）围堰。多数混凝土面板堆石坝的围堰为土石结构。按围堰使用条件可分为挡水围堰和过水围堰两种类型。而堰型选择的主导因素应当是选定的施工导流方案。

1）全年挡水围堰隧洞导流方案。当导流时段为全年时，为延长围堰内基坑的施工期，应采用全年挡水围堰。

2）枯水期围堰隧洞导流方案。该类方案堰型选择有两种情况：一种是枯水期挡水围堰，指工程规模小，在汛前坝体可达到挡水或拦洪度汛高程的围堰；另一种多个枯水期挡水围堰，指工程规模较大，且洪枯水位变幅大时，基坑上下游采用过水围堰的围堰。目前国内多数工程采用此类堰型。

5.4.3 混凝土重力坝

多数混凝土重力坝工程均采取坝身泄洪建筑物的枢纽布置，设置的泄洪建筑物（如底孔、中孔等）以及岸边永久船闸、升船机等永久工程可兼作施工导流，因此，混凝土重力坝工程的施工导流可拟定的导流方案较多。据国内已建和在建工程资料统计数据分析表明，位于大江大河的工程采用分期导流，底孔或闸孔泄流的工程占较大比重，约39%；分期导流明渠泄流的工程，在20世纪80年代后呈上升趋势；而狭谷高坝工程则以河床一次拦断隧洞导流的方案为主；分期导流中厂房导流方案，一般用于河床式水电站工程，但由于厂房的水流复杂、干扰厂房施工等原因，20世纪80年代以后很少采用。岩滩水电站初期导流方案曾考虑过厂房导流方案，后经分析比较，否定了厂房导流方案。

混凝土重力坝的施工导流，一般分为初期导流和后期导流，在选择施工导流方案时，应按初期导流要求和后期导流要求，分别拟定导流方案。

（1）初期导流方案比较与选择。

1）根据工程具体条件，提出2~3个可进行选择比较的导流方式组合方案进行比较。

2）对每个导流方案进行必要的水力计算以确定方案的水力参数及导流泄水建筑物、挡水建筑物围堰的形式、基本断面尺寸等。

3）针对每个比较方案，应进行工程量计算。

4）每个比较方案，应进行施工布置，确定施工方法、施工进度及有关施工综合指标。

5）比较方案，应估算导流工程投资。

6）应进行综合比较后选择最优方案。

（2）后期导流方案的选择。施工导流贯穿于施工的全过程，因此在确定导流方案时，还要充分考虑后期的导流要求。对于混凝土重力坝工程，除了选择初期导流方式，还应对后期导流方式进行比较与选择。

1）导流泄水建筑物类型选择。在施工导流过程中，可资利用的泄水建筑物形式较多，如坝内底孔、闸孔、缺口、泄洪孔、排沙孔等，都有可能作为施工导流通道。

2）在混凝土坝施工中，一般在坝体完建期内为满足施工水流宣泄，常对隧洞导流方案在坝身上设置临时泄水孔（导流底孔），以便与初期导流的导流隧洞联合泄流。因此，对于初期导流采用河床一次拦断隧洞导流的工程，后期导流时采取坝体临时挡水、导流隧洞与坝体预留的泄水孔口（如底孔、缺口等）联合过流度汛的方案。

3）初期导流用明渠导流的工程，其后期导流多配合坝内底孔或坝体缺口组合的导流方案。

4）采用分期导流的工程，其后期导流如利用坝体内底孔、中孔、预留的不同高程的缺口或永久泄洪设施与泄水建筑物相结合的导流方案，可圆满解决后期导流的问题，保证后期施工安全。

（3）度汛方案选择。根据施工总进度的安排并考虑工程特点，进行大坝施工各阶段防洪度汛方式选择，确定坝体拦洪高程、拦蓄库容以及根据施工组织设计规范选定的相应的度汛洪水标准。混凝土重力坝工程的施工导流过程可分为初期导流和后期导流（含导流泄水建筑物封堵前及封堵后两个阶段），应相应选择度汛方式。

1）初期导流。采用围堰挡水，其度汛方式又可分为两种情况，即全年围堰挡水和枯水期围堰挡水。采用全年围堰挡水的工程，采取导流泄水建筑物（如底孔、闸孔、坝体缺口、明渠、隧洞等）过流与度汛；采用枯水期围堰挡水的工程，只拦挡枯水期一定标准流量，汛期采取堰顶过水或过水基坑与导流泄水建筑物联合过流度汛的方式。

2）后期导流。

A. 后期导流Ⅰ阶段：坝体挡水至导流泄水建筑物封堵前。该阶段坝体临时断面挡水，导流泄水建筑物与永久泄洪建筑物联合泄水度汛。如棉花滩水电站采取由坝体临时断面挡水，导流洞及泄水底孔联合泄流与度汛的方式。

B. 后期导流Ⅱ阶段：导流泄水建筑物封堵后。该阶段内各月各种频率的洪水由永久泄水建筑物（如泄水底孔、泄水闸孔等）与泄洪建筑物（如泄洪隧洞、溢流堰、溢洪道等）下泄与度汛。

5.4.4 拱坝

我国的拱坝大多是在1983年以后建成的，在拱坝建设中积累了许多丰富的经验。其中在施工导流工程中，设计、施工采用了全年挡水高围堰和下泄全年洪水所需的大断面导流隧洞及高围堰等导流建筑物。在规模方面，导流洞单洞导流流量已超过3000m³/s，双洞导流流量以二滩水电站工程的13500m³/s为最大；二滩水电站2条17.5m×23m的导流隧洞，构皮滩水电站3条15.6m×17.7m的导流隧洞；二滩水电站高59m的黏土心墙石渣围堰，小湾水电站高60m的黏土心墙堆石围堰。这些导流建筑物的规模均是世界领先水平。

（1）导流方式选择。

1）我国绝大多数高拱坝都选用河床一次拦断隧洞的导流方式。

2）拱坝枢纽布置的泄洪方式为坝外泄洪类型时，一般按规律选择隧洞导流方式，并可将初期的导流隧洞设计成与永久泄洪隧洞相结合的方式，一洞两用。

3）拱坝枢纽布置的泄洪方式为坝身泄洪类型时，其深孔（或底孔）可兼作施工导流，因此，采用隧洞、明渠导流均有可能，但明渠只能用于初期导流，后期导流还需要在明渠内设置深孔（或底孔）配合导流。

（2）导流建筑物形式选择。

1）导流隧洞断面形式。常见的导流隧洞断面形式有圆形、马蹄形、城门洞形。从技术可行、经济合理原则出发，导流洞断面形式的选择先后次序为：圆形→马蹄形→城门洞形。对有压隧洞应采用圆形断面，若洞径和内外水压力不大，也可采用便于施工的其他断面形式。

2）围堰形式。按导流时段，围堰可分为全年挡水围堰与枯水期挡水或汛期过水围堰；按围堰结构和使用材料，可分为土石围堰和混凝土围堰两种主要形式。

A. 土石围堰。从国内外拱坝建设实践中表明，大多数围堰形式都采用土石围堰。其主要原因是：其充分利用当地材料，对地基的适应性强，堰体施工方便，一个枯水期可建高50～60m，便于加高增厚和拆除。土石围堰也可用作过水围堰，但需要解决堰顶及下游坡面护面和消能防冲问题。

B. 混凝土围堰。混凝土围堰防冲防渗性能好，堰体断面小，相对工程量少，既适用于挡水围堰，更适用于过水围堰。当河道洪枯流量变幅较大、堰基覆盖层浅、过水对坝体影响较小，特别是河谷狭窄时，采用混凝土过水围堰是很合适的。如乌江渡水电站、紧水滩水电站相继用不同施工方法修建了高40m和23m的拱围堰，既节省了工程量，又可快速施工。但混凝土围堰造价较土石围堰高，堰基要求建在岩基上，一般需要低水土石围堰保护下方能施工（干地施工），或采用水下浇筑混凝土的施工方法。

国内部分高拱坝施工导流特性见表5-6。

表 5-6

国内部分高拱坝施工导流特性表

序号	工程名称	工程位置	坝址枯期河水面宽/m	坝型	坝高/m	总库容/(10^8 m³)	装机容量/(10^4 km)	导流建筑物级别	导流方式	初期导流标准 频率 P/%	初期导流标准 流量 Q/(m³/s)	后期导流标准 频率 P/%	后期导流标准 流量 Q/(m³/s)	上游围堰 堰型	上游围堰 坝高/m	导流隧洞 形状	导流隧洞 断面/(m×m)
1	乌江渡	贵州乌江	35~40	拱形重力坝	165.0	23.00	63	IV	过水围堰隧洞导流	10.0	1320	2	13000	混凝土拱形	40.0	城门洞形	10×10
2	白山	吉林第二松花江	80~120	重力拱坝	149.5	62.15	150	IV	明渠、底孔导流	枯 10.0	2910	2	5800	风化料斜墙土石	26.0	明渠	b=20m
3	龙羊峡	青海黄河	40	重力拱坝	178.0	247.00	128	IV	隧洞导流	5.0	3580	2	4770	混凝土心墙堆石	54.0	城门洞形	15×16~15×18
4	东江	湖南耒水	20~40	双曲拱坝	157.0	81.20	50	IV	过水围堰隧洞导流	5.0	1760	5	6140	混凝土重力式	33.5	城门洞形	11×13, 6.4×7.5
5	紧水滩	浙江龙泉溪	50	双曲拱坝	102.0	10.40	30	IV	过水围堰隧洞导流	5.0	2024	1	3750	混凝土拱形	26.5	城门洞形	10×15.7
6	东风	贵州乌江	50~60	双曲拱坝	153.0	102.50	51	IV	过水围堰隧洞导流	10.0	919	2	9880	混凝土心墙堆石	17.5	城门洞形	12×14.13
7	隔河岩	湖北清江	120	重力拱坝	151.0	34.00	120	IV	过水围堰隧洞导流	5.0	3000	2	12000	碾压混凝土拱型	42.0	城门洞形	13×16
8	李家峡	青海黄河	50	双曲拱坝	165.0	16.50	200	IV	隧洞导流	5.0	2000	2	2500	混凝土心墙堆石	24.0	城门洞形	11×14
9	小湾	云南澜沧江	80~100	双曲拱坝	292.0	145.50	420	III	隧洞导流	3.3	10300	1	13100	黏土心墙堆石	60.0	城门洞形	16×19
10	拉西瓦	青海黄河	45~55	双曲拱坝	250.0	10.00	372	IV	隧洞导流	5.0	2500	1	4000	黏土心墙堆石	42.7	城门洞形	14×15
11	二滩	四川雅砻江	80~100	双曲拱坝	240.0	58.00	330	III	隧洞导流	3.3	13500	1	17340	沥青混凝土斜墙堆石	59.0	城门洞形	17.5×23
12	溪洛渡	四川金沙江		双曲拱坝	278.0	115.70	1260	III	隧洞导流	2.0	32000	1	34800	混凝土心墙土石		城门洞形	18×20
13	构皮滩	贵州乌江	35~60	双曲拱坝	232.5	64.51	300	IV	隧洞导流	10.0	13500	1	21000	碾压混凝土	76.5	马蹄形	15.6×17.7

5.5 发电厂房施工导流方案的选择

在水利工程枢纽布置中大多设有发电厂房。发电厂房结构复杂、工程量大、工程项目多、施工时间长,是水利枢纽工程施工中的重点控制性项目。在水利水电施工导流中,在研究枢纽工程总体施工导流的基础上,还需要重点研究发电厂房施工导流方案。发电厂房分为地面和地下两大类型。

(1)地面发电厂房分为坝后式、河床式、引水式三种。

1)坝后式发电厂房为高水头电站厂房,布置在拦河高坝坝体下游侧,由穿过坝体的压力管道向水轮机供水。根据河道宽度情况与发电机组数量,坝后式发电厂房一般布置在河道中部或河道岸边。

2)河床式发电厂房为低水头发电厂房,布置在河道宽阔的低水头拦河闸坝中,发电厂房本身也起挡水作用,为满足泄洪要求,河床式发电厂房一般布置在河道岸边。

3)引水式发电厂房分为首部枢纽、引水建筑物、发电厂房 3 部分,首部枢纽位于拦河大坝的岸边,引水建筑物围堰位于山体内,发电厂房一般位于拦河大坝下游河道的岸边。

(2)地下发电厂房由引水系统、发电厂房、尾水出口 3 部分组成。引水系统一般布置在拦河大坝的岸边山体上,引水系统首部结构在山体外,引水压力管道或压力隧洞布置在山体内。发电厂房布置在岸边山体内,按照在水电站引水系统中的位置分为首部式、尾部式、中部式 3 种。尾水隧洞在山体内,尾水出水口结构在拦河大坝下游山体边坡上与河道相接。

发电厂房由于施工工程量大、结构复杂、质量要求高,为满足施工合同工期要求,需要进行全年施工。在江河流域河道上进行发电厂房施工期间,应根据厂房结构和施工要求选择施工导流方案。

5.5.1 坝后式发电厂房

坝后式发电厂房位于拦河大坝后,由穿过坝体的压力管道向水轮机供水,为高水头发电厂房。根据河道和水电站枢纽综合效益,布置在河道中部主河道上或河道中部主河道以外靠近岸边的河道,在发电厂房施工时所采用的导流方案也有所不同。

(1)坝后式发电厂房位于主河道上时施工导流方案的选择。坝后式发电厂房位于主河道时,施工导流一般采用一次拦断河床的方式,根据地形条件分为明渠导流和隧洞导流两种。

1)明渠导流。在河谷主河道较窄,河岸有滩地或台地时,一次拦断河道,采用明渠导流方案。大渡河流域的龚嘴水电站坝后式发电厂房施工就是利用左岸台地修建的导流明渠,采用一次拦断大渡河、明渠导流的方案。龚嘴水电站枢纽布置见图 5-7,龚嘴水电站施工左岸导流明渠布置见图 5-8。

导流方案选择:龚嘴水电站大坝为布置在大渡河主河道上的混凝土高坝,由于河道流量大,河道左岸有台地,采用的施工导流方案如下。在修建左岸低水头围堰时,进行左岸导流明渠施工。一次拦断大渡河,上下游全年横向围堰挡水,明渠导流,进行拦河大坝和

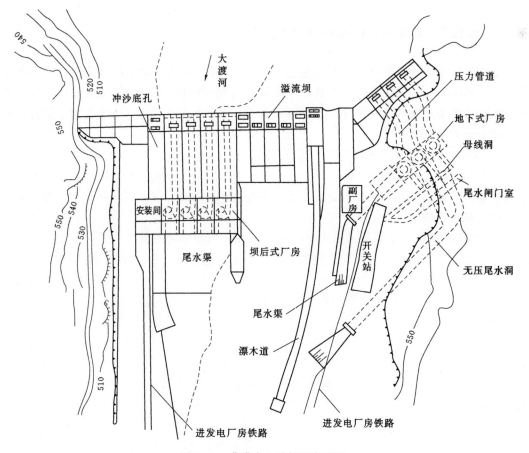

图 5-7 龚嘴水电站枢纽布置图

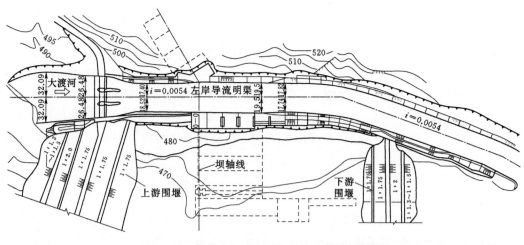

图 5-8 龚嘴水电站施工左岸导流明渠布置图

坝后式发电厂房施工。拆除上下游横向围堰，封堵导流明渠，进行左岸导流明渠占压部分坝段与其余坝段和坝后式发电厂房施工。由修建拦河大坝坝体与明渠进水口、厂房进水口、尾水出口闸门的下闸挡水，拦河大坝所设的三孔冲沙底孔泄水，汛期由拦河大坝所设三孔冲沙底孔加溢流坝堰顶和导流明渠坝段缺口联合泄水。

导流建筑物选择：一次拦断河床挡水建筑物为上下游全年横向土石围堰，水面以下防渗结构为混凝土防渗墙，水面以上防渗结构为木板心墙。导流泄水建筑物为左岸人工开挖的梯形断面导流明渠，明渠进水口布置三孔封堵钢闸门控制水流，明渠底板和边坡采用混凝土衬砌。明渠封堵后导流泄水建筑物为拦河大坝所设三孔冲沙底孔加溢流坝堰顶和导流明渠坝段缺口。

2）隧洞导流。在河谷主河道较窄，两岸地形陡峻时，采用一次拦断河床、隧洞导流的方案。刘家峡水利枢纽的坝后式厂房施工导流，就是采用一次拦断河床、隧洞导流的方案。刘家峡水利枢纽和施工导流布置见图5-9，其导流方案和导流建筑物选择如下。

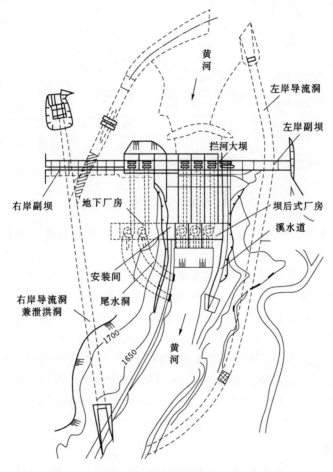

图5-9　刘家峡坝后式水电站施工导流布置图

导流方案选择：刘家峡坝后式水电站为布置在主河道上的混凝土高坝，河谷较窄，两岸地形陡峻，施工导流采用一次拦断河床，两岸隧洞泄水的导流方案。由坝后式发电厂房上下游全年横向围堰挡水，枯水期左右岸导流隧洞泄水，汛期左右岸导流洞与泄洪洞泄水。在导流洞封堵时，修建拦河大坝坝体和发电厂房上游拦河大坝下闸挡水，泄洪洞与排砂洞泄水，控制水流。

导流建筑物选择：导流挡水建筑物上游为横向全年混凝土拱形围堰，下游为全年横向土石围堰。泄水建筑物为左右岸导流隧洞。

（2）坝后式发电厂房布置在河道岸边施工导流。在河谷较宽的河道上为满足泄洪、通航等要求，一般是将坝后式发电厂房布置在靠岸边的河道上，施工导流一般都为分期导流。丹江口坝后式发电厂房就是布置在河道岸边的，见图 5-10，施工导流采用分期导流，其导流方案和导流建筑物选择如下。

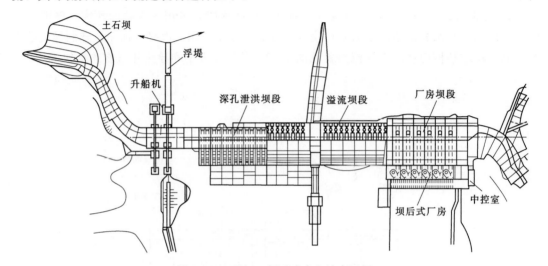

图 5-10 丹江口坝后式水电站布置图

1）导流方案选择。丹江口水电站坝后式发电厂房布置在河道宽阔的汉江上，拦河大坝为混凝土高坝，坝后式发电厂房布置靠左岸岸边。为满足泄洪与通航的要求，水电站工程采用二期施工导流，第一期进行右岸溢流坝和深孔泄水闸施工，由上下游横向围堰和河道中纵向围堰挡水，束窄河床泄水。二期进行发电厂房坝段和纵向围堰左侧溢流坝段施工，由上下游全年横向围堰和上下游纵向围堰挡水，已建右岸大坝坝体设置的导流底孔和坝体预留缺口泄水。

2）导流建筑物选择。一期导流挡水建筑物为右岸上下游横向和左侧纵向土石围堰。泄水建筑物为束窄河床。二期挡水建筑物为一期修建的泄洪、溢流坝段的坝体与左岸上下游横向土石围堰和右侧混凝土纵向围堰。泄水建筑物为一期修建的泄洪、溢流坝段的坝体内所设 12 个导流底孔和继续施工的拦河大坝坝体预留的缺口。

5.5.2 河床式发电厂房

河床式发电厂房为低水头电站，一般布置在低水头混凝土拦河闸坝靠河道岸的一边。为满足泄洪与通航的要求，河床式发电厂房施工导流一般采用分期导流方案。发电厂房施工分期导流方案中在发电厂房上部结构未建时，分为是否利用未建成的发电厂房下部结构进行泄水的两种情况，也就是发电厂房坝段是否参与泄水的分期导流。分期导流中，发电厂房参与泄水的导流方式即为厂房导流。

（1）发电厂房不参与泄水的分期导流。发电厂房不参与泄水的分期施工导流，就是在

180

分期导流的全年上下游横向围堰和河道中设置的纵向全年围堰的围护下进行发电厂房施工，河水从束窄河床下泄。发电厂房可在分期导流的一期、或二期进行施工，也可利用后期泄水建筑物坝段施工时的施工围堰挡水，使已施工的坝后式发电厂房提前发电。我国大部分河床式发电厂房都采用这种导流方案。如葛洲坝水利枢纽二江发电厂房在一期施工时，利用二期大江围堰挡水提前发电。石虎塘水电站灯泡贯流式机组的河床式发电厂房在一期施工时，利用二期泄水闸施工挡水围堰提前发电。

（2）发电厂房导流。发电厂房导流为利用未建成的发电厂房机组段、尾水管等泄水的导流方式，一般用于低水头河床式发电厂房。20世纪80年代以前，施工的七里垅、西津、大化、沙溪口等河床式发电厂房都曾采用这种导流方式。

1）发电厂房未建成期间可进行导流泄水。

A. 通过发电厂房底部的泄水管（泄水孔）或蜗壳尾水管导流的方式，如西津、大化等水电站。此类孔口流量系数小，流态不稳定，常有振动、气蚀等问题。

B. 发电厂房设置导流闸孔的方式，即将尾水管加盖封闭，形成闸孔泄流，如七里垅、沙溪口水电站。此类形式泄流能力大，但封孔后发电厂房遗留工程量较大，影响机组安装。

C. 利用发电厂房永久泄洪、排砂道导流。此类形式国外使用较多，如阿斯旺水电站。该类导流形式使发电厂房遗留工程量较少，不影响机组安装。

2）国内河床式发电厂房导流。

A. 七里垅水电站发电厂房导流。七里垅水电站为在国内建设河床式水电站采用厂房导流最早的。该水电站枢纽主要建筑物有左岸6台机组（后第6台机组改为安装间）、17孔溢流坝居中、右岸中水头船闸1座，鱼道设在厂坝之间的导墙上。

导流方案选择：采用二期导流，第一期先围左岸发电厂房和2孔溢流坝，要求全年连续施工，以争取利用围堰蓄水提前发电；另一侧河床作导流和施工期通航之用。二期截流后将4～6号机组改成为导流闸孔导流。

发电厂房导流方式选择：七里垅水电站起初考虑采用发电厂房底部泄水管泄水的形式，后因施工中钢筋奇缺，只好取消泄水管。为解决导流的出路，采取了利用4～6号机组设置导流闸孔的方式，其平面布置及剖面见图5-11。

工程实践证明，采用发电厂房设置导流闸孔形式的发电厂房导流，不仅解决了七里垅水电站的导流难题，还可兼作利用二期围堰提前发电的泄洪闸之用，是成功的实例，值得借鉴。

B. 西津水电站发电厂房导流。西津水电站位于广西郁江上，枢纽布置左岸有4台机组厂房，17孔溢流坝居右岸，并在右岸台地上布置船闸1座。

导流方案：发电厂房施工分二期导流，一期先围左岸，修建厂房及7孔溢流坝；二期围右岸10孔溢流坝。

发电厂房导流方式：采用发电厂房导流闸与2号蜗壳尾水管联合宣泄的形式。

导流标准：采用先建低水围堰，再建高水围堰，发电厂房全年连续施工的导流方案。其设计流量为全年10年一遇流量15700m³/s，施工中没有出现大洪水。

该工程厂房导流方式借鉴了七里垅水电站工程实践经验，采用发电厂房导流闸与蜗壳

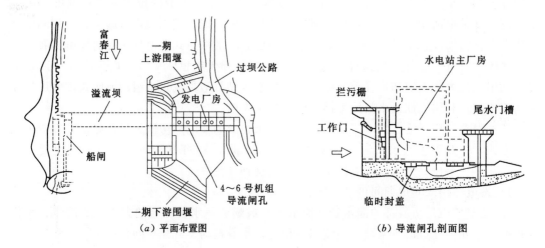

（a）平面布置图   （b）导流闸孔剖面图

图 5-11　七里垅水电站厂房导流平面布置及剖面图

尾水管联合泄流的形式，也是成功的。

C. 大化水电站发电厂房导流。大化水电站发电厂房为红水河开发的第一期工程，水电站发电厂房布置在右岸台地上，装机 4 台，13 孔溢流坝位于其左岸，并在右岸坡上布置升船机与航道。

导流方案：该工程分二期导流，一期建右岸发电厂房围堰，采用混凝土重力式。

围堰挡水标准：该工程 1975 年 10 月开工时采用较低标准的挡水流量为 8800m³/s，过了 4 年汛期，结果每年都淹没基坑，给工程带来影响，不仅因清淤损失了 16 个月工期，而且因汛期导致停工也很长。

导流方式选择：由于工期延误，最后确定取消导流底孔而采用通过蜗壳尾水管泄流形式的发电厂房导流方式，4 台机组宣泄枯水期（12 月 1 日至次年 4 月 15 日）20 年一遇流量为 2350m³/s。

导流布置：大化水电站发电厂房导流平面布置及剖面图见图 5-12。

D. 沙溪口水电站发电厂房导流。沙溪口水电站位于闽江上游西溪支流上，水电站枢纽由拦河（闸）坝、河床式发电厂房及通航建筑物等组成。溢流坝位于河床中间偏左岸，发电厂房位于右岸，船闸设于左岸主河槽中。1987 年 12 月第 1 台机组投产发电。

导流方案选择：施工导流采用分期导流方案，并利用二期围堰发电。

导流分期与导流标准：分二期导流，一期先围右岸发电厂房及 10 孔溢流坝，二期围左岸。一期围堰原设计标准为全年挡水，按全年 10 年一遇，洪水流量为 13900m³/s 设计，施工中改为过水围堰，采用混凝土重力式。二期上下游围堰采用挡水围堰，标准分别按全年 50 年一遇和 20 年一遇，洪水流量分别为 18500m³/s 和 15900m³/s。枯水期河水由 3 号、4 号机组导流闸孔与坝段预留缺口宣泄；汛期关闭厂房导流闸孔，洪水全部由已建坝体下泄。

3）河床式发电厂房导流基本经验。根据以上几个工程的实践，对河床式电站采用发电厂房导流的基本经验归纳如下。

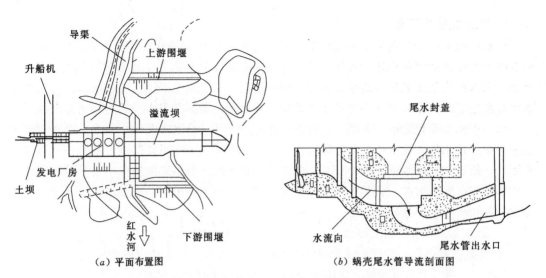

（a）平面布置图　　　　　（b）蜗壳尾水管导流剖面图

图5-12　大化水电站厂房导流平面布置及剖面图

A. 利用发电厂房导流时，应考虑到初期发电的要求，不宜全部机组用来导流，可预留1～2台机组不参加导流，有必要时可允许其中1台的蜗壳尾水管参加截流泄水。

B. 尽量增大单宽泄流能力，以降低围堰高度或减少导流闸孔的数量，并注意改善过流流态以及避免引起振动与气蚀现象。

C. 当导流孔口封闭后，必须另有泄洪途径，以免造成施工被动。

D. 对于发电厂房结构较复杂的工程，围堰设计标准不宜低于全年5年一遇流量，以便发电厂房顺利施工。

E. 水电站枢纽布置从施工导流角度来看，宜采用混合式发电厂房，即可在每台发电厂房底部增设泄水孔，初期供导流与截流时泄水之用，后期可用它来排砂与泄水。

F. 发电厂房导流水力学条件较复杂，有必要进行水工模型试验，找出有关问题及相应解决措施。

国内几个河床式发电厂房导流实例见表5-7。

表5-7　　　　　　　　　　国内几个河床式发电厂房导流实例表

序号	工程名称	厂房导流的形式	泄流能力 /(m³/s)	发电厂房围堰设计标准	
				频率（全年）/%	流量/(m³/s)
1	七里垅	4～6号机组闸孔导流	6000	5	18400
2	西津	3号、4号机组导流闸与 2号尾水管导流		10	18400
3	大化	1～4号机组尾水管导流	2350	<50	8800
4	沙溪口	3号、4号机组闸孔导流	4380	2	18500

注　1. 七里垅水电站最终改为5台机组、6号发电厂房改为第二安装间。

　　　2. 沙溪口水电站发电厂房围堰施工中改过混凝土过水围堰，标准较低。

　　　3. 大化水电站发电厂房围堰标准低，过水次数频率，影响厂房施工，以致该围堰度过了4个汛期。

5.5.3 引水式发电厂房

引水式发电厂施工受河道水流影响的部位主要是引水首部枢纽和拦河混凝土闸坝或拦河混凝土大坝下游河道岸边的发电厂房。这些都在河道岸边施工，施工期间需要进行施工导流。引水压力管道或压力隧洞布置在山体内，施工一般不受河道水流影响，仅当汛期上游水流超过进水口地板时才会受到水流影响，需要在汛期做好进水口闸门封堵的准备。

（1）引水首部枢纽施工导流。引水首部枢纽分为高、低水头两种。低水头引水首部枢纽主要布置进水闸和泄水闸，为混凝土闸坝。高水头首部枢纽主要是进水闸，在岸边单独布置，一般不与拦河混凝土高坝相连。岷江河上游支流上引水式电站基本上都是采用低水头首部枢纽的布置方式。锦潭河一级水电站，拦河大坝为高拱坝，水电站为引水式，首部枢纽单独布置在大坝左岸山体上。

1）低水头首部枢纽施工导流。

A. 导流方案选择。为控制首部枢纽上游水位，低水头首部枢纽一般采用分二期施工导流方案。一期采用上下游横向围堰和河道中纵向围堰挡水，进行首部进水闸、进水口、泄水闸施工，河水从束窄河床下泄。二期采用上下游横向围堰挡水，进行其他闸坝施工，河水从修建的泄水闸下泄。

B. 导流建筑物选择，挡水建筑物一般采用土石围堰，黏土防渗。泄水建筑物一期采用束窄河床泄水，二期采用泄水闸泄水。

2）高水头枢纽施工导流。

A. 导流方案选择。由于首部枢纽在拦河大坝上游围堰围护范围内，不受河道水流影响，不需再单独选择施工导流方案。但在中后期汛期施工、由拦河大坝挡水时，水位上涨会超过进水口，应完成进水口下闸挡水施工，以防止上游水流进引水洞，流到下游发电厂房造成重大灾害。

B. 导流建筑物选择。挡水建筑物为拦河大坝上游围堰，泄水建筑物为拦河大坝施工导流所设泄水建筑物。

（2）发电厂房施工导流。

1）导流方案选择。大坝下游河道岸边发电厂房施工导流不需要拦断河道，只是用围堰将河道岸边围护起来进行施工。为满足发电厂房尾水渠结构布置要求，需要将河道束窄。施工导流一般采用岸边上下游横向和顺水流方向纵向围堰挡水，河水由束窄河道下泄。

2）导流标准选择。

A. 大坝下游河道岸边发电厂房施工导流标准。按照发电厂房建筑物的等级选择导流洪水标准。大坝下游河道岸边发电厂房为全年施工，围堰采用全年挡水洪水标准。

B. 大坝下游河道岸边发电厂房施工挡水围堰拆除时段导流标准。当岸边发电厂房具备挡水或发电条件时，可以进行围堰拆除施工，围堰拆除时间一般选在枯水期，洪水标准可选择枯水期洪水标准。

3）导流建筑物选择。大坝下游河道岸边发电厂房施工导流建筑物，就是在河床一侧修建上下游横向围堰和一侧纵向围堰的挡水建筑物，将岸边发电厂房围护起来，河水由束窄河床下泄。为满足发电厂房全年施工的要求，采用全年挡水围堰，河道水面较宽的挡水围堰可采用土石围堰，黏土心墙防渗。河道水面较窄的挡水围堰，水流冲刷严重，挡水围堰可采用混凝土围堰或浆砌石围堰。

4）导流程序。大坝下游河道岸边发电厂房施工导流是在枯水期修筑上下游横向和河道一侧纵向围堰，并将岸边发电厂房围护起来进行发电厂房施工的。由围堰挡水，河水由束窄河床下泄。当岸边发电厂房具备挡水或发电条件时，开始进行围堰拆除施工，由发电厂房尾水闸门挡水，河水继续由束窄河床下泄。

大坝下游河道岸边发电厂房施工导流围堰布置的工程实例见图 5-13。

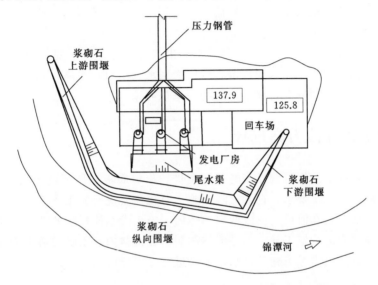

图 5-13　锦潭水电站岸边发电厂房施工围堰布置图

5.5.4　地下发电厂房

地下发电厂房施工受河道水流影响的部位主要是厂房进水口和尾水出口。它们都是在河道岸边施工，施工期间需要进行施工导流。地下发电厂房布置在山体内，一般不受河道水流影响，只是在拦河大坝中后期施工导流中，当上游水流超过进水口地板时才会受到水流影响，因此需要在汛期和导流洞封堵时完成进水口闸门封堵准备。

（1）进水口施工导流。由于地下发电厂房进水口在拦河大坝上游围堰围护范围内，不受河道水流影响，不需再单独选择施工导流方案。但在中后期导流汛期施工，由拦河大坝挡水时，水位上涨会超过进水口，应完成进水口下闸挡水施工，以防止上游水流进引水洞，再流到下游发电厂房，造成重大灾害。

（2）尾水洞出口施工导流，尾水洞出口导流分为短洞和长洞两种情况。短洞如龚嘴水电站右岸地下厂房、刘家峡水电站右岸地下发电厂房。长洞如渔子溪一级水电站地下发电厂房、鲁布革水电站地下发电厂房、二滩水电站地下发电厂房、大岗山水电站、猴子岩水电站左岸地下厂房等。

1）尾水短洞出口施工导流。

A. 导流方案选择。尾水短洞出口一般在大坝下游围堰内，不受河道水流影响，不需再单独选择施工导流方案。但在大坝下游围堰拆除时，应提前完成尾水出口闸门或发电机组活动导叶安装工作，以防止下游河水进入尾水洞淹没发电机组设施，造成损失。

B. 导流建筑物。尾水洞出口施工时的挡水建筑物为拦河大坝下游围堰，拦河大坝下游围堰拆除时挡水建筑物为尾水闸门或发电机组活动导叶，泄水建筑物为拦河大坝下游原河道。

2）尾水长洞出口施工导流。

A. 导流方案选择。地下发电厂房尾水洞出口施工导流不需要拦断河道，只是用围堰或预留岩坎挡水，将河道岸边围护起来进行尾水洞出口施工。为满足发电厂房尾水渠结构布置的要求，需要将河道束窄。施工导流一般采用岸边上下游横向和顺水流方向纵向围堰挡水，河水由束窄河道下泄。

B. 导流建筑物选择。地下发电厂房尾水洞出口施工导流挡水建筑物，一般采用全年上下游横向和纵向围堰挡水或采用预留岩坎作为尾水洞出口挡水体，预留岩坎以上用土石围堰加高至全年施工围堰标准，泄水建筑物为束窄河床。

5.6 隧洞工程导流方案选择

水利水电工程施工采用隧洞导流时，隧洞进、出口底板在原河道水面以下影响施工，为满足导流隧洞干地施工要求，在导流隧洞施工时也需要进行施工导流。

导流隧洞一般布置在河道一岸或两岸山体内，施工受水流影响的部位主要在导流洞进出口，施工期间需要进行施工导流。导流隧洞洞身在山体内，不受河道水流直接影响，但受到河流渗流影响，只需考虑施工排水，不需进行施工导流。

5.6.1 隧洞进水口导流

导流隧洞进水口布置在拦河大坝上游围堰外河道岸边，进行施工导流的时段分为：①隧洞进水口和洞身段施工时段；②导流隧洞具备过水条件时，进水口围堰拆除施工时段；③当大坝具备蓄水条件时，隧洞进水口和坝体段隧洞混凝土封堵时段。

（1）施工导流方案选择。隧洞进水口施工导流方案由隧洞进水口和洞身段施工时段、隧洞过水口外挡水围堰拆除时段、隧洞进水口封堵时段 3 个导流时段选择的导流方式组合而成。

1）隧洞进水口和洞身段施工时段导流方式。当隧洞进水口施工部位在岸边，进行施工导流时不需要拦断上游河道，只需用围堰将隧洞进水口岸坡的施工范围围护起来。为满足隧洞进水口结构布置和施工要求，需束窄较少部分河道。施工导流主要采用岸边顺水流方向修建挡水围堰挡水，河水由原河道下泄的方式。

2）隧洞进水口外挡水围堰拆除施工时段导流方式。当隧洞具备过水条件时，需要将进水口挡水围堰全部拆除，所采用的施工导流方式是用导流进水口设置的闸门将隧洞进水口封堵起来，由隧洞进水口钢闸门挡水，河水由原河道下泄。在进水口封堵后，开始进行进水口土石围堰和预留岩坎围堰或混凝土围堰的拆除施工，围堰拆除完成后，再将隧洞进水口闸门提起，由大坝上游围堰挡水，隧洞开始过水。

3）隧洞进水口封堵时段导流方式。当大坝具备蓄水条件时，需要将隧洞进水口和坝体下部的隧洞段封堵起来。所采用的施工导流方式是用导流进水口设置的闸门先将隧洞进水口封堵起来，然后用混凝土将坝体下部山体内的隧洞洞身段封堵起来。由拦河大坝坝体、隧洞进水口钢闸门等挡水建筑物挡水，河水由坝体泄水建筑物下泄。

（2）导流标准选择。

1）隧洞进水口和洞身段施工导流时段导流标准。隧洞进水口和洞身段施工导流时段导流标准应根据隧洞围堰建筑物等级和施工时间进行选择。在一个枯水期能够完成进水口施工时，选择枯水期洪水标准。超过一个枯水期施工时间时，选择全年洪水标准。

2）隧洞进水口挡水围堰拆除时段导流标准。隧洞进水口围堰拆除是在拦河大坝上游围堰戗堤填筑截流前进行围堰拆除施工，洪水标准应按照拦河大坝上游围堰截流时的洪水标准来选择。

3）进水口闸孔封堵导流施工时段导流标准。隧洞进水口闸孔封堵是在拦河大坝具备挡水条件时开始施工，施工时间一般都在枯水期，封堵导流洪水标准可选择枯水期洪水标准。隧洞洞身段混凝土封堵是在导流隧洞进水口封堵后开始施工，施工时间较长，拦蓄水位高，导流标准应选择大坝蓄水时选择的洪水标准。

（3）导流建筑物结构选择。小型水利枢纽工程导流隧洞进水口施工导流挡水建筑物为土石围堰。大中型水利枢纽工程导流隧洞进水口挡水围堰布置分为土石围堰、下部预留岩坎上部土石围堰、下部预留岩坎上部混凝土围堰和混凝土围堰4种。土石围堰防渗体采用黏土心墙。泄水建筑物为原河床。乌东德水电站左岸导流隧洞进水口施工导流围堰平面布置及剖面见图5-14。

（4）施工导流程序。导流隧洞是在水利枢纽工程拦河大坝施工前修建完成的，并且具备过水条件，进水口的施工导流程序分为3个阶段完成。

1）首先进行导流隧洞进水口外围堰的填筑施工，在进水口围堰内进行隧洞进水口和隧洞洞身段结构施工。由隧洞进水口围堰挡水，河水由原河道过流。

2）当导流隧洞具备过水条件，拦河大坝上下游围堰填筑截流前，拆除进水口挡水围堰，由拦河大坝上下游围堰挡水，河水由隧洞下泄。在大坝围堰基坑内进行大坝结构施工。

3）当水利枢纽工程具备下闸蓄水条件时，进行导流隧洞进水口和洞身段封堵。由拦河大坝、隧洞进水口钢闸门挡水，河水由坝体泄水建筑物下泄。

5.6.2 隧洞出水口导流方案选择

导流隧洞出水口布置在拦河大坝下游围堰外河道岸边，施工导流主要包括隧洞出水口围堰施工、隧洞出水口外围堰拆除和隧洞封堵3个阶段，或称3个导流时段。

（1）施工导流方案选择。隧洞出水口施工导流方案由隧洞出水口围堰施工时段，隧洞出水口外围堰拆除时段，隧洞封堵3个导流时段选择的导流方式组合而成。

1）隧洞导流时段导流方式。当隧洞出水口施工部位在岸边，进行施工导流时不需要拦断上游河道，只需用围堰将隧洞出水口岸坡施工范围围护起来。为满足隧洞出水口结构布置和施工要求，需束窄较少部分河道。施工导流主要采用岸边顺水流方向修建挡水围堰挡水的方式，河水由原河道下泄。

2）隧洞出水口外围堰拆除时段导流方式。当隧洞具备过水条件，大坝围堰截流施工前，需要将出水口挡水围堰全部拆除。出水口围堰拆除分为导流隧洞底板高于原河床枯水

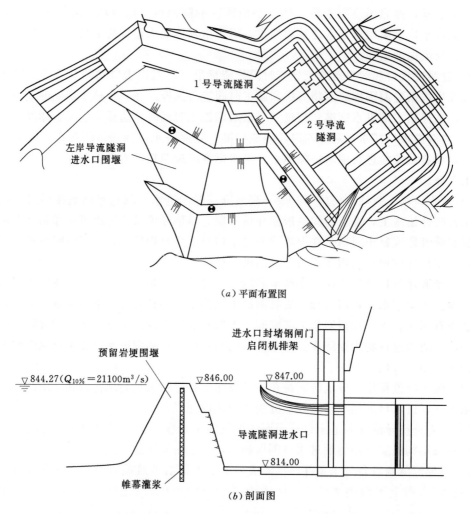

（a）平面布置图

（b）剖面图

图 5-14　乌东德水电站左岸导流隧洞进水口施工围堰平面布置及剖面图

期河道水面和低于枯水期水面两种情况。

A. 导流隧洞出水口底板高于原河床枯水期河道水面的导流隧洞围堰拆除时段导流方式。导流隧洞出水口底板高于枯水期河道水面，导流隧洞出水口外围堰拆除后河水不会进入隧洞而影响出水口下闸施工。出水口围堰拆除时由岸坡山体挡水，河水由原河道过流。

B. 出水口底板低于原河床水面的导流洞围堰拆除时段导流方式。导流隧洞出水口底板低于河道枯水期水面，在导流隧洞出水口外围堰拆除时，河水不会进入隧洞而影响进水口下闸施工。采用的施工导流方式是，当导流隧洞进水口设置的闸门将隧洞进水口封堵起来后，开始进行出水口土石围堰的拆除施工，由隧洞进水口钢闸门挡水，河水由原河道下泄。当出水口围堰拆除完成、隧洞进水口闸门提起后，由大坝上游围堰挡水，隧洞开始过水。

3）隧洞封堵时段导流方式。当大坝具备蓄水条件时，需要将隧洞进水口和坝体下部山体内的隧洞段封堵起来。在导流隧洞出水口底板低于原河床枯水期水面的导流洞进行坝体段下部山体内隧洞段混凝土的封堵施工时，隧洞外的河水会进入洞内影响混凝土施工。

采用的施工导流方式是：当进水口封堵后，在导流隧洞出口填筑挡水围堰，将出水洞口拦断，使洞内形成干地施工条件进行洞身段混凝土封堵施工。由拦河大坝、隧洞进水口钢闸门挡水，河水由坝体泄水建筑物下泄。

当导流隧洞出口水位较深，填筑挡水围堰后洞出口交通不能满足混凝土封堵施工要求时，可考虑利用导流隧洞施工期间的施工支洞或其他支洞作为洞身段封堵施工道路，解决施工交通问题。大岗山水电站右岸导流隧洞洞身段混凝土封堵施工时，由于出水口很深，现场施工布置条件有限，采用沉箱式自密实混凝土挡水围堰挡水时，围堰形成后，洞口剩余断面较小，无法作为交通道路。利用导流隧洞施工支洞作为导流隧洞洞身段混凝土封堵的施工道路，使得洞身段混凝土施工顺利实施。

（2）导流标准选择。导流隧洞出水口与导流隧洞进水口同属一个工程项目，施工导流时段相同，导流隧洞出水口施工导流标准选择与进口段选择导流标准相同。

（3）导流建筑物选择。隧洞出水口施工导流挡水建筑物为土石围堰，泄水建筑物为原河道。

（4）导流建筑物结构选择。小型水利枢纽工程导流隧洞进水口施工导流挡水建筑物为土石围堰。大中型水利枢纽工程导流隧洞进水口挡水围堰布置分为土石围堰、下部预留岩坎上部土石围堰、下部预留岩坎上部混凝土围堰和混凝土围堰4种。土石围堰防渗体采用黏土心墙。泄水建筑物为原河床。乌东德水电站左岸导流隧洞出水口施工导流围堰平面布置及剖面见图5-15。

（5）施工导流程序。导流隧洞在水利枢纽工程拦河大坝施工前修建完成，且具备过水条件。出水口施工导流程序分为3个阶段完成。

1）首先进行导流隧洞出水口外围堰填筑施工，在出水口围堰内进行隧洞出水口和隧洞洞身段结构施工。由隧洞出水口围堰挡水，河水由原河道过流。

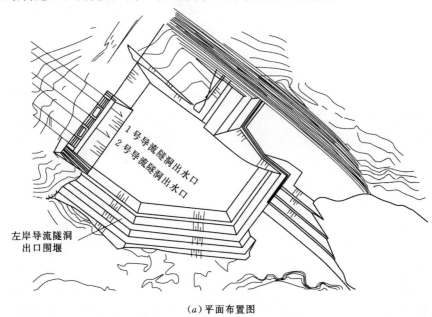

（a）平面布置图

图5-15（一）　乌东德水电站左岸导流隧洞出水口施工导流围堰平面布置及剖面图

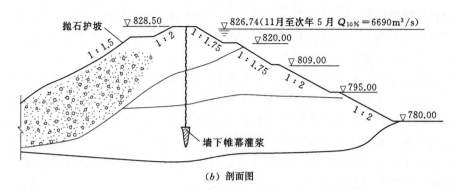

（b）剖面图

图 5-15（二）　乌东德水电站左岸导流隧洞出水口施工导流围堰平面布置及剖面图

2）当导流隧洞具备过水条件，拦河大坝上下游围堰填筑截流前，拆除出水口挡水围堰，由拦河大坝上下游围堰挡水，河水由隧洞下泄。在大坝围堰基坑内进行大坝结构施工。出水口围堰拆除前，在有导流隧洞洞身段封堵施工项目的隧道工程中，当出水口低于原河床的隧洞时，应在围堰拆除前完成出水口临时挡水设施的混凝土施工与埋件安装。

3）当枢纽工程具备下闸蓄水条件时，进行导流隧洞进水口和洞身段封堵。由拦河大坝、隧洞进水口钢闸门挡水，河水由坝体泄水建筑物下泄。

6 施 工 导 流 实 施

水利水电工程施工导流实施主要是指由施工单位按照工程设计、工程施工导流设计、工程施工组织设计和枢纽工程建设施工要求等组织完成的一项临时性工程项目施工全过程。

施工导流虽然是临时性工程项目，但却贯穿工程施工准备期、主体工程施工期、工程完建期的全过程。各阶段施工导流项目一般都处在工程施工总进度中关键线路上的控制节点上，是控制施工进度计划的关键项目。国内外水利水电工程施工经验都充分证明，若施工导流项目进度按期完成，则必然带动其他工程按期甚至提前完成；若导流工程项目未能按期完成，也必然影响其他工程项目导致其不能按期完成，其影响进度的时间都在一年左右，甚至更长时间。因此在水利水电工程项目施工中，应该高度重视施工导流实施的重要性和影响范围。

施工导流实施主要包括施工导流方案的编制、施工导流实施组织、施工导流先进技术运用、下闸蓄水及闸孔封堵施工、施工导流实施过程中可能遇到的技术问题和解决措施等内容。

6.1　施工导流方案的编制

在水利水电工程施工中，一般在总的施工组织设计中需要编制一个总的施工导流方案，以满足施工总进度要求，保证后续土石方开挖、混凝土浇筑等施工项目能正常施工。为保证工程关键项目节点能按期完成和保证工程的施工度汛安全，在各时段具体实施前还要编制单项施工导流方案。

施工导流方案是整个工程施工导流实施的重要依据，也是关系到整个水利水电枢纽工程能否正常进行的综合性重要施工方案，需要组织相关专业和部门共同参与，通过综合分析、研究、比较后进行编写。大中型水利工程施工导流方案编制后还需要通过模型试验进行验证，对所编制的施工导流方案进行核验、调整与修改，施工导流方案编制后还需办理审批手续。

导流施工方案编制的主要内容包括：工程概述，地形、地质水文、气象、枢纽布置及施工条件，施工资料收集整理与分析，导流时段选择，导流工程等级划分，施工导流方式，导流标准选择，各时段的导流设计流量，导流工程施工总布置，导流建筑物设计，导流程序，各时段导流建筑物施工方法，拦洪度汛和基坑排水方法，施工导流进度计划，施工导流施工主要机械设备、物资、人力资源配置，施工导流中各种保证措施等内容。

6.1.1　编制原则

在施工导流方案编制中，为使所编制的施工导流方案满足枢纽工程施工要求，达到技术上可行、实施中安全可靠、经济上合理等要求，需要制定编制原则，明确施工导流方案编制要求、应执行的国家与行业标准、需要协调解决施工导流工程建筑物与水利枢纽工程建筑物施工和与河道航运、供水等水资源利用的问题。施工导流方案编制基本原则如下。

（1）满足水利枢纽工程建设项目的设计和施工要求。

（2）执行国家和行业现行标准规定。

（3）应根据地形地质条件、水文气象特性、枢纽布置、航运、供水及施工条件等因素综合比较后选择各阶段和时段施工导流方式。

（4）施工导流各阶段洪水设计标准的选择。在主体工程施工期，要有一定的安全性，同时又要经济合理。

（5）施工导流程序应与工程项目主体工程的总体施工程序保持一致，各阶段与时段施工导流方式组合应能合理衔接。

（6）导流工程各阶段或各时段的施工进度安排应满足施工总进度控制节点的要求。

（7）应尽量采用新技术、新工艺、新材料、新设备进行导流建筑物的施工。

（8）应按施工导流的施工方案进行各项资源配置，做到可行、可靠。

（9）施工导流所采用的质量、安全、环保等措施有效。

以上施工导流方案编制原则为在工程施工中总结出的基本原则，在工程建设施工应用时，需要根据水利工程建设的实际情况，编制具体的施工导流方案的制定原则，用于指导水利枢纽工程施工导流方案的编写。

6.1.2　编写程序

施工导流方案是一个贯穿水利枢纽工程施工全过程，进行水流控制的综合性方案。它的内容多、要求高，需要按一定的程序进行编写。施工导流方案编写程序就是明确施工导流方案编写内容的先后顺序和施工导流各部分内容的逻辑关系。可按以下程序编写：

收集整理施工导流基本资料→施工导流建筑物等级划分→施工导流阶段与时段划分→选择导流方式→选择施工导流标准→进行施工导流建筑物结构和施工布置→制定总体施工导流程序→进行施工导流工程建筑物结构设计→编制施工导流进度计划→进行资源配置→制定施工导流中技术、质量、安全、环境保护、资源等各种保证措施。

6.1.3　编写方法

（1）收集整理施工导流基本资料。基本资料是编制施工导流标准和方案的基础，除有关地形、地质、水文气象及水工设计方面的图纸资料以外，尚需获得工程所在地区的自然条件、施工条件、技术及劳动力情况、社会经济资料及国民经济各部门对施工期防汛、灌溉、航运、给水、放木等要求的资料。取得资料的方法是调查研究、现场踏勘和模型试验。资料收集的深度和广度，应根据工程实际情况进行选择，以满足各个阶段的施工导流要求。

1）水文、气象资料。在编制施工导流方案前，详细研究水文、气象资料是关键的一环。因为一个完整的导流方案，必须考虑到在整个施工过程中，逐年洪水期怎么导流、枯水期怎么导流，并且还要具体确定各导流时期各泄水建筑物过水的尺寸及高程，而这些任务的解决，都与水文、气象资料密切相连。

在我国北方，冬季导流时期还要考虑流冰问题。如果冰凌堵塞了导流孔洞，不仅影响到导流的宣泄能力，而且由于上游水位壅高，会威胁到非过水土石围堰的安全，导致泄水建筑物的过流条件恶化。

施工导流水文、气象资料内容如下：

A. 坝址附近的气温、河道水温、地面温度、风速、风向、雾霾资料等。

B. 坝址附近的历年、分月、多年平均降雨量；历年最大暴雨强度，小时暴雨强度、天最大暴雨强度，最大一次暴雨发生时间及历时长短；历年雨日统计资料。

C. 坝址历年逐日平均流量，历年逐月最大、最小及平均流量，枯水期逐旬最大、最小及平均流量；洪、枯流量时，坝址河段上、下游水面坡降；坝址典型年（丰水年、中水年、枯水年）的月平均流量；坝址全年、各施工时段，逐月瞬时最大流量 0.2%、0.5%、1%、2%、5%、10%、20%、50%频率分析值（包括洪量）；坝址逐月平均流量 0.2%、0.5%、1%、2%、5%、10%、20%、50%、75%、85%、95%频率分析值；坝址枯水期逐旬最大日平均流量 1%、2%、5%、10%、20%、50%、75%、85%频率分析值；全年及选定施工时段 0.2%、0.5%、1%、2%、5%、10%、20%频率洪峰流量过程线；施工区支沟各种频率洪水；考虑上下游梯级水库影响的水文资料。

D. 坝址水位-流量关系曲线，洪、枯水位变幅资料；导流泄水建筑物出口水位-流量关系曲线。

E. 水库水位-库容曲线。

F. 天然河床糙率资料。

G. 坝址河道泥沙资料。

H. 坝址河道冬季流水、结冰、封河、融冰开河日期等冰情资料。

I. 施工期间的气象预报资料。

J. 施工期间的水情预报资料。

上述所有资料，除由水文专业人员供给外，施工导流设计人员应当弄清原始资料的由来，参与研究资料的处理情况及可靠程度，不满足要求者要替换或补充。

2）坝址地形、地质、水文地质资料。施工地区内、外河床及两岸的地形、地质条件，对选择施工导流方案、组织交通运输、布置导流建筑物、安排基坑抽水等均有很密切的关系。三门峡水电站工程的施工导流，就曾巧妙地利用了黄河激流中的人门岛、神门岛及其他石岛来布置第一期围堰。葛洲坝水利枢纽工程，也是利用大江与二江之间的葛洲坝岛作为第一期施工的天然纵向围堰。三峡水利枢纽工程利用江中的中堡岛布置纵向围堰，先围右河床开挖导流明渠。为了更好解决施工导流问题，不仅要研究枢纽建筑物处的地形、地质特性，还必须重视围堰轴线处的覆盖层特性。导流临时建筑物常常不全部布置在岩基上，主要是直接布置在河床覆盖层上，这就要求覆盖层的深度、颗粒组成、力学特性、抗冲能力、渗透特性、压缩特性、灌浆特性、爆破开挖特性等都需要有详细的基础资料。

A. 坝址及导流建筑物范围地形图和地质图。

B. 坝址及导流建筑物范围内覆盖层的分布、层次、厚度及其物质组成，覆盖层各层次的渗透系数、允许渗透比降和承载力、变形模量、压缩系数、强度等各种物理力学性质参数，各层次的渗透稳定性和抗冲刷能力；岩体的岩层产状及地应力状况，断层、节理、软弱夹层、岩溶的分布和特征，风化带、卸荷带的厚度及其特性，岩体工程地质分类及其完整性，各类岩体的承载力、变形模量、弹性模量、单位弹性抗力系数、坚固系数、泊松比、强度等物理力学性质参数，各类岩体的抗冲刷能力；可利用建筑物基础、建议的开挖坡度和岸坡的稳定性评价等。

C. 导流建筑物范围内水文地质条件、地下水位埋深、集中渗漏通道分布等。

D. 工程区附近建筑材料（防渗土料、块石料及砂砾石料等）储量、物理力学指标及开采运输条件等资料。

3）施工期通航、工农业与生活用水资料。在有航运要求的河流中组织施工导流是比较复杂的，如果开工后的第一期工程包括船闸的修建，则在船闸修建的过程中，通航问题就要在第一期基坑范围外的被束窄后的河床范围内来解决。因此，剩余河床的水流条件，无论在流速方面，还是在水面坡降方面，都要满足通航的要求。这就要求必须掌握通航季节、船舶吨位、吃水深度、船舶编队型式、尺寸、数量及运行组织情况、引航允许流速、坡降等，以便使剩余河床的水流参数尽量满足航运的要求，否则就要考虑装设助航措施。在截流施工期，要研究是否能做到不断航。如果截流后需要启用新的船闸通航，新船闸能够投入运用的主要条件之一，是吃水深度应满足通航要求。若不能满足这一条件，截流时就得断航，或采用其他临时措施，有时需要等待数日或数月之久。因此，截流前后的断航期间，通航问题如何解决，必须有妥善的措施。

同样，工农业用水及城市给水，也必须在施工导流的全过程中妥善处理。不仅在施工导流前期，如布置导流泄水建筑物的尺寸及高程时，要全面照顾这些用水部门的要求，而且在导流后期，进行临时泄水孔洞的封堵，以满足蓄水发电等要求的同时，也必须兼顾下游通航水位及各用水部门的要求。所以在导流设计中，也要掌握工农业用水及生活用水的要求，了解需要的供水量及年内各季各月的分配量，据此设计泄水建筑物的尺寸、高程及封堵这些临时孔洞的顺序及时间安排。

4）枢纽永久建筑物布置、设计资料等规划设计及导流科学试验资料。枢纽总体布置及永久建筑物的构造与施工导流方案是互为影响的。在决定枢纽布置及建筑物构造时，必须考虑导流方案，而在拟定导流方案时，又必须充分利用枢纽布置及建筑物构造方面的特点。例如，当枢纽建筑物中有永久性泄水建筑物（如隧洞、渠道、底孔等）时，在选择导流方案时，就应该尽可能利用这些泄水建筑物导流；而在设计永久泄水建筑物结构型式、断面尺寸及确定其布置高程时，又需要考虑施工导流的要求。就建筑物结构型式来说，土石坝一般不允许从坝面溢流（较低的堆石坝加防冲保护后也可以考虑临时过水），故导流方式多采用坝身以外的泄水建筑物导流。混凝土坝由于可以在未完建的坝身上溢流，所以导流方式多考虑利用坝体预留缺口及底孔联合。尽可能利用永久建筑物结合施工导流是必要的，有时若不能全部结合，则部分结合也是常见的。刘家峡水电站工程的永久泄洪隧洞，就是利用导流隧洞改建进口为"龙抬头"形式而成的。但应注意，导流隧洞如作永久泄洪洞使用，其设计、施工标准均应按永久建筑物标准设计。从施工导流来看，永久建筑物及导流科学试验所需要的图纸及资料有以下几项。

A. 枢纽总体布置图，大坝、泄洪、引水、厂房、船闸（或升船机）等永久建筑物结构图（纵、横剖面图），挡水、泄水、引水建筑物等的地基处理要求、开挖深度、范围及与岸边连接方式的图纸及资料，泄水建筑物泄水设施结构布置及泄流能力曲线。

B. 水工建筑物（大坝、电站厂房、船闸或升船机）分项、分部位的工程量。

C. 水库特性水位及主要水能指标。

D. 水库蓄水分析计算资料。

E. 施工期坝址上游各种壅水高程（围堰挡水、过水最高水位，大坝度汛拦洪最高水位；初期蓄水等）的水库淹没资料。

F. 导流、截流水工模型试验成果；施工通航水工模型试验成果；围堰度汛及大坝施工期度汛水工模型试验成果。

G. 导流泄水建筑物及挡水建筑物基础覆盖层及岩石力学试验成果，结构模型试验成果。

H. 导流泄水建筑物及挡水建筑物材料、施工工艺、基础防渗等试验成果。

I. 围堰填料碾压、水下抛填、振冲加密等试验成果。

5) 施工条件、交通情况资料。施工条件及交通运输是施工组织设计中的一个重要组成部分，也是施工导流规划、建筑物设计的基本条件。这方面的资料主要有以下几种。

A. 当地建筑材料的来源及产量、分布、高程、开采及运输条件。

B. 工程所在地点现有对内、对外交通条件及施工期对外交通方案。

C. 当地水电供应情况。

D. 劳力、设备及施工队伍的一般状况；劳动力来源及特点。

E. 施工区原有建筑及房屋等有关资料。

F. 材料、设备的定额、单价、工程概算、预算、发包、承包、招标、投标等技术经济资料。

6) 其他资料。编制施工导流方案，还需要其他一些重要资料，主要指下列几种。

A. 国家规定的或批准的工程等别。

B. 工程的总工期，对工程施工、投产、完建期的规定及要求。

C. 国民经济各部门对工程施工期间河道综合利用的要求（防洪、发电、通航、供水、灌溉等）。

D. 永久建筑物及附属建筑物的级别。

E. 规定的工程第一台机组发电的日期等。

各设计阶段资料的收集，应根据工程的具体条件，遵照勘测设计有关规程、规范及各阶段设计方案的需要，统筹安排，分批收集。

（2）划分施工导流建筑物等级。在选择施工导流标准和编制施工导流方案前，首先要根据导流建筑物被保护对象、失事后果、使用年限和工程规模进行等级划分，为导流建筑物设计标准提供依据。

施工导流工程建筑属于临时性建筑物，如导流明渠、导流隧洞、导流涵管、施工围堰等。施工导流建筑等级划分在永久建筑物等级划分的基础上进行，等级标准一般应低于永久建筑物的等级标准。

施工导流建筑物等级划分：导流明渠、导流隧洞、导流涵管、施工围堰等临时建筑物的等级一般划分为 3~5 级。

（3）划分施工导流时段。施工导流时段就是安全导流程序划分的各施工阶段的延续时间。

在编制施工导流方案时，应先选择施工时段，然后才能根据各施工时段选择相应的导流标准。

导流时段划分与河流的水文特征、水工建筑物的型式、导流方案、施工进度有关。不同水利枢纽工程和不同地区施工导流时段各期的延续时间各不相同。

施工导流时段划分按水工特征可分为枯水期、中水期及洪水期。中水期一般就是汛期初期到主汛期之间的时段，其洪水量大于枯水期，小于主汛期。

施工导流时段按施工阶段一般可划分为前期、中期、后期3个阶段。对于低水头工程一般只具有其中的1个或2个阶段。在一次断流的导流方案中，3个阶段比较明显。对于分期导流，分期时段比较明显，而施工各阶段不甚明确，常出现几个阶段交叉的情况。

施工导流时段划分一般是根据工程设计所提供的水文、气象资料、枢纽工程布置情况和施工总进度等要求，划分出各施工时段具体的起止时间。

（4）选择导流方式。通过对施工导流所收集的各种资料的分析和确定的导流标准，进行不同时段的施工导流方式的选择。

施工导流方式按河床断流条件的不同，分为一次拦断河床围堰导流方式和分期围堰导流方式。

在分期围堰导流方式中，配合有束窄河床导流，底孔导流，梳齿或缺口导流，明渠导流，利用永久建筑物的泄水闸、排砂孔、引水管道导流等。

在一次拦断河床围堰方式中，配合有明渠导流、隧洞导流、涵管导流、渡槽导流等。

施工导流方式的选择一般就是在一次拦断河床围堰导流和分期分段围堰拦断河床导流这两种导流方式中，选择相对应的配合导流组合方式。

对水利条件复杂或在运行中有通航、引水、冲砂、排冰等综合要求的大中型水利水电工程，在选择导流方式中，还应进行施工导流水工模型试验。

（5）选择施工导流标准。施工导流标准就是施工导流中各导流时段的洪水设计标准和相应设计流量的标准。施工导流设计流量是选择导流方案、进行导流建筑物设计与施工的主要依据。

在施工导流标准的选择中值得注意的是，施工导流标准和相应的设计流量不是一个，而是多个，是与导流时段相对应的，有多少个导流时段，就要选择多少个导流标准。这是因为在不同导流时段内，导流建筑物结构型式和枢纽工程施工的要求各不相同，所通过的导流标准和流量也各不相同。应根据工程等级和施工导流要求，确定不同时段内所有导流建筑物必须满足的施工导流标准。

根据确定的施工导流标准，分别计算出导流建筑物上游来水流量和下游的下泄流量，上、下游水位控制高程，特别是可以进行汛期的调洪计算，从而为工程施工各阶段提出施工导流控制要求。

水利水电工程施工导流标准主要包括：施工时段围堰挡水流量标准、坝体施工期临时度汛洪水标准、施工期蓄水的拦洪度汛标准、利用围堰挡水发电的洪水标准、上游建有梯级水库的洪水标准、围堰施工期的安全标准、截流及导流建筑物封堵后坝体度汛洪水标准等。

（6）编制施工导流程序。水利水电工程项目施工导流程序就是将工程项目施工初期、中期、后期 3 个阶段或分期导流所采用的导流方式进行组合衔接的过程。

在施工导流工程中一般都将工程项目中的主体工程作为施工导流建筑物的一部分，施工导流程序编制时，一般都要将工程主体施工项目的施工安排和施工形象进度与施工导流紧密联系在一起，才能形成各阶段施工导流方式的组合衔接。

在施工导流程序编制时，要明确各导流时段形成干地施工的挡水方式、河水下泄方式。应明确各阶段施工导流方式起止时间，挡水建筑物和河水下泄建筑物的结构、部位与名称。现场工程形象都能满足挡、泄水建筑物的结构要求，从而达到总体施工导流程序可行、安全可靠的目标。

（7）施工导流工程建筑物布置。施工导流工程建筑物布置主要包括工程项目划分的导流时段或阶段选择施工导流方式的挡水和泄水建筑物的布置。由于工程项目和各导流时段的导流任务与要求不同，其施工导流布置情况也各不相同，应按划分导流的时段分别进行施工导流布置。

施工导流布置是选择施工导流方式，从定性到定量的实施成果的规划，是现场施工导流实施的依据，是一项难度和责任重大的工作任务。应结合工程实际情况进行各阶段或各时段的施工导流布置。施工导流布置主要包括施工导流挡水、泄水建筑物平面布置和结构布置，围基坑施工主体工程建筑物平面布置，施工导流布置说明等。

在施工导流布置中，应准确标示导流建筑物的各向布置位置的坐标和结构尺寸，布置说明上应有施工导流方式说明、反应施工导流特性的指标和导流建筑物工程量表等内容，达到方便现场施工和计量结算的要求。

在施工实施阶段还要在导流建筑物布置的基础上，进行现场导流施工布置，布置内容主要包括施工料场、施工道路、风水电供应、基坑排水、施工机械等项目的布置。

（8）施工导流工程建筑物结构设计。施工导流工程建筑物就是导流方式选择的建筑物。主要进行导流建筑物的布置和导流建筑物的土建、金属结构、机电设备结构与施工的设计。

1）围堰工程。

A. 围堰的结构型式选择、围堰总体和分期布置设计。

B. 围堰结构布置，断面尺寸、防渗体设计，围堰的接头和与岸边连接设计，围堰迎水面防冲设计。

C. 土石围堰需要过水时，要进行过水防冲面板设计、过水前充水设计。

2）明渠导流。

A. 导流明渠的线路选择和布置，明渠进出口的布置，明渠的弯道和底坡布置。

B. 导流明渠的结构布置，断面尺寸与形式、明渠的糙率选择，出口消能设施设计。

C. 导流明渠开挖、衬砌结构、拆除与封堵结构设计。

3）隧洞导流。

A. 隧洞线路选择和布置，进、出口的布置，隧洞底坡的布置设计。

B. 隧洞结构布置，断面形式、尺寸选择与设计，隧洞开挖、支护与衬砌设计。

C. 大坝下闸蓄水前，提前进行导流隧洞洞口和坝体下的洞身段封堵专项设计。

D. 导流洞进水口启闭设施设计，闸门埋件与闸门设计，闸门启闭设备选择与设计。

4) 导流底孔。

A. 导流底孔的数量、位置、高程选择，底孔断面尺寸与形式选择，进、出口形式选择。

B. 导流底孔闸门埋件、闸门设计，启闭设备选择与设计。

C. 导流底孔施工、运行、封堵设计。

（9）编制施工导流进度计划。施工导流进度计划主要包括各导流时段布置的导流建筑物的施工进度和与施工导流相关的主体工程施工进度两部分。

导流建筑物的施工进度安排和计划与采用的导流方式有关，在水利水电工程施工中，导流主要为分期导流和一次拦断河床导流两种导流方式，其导流建筑物的施工安排和进度计划是不相同的。

1) 分期导流施工进度计划。分期施工导流导流建筑物的施工进度分为全年围堰挡水施工和枯水期围堰挡水、汛期过水围堰施工两种情况。

A. 全年围堰挡水施工进度计划。在分期导流的一期施工部位的河床上进行发电厂房、船闸、闸坝等工期较长的工程项目施工中，一般都采用全年施工围堰挡水，束窄河床过流的导流方式。

导流建筑物的施工进度计划中主要包括围堰填筑、闭气、防渗体结构施工、基坑初期排水的进度。

主体工程为发电厂房的施工进度计划主要是从土石方开挖开始到厂房上、下游闸门安装完成和第 1 台机组安装完成，具备发电条件的进度；主体工程为船闸工程施工进度计划主要是从基坑初期排水后进行土石方开挖到船闸金属结构和船闸上、下游通航设施安装完成具备通航条件时的进度；主体工程为闸坝工程施工进度计划从土石方开挖到闸坝闸门安装完成具备过流条件的进度。

B. 枯水期围堰挡水、汛期过水施工进度计划。在分期导流的二期河床上进行闸坝工程的施工时，一般都是采用分期，枯水期围堰挡水，束窄河床过流的导流方式，汛期由一期施工闸坝挡水，一期泄水闸和二期过水围堰下泄洪水。

导流建筑物施工进度计划主要包括初期的枯水期围堰填筑、闭气、防渗结构施工、基坑排水的进度；在汛期过后，过水围堰加高恢复到枯水期围堰和基坑排水的进度；在二期主体工程闸坝工程具备过流条件时，二期施工围堰拆除的进度。

主体工程为闸坝工程的施工进度计划主要包括基坑排水后开始进行土石方、混凝土浇筑到汛期到来前的施工进度；汛期后围堰恢复排水后开始清淤到闸坝工程具备过流条件的施工进度。

2) 一次拦断河床导流施工进度计划。一次拦断河床导流采用全断面围堰挡水，河水主要通过导流隧洞、导流明渠、导流涵管 3 种方式下泄。在全断面围堰基坑内施工的主体工程建筑物主要是混凝土拱坝、土石坝、面板堆石坝等坝型。全断面挡水全段围堰一般为枯水期挡水围堰，为满足全断面围堰汛期过流要求，施工主体工程建筑物都采取了相应的导流措施。拱坝工程一般都在坝体下部设有导流底孔和放空底孔，上部设有泄水闸。汛期时，由导流底孔和放空底孔参与下泄河水，在导流底孔未形成前也可采用坝体过水。土石坝、堆石坝工程一般都设有溢洪道。由于一次拦断河床，导流采用隧洞、明渠、涵管3种不同的导流结构，其施工导流进度也各不相同。

A. 隧洞导流施工进度计划。导流建筑物的施工进度计划主要包括导流洞的进、出口围堰填筑，闭气围堰填筑、闭气，导流隧洞开挖，混凝土衬砌，导流洞进水口封堵钢闸门埋件安装，闸门槽二期混凝土浇筑，钢闸门安装，启闭机排架混凝土施工进度等。在导流洞闸门安装完成后，开始进行大坝上、下游围堰施工，其施工进度计划包括上、下游围堰填筑、闭气、防渗体结构施工、基坑初期排水的进度，在河床上主体工程拱坝、土石坝、混凝土面板堆石坝具备下闸同时条件时，导流洞下闸封堵和导流洞封堵的施工进度，大坝下游围堰拆除施工进度。

主体工程为拱坝的施工进度计划主要包括从基坑排水后开始进行土石方开挖，到汛期前坝体混凝土浇筑到临时挡水高程的进度；坝体从临时挡水度汛至第1台机组发电前时段的施工进度；第1台机组发电后至工程永久泄洪建筑物具备设计泄洪能力前的进度。

主体工程为土石坝、混凝土面板堆石坝的施工进度计划主要包括基坑排水后开始进行土石方开挖到汛期前坝体填筑到汛期挡水高程的进度或坝体填筑到溢洪道顶部高程的进度；高混凝土面板堆石坝泄洪洞开挖衬砌、金属结构安装、具备下闸条件的施工进度；高混凝土面板堆石坝坝体临时挡水工程到泄洪洞施工的进度；土石坝、混凝土面板堆石坝从溢洪道顶或泄洪洞到坝顶的施工进度。

B. 明渠导流施工进度计划。导流建筑物的施工进度计划主要包括明渠进出口围堰填筑；明渠开挖、混凝土或浆砌石衬砌；在导流明渠具备过水条件后开始进行大坝上、下游围堰施工，其施工进度计划包括上、下游围堰填筑、闭气、防渗体结构施工、基坑初期排水的进度；在坝体施工具备挡水条件时，明渠封堵围堰填筑、闭气的施工进度；明渠段坝体施工完成后，明渠封堵上、下游围堰拆除的施工进度。

主体工程为闸坝的施工进度计划主要包括基坑排水后开始进行土石方开挖、闸坝具备过流条件的施工进度和主体工程明渠段施工进度。

C. 涵管、涵洞导流施工进度计划。涵管、涵洞导流一般在修筑土坝、堆石坝等工程中采用。涵管、涵洞通常布置在河岸岩滩上，其位置常在枯水位以上，在枯水期可不修围堰或只修一小部分围堰，先将涵管建好，然后再修上、下游全段围堰，将河水引至涵管下泄。

涵管、涵洞导流建筑物的施工进度计划主要包括从上游围堰向下游围堰埋设涵管或涵洞的沟槽开挖、涵管埋设或涵管的混凝土浇筑的施工进度；上、下游围堰填筑、闭气、防渗体施工、基坑排水施工进度；在河床上主体工程坝体具备挡水条件时，涵管、涵洞封堵施工进度。

主体工程为土坝、堆石坝的施工进度计划是从基坑排水后开始进行土石方开挖到坝体具备挡水条件时的施工进度。

（10）施工导流资源配置。在施工导流中所需的资源主要包括机械设备、物资、劳动力。其配置项目和数量，一般都是根据施工导流过程中的施工项目、工程量、工期等要求和现场施工情况进行配置的。

1）挡水围堰施工。

A. 主要机械设备：挖掘机、装载机、推土机、自卸汽车、振动碾、洒水车、测量仪器等。

B. 主要物资：土石料、防渗黏土、水泥、粗细骨料、防渗土工膜等。

C. 主要人力：工程施工管理人员、各种机械操作手、测量人员、试验员、电工、管道工、修理工、普工等。

2）导流明渠施工。

A. 土石方开挖设备：测量仪器、挖掘机、装载机、推土机、自卸汽车、振动碾、液压钻机、潜孔钻机、手风钻机、空压机、起爆器、爆破欧姆表、警报器等。

B. 混凝土衬砌主要设备：混凝土搅拌机、砂浆搅拌机、抽水机、自卸汽车、混凝土搅拌车、混凝土振动设备、装载机、起重设备等。

C. 所需主要物资：水泥、粗细骨料、粉煤灰、外加剂、钢筋、彩条布、分缝隔板、分缝止水片、块石等。

D. 主要人力：工程施工管理人员、各种机械操作手、测量人员、试验员、电工、爆破工、风钻工、空压工、浇筑工、木工、钢筋工、电焊工、修理工、抽水工、普工等。

3）导流隧洞施工。

A. 隧洞开挖、支护设备：多臂凿岩台车、液压钻、气腿钻、空压机、通风机、挖掘机、装载机、自卸汽车、注浆机、混凝土喷射机、抽水机等。

B. 隧洞衬砌设备：骨料加工设备、混凝土拌和楼、混凝土搅拌车、顶拱、边墙施工钢筋和钢模台车、混凝土输送泵和输送管、附着式振动器、插入式振捣器、变频机、抹面机、混凝土试验设备、照明等设备。

C. 隧洞灌浆设备：气腿钻、岩芯钻、制浆机与送浆管道、搅拌桶、注浆机和进回浆管道、压力表、浆液稠度检测设备等。

D. 主要物资：水泥、粗细骨料、外加剂、速凝剂、钢筋、锚筋、组合钢模板、分缝隔板、分缝止水片、止浆片、型钢、钢板、钢管、木材、柴油、汽油、竹跳板、彩条布等。

E. 主要人力。工程施工管理人员、机械操作手、测量人员、试验员、电工、爆破工、风钻工、空压工、浇筑工、木工、钢筋工、电焊工、修理工、灌浆工、抽水工、普工等。

4）基坑抽水。

A. 主要设备：根据基坑初期排水与经常性排水要求，选择抽水水泵与电气控制设备、变压器、抽水浮船、电焊机、照明等。

B. 主要物资：抽水机配套的进出排水管道、闸阀、连接法兰、流量计、电缆、电杆、抽水泵站房屋建筑材料、各种钢材、铁丝、细钢筋、胶布、劳保用品等。

C. 主要人力：管理人员、抽水工、管道工、电工、电焊工等。

6.2 施工导流实施组织

施工导流方案编制完成后，需要通过现场实施才能完成施工导流各项任务，使施工期水流得到有效控制。施工导流组织实施是一项艰巨、施工难度大、各方面要求高，而且风险性很大的施工项目，需要参与工程建设各方付出巨大的努力才能满足施工导流方案所制定水流控制要求。

在水利水电工程建设施工中，施工导流属于其中的一个单独工程项目，施工导流工程项目主要由施工单位现场项目部来组织实施，完成导流工程项目各项任务。施工导流实施组织效果，可以直接反映出施工单位的管理和技术水平，同时也可以反映出施工导流技术发展现状。在国内大型水利水电工程施工导流项目施工中都选择施工管理严谨和技术水平高的施工单位。施工导流实施组织主要包括组织机构、项目组织管理、资源配置三部分。

6.2.1　组织机构

水利水电工程施工导流工程项目涉及面广，要求高。总体组织管理机构主要由当地政府、建设单位、设计单位、监理单位、施工单位组成。

当地政府主要对工程项目施工导流进行监督，汛期进行检查指导。建设单位主要协调解决施工导流实施存在的问题，委托监理单位对导流工程项目进行管理。设计单位主要编制施工导流工程技术要求和审查导流方案。监理单位受建设单位委托对施工导流实施过程的施工导流方案审批，施工导流工程项目、施工进度、质量等进行检查与管理。施工单位主要是按照设计文件、技术要求，国家与行业规范，经批准的施工导流工程项目的施工方案组织实施。

水利水电工程建设主要是由施工单位组建的项目部来实施完成，在项目部的组织下实施完成工程建设所规定的各项施工任务，施工导流就是其中的一个工程施工项目。施工单位的项目组织管理主要包括组织机构，现场施工技术、施工进度、质量、安全、环境保护、机电物资等内容。

项目部组织机构。水利水电工程施工项目部主要由项目部领导层、部门管理层、施工作业层组成。各层机构设置规模主要根据工程项目等级和现场施工管理要求进行配置。

施工项目部领导层由项目经理、项目副经理、项目总工程师、总经济师、总会计师等组成。

施工项目部管理部门由技术部、施工管理部、机电物资部、质量安全环保部、商务部、财务部、办公室等组成。

施工作业层由施工单位项目部所属作业队和专业施工作业队组成。

6.2.2　项目组织管理

在施工导流实施中，项目部按照工作职责对施工导流中的各项工作进行管理，使施工导流的施工技术、进度、质量、安全、环境保护、成本与工程结算等处于有效的动态控制状态中，以保证施工导流各项任务能按期完成。其管理方法如下。

（1）项目管理层级。工程项目管理由项目经理全面负责，技术部、施工管理部、商务部、机电物资部、质量安全环保部、财务部等按照管理职责进行工程项目管理，作业层按管理要求和施工安排按时完成施工导流中的各项施工任务。

（2）施工技术管理。施工技术管理主要包括编制施工技术管理办法和规章制度；编制施工导流方案，并进行施工导流方案技术交底和现场施工技术指导，办理施工导流工程设计文件收发；施工导流工程施工进度计划实施检查与调整，施工导流技术资料收集、整理等内容。

1）由项目总工程师组织编写工程项目施工导流方案，各时段单项施工导流方案或度汛方案，技术部负责完成总体施工导流方案、各时段单项施工导流方案或度汛方案的编写。总体施工导流方案经项目部评审会通过后报工程监理工程师审批，重大施工导流方案由业主组织专家审核批准。

2）在施工导流方案实施前，项目总工程师向项目部管理部门和施工作业单位进行技术交底。导流方案实施时，技术人员要到现场检查方案执行情况，及时发现和解决实施中遇到的技术问题，现场不能解决的及时向总工程师报告，不属于施工单位的问题及时向监理工程师和业主报告，研究解决办法，使现场技术工作始终走在现场施工前面，保证现场施工正常进行。

3）根据施工导流方案和编制年、月施工进度计划和施工设备、材料、主要人力等资源需用量计划，及时收集整理现场施工技术资料。负责施工导流竣工资料的编写和资料移交工作。

（3）现场施工管理。现场施工管理主要包括施工导流方案的现场组织实施、协调，参加监理工程师组织的现场生产会，编制和检查每周进度计划和资源配置计划，做好各项施工记录和资料收集整理等内容。

1）由主管生产的副经理负责现场施工管理工作，施工管理部按照施工导流方案要求和现场资源配置情况，研究方案实施方法，现场机械设备布置、部位施工安排，编制每周生产计划。

2）按照月计划编制每周和每天施工计划安排。按照周施工进度计划，做好工程项目施工导流每天各个施工部位的施工安排和材料、设备、人员等资源配置，及时检查和协调解决施工现场存在的各种问题。

3）施工导流进度计划实施时，通过召开生产调度会、施工专题会等形式及时协调解决施工进度计划实施中存在的问题，从而保证工程项目施工进度计划按期完成。同时，做好各施工部位的施工记录，并由专人对各部位的施工记录进行收集保存。

（4）质量、安全、环境保护管理。现场质量安全环境保护管理主要包括编制现场质量、安全、环境保护管理办法和规定；按照施工导流方案和国家与行业标准，对施工中的质量、安全、环境保护措施实施过程进行检查、指导，并提出整改意见；作好各项施工质量、安全、环境保护的检查、整改记录和资料收集整理；定期组织项目部的现场施工质量、安全、环境保护大检查；邀请现场监理工程师及时进行导流建筑物结构和施工试验质量检查验收工作。

1）由专职副经理负责现场质量、安全、环境保护工作。质量、安全、环境部根据工程合同相关规定，制订相应的管理制度和办法。定期组织项目部对现场的质量、安全、环境工作进行大检查。

2）按照施工进度安排，质检人员及时进行结构检查验收，保证施工能顺利进行。试验人员及时对围堰填筑、混凝土浇筑等项目进行取样检查。及时发现和处理施工中存在的质量问题，避免其发生。参与施工导流施工竣工资料的编写。

3）按照现场施工安全、环境保护管理的要求，对现场各施工部位进行检查，及时发现和解决出现的问题，并做好记录，避免发生安全事故。

4）在生产调度会、施工专题会等会议上对现场的施工质量、安全、环境保护工作进行总结，并通过照片和录像对现场施工质量、安全、环境保护工作进行分析。

（5）项目合同管理。项目合同管理主要是在总经济师的领导下，编制项目合同管理办法、成本控制计划，定期组织项目部召开成本分析会。检查成本控制措施实施情况，提出整改意见；按照工程合同规定与业主和监理工程师进行计量与结算、合同变更、索赔等工作；按照劳务分包合同的规定，与作业队进行工程计量与结算等工作。负责施工导流竣工结算。

1）在施工导流方案实施前由项目总经济师组织编写项目管理办法。项目经理与专业技术施工作业队签订劳务分包合同。

2）根据施工方案总进度计划编制年度和每月施工进度计划、产值计划，编制各施工项目成本控制目标。

3）按照施工安排和施工进度计划，及时对施工作业队承担的施工项目和部位的工程完成情况进行计量与考核。

4）按照工程合同要求及时与现场监理工程师办理工程结算手续。

5）在生产调度会上对施工导流完成情况和结算情况进行总结，使施工导流成本处于可控制状态。

（6）机电物资管理。机电物资管理主要包括编制机电物资管理办法和规章制度；根据施工导流方案的设备、物资资源配置表，编制机电物资采购计划，报批后办理机电物资采购，并及时组织进场；根据技术部门编制的月物资需用量计划，编制月物资采购计划；根据成本控制措施对机电设备和物资使用情况进行监督检查。

1）由专职副经理负责现场机电物资管理。机电物资部根据工程合同要求和有关规定制定机电物资管理制度和办法。

2）按照施工导流方案提供的机械设备配置要求，及时组织设备进场。

3）按照施工导流方案提供的物资品种和需用量计划，采购物资并运到现场。

4）按照设备使用管理规定，及时对现场设备状况进行检查，保证现场施工设备能够满足现场施工要求。

5）按照物资管理规定，对现场物资使用情况进行检查，避免现场浪费，对材料的使用进行考核。

6.3 施工导流先进技术运用

施工导流实施所采用的先进技术，主要是在保证施工质量安全的基础上，通过采用新技术、新工艺、新材料、新设备等，加快工程项目施工速度，降低施工成本，使工程项目能够提前发挥效益。具体来讲，就是通过合理利用永久建筑物进行挡水、泄水，使导流临时工程结构成为永久工程结构，减少主体工程的工程量，从而加快施工进度。土石坝、堆石坝工程中在汛期采用土石坝临时断面挡水，使汛期坝体能继续进行施工，加快工程进度。混凝土闸坝工程施工中采用过水围堰，利用汛期、枯水期进行施工，可加快施工进度。混凝土坝工程二期施工中采用二期围堰挡水，使发电厂房能够提前发电。

（1）利用水利枢纽工程建筑物布置导流建筑物。导流建筑物一般属临时建筑物，但在条件具备时和永久建筑物结合布置，除能节省临建费用外，还可使枢纽总布置更紧凑、更合理。常见的结合形式有：土石坝、混凝土面板坝和围堰结合布置，导流隧洞和泄洪洞结合布置，厂坝导墙与围堰结合布置，坝身永久底孔和导流底孔结合布置，后期导流与先期建成的泄水建筑物结合布置等。

1）堰坝结合挡水。在土石坝、混凝土面板堆石坝工程施工导流中，在枯水期用围堰挡水，汛期用坝体挡水。如在天生桥水电站一级等混凝土面板堆石坝工程中，将围堰设计成只在枯水期挡水，围护坝体防渗部分的清基及填筑工程，因而减少围堰规模，然后集中力量抢填坝体上游部分的临时断面（按坝体要求施工），兼作拦挡洪水围堰。有的工程将上、下游围堰设计成坝体的一部分，如水布垭水电站工程下游碾压混凝土围堰为大坝的一部分。

2）导流隧洞与泄洪洞结合。在一次拦断河床采用导流隧洞的导流中，导流洞与坝体泄洪洞布置在岸边的同一侧，导流洞在下，泄洪洞在上，通过龙抬头方式将导流洞与泄洪洞连接起来合并后，连接部位的下游洞就成为一条隧洞，汛期作为导流洞，在大坝蓄水前将导流洞与泄洪洞连接部位上游侧的导流洞用混凝土进行封堵后成为泄洪洞。国内外在土石坝、混凝土面板堆石坝、混凝土坝等工程中都采用导流洞与泄洪洞结合的方法下泄河水。

3）厂坝导墙与围堰结合。在闸坝工程项目中，在泄水闸和发电厂房结构设计中都设有分水导墙。在分期施工导流时，在国内外工程施工中，利用一期施工的发电厂房和泄水闸的混凝土导墙，作为二期纵向围堰挡水，以减少二期修建纵向围堰施工工程量，加快二期围堰施工进度。

4）坝身永久底孔和导流底孔结合。在拱坝工程项目施工中，混凝土拱坝下部都设有导流底孔和放空底孔。拱坝工程施工导流采用的是一次拦断河床、导流隧洞导流的方式，在坝体蓄水前进行导流洞封堵时，一般用闸门将导流洞进口进行封堵，然后进行坝体段下部导流洞的混凝土封堵施工，上涨河水由拱坝坝体所修建的放空底孔下泄河水。在混凝土重力坝工程项目施工中，泄水建筑物内设置有泄洪闸和泄水底孔。混凝土重力坝工程采用的是分期导流方式，在二期导流阶段，枯水期河水从泄水底孔下泄，汛期河水从泄水底孔与坝体预留缺口组合下泄。

5）后期工程导流与先期建成的泄水建筑物结合。在混凝土闸坝工程项目施工中，泄水建筑物内设置有泄洪闸。混凝土闸坝工程采用的是分期导流的方式，在后期导流阶段，枯水期河水从泄水闸下泄，汛期河水从泄水闸与过水围堰组成的过水体组合下泄。

（2）土石坝汛期坝体临时断面挡水。在土石坝工程项目施工导流中，当土石坝坝体难以在汛前全断面填筑至度汛挡水高程时，一般采用坝体临时断面挡水度汛。

选择土石坝度汛临时断面位置时，对均质坝和斜墙坝，度汛临时断面均选在坝体上游部位，这对度汛及填筑下游部分有利。对心墙坝，临时断面的选择则有坝体中部和坝体上游两种方式。

1）均质坝。均质坝也称为单种土质坝，坝体剖面的全部或绝大部分由一种土料填筑而成。松涛水电站均质坝度汛临时断面布置形式见图 6-1（a）。

2）斜墙坝。斜墙坝一般为多种土质坝或土石混合坝，防渗体采用斜墙黏土结构，设在迎水面保护体下部。布置斜墙坝度汛临时断面时，同时将上游的临时保护体和斜墙防渗体填筑到拦洪高程。清河水电站斜墙坝用临时断面拦洪，并在临时断面上填筑高 2m 黏土子堤构成度汛临时断面［见图 6-1（b）］。该坝施工中因翻晒好的土料数量不足，划分临时断面时，将部分斜墙分为两期施工，此情况应予避免。

3）心墙坝。用透水性较好的砂砾料或土石料作坝壳，以防渗性较好的黏土作防渗体，设在坝体剖面的中间部位。度汛临时断面选择在坝体中部和上游两个位置。

A. 临时断面选在坝体中部，这是心墙坝最常用的一种度汛方式。前期度汛和施工虽不如临时断面位于上游部位有利，但有利于中、后期度汛和施工安排，如石头河水电站心墙坝，见图 6-1（c）。这一形式削坡、接缝工作量一般较大，大伙房土坝全部削坡量达15 万 m^3，南湾坝削坡量 10 余万 m^3。设计这种形式的临时断面，要注意上游补填部分的最低高程，应满足汛期一般水情条件下（如 5%～10%）能继续施工的要求。对于宽心墙坝，必要时也可在心墙部位划分临时断面。

B. 临时断面选在坝体上游部位，此时需在上游面增加临时防渗设施。施工初期，由于心墙部位的岸坡和坝基开挖、处理同心墙填筑干扰，或气象因素等原因，心墙填筑施工可能受到限制，此时方宜考虑采用这一度汛临时断面形式，如毛家村水电站心墙坝［见图6-1（d）］、碧口水电站心墙坝［见图 6-1（e）］等。这种形式一般到了施工的中、后期，又过渡到心墙部位临时断面的度汛形式。

（3）混凝土面板堆石坝汛期上游坝坡防护挡水。混凝土面板堆石坝是我国从 20 世纪80 年代开始推广应用的坝型，施工期一般要经过一个乃至几个汛期，当堆石坝体填筑到一定高程后，未浇筑混凝土面板的上游坡面为松散的垫层料。虽然经过斜坡碾压，但其抗冲、渗透稳定性能都较差，在汛期前未浇筑混凝土面板之前，对坝体上游坝坡一般采取碾压水泥砂浆、喷涂乳化沥青、喷混凝土等方法进行防护，经过防护后的上游坝坡可临时挡水度汛。关门山、成屏、株树桥、小干沟水电站工程均用碾压砂浆固坡后提前挡水度汛；引子渡大坝在坝坡上游面垫层料表面喷厚 5～8cm 混凝土或乳化沥青固坡后挡水度汛；洪家渡水电站大坝在坝坡上游面垫层料表面喷厚 10cm 聚丙烯纤维混凝土固坡后挡水度汛；关门山水电站工程还在坝下游坡用直径 1m 大块石护面后自坝面过流，安全度汛。

自从 1999 年在巴西伊塔水电站大坝首先开发挤压式边墙新技术后，混凝土面板堆石坝上游坡面由混凝土挤压边墙进行防护，其最大优点就是坝体上游坡面保护和垫层料填筑同时上升。

我国最早在公伯峡坝推广应用。随着挤压式边墙技术的普及和施工技术水平的不断提高，目前我国大中型混凝土面板堆石坝工程都采用挤压边墙防护技术，进行混凝土面板堆石坝临时挡水度汛。

（4）汛期洪中枯施工。在我国每年的汛期中，并不是每天都处于洪水期，在每次洪水过后都要间断一定时间，也就是通常所说的汛期中的枯水期，简称洪中枯。在不能采用全年围堰挡水的水利水电工程项目施工中，一般在汛期不能进行河床上主体工程项目施工。为满足施工总进度要求，闸坝工程采用汛期过水、围堰导流方式进行洪中枯施工，混凝土重力坝采

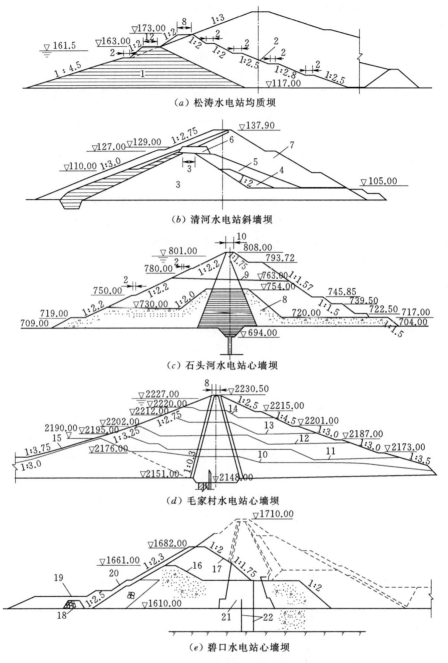

（a）松涛水电站均质坝

（b）清河水电站斜墙坝

（c）石头河水电站心墙坝

（d）毛家村水电站心墙坝

（e）碧口水电站心墙坝

图 6-1　土石坝度汛临时断面布置形式图（单位：m）

1—1—5 月（P=2%）度汛临时断面；2—6—8 月（P=1%）度汛临时断面；3—1959 年度汛时断面；
4、5—1959 年汛期第一次、第二次补填区；6—1959 年拦洪临时将子堤（P=0.33%）；7—1959 年汛后
填筑区；8—第一年度汛临时断面（P=2%）；9—第二年度汛高程（P=1%）；10～14—顺次为
1964 年、1965 年、1966 年、1967 年、1968 年汛前填筑完成断面；15—施工挡水
黏土斜墙；16—初期度汛断面；17—中期度汛断面；18—定向爆破堆石围堰；
19—铺盖；20—施工挡水黏土斜墙；21—黏土心墙；22—防渗墙

用坝体缺口泄流进行汛期施工，土石坝、混凝土面板堆石坝采用汛期坝体临时断面挡水，汛期进行坝体施工。如位于渠江上游的罗渡河段富流滩航电工程，在一期右岸闸坝和发电厂房施工中，根据渠江洪水陡涨陡落、河床没有覆盖层的特点，修建浆砌石过水围堰，洪水过后及时恢复厂房和闸坝施工保证了工期。在建工程如土谷塘航电枢纽工程三期 9.5 孔泄水闸及 1 孔泄洪排污闸的土建与金结施工中，根据总进度安排，在三期汛期期间要完成 7.5 孔泄水闸及 1 孔泄洪排污闸混凝土施工。三期工程施工导流采用枯水期土石围堰挡水，由一期修建 7 孔泄水闸泄水。汛期洪水由一期 7 孔泄水闸和过水围堰泄水。在汛期洪水过后，先抽排基坑内积水，及时恢复围堰过流面以上被洪水冲毁的自溃式围堰，目前已按照施工进度计划要求在汛期内完成了三期 7.5 孔泄水闸和 1 孔泄洪排污闸混凝土浇筑施工。

（5）围堰挡水发电。在宽河床或低水头水利水电枢纽的工程项目施工中，为满足工程提前发挥工程效益要求，常采用二期围堰挡水发电。

葛洲坝工程大江截流后即用大江围堰挡水发电，开创了我国围堰挡水发电的先例。围堰共挡水发电 5 年，经济效益显著。

万安水电站二期上游围堰为碾压混凝土过水围堰，该围堰也承担施工期挡水发电任务，经济效益良好。

三峡水利枢纽一期及二期施工船闸、电站厂房和大坝泄洪坝段，三期碾压混凝土围堰承担挡水通航、发电的任务，混凝土围堰最大高度 121m，拦蓄库容 147 亿 m³，围堰挡水发电期为 2003—2007 年，经济效益巨大。

石虎塘航电枢纽工程在二期泄水闸施工中，采用二期枯水期围堰挡水，厂房贯流式机组发电。

（6）梯级水库联合调控洪水。在流域梯级开发中，上游建有梯级水库时，具有调峰、削峰作用，当水库较大时，可控制其下游泄量，并利用上游已有水库及水情测报，进行调蓄调度，减少电站施工期的防洪度汛压力，可满足两方面的需要：其一，可适当降低度汛标准，从而节约投资；其二，可适当延长枯水期，缩短汛期，从而延长坝体施工时间。

利用上游梯级联合度汛时，首先分析不同的洪水特点、变化规律、测预报特点等；结合枢纽特点，拟定调度方式；对各典型洪水进行计算，比选确定水库水位、控制断面流量等调度参数；推荐调度方案，并得到有关的调度效果、发电损失等。

可供调度使用的参数主要有：水库水位、入库（或坝址）流量、控制断面天然及控泄流量、流量变化趋势、泄洪建筑物启闭组合等。主要调度方式有：水库水位控制法、入库流量控制法、下泄流量控制法等。

以高坝洲水电站为例，该电站位于湖北省清江下游宜都市境内，为清江流域梯级开发的最下游一级枢纽，上游梯级隔河岩已建成。在工程二期工程施工中，充分利用了上游隔河岩水库的调蓄作用，增加二期基坑施工工期，将基坑过水时间推迟一个月，保护二期基坑施工至 1999 年 5 月底，为二期碾压混凝土坝体施工争取了宝贵的工期。

如果上游水库建在支流上，或虽在干流上，而有较大支流汇入时，干、支流的洪峰流量不能简单地叠加，需分析干、支流洪水的成因和发生时间，根据洪峰的传播时间考虑错峰作用，必须严格控制水库调度才能达到错峰的目的。如果水库调度不当，使干、支流洪峰遭遇，可能出现比天然情况下更大的流量。

6.4 下闸蓄水及闸孔封堵施工

水利水电工程施工导流中的下闸蓄水及闸孔封堵施工，主要是指在拦河大坝坝体具备挡水条件，岸边山体或坝体泄水建筑物具备泄洪条件，水电站厂房工程首台机组具备发电条件时，采用闸门或其他封堵结构将施工导流所布置的导流隧洞、导流底孔等临时导流泄水闸孔封堵起来，当闸孔封堵施工完成后，由坝体和闸门等挡水建筑物挡水，拦河大坝所围的水库开始蓄水发电，河水由拦河大坝坝体内或岸边山体所设置的泄水建筑物下泄。

施工导流所布置的导流隧洞、导流底孔等临时泄水建筑物，由于过水断面尺寸较大，挡水水头高，封堵承受水压力大。其封堵施工方法是先用闸门将泄水闸孔进水口封堵起来，然后用混凝土将闸门的泄水通道封堵起来。涵管断面尺寸较小，挡水水头低，封堵承受水压力小。其封堵施工方法是先用土石料结构或闸门将进水口封堵起来，然后用混凝土将闸门的泄水通道封堵起来。

施工导流所布置的导流临时泄水建筑物闸孔封堵与大坝水库蓄水，是水利水电工程施工导流的一个重要里程碑。下闸封堵主要是在河道不断流的工况下施工完成的，施工难度和风险较大，能否顺利进行下闸蓄水，关系到整个水利水电工程能否按期受益。下闸封孔施工主要内容包括下闸封孔蓄水时间与设计洪水标准的选择、下闸封孔方式、下闸封孔施工程序和施工方法等。

6.4.1 下闸封孔蓄水时间与设计洪水标准的选择

在河道上修建水利水电工程施工时，拦河大坝下闸封孔与蓄水为同时进行的工程项目。当闸孔进水口封堵后，闸孔断流，坝体和封堵闸门开始挡水，拦河大坝所围水库同时开始蓄水，只是闸孔封堵后，水库继续按照蓄水要求蓄水。为了确保拦河大坝下闸封孔蓄水能够安全顺利完成，应根据工程设计和施工等要求，选择合适的下闸封孔蓄水时间和封孔设计洪水标准，以保证闸孔封堵施工能够顺利实施。

（1）下闸封孔蓄水时间选择。导流泄水建筑物完成导流任务后，应进行封堵或改建成其他泄水建筑物。封孔时间应根据施工总进度、主体工程或控制性建筑物的施工进展情况、天然河道的水文特性、下游供水要求、受益时间要求等综合考虑确定。封孔过迟，将影响蓄水位和受益时间；封孔过早，则需加快施工进度和增大施工强度。经过汛期时，还需考虑度汛及其安全措施。因此，封孔时间的选择，既要使工程尽快发挥效益，又要使封孔在有利的水文条件下进行，并保证主体工程的安全施工。一般选择几个不同封孔时间和流量进行蓄水计算和技术经济比较，然后确定封孔日期。

（2）封孔蓄水设计洪水标准选择。在封孔蓄水过程中，与下闸封孔有关的设计洪水标准主要包括下闸（或堵口截流）设计洪水标准、闸门（或围堰）挡水设计洪水标准、蓄水历时计算标准、下闸后坝体拦洪度汛设计洪水标准。

1）下闸设计洪水标准和流量选择。在下闸（或堵口截流）时，下闸设计流量一般采用10～20年一遇的月或旬平均流量，也可采用实测水文系列的月或旬最大流量平均值。必要时可选择几组流量进行统计，通过分析其可封时间的多少来确定。一般可封时间每月都需有15～20d，最少不少于10d。

2）闸门挡水设计洪水标准选择。闸门的挡水标准决定闸门的设计水头。闸门的工作时段为下闸后至完成永久堵头所需的时间。在此时段内，闸门的设计水头可按75%～85%频率来水量蓄水过程中，遭遇10～20年一遇洪水的相应水位确定。闸门的挡水标准也可以采用闸门挡水时段内相应临时建筑物的设计标准。若闸门需与大坝一起挡水发电，则采用规定的施工期洪水标准。

3）蓄水历时计算标准。水库施工期蓄水标准根据发电、灌溉、通航、供水等要求和大坝安全超高等因素分析确定，一般保证率为75%～85%。

4）下闸后坝体拦洪度汛设计洪水标准选择。下闸封孔后拦洪度汛标准，应根据工程规模大小，按照国家规范规定选择。

隧洞进水口封堵启闭机工作平台高程，可根据下闸后启闭设备撤退需要的时间，经蓄水计算确定。采用围堰封孔时，挡水位受围堰高度限制，此时需另有泄水通道。

国内若干水利水电工程的下闸封孔时间与流量见表6-1。

表6-1 国内若干水利水电工程的下闸封孔时间与流量表

工程名称	封堵时间	设计或校核流量 /(m³/s)	实际下闸时间	实际流量 /(m³/s)	备　注
柘溪水电站底孔	1960年10月至1961年2月	200～250	1961年2月15日	200	下闸顺利，但止水橡皮撕坏，堵漏时间长
新安江水电站底孔	1960年10月至12月	400	1959年4月1孔 1959年7月1孔 1959年9月1孔	400	1959年为平水年，设计流量仍满足要求
双牌水电站底孔	1960年9月	250	1961年1月1孔 1961年11月2孔 1962年1月1孔	250	原在3月23—24日沉放两孔，水位超过设计值，闸门下至0.3～0.5m时放不下，被洪水冲走，另浇新闸门，11月重新下闸
白山水电站底孔	1979年10—11月	186	1982年11月16日	110	增设4m×4m底孔，以降低水位，下闸顺利
盐锅峡水电站底孔	1959年11月至1961年4月	298～715	1959年11月至1960年4月6孔 1961年3—4月2孔	860	
乌江渡水电站隧洞、底孔	隧洞1978年12月	250	1978年12月	184	下闸顺利
	底孔1979年11月	250～300	1979年11月	196	
隔河岩水电站导流隧洞	1992年2月	174	1992年2月初	113	下闸顺利

6.4.2 下闸封孔方式

水利水电工程施工导流泄水建筑物的下闸封孔方式，主要有以下几种。

（1）闸门封孔。在闸孔两侧设置门槽，作为挡水闸门的受力支座和止水基座，在闸孔门槽内安装闸门，将闸孔封堵起来，使闸孔断流。常用的封孔闸门有：钢闸门、预制钢筋混凝土叠梁闸门，预制钢筋混凝土整体闸门、现浇钢筋混凝土闸门等类型。

1）钢闸门封孔。在闸孔进水口闸墩内布置闸门槽，在闸孔顶部布置启闭设备，在闸门槽内布置钢闸门，由闸孔顶部启闭机将钢闸门下到闸孔底板上，将闸孔进水口封堵起来使闸孔断流。采用钢闸门封堵闸孔的方式，在国内外使用均较普遍，通常与永久水工闸门结合使用。在导流泄水建筑物封堵完毕后，再将封堵闸门提起作为永久闸门使用。钢闸门封堵闸孔具有速度快、效果好等优点，适用于大、中、小型水利水电工程的各种类型的导流洞、坝体导流底孔闸孔封堵。但是，存在闸门制作安装费用高、导流洞进水口封堵后起重设施在闸门封堵后难以回收的问题。

2）预制钢筋混凝土叠梁闸门封孔。在闸孔进水口闸墩内布置闸门槽，门槽内设置预制的钢筋混凝土叠梁，闸孔外采用起重设备将预制的钢筋混凝土叠梁沉放入预留的门槽内，将闸孔封堵起来使闸孔断流。预制叠梁断面有矩形和工字形两种。实践表明，后者省料不多，施工不便，故工程中多用矩形断面。苏联第聂伯水电站、我国下硐水电站，都用钢筋混凝土叠梁闸门封孔。采用预制钢筋混凝土叠梁封堵存在叠梁层间和周边漏水的问题，需要进行叠梁封堵后漏水封堵处理。另外，叠梁吊装难度较大，机械设备和人员撤离安排需考虑周全。这种方法目前已较少使用。

3）预制钢筋混凝土整体闸门封孔。在闸孔进水口闸墩内布置闸门槽，闸孔顶部布置启闭设备，在闸孔顶部整体浇筑钢筋混凝土整体闸门，由闸孔顶部启闭机将整体浇筑钢筋混凝土整体闸门下到闸孔底板上，将闸孔封堵起来使闸孔断流。钢筋混凝土整体闸门有平板形和拱形两种，前者制作简便，沉放较容易，国内外均多采用。钢筋混凝土整体闸门封孔速度快、效果好，适用于中小型水利水电工程导流洞进水口封堵。但存在钢筋混凝土整体闸门自重大、起重设施规模大、起重设备在闸孔封堵后难以回收的问题。

4）现浇钢筋混凝土闸门封孔。在闸孔进水口建筑物内，先用施工挡水导流钢闸门进行挡水和导流，然后在闸门槽内，现场浇筑钢筋混凝土闸门，当混凝土强度达到设计要求后按照下闸封堵指令，关闭施工挡水钢闸门上设置的导流闸门，将导流洞进水洞口全部封堵。英德锦潭水电站导流洞就是采用现浇钢筋混凝土闸门封堵的方法。现浇钢筋混凝土闸门具有封堵闸孔效果好，不需要闸门起重设备的优点，适用中小型工程导流洞进水口封堵。但存在现浇钢筋混凝土闸门需要满足 28d 才能达到设计强度的要求，封堵施工时间长等不足。

（2）围堰封孔。当封孔时间内上游水位上升不大的情况时，在导流泄水建筑物的口门修建土石围堰、木笼围堰、马槎围堰等，然后再进行孔洞的堵塞工作。

（3）定向爆破封孔。当导流建筑物进口地形有利，可采用定向爆破抛石，然后抛填砂砾及黏土料闭气。国内白莲河水电站、加拿大在建的奥塔德水电站工程均采用此种方法。奥塔德水电站工程共爆炸了 2 万 m^3 的岩石，在流量 $424m^3/s$ 的情况下封堵了直径为 15m 的导流洞口。

（4）球形物封孔。将一个球形物置于要封堵的圆形进口之前，水压力将其紧压于保证不漏水的位置上。待泄水填塞混凝土后，球形物可毫不费力地取出用于别处。球形物多为木制。在赞比亚和津巴布韦两国交界的卡里巴水电站拱坝，则采用了混凝土球形物封堵了 20 个直径 2m 的泄水口。混凝土球形物的表面用钢丝网沥青封裹并作用于木座上。这种封孔方法，法国也用得较多，特别是用于拱坝开设直径不大的圆孔封堵中。

（5）栅格结构封孔。将钢栅格构件用索式吊车吊置于泄水建筑物口门前，然后在栅格前的流水中抛投大块石，再倾倒砂砾，由于水位上涨，最后在浮船上抛投泥土。泥土借助水压在迎水面胶结起来，罗德西亚的卡里巴拱坝的导流底孔就是这样封堵的。两周内 $600m^2$ 的底孔全部被封堵。最后进行混凝土填筑。钢格栅是按承受 90m 水头设计的，封堵质量符合要求。

6.4.3　下闸封孔施工程序

水利水电工程闸孔封堵主要采用闸门封堵，闸孔封堵分为有水和无水两种。

有水工况封堵是当封堵的闸孔正在过流时，用闸门将闸孔封堵后水库开始蓄水，如正在过水的导流隧洞、导流明渠等导流临时泄水闸孔用闸门封堵后水库就开始蓄水，有水工况封堵也可称为过流工况封堵。

无水工况封堵是在挡水围堰内，在无水条件下用闸门将闸孔封堵起来，围堰拆除后，由封堵闸门挡水使水库开始蓄水。如在挡水围堰内，在无水条件下先用闸门将导流隧洞、导流明渠进水口、厂房进出口闸门孔等导流临时泄水闸孔封堵起来，待工程阶段验收后，在围堰拆除后水库开始蓄水。

闸孔在有水工况下封堵施工是在有动水压力作用下进行封堵的，而且由于在过流期间，整个闸孔处于水下，闸孔结构在过流期间受水流冲刷作用可能会出现冲刷破坏，还可能沉积块石，卡有钢管、钢筋等杂物，都将影响下闸封堵效果和质量。闸孔在有水工况下封堵的施工难度和风险要比无水工况下的大。

（1）闸孔有水工况封堵施工程序。闸孔有水工况封堵主要工序为：闸孔检查与清理、下闸封堵、封堵质量检查、清场撤离。闸孔过流状态下闸封堵按以下程序进行施工：闸孔封堵准备→闸孔沉积杂物清理→下闸封堵→封堵质量检查→清场撤离。

1）闸孔封堵准备。闸孔封堵准备主要是闸孔结构外露面检查，封堵启闭设备检查，封堵施工组织等。

A. 由潜水员下到闸孔内检查闸孔底板冲刷程度，门楣、门槽埋件是否损坏，门槽底部是否有沉积块石，是否卡有钢管、钢筋等杂物。

B. 由启闭设备管理人员和操作人员，对设备的机械性能和运行状态进行检查、调试。

C. 闸孔封堵责任和风险都较大，牵涉面也多，需要认真组织，才能保证闸孔封堵顺利实施。重要闸门封堵需成立专门工作小组，组织协调现场封堵施工存在的问题，及时处理封堵施工过程中出现的异常情况。

2）闸孔沉积杂物清理。由潜水员将检查发现的门槽底部沉积块石、钢管、钢筋等杂物清理干净。当发现闸孔底板冲刷破坏严重时，可在闸孔封堵后采用浇筑水下混凝土方法处理。

3）下闸封堵。大中型水利水电工程闸孔下闸封堵主要采用钢闸门下闸封堵、钢筋混凝土叠梁闸门封堵方式。

A. 钢闸门下闸封堵。大中型工程钢闸门由导流泄水建筑物结构设计的混凝土启闭机排架上安装的启闭机，将钢闸门下到闸孔内封堵闸孔或由坝体顶部设计的启闭机将钢闸门下到闸孔内封堵闸孔。封堵闸门提前安装在闸孔门槽内，下闸封堵时由启闭机将闸门下到闸孔内，将闸孔封堵起来。小型水利水电工程采用自行式履带式起重机进行闸门下闸封堵方式。封堵闸门提前安装完成，放在闸孔旁边，下闸封堵时，由履带式起重机将闸门下到闸孔内，将闸孔封堵起来。

B. 钢筋混凝土叠梁门封堵。在发电厂房工程进水口和尾水出口水闸孔采用钢筋混凝土叠梁门临时封堵时，首先在封堵闸孔的上下游预制场地进行钢筋混凝土叠梁预制。闸孔封堵时用混凝土浇筑所用门塔机吊装钢筋混凝土叠梁将闸孔封堵起来，为防止钢筋混凝土叠梁间和门槽两侧出现渗漏水，需要在吊装成型的闸门迎水面做1~2道放水层，门槽两侧用黏土掺水泥的水泥土灌封防渗。钢筋混凝土叠梁门拆除时，由潜水员下到闸孔内挂钢丝绳，发电厂房坝顶启闭机拆除钢筋混凝土叠梁门。

4）封堵质量检查。闸门下闸封堵后，由施工技术人员和质量检查人员在封堵闸门的下游侧对封堵效果进行检查，看闸门封堵是否严实，有无漏水，漏水是否严重。导流洞进水口闸孔封堵检查是从导流洞出水口方向进入洞内到封堵闸门的下游侧进行检查。封堵质量未达到封堵要求时，要重新将闸门提起，重新进行封堵直到满足封堵要求。

5）清场撤离。闸门封堵完成后，上游水位开始上升，水库开始蓄水，应有序、快速安排现场机械设备和人员及时撤离，撤离完成后还要对撤离现场进行清场检查。

（2）闸孔无水工况封堵施工程序。闸孔无水工况封堵按以下程序进行施工：闸孔和闸门检查→闸孔沉积杂物清理→下闸封堵→封堵质量检查→清场撤离。

1）闸孔和闸门检查。由安装技术人员用测量仪器分别对闸孔结构和闸门结构尺寸进行检查。

2）闸孔沉积杂物清理。人工对沉积在门槽底板混凝土灰浆和侧轨上的水泥浆清理。

3）下闸封堵。按照闸门结构设计和安装工艺要求从下往上依次进行闸门组装、焊接，启闭设备安装调试。

4）封堵质量检查。封堵闸门安装完成后，由金属结构安装质量检查人员按照设计和规范要求进行闸门和启闭设备质量检查。

5）清场撤离。闸孔封堵完成后，应有组织、有序、快速安排现场机械设备和人员及时撤离，撤离完成后还要对撤离现场进行清场检查。

6.4.4 下闸封孔施工方法

由于导流建筑物下闸封孔后，水库开始蓄水，上游水位开始上涨，导流建筑物很快就会被淹没，因此下闸封孔是一项风险很大的施工项目，一旦发生事故将较难处理。要求下闸封孔的方案必须安全可靠，一次成功，同时还要保证人员和设备能及时撤离坝体上游库区，所封闸孔不能有太大的渗水，以免影响主体建筑物封堵施工，在选择下闸封孔方法时一定要选择可靠的封堵方法。

从安全性和可靠性进行比较，目前使用的较多的还是钢闸门、钢筋混凝土叠梁闸门、预制钢筋混凝土整体闸门、现浇钢筋混凝土闸门封堵闸孔方式。

（1）钢闸门封孔方法。

1）在坝身设置有导流底孔与导流中孔的拱坝或重力坝工程中，当导流孔洞尺寸和永久泄水孔尺寸一致时，可利用永久钢闸门和启闭机械封堵，常用启闭机封孔。如三门峡水电站、丹江口水电站工程的导流底孔就是利用启闭机沉放。

2）采用卷扬机、千斤顶沉放钢闸门。美国德沃夏克水电站工程的导流隧洞封堵，由于改变了封堵时间，封孔流量由 280m³/s 减少到 85m³/s 以下，于是设计者将整体钢闸门改变为多节闸门，这就大大减少了最大起吊构件的尺寸和重量。最后设计的底节闸门为 12.05m×7.96m，重 166t，只需要 2 台履带起重机吊装。底节闸门上设有 5 个 1.68m 见方的闸门孔口。当底节闸门沉放水下时，孔口全部打开共宣泄 80m³/s 流量，使水位不超过门顶。等底节闸门沉放灌浆完后，再在上面沉放若干节高 0.89m 的叠梁，并用泵送混凝土填实，最后形成总高 16.84m 的封闭闸门。

3）在土石坝、混凝土面板堆石坝、混凝土拱坝工程采用隧洞导流方式中，隧洞一般单独布置在岸边山体内，导流洞进水口封堵主要采用钢闸门封堵方式。钢闸门由导流洞顶部布置的排架上安装的启闭机控制钢闸门提升与下降。封堵钢闸门提前安装在闸孔门槽内，混凝土启闭机排架与启闭机是在导流洞过水前安装调试完成的。在需要进行导流洞封堵时，由启闭机将钢闸门下到导流洞门槽底板上，将导流洞的封堵起来。

（2）钢筋混凝土叠梁闸门的封孔方法。在分期施工导流围堰基坑内进行厂房施工时，在围堰拆除前，为了满足厂房继续施工的要求，需要用闸门将厂房进水口和尾水出水口闸孔封堵起来。封堵闸孔主要采取钢闸门，在一些水利水电工程中由于钢闸门数量有限，钢闸门封堵剩余的闸孔采用钢筋混凝土叠梁闸门。还有的工程在厂房封堵闸孔的钢闸门未加工完成，现场需要将发电厂房闸孔封堵时，也采用钢筋混凝土叠梁闸门临时进行封堵的方法。

钢筋混凝土叠梁闸门由多根钢筋混凝土梁，沿闸门槽从下往上，水平分层叠放成型将闸孔封堵起来。每根叠梁的规格是根据闸门挡水高度、闸孔断面尺寸、门槽宽度、施工现场起重设备能力等因素进行设计施工的。叠梁闸门成型可以采用现场分层浇筑成型和现场预制吊装成型两种方法。

1）现场浇筑混凝土叠梁闸门封堵方法。当所封堵闸孔门槽埋件和二期混凝土浇筑完成后，在所封堵的闸孔门槽内从下往上分层浇筑钢筋混凝土叠梁，将闸孔封堵起来。古洞口二级水电站发电厂房施工时，由于发电厂房尾水出水口闸孔较低，为防止汛期河水通过尾水闸孔进入发电厂房，在尾水闸孔钢闸门未加工完成时，采用现浇混凝土叠梁闸门将发电厂房 2 台机组的尾水闸孔临时封堵起来。围堰拆除前，在发电厂房机组安装具备发电条件时，拆除封堵混凝土叠梁闸门（见图 6-2），具体施工方法如下。

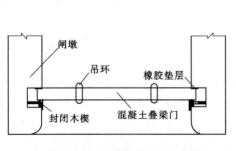

（a）叠梁闸门封堵闸孔平面布置图

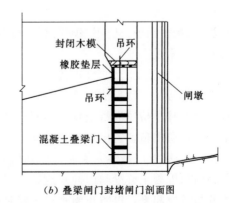

（b）叠梁闸门封堵闸门剖面图

图 6-2　古洞口二级水电站现场浇筑混凝土叠梁闸门封堵发电厂房尾水检修闸孔布置图

A. 当封堵闸孔门槽埋件二期混凝土浇筑完成后，先将门槽混凝土和门槽埋件表面清理干净，在门槽侧面贴厚 4cm 的泡沫板，便于今后叠梁拆除。

B. 在门槽内按照叠梁结构设计进行钢筋绑扎、模板安装、混凝土浇筑。当混凝土初凝后，在混凝土面上铺一或两层塑料薄膜，继续进行上一层叠梁的钢筋绑扎、模板安装、混凝土浇筑，依次循环将闸孔封堵起来。

C. 在发电厂房机组安装具备发电条件时，在围堰拆除前拆除封堵混凝土叠梁闸门。首先布置抽水机和泥浆泵，将闸门前的水和泥浆排到基坑外。然后人工配合现场吊车清除闸门前堆积的淤泥和各种杂物，使闸门全部外露出来，再用水管将外露闸门冲洗干净。现场吊车从上往下依次将混凝土叠梁从闸门槽吊出来，卸到自卸车上运往指定位置堆放处理。

现场浇筑混凝土叠梁封堵闸孔的施工特点是叠梁封堵整体效果好，闸门封堵基本不会出现渗漏现象，只有局部出现少量渗水，以减少叠梁运输、吊装等工序，施工速度快。钢筋混凝土叠梁封堵闸孔封堵后需 28d 后才能承受设计水压力。

2) 混凝土叠梁闸门现场预制吊装封堵方法。石虎塘航电枢纽发电厂房工程施工时，在发电厂房上下游围堰拆除前，需要用钢闸门将发电厂房 6 台机组的进水口和尾水出水口共 12 个闸孔封堵起来。由于钢闸门数量有限，钢闸门封堵后还有 4 台机组的进水口和尾水出水口共 8 个闸孔，采用现场预制钢筋混凝土叠梁闸门进行临时封堵，当发电厂房安装完成后进行充水试运转前，需要拆除封堵闸孔的混凝土叠梁闸门（见图 6-3）。封堵施工方法如下：

A. 混凝土叠梁闸门封堵闸孔由叠梁与门槽滑轨接触的橡胶带、钢筋混凝土预制叠梁、叠梁层间接触面的棉毡、叠梁闸门两端防渗水泥土、叠梁闸门门槽封堵水泥土的水泥砂浆、叠梁闸门迎水面叠梁层间两布三油防渗层、叠梁闸门表面满涂油膏防渗层等结构组成。混凝土叠梁闸门现场预制吊装封堵方法如下。

B. 在施工现场合适的位置布置钢筋混凝土叠梁预制场地，进行钢筋混凝土叠梁的预制。

C. 当封堵闸孔门槽埋件二期混凝土浇筑完成后，先将门槽混凝土和门槽埋件表面清理干净。

D. 在现场预制场，使用汽车吊和平板拖车将预制的钢筋混凝土叠梁转运到吊装闸孔起重设备吊钩附近。

E. 人工安装混凝土叠梁与门轨接触的橡胶止水带，然后通过现场起重设备，按照混凝土叠梁的编号从下往上依次进行混凝土叠梁吊装，将闸孔封堵起来。当每一根叠梁安装就位后，用千斤顶挤压混凝土叠梁压缩已安装的橡胶带，防止闸门渗漏水，再在已吊装的叠梁上摊铺两层棉毡，若出现层间高度不一致时，铺筑水泥干砂浆找平。

F. 混凝土叠梁门吊装完成后，在闸门的迎水面一侧，用钢管搭脚手架，在脚手架上用砂浆将封堵混凝土叠梁闸门迎水面插入门槽的两端预留的间歇用水泥砂浆封堵起来，然后用木模板支撑起来，以防止灌水泥土浆时被击穿或胀开漏浆。

G. 采用灌浆设备自下而上进行混凝土叠梁闸门两端水泥土浆液灌注。水泥土浆液配合比以水泥土凝固后用手能捏碎为原则，便于今后混凝土叠梁闸门的拆除。水泥土浆液配

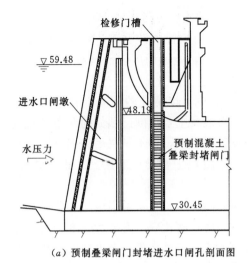

（a）预制叠梁闸门封堵进水口闸孔剖面图

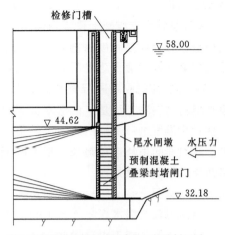

（b）预制叠梁闸门封堵尾水出口闸孔剖面图

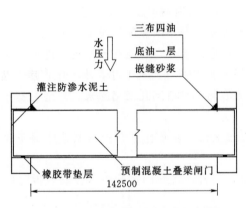

（c）进水口预制叠梁闸门封堵闸孔平面图

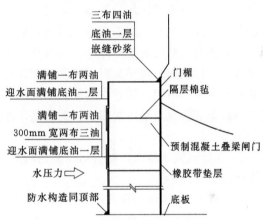

（d）进水口预制叠梁闸门封堵闸孔侧面图

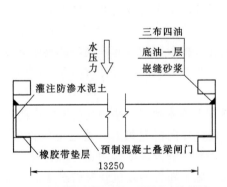

（e）尾水出口预制混凝土叠梁平面布置图

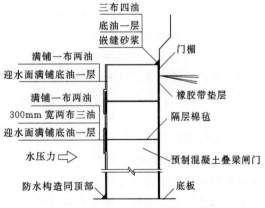

（f）尾水出口预制混凝土叠梁封堵闸孔侧面布置图

图 6-3　石虎塘航电工程预制混凝土叠梁闸门封堵发电厂房进水口、尾水出口检修闸孔布置图
（单位：高程：m，尺寸：mm）

合比为水：水泥：土＝4：1：7。水泥土浆液灌注沉淀凝固后即形成密实的防渗体。

H. 在已吊装形成混凝土叠梁闸门的迎水面一侧，用钢管搭脚手架，然后在钢管脚手架上进行迎水面叠梁层间接触缝，两布三油防渗层粘贴，叠梁闸门表面满涂油膏防渗层。当叠梁闸门表面满涂油膏防渗层后，整个闸孔封堵完成。

I. 当厂房安装完成后进行充水试运转前，需要拆除封堵闸孔的混凝土叠梁闸门。混凝土叠梁闸门的拆除方法是，由潜水员下到水中先将混凝土叠梁闸门顶面的两布三油防渗拆除。然后坝顶发电厂房闸门启闭机将吊钩钢丝绳下到水下，潜水员将吊钩钢丝绳与混凝土叠梁上所预埋的吊环连接起来，坝顶启闭机将水下混凝土叠梁从下往上以此吊出水面，转运卸到指定位置堆放处理。

采用预制混凝土叠梁闸门封堵闸孔，容易出现的问题主要是：叠梁层间和叠梁两端封堵不严，会出现较大漏水现象，严重时会淹没发电厂房；闸孔净空宽度和高度较大，叠梁层数很多时，在吊装施工中叠梁层间接触面出现间隙或不平整现象，会出现已装叠梁被压断现象，而造成叠梁损坏，不能满足受力要求。因此，采用现场预制混凝土叠梁吊装封堵方法封堵闸孔施工时，应采取有效措施，解决施工可能出现的问题。

（3）预制钢筋混凝土整体闸门的封孔方法。在导流隧洞不断流的情况下，采用预制钢筋混凝土整体闸门封堵导流隧洞进水口闸孔的施工程序主要是，首先在导流隧洞进水口闸孔顶部布置闸门启闭门架，在门架内预制钢筋混凝土整体闸门。闸孔封堵时，通过起吊门架将预制钢筋混凝土整体闸门下放到孔底，使导流隧洞进水口闸孔封堵起来。封堵主要方法如下。

1）在导流隧洞顶部，布置启闭闸门门架和工作平台，在工作平台上预制整体钢筋混凝土闸门。

2）封堵导流隧洞闸孔前用绞车和启闭滑轮组合装置，将闸门提起少许，然后拆除门底支架，利用闸门自重慢慢下沉。每扇闸门沉放时间为4～6h，闸门沉放到位直到允许淹没工作平台的时间共约8～12h。

3）闸门沉放到孔底后，快速拆除一些可拆除的起吊设备，焊接闸门顶止水角铁并浇筑混凝土，闸门前抛填黏土或土石料防渗，最后撤走全部器材设备和工作人员。

福建牛头山水电站导流隧洞进水口闸孔，采用7.0m×8.0m、重230t钢筋混凝土闸门封堵。闸孔封堵施工方法是，首先在进水口闸孔门槽顶部浇筑起吊闸门的钢筋混凝土门架，然后在门架内浇筑整体钢筋混凝土闸门。起吊门架与闸门上设计有吊耳，闸门下游面四周安装有水封，分别与门槽工作主轨、底槛、顶槛形成水密封，上游面安装有滑块，可控制闸门沿门槽反向轨道滑到槽底。预制钢筋混凝土整体闸门封堵闸孔的升降启闭，采用4台10t慢速电动卷扬机与8个8轮80t滑轮装置、导向滑轮组合，通过电气设备控制，缓慢地将预制钢筋混凝土整体闸门下放到孔底，将导流隧洞进水口闸孔封堵起来。导流隧洞进水口闸孔封堵结束后，现场机械设备通过大坝施工布置的缆机及时撤出施工现场。封堵施工布置见图6-4。

（4）现浇钢筋混凝土闸门封堵方法。现浇钢筋混凝土闸门封堵是在导流隧洞不断流的情况下采用的一种封堵方法。锦潭水电站导流洞就是采用这种方法。锦潭水电站导流隧洞进水口现浇混凝土闸门封堵结构布置见图6-5。封堵施工方法如下。

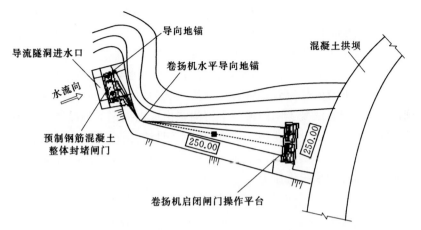

（a）预制钢筋混凝土整体闸门封堵导流隧洞进水口闸孔平面布置图

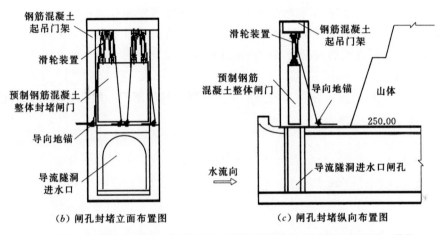

（b）闸孔封堵立面布置图   （c）闸孔封堵纵向布置图

图 6-4   牛头山预制钢筋混凝土整体闸门封堵导流隧洞进水口闸孔布置图（单位：m）

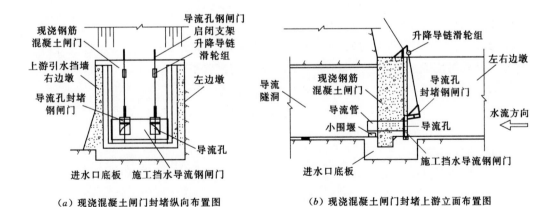

（a）现浇混凝土闸门封堵纵向布置图   （b）现浇混凝土闸门封堵上游立面布置图

图 6-5   锦潭水电站导流隧洞现浇混凝土闸门封堵进水口闸孔结构布置图

1）当导流隧洞开挖完成后修建的封堵导流隧洞进水洞口进水口建筑物，在施工导流期间使导流隧洞上游水流平顺进入导流隧洞。在进水洞口进行封堵时，左右侧边墩所设的门槽是现浇钢筋混凝土闸门、施工挡水导流钢闸门的支撑基础，承受闸门传来的水压力。施工挡水导流钢闸门槽侧面和底坎所预埋的轨道埋件还是钢闸门侧面和底面止水座，使钢闸门下闸后在水压力作用下不发生渗漏水的情况。

2）在导流隧洞进水洞口进行封堵时，首先将施工挡水导流钢闸门下到门槽内并安装通向钢筋混凝土闸门下游的导流管，将通过导流隧洞的河水挡住，上涨河水通过施工钢闸门内所设导流管穿过钢筋混凝土闸门流到下游侧，保证现浇钢筋混凝土闸门各道工序能在干地上施工。钢闸门内所设导流孔将导流隧洞进水洞口断面由大缩小到只有导流孔的过水断面，作为导流隧洞进水口最后的封堵断面，有效地减小封堵难度。还能在现浇钢筋混凝土闸门未达到28d强度时承担水压力。

3）在施工挡水导流闸门下闸后，现浇钢筋混凝土闸门将进水口全部封堵，形成导流隧洞进水口封堵闸门结构。

4）当现浇钢筋混凝土闸门浇筑达到28d强度，且大坝的实物形象进度能全面满足蓄水必备条件要求后，启动操作现浇钢筋混凝土闸门顶部所安装导流孔钢闸门启闭导链滑轮组，使活动翻板钢闸门向下转动封堵导流孔，整个导流隧洞进水洞口全部封堵完成，同时大坝开始蓄水，由现浇钢筋混凝土闸门挡水并承受大坝上游蓄水产生的水压力。

7 施工导流模型试验

在河道上修建水利枢纽工程，由于自然情况错综复杂，施工导流中导流建筑物的结构设计和布置中很多问题尚需借助于水工模型试验进行论证和解决。

水工模型试验，是依照水工建筑物的原型按一定比例缩小制成模型，模拟与天然情况相似的水流进行观测和分析研究，然后将模型试验的成果换算和应用到原型中去，以分析判断原型的情况。在模型试验中，可以使百余米高的坝在实验室里制成模型，也可把百年一遇、千年一遇甚至万年一遇的水流情况演示出来。这样，空间尺度和时间尺度都大大缩小了，在原型还未建成或实际水流现象还没有发生时，通过模型试验就可把未来的情况模拟出来，从而推断水流在原型中可能发生的情况。

通过模型试验，一方面可以获得工程结构设计所需的重要数据，有助于选择最佳方案；另一方面，也可以验证、修改设计，使工程设计建立在坚实的科学基础上，避免损失和浪费。国内外水利枢纽工程的实践证明，水工模型试验在水利水电工程的设计、施工和管理运用中都有着重要的作用。

7.1 模型试验的目的及基本资料

7.1.1 模型试验的目的

在江河流域河道上进行水利枢纽工程设计和施工时，需要进行模型试验的项目有很多，虽然模型试验的项目内容和要求各不相同，但每个试验项目必须设定试验所需要达到的目的。模型试验的主要目的如下。

（1）配合设计进行不同导流方案比较。

（2）验证导流建筑物的布置形式，揭示运用中的不良水力现象，提出相应的改进建议。

（3）校核设计的水力计算成果，为设计提出供修改和补充所需的试验数据。

（4）根据施工现场变化的水情条件和水流边界条件，进行跟踪试验，及时补充和修正原有成果资料，提出相应的对策措施，确保施工安全。

（5）对施工期间国民经济其他部门的要求，如通航、筏运、排漂、排冰等，进行专项试验研究。

7.1.2 模型试验基本资料

为了研究和解决水利枢纽工程设计和施工导流工作，需要进行模型试验验证任务。首先要收集整理模型试验所需要的基本资料，便于模型试验工作。主要基本资料如下。

（1）工程枢纽布置、施工导流布置及有关建筑物的设计图。

（2）施工导流委托模型试验任务书。

（3）施工河段范围 1/500～1/2000 地形图，包括水下地形和河床基岩等高线图。

（4）水文资料，包括水文整理资料及特征流量计算成果；坝址河段的水位-流量关系曲线、水尺坐标、各级流量实测水面线、糙率随水位流量变化关系；河流泥沙、流水、放木等资料。

（5）地质资料，包括河床覆盖层及其力学性质（如粒径级配、容重、内摩擦角等），河床地质构造、岩层走向倾角、岩性情况。

7.2 施工导流模型试验的内容和要求

水利枢纽工程施工导流模型试验的范围很广，根据工程特点和要求的不同，试验的项目可有所不同。一般水工建筑物的模型试验要解决的问题有：进口水流流态、过水能力、水面曲线、水力分布和消能防冲等。

7.2.1 束窄河床导流模型试验内容和要求

在采用分期施工导流时，一期河水从束窄河床下泄，束窄河床导流模型试验内容和要求如下。

（1）测试束窄河床的泄流能力，测绘各级流量下水位-流量关系曲线，以确定上游、下游围堰及纵向围堰顶面高程。

（2）配合设计，对束窄河床的合理束窄度进行论证。

（3）水流对纵向围堰及上游、下游围堰转角和导水翼墙的波浪爬高与其附近的流速分布，漩涡、回流的范围、强度及其冲刷、淘刷情况，为围堰结构及防冲设计提供资料。

（4）各级流量下，上游河道主流的方向和部位，束窄河床进口、出口水面衔接和波动情况，横向流速及对通航的影响，为航运部门提供船舶（队）航行的流量标准。

（5）提供适合水流情况的围堰平面布置（包括纵向围堰布置、形状、尺寸和角度）和抗冲防护措施。

7.2.2 明渠导流模型试验内容和要求

（1）观测明渠泄流能力，提供水位-流量关系曲线。

（2）观测明渠进口形式和位置以及明渠上、下游连接河段形态对水流产生的影响（收缩、跌落、扩散、折冲等）。

（3）观测各级流量下，沿程水面线、流速分布（重点观测弯道及其以下水域）以及弯道顶点两侧水面差、横向比降及纵向变化。

（4）观测沿程水流急缓程度、折冲、漩涡和水面波动等现象。

（5）观测沿渠底、渠岸、侧墙的流速分布以及冲刷、淤积情况。

（6）对明渠轴线位置、断面大小、底坡、糙率、弯道半径及纵向围堰高程进行验证，提出修改方案。

（7）观测进口水流收缩跌落，上纵围堰首部附近流速分布，提出防护措施和改进意见。

（8）出口水流衔接型式及对下纵围堰及其转角、河床、岸坡等处的冲刷，提供流速分布、冲刷范围和冲刷深度以及防护措施。

7.2.3 隧洞、底孔、涵洞导流模型试验内容和要求

导流隧洞、底孔、涵洞的进口形式和洞身有压、无压以及出口消能防冲型式各有不同，其试验内容也不同，现综合简述如下。

（1）泄流能力曲线和明流、满流、半有压流过渡的水流条件及相应流量系数。

（2）明流时，上游引渠及洞口水流是否平顺，洞身底坡、糙率及下游水位对泄流能力的影响。

（3）进口满流情况，上游立轴漩涡发生条件、部位和强度，对洞内流态和泄流能力的影响，提供消除和改善的措施。

（4）洞身进口形式（含门槽、门井）以及洞身糙率、弯道尺寸、出口压坡对洞内流态和泄流能力的影响。

（5）明流段是否设通气孔，门槽孔进水是否加封盖，对洞（孔）内流态、压力及泄流能力的影响。

（6）当两个以上底孔或堰重合布置在坝内时，要求提供多层和单独泄流能力曲线。

（7）在特征流量下，洞身、进、出口段底面和顶部及侧墙的压力分布、测压管水头线和水头损失。

（8）研究防止或降低负压的措施和效果，确定出口压坡段和孔口尺寸。

（9）弯道的两侧水位差、压强和断面流速分布，弯道下游漩涡和扰动现象；对弯道尺寸修改，必要时进行防空蚀的试验研究。

（10）洞内流速较高（大于 $10m/s$）时，应对通气和壁面不平整度进行试验研究。

（11）无压洞或涵洞，各级流量沿程水深，流速和流态（掺气、抗冲和水面波动）以及弯道、底坡、糙率，下游水位及其影响的程度。

7.2.4 未完建坝体、梳齿及缺口导流模型试验内容和要求

（1）观测不同未完建坝体高程、梳齿、缺口的上游水位与流量，提供相应的泄流能力曲线，包括堰流系数与水头关系曲线。

（2）对缺口、梳齿（含闸孔）进口轮廓、部位、宽度、高程和数量提出修改建议。

（3）各级流量下，过流面的水面线、压强和流速分布。提供负压发生的条件、部位和最大值。对坝体形状、不平整度提出要求。

（4）水流流态和消能，各缺口泄流干扰，水舌掺气，贴流和挑流情况，对坝面、鼻坎的撞击所产生的振动和冲力，以及对坝面和河床的冲刷。

（5）梳齿、坝面有施工栈桥墩时，应观测墩墙两侧和墩头墩尾水位及其侧向压力。

7.2.5 泄水建筑物出口水流衔接消能试验模型试验内容和要求

（1）挑流消能时，通过对挑距、冲刷坑范围和深度进行试验，以确定挑坎型式尺寸和高程，必要时应对差动坎进行防空蚀试验。

（2）施工期流量较小，应观测起挑和终挑情况对鼻坎的基础冲刷。

（3）底流消能时，隧洞出口过渡段型式及尺寸的确定。观测出口渥奇曲线面和侧墙压

强、流速分布，以确定无负压过流面曲线和翼墙扩散角。

（4）观测水跃形式包含跃首位置、跃长和水面形状，以确定消力池尺寸，辅助消能工的尺寸和位置。

（5）对护坦进行动水压力（时均、脉动）观测，为确定护坦厚度提供数据。

（6）出护坦水流的流速、流态及回流范围，波浪及河床冲刷，淘刷翼墙和围堰、岸坡情况。

（7）观测施工弃渣进入消力池的磨损、停淤部位及防止措施。

7.2.6 过水围堰及土石坝过水模型试验内容和要求

（1）过水围堰本身以及与其他导流建筑物联合泄流能力，观测沿过水围堰顶的流量分布情况，上、下游围堰开始溢流的上游水位及流量。

（2）各级流量下，上游水位、基坑内水位，上、下游围堰过流现象，水面衔接型式，以及水面波动和回流现象等，找出不利于围堰安全的控制流量。

（3）通过断面模型试验，观测各级流量下，溢流面的水面线、压强、流速分布，必要时对护面结构材料进行抗冲稳定试验，为溢流面防护设计提供依据。

（4）过水围堰为透水材料时，还应观测渗流对泄流量及护面块体的稳定影响。

（5）各级流量下，围堰及土石坝下游的冲刷范围、深度，以及对坝基和基坑的危害程度，对防护措施提出建议。

（6）围堰过水前，基坑充水方式及其充水流量和历时；充水时防冲措施及其效果。对使用永久建筑物（如泄水闸、发电厂房和船闸）导流，一般应纳入永久建筑物设计一并考虑，可参照上述试验内容有针对性地进行观测。

7.3 导流模型试验

7.3.1 模型试验分类

施工导流所采用的水工模型试验的种类很多。国内外的分类方法不尽相同，为了研究方便，通常从不同的角度对模型试验作如下分类。

（1）按照模型的几何比尺分类。

1）正态模型。把原型的各部尺寸（即长、宽、高三维空间尺寸）都按同一长度比例缩小（或放大）制成的模型，称正态模型。一般水工建筑物模型多采用正态模型。

2）变态模型。由于试验设备、供水量和试验场地等条件限制，使模型的水平比尺和垂直比尺不能相等。水平方向和垂直方向采用不同比例的模型称为变态模型。进行天然河道的模型试验时，因河道长度比宽度及水深要大得多，不能采用同一比例缩小，一般情况下都采用变态模型。

（2）按照模型范围分类。

1）整体模型。包括整个建筑物或整个研究对象的模型，称整体模型。整体模型一般用来研究空间水流问题。如研究工程布置和河道的整治方案，以及研究整个泄水建筑物水流型态和冲刷等空间水流问题，常采用整体模型试验。若建筑物对称也可做成半整体模型。

2）断面模型。取某一个或数个断面（沿水流方向取断面）做成的模型，称断面模型。它是研究二元水流问题的，也就是研究水流运动要素沿铅直方向和沿水流方向的变化问题。例如研究闸坝泄流，当建筑物过水宽度较大时，可从多孔闸（或坝）中取出部分孔（一孔或数孔），制成断面模型放在玻璃水槽中进行试验。断面模型可较精确地测量堰、闸的流量系数和压力分布，也可以通过断面模型试验进行局部结构的修改。有些情况下需要断面模型和整体模型相互配合进行试验。

（3）按照模型底床的性质分类。

1）定床模型。模型的各部分（包括底床）均做成固定不变的叫作定床模型。在研究建筑物的过水能力、水面曲线和应力分布等试验项目时，经常应用定床模型。

2）动床模型。用可冲动的模型材料（如砂、卵石、砾石、煤和塑料等）做底床的模型，称为动床模型。在研究建筑物下游冲刷、河床泥砂冲淤变化以及河道整治问题时，一般都做成动床模型。

以上分类方法是水工模型试验中常用的或习惯的分类方法。有时，还按照所受主要作用力、水流性质及工程特性进行模型的分类。此外，还有其他种类的模型试验，如气流模型试验（利用气流模型来研究河道及水工建筑物的水力学问题）、减压模型试验（为研究水力机械和水工建筑物的气蚀问题和局部的负压问题，在减压箱专门设备中进行的模型试验）。近年来，也常利用数学模型与水工模型相结合的复合模型来研究水利工程中的水力学问题，这些新发展都有力地推动了模型试验的进步。

7.3.2 模型试验的相似原理与相似准则

水工模型试验的目的是用模型水流来模拟和研究原型水流问题。模型试验的关键在于模型水流要和原型水流保持相似。实现这种相似所依据的理论就是相似理论，具体的相似条件称为相似准则。

（1）水流相似原理。如果两股水流，它们具有同样的边界条件和起始条件，而且决定水流状况的各种因素相互之间都处在同样的对比条件下，则不管这两股水流的尺寸大小如何不同，它们都遵循着同样的规律运动，它们各相应部位的尺寸和对应点的运动要素（如压强、流速、加速度等）之间保持着一定的比例关系。这样的两个水流就是相似的。两个相似水流之间客观规律就是水流相似原理。

相似原理是水工模型试验的理论基础。正因为进行试验的模型水流和所研究的天然水流之间存在着相似关系，所以，模型试验的成果才可能推广到原型中去。水流相似可归纳为几何相似、运动相似和动力相似。下面将分别讨论这几种相似的意义。

为了区分原型和模型的物理量，我们规定：对表示原型水流物理量的符号，均注以右下角标"p"；对表示模型流物理量的符号，均注以右下角标"m"，右下角标"r"表示比尺（见图 7-1）。

1）几何相似。为了使模型做的"象"原型，首先要几何相似。即原型和模型两个流区的几何形状，边界条件相似，其对应边长维持一定的比例关系。这就要求将原型的边界和水流的各个几何尺寸都按一定比例缩制成模型。要求原型与模型之间的有关几何比尺符合以下关系：

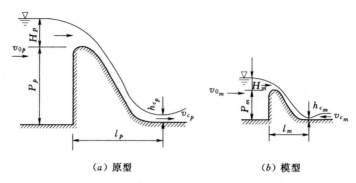

（a）原型　　　　　　　　（b）模型

图 7-1　原型与模型物理量角码符号图

长度比尺：
$$l_r = \frac{l_p}{l_m} \qquad\qquad (7-1)$$

面积比尺：
$$\omega_r = \frac{\omega_p}{\omega_m} = l_r^2 \qquad\qquad (7-2)$$

体积比尺：
$$V_r = \frac{V_p}{V_m} = l_r^3 \qquad\qquad (7-3)$$

式中　　　　l——长度，m/s；

$\qquad$ ω——面积，m^2；

$\qquad$ V——体积，m^3。

下标 r、p、m——比尺、原型、模型。

2）水流运动相似。水流的运动相似是指两个流区相应质点的运动情况是相似的。运动相似首先要求流速相似，即要求相应点的流速方向相同，流速大小维持同一比例。要求原型与模型之间的有关比尺符合以下关系：

流速比尺：
$$v_r = \frac{v_p}{v_m} = \frac{L_r}{T_r} \qquad\qquad (7-4)$$

加速度比尺：
$$a_r = \frac{a_p}{a_m} = \frac{L_r}{t_r^2} \qquad\qquad (7-5)$$

流量比尺：
$$Q_r = \frac{Q_p}{Q_m} \qquad\qquad (7-6)$$

式中　v——流速，m/s；

$\qquad$ a——加速度，m/s^2；

$\qquad$ Q——流量，m^3/s；

$\qquad$ t——时间，s。

3）动力相似。动力相似指运动水流具有质量与力的相似，即作用于原型和模型水流相应点的各种作用力，各自维持同一的比例关系。即要求原型与模型任意相应点上的各种作用力维持同一比例。要求原型与模型之间的有关比尺符合以下关系：

$$\frac{G_p}{G_m} = \frac{T_p}{T_m} = \frac{P_p}{P_m} = \frac{F_p}{F_m} \qquad\qquad (7-7)$$

式中　G——重力，N；

T——黏滞阻力，N；

P——动水压力，N；

F——惯性力，N。

若原型和模型满足了上述几何相似、运动相似和动力相似，则原型和模型的水流就是相似的。

应当指出，作用于水流上的力是很多的，要使所有作用力同时维持固定比例，是很困难的，甚至是不可能的。因此，在分析具体水流运动时，必须分清主次进行简化处理。长期生产实践和科学实验证明，任何一种实际水流的许多种作用力，其中必有一种或两种力对水流起着主导作用。只要保证起主导作用的力相似，就能使工程设计获得足够精度的成果。例如，水利工程中常见的水流，都受重力和阻力的作用，如果重力起主要作用，阻力相对于重力而言影响很小可以忽略，那么只要求做到重力相似即可。如果阻力起主要作用，重力影响很小时，则要求做到阻力相似即可。当然有些情况，重力和阻力的作用都占有同等重要的地位，则模型试验中就要求重力和阻力都相似。下面分别讨论不同情况下的相似准则。

（2）重力相似准则——弗劳德定律。水利水电工程中的某些水流，如闸孔出流、堰顶溢流、水流衔接消能等，因流程短，沿程阻力相对重力而言影响甚小，主要是受重力作用，这种情况下进行水工模型试验时，只要保持重力相似即可。

在重力作用下，液体要改变原来的运动状态，同时，液体的惯性所引起的惯性力，则企图维持原来的运动状态。水流的运动就是重力和惯性力相互作用的结果。若令 V 表示体积；a 表示加速度；ρ 表示密度；g 表示重力加速度；m 表示质量，则重力和惯性力为：

重力：
$$G = mg = \rho V g = \rho g l^3 \qquad (7-8)$$

惯性力：
$$F = ma = \rho V a = \rho l^3 \frac{v}{t} = \rho l^2 v^2 \qquad (7-9)$$

若保持动力相似，就要求原型与模型的重力和惯性力维持同一比例关系：即重力比尺为

$$G_r = \frac{G_p}{G_m} = \frac{\rho_p g_p V_p}{\rho_m g_m V_m} = \rho_r l_r^3 \qquad (7-10)$$

和惯性力比尺：
$$Fr = \frac{F_p}{F_m} = \frac{\rho_p v_p l_p}{\rho_m v_m l_m} = \rho_r v_r^2 l_r^2 \qquad (7-11)$$

由
$$G_r = Fr$$

从而得出
$$\rho_r g_r l_r^3 = \rho_r v_r^2 l_r^2$$

可写成
$$\frac{v_r^2}{g_r l_r} = 1$$

或
$$\frac{v_r}{\sqrt{g_r l_r}} = 1 \qquad (7-12)$$

式中　Fr——$\dfrac{v}{\sqrt{gl}}$，为弗劳德数；

其余符号意义同前。

重力起主要作用的两个水流保持动力相似，要求原型与模型的弗劳德数应相等，即

$$\frac{v_p}{\sqrt{g_p l_p}} = \frac{v_m}{\sqrt{g_m l_m}} \tag{7-13}$$

这就是重力相似准则，亦称为弗劳德定律。也可以说，如果两水流中相应点的弗劳德数相等，且边界几何相似，则原型水流和模型水流是相似的。

现按重力相似准则建立相似水流各参数的比例关系。由于原型和模型中的 $g_p = g_m$ 即 $g_r = 1$，则由式（7-13）整理后得流速比尺为

流速比尺：
$$v_r = \frac{v_p}{v_m} = l_r^{\frac{1}{2}} \tag{7-14}$$

则流量比尺：
$$Q_r = v_r l_r^2 = l_r^{\frac{1}{2}} l_r^2 = l_r^{\frac{5}{2}} \tag{7-15}$$

也就是说，当模型缩小为原型的 $\frac{1}{l_r}$ 时，模型流量将缩小为原型流量的 $\frac{1}{l_r^{\frac{5}{2}}}$。

时间比尺：
$$t_r = \frac{l_r}{v_r} = \frac{l_r}{l_r^{\frac{1}{2}}} = l_r^{\frac{1}{2}} \tag{7-16}$$

因此，在重力相似中，只要确定了模型的长度比尺后，其他物理量的比尺均可按 l_r 的不同次方求出来。

例 7-1 有一溢流坝，溢流堰高 60m，最大泄流量 $Q = 6250 \text{m}^3/\text{s}$，一次洪水历时为 3d（1d 按 24h 计）需要进行冲刷试验，现选定模型比尺 $l_r = 40$，试求模型的堰高、最大流量以及进行冲刷试验的洪水历时。

解： 已知 $t_r = 40$。

流量比尺：
$$Q_r = l_r^{\frac{5}{2}} = 40^{\frac{5}{2}} \approx 10000$$

时间比尺：
$$t_r = l_r^{\frac{1}{2}} = 40^{\frac{1}{2}} = 6.324$$

模型堰高：
$$h_m = \frac{h_p}{h_r} = \frac{60}{40} = 1.5 \text{(m)}$$

模型最大流量：
$$Q_m = \frac{Q_p}{Q_r} = \frac{6250}{10000} = 0.625 \text{(m}^3/\text{s)}$$

洪水历时：
$$t_m = \frac{t_p}{t_r} = \frac{3 \times 24}{6.324} = \frac{72}{6.324} = 11\text{h}21\text{min}23\text{s}$$

例 7-2 在模型比尺 $l_r = 40$ 的模型试验中：①测得流速为 0.5m/s，问换算到原型流速应为多少？②模型冲刷试验共进行 18h，问相当原型的洪水历时是多少？

解： 已知 $l_r = 40$，按重力相似准则得。

流速比尺：
$$v_r = l_r^{\frac{1}{2}} = 40^{\frac{1}{2}} = 6.34$$

原型流速：
$$v_p = v_m v_r = 0.5 \times 6.34 = 3.17 \text{(m/s)}$$

时间比尺：
$$t_r = l_r^{\frac{1}{2}} = 40^{\frac{1}{2}} = 6.324$$

原型洪水历时：
$$t_p = t_m t_r = 18 \times 6.324 \approx 114 \text{(h)}$$

（3）阻力相似准则——雷诺定律。当水流中黏滞力起主要作用，而其他作用力可以忽

略时，模型与原型水流相似的唯一条件是，必须使原型和模型中的雷诺数相等。这就是黏滞阻力相似准则，通称为阻力相似准则，亦称雷诺定律，即

$$\frac{v_p l_p}{v_p} = \frac{v_m l_m}{v_m} \text{ 或 } Re_p = Re_m \tag{7-17}$$

式中 Re——雷诺数。

（4）重力作用和阻力作用同时考虑的相似准则。用模型试验研究陡槽溢洪道过水能力和消能；研究泄洪隧洞的泄水能力、明流段的流态、水面线和消能等问题时，往往重力和阻力要同时考虑。用推证重力相似准则和阻力相似准则的类似方法，可以得出糙率比尺公式。同时考虑重力和阻力作用的相似条件为

$$\frac{v_r^2}{g_r l_r} = \lambda_r \tag{7-18}$$

式中 λ_r——沿程水头损失系数比尺。

$$\lambda_r = \frac{\lambda_p}{\lambda_m} \tag{7-19}$$

即糙率的比尺：

$$n_r = l_r^{\frac{1}{6}} \tag{7-20}$$

或

$$n_m = \frac{n_p}{l_r^{\frac{1}{6}}} \tag{7-21}$$

式（7-21）说明模型糙率为原型糙率的 $1/l_r^{\frac{1}{6}}$。

在既考虑重力作用又须同时考虑紊流混掺阻力作用时，可按重力相似准则设计模型，但应注意模型糙率。这样，模型和原型就可保持水流相似。

模型的糙率，因模型材料和加工条件而不同，常用模型材料的糙率见表7-1。

表 7-1　　　　　　　　　　常用模型材料的糙率表

材料名称	铜	有机玻璃或玻璃	木板烫蜡	刨光木板	橡皮泥地形	新铁皮	普通木板	水泥砂浆抹面
糙率 n	0.006	0.0083	0.0085	0.009～0.010	0.0095～0.01	0.011	0.011～0.012	0.010～0.013

7.3.3 模型设计

水工模型设计的任务是根据研究的对象和要求，依据相似原理和相似准则，以重演或预演原型水流运动，设计出既经济又合理的模型。模型设计主要内容是选定相似准则和确定模型种类，选定模型比尺，保证流态相似，校核模型糙率和选定模型材料。

（1）选定相似准则和确定模型种类。影响水流运动的因素是很多的。在进行模型设计时，首先应根据原型水流运动的特性，分析出主要的作用力，然后根据起主导作用的作用力，确定应采用的相似准则。

一般常见的通过闸、堰、隧洞（或涵管）等水工建筑物的水流，大都是重力起主要作用的水流，所以，一般都按重力相似准则进行模型设计。对长隧洞和渠槽、管道等进行模型设计时，则需要同时满足紊动混掺阻力相似的要求。

所以，采用模型试验的种类，应根据试验的任务和要研究的内容以及实际的情况而确

定。水利工程中常用的是正态、定床的整体模型或断面模型。

（2）选定模型比尺。水工模型试验模型比尺的确定，主要取决于研究问题的性质、模型范围、试验精度要求和原型情况，以及可供使用的场地和试验设备等。在很多情况下，模型越大越好，因为模型大，则与原型的相似性好，比尺影响较小，因此精度高，现象清晰，容易得出较可靠的成果。但是，模型制造与试验费用，以及所需的仪器设备和试验时间，均随模型尺寸的增大而增加。所以，模型比尺的选择应根据任务和精度要求，结合设备和技术可能的情况，进行综合比较而确定。在满足所需要精度的条件下，力求使试验符合多快好省的精神。在通常情况下，选择比尺常常根据可供试验的流量作控制条件来确定比尺。当然，所选的比尺必须保证在模型中能形成紊流状态的水流。

水工建筑物模型的长度比尺多介于 10～100 之间。不同的模型试验类型，其模型比尺的选择如下。

1）研究枢纽布置与泄水建筑物泄洪消能，采用整体模型，比尺不宜小于 1：150。

2）研究枢纽中部分泄水建筑物水力特性，采用局部模型，比尺不宜小于 1：80。

3）研究枢纽中某一泄水建筑物的水力特性，采用单体模型，比尺不宜小于 1：80。

4）研究枢纽中某一或某一部分泄水建筑物的水力特性，研究对象接近于二元水流时，采用断面模型，比尺不宜小于 1：50。

5）模型试验截取范围要求如下。

A. 纵向截取长度，应满足试验工作段内的水流流态不受影响。

B. 横向截取范围，应超过最高试验水位相对应的高程，并超高 100mm 以上。

（3）保证流态相似。保证流态相似是模型设计中应注意的重要问题之一。维持流态相似也是选择相似准则的一个重要条件。无论按重力相似准则或者按阻力相似准则进行模型设计，都必须保证模型与原型流态相似。

在水利水电工程中，水流紊动程度是比较充分的，所以，模型中水流也应保证是紊流状态。为了保证模型水流处于紊流状态与原型流态相似，模型水流的雷诺数以大于 4000 为宜，即 $Re_m > 4000$。

当原型有表面波浪，对模型也要求表面波显示时，模型中水面流速应大于 23cm/s。为了不使表面张力发生干扰，模型中最小水深应大于 1.5cm。

（4）校核模型糙率和选定模型材料。在模型试验中，要求模型糙率与原型糙率维持相似。但在现有技术条件下，制作模型时尚不能完全做到与原型相似，因而有些模型（如管道、隧洞等）需要进行模型糙率校正。另外，有一些沿流长度较小的模型（如堰、闸模型）只要比尺选择得当，通常无须再进行模型糙率的校正。

关于模型材料的采用，应根据需要和可能来选定，具体可参照见表 7-1。

例 7-3 有一泄洪隧洞，进口采用喇叭口形，经渐变段后变为圆洞，洞身长 325m，洞径 6m，隧洞进口高程 258.00m，洞身由钢筋混凝土衬砌，原型糙率为 $n_p = 0.015$。当万年一遇洪水时，最高库水位 329.00m，隧洞泄洪流量 450m³/s，泄洪时水温 10℃。要求通过模型试验观察进出口水流情况；校核隧洞过水能力并测定压强分布。已知试验管道供水能力为 40L/s，室内水温 20℃。

解：（1）根据模型试验的任务，可设计成整体模型在原型隧洞水流中，重力是主要作用力，故应按重力相似准则进行模型设计。

在原型隧洞水流中，重力是主要作用力，故应按重力相似准则进行模型设计。但是，因隧洞中水流紊流混掺阻力的影响也不能忽视，故也应满足阻力相似的要求。

（2）模型比尺的选择及模型流量的校核。根据试验场地面积及设备供水能力，选定模型的长度比尺 $l_r=50$。其他各物理量相应的比尺为

流量比尺：
$$Q_p=l_r^{\frac{5}{2}}=50^{\frac{5}{2}}\approx17678$$

流速比尺：
$$v_r=l_r^{\frac{1}{2}}=50^{\frac{1}{2}}=7.07$$

糙率比尺：
$$n_r=l_r^{\frac{1}{6}}=50^{\frac{1}{6}}=1.92$$

所以模型相应的数值为

洞身模型长度：
$$l_m=\frac{l_p}{l_r}=\frac{325}{50}=6.5(\text{m})$$

洞身模型直径：
$$d_m=\frac{d_p}{d_r}=\frac{6}{50}=0.12(\text{m})$$

模型最大流量： $Q_m=\dfrac{Q_p}{Q_r}=\dfrac{450}{17700}=0.0254(\text{m}^3/\text{s})=25.4(\text{L/s})$

试验管道供水设备的供水量大于模型最大流量，即
$$Q_{供}=40\text{L/s}>Q_m=25.4\text{L/s};满足试验流量的要求。$$

（3）模型流态校核。为满足阻力相似的要求，应保证模型水流为充分紊动的紊流状态。

1）原型水流的雷诺数 Re_p。

原型流速：
$$v_p=\frac{Q_p}{\omega_p}=\frac{450}{\dfrac{\pi d^2}{4}}=\frac{450}{0.785\times6^2}=15.92(\text{m/s})$$

原型水力半径：
$$R_p=\frac{\omega_p}{\chi_p}=\frac{0.785\times6^2}{2\times3.14\times3}=\frac{28.2}{18.8}=1.5(\text{m})$$

因水温10℃，查表4-1得相应的运动黏滞性系数 $\nu_p=0.0131\text{cm/s}$。则原型水流的雷诺数为
$$Re_p=\frac{v_pd_p}{\nu_p}=\frac{15.92\times100\times600}{0.0131}=\frac{9.554\times10^5}{0.0131}=7.29\times10^7$$

液体在圆管流动的 $Re_{临}=2320$。当 $Re<2320$ 时为层流，$Re>2320$ 时为紊流。$Re_p=7.29\times10^7>Re_{临}=2320$。即为紊流。

2）模型水流形态。

模型流速：
$$v_m=\frac{v_p}{l_r^{\frac{1}{2}}}=\frac{15.92}{50^{\frac{1}{2}}}\approx2.25(\text{m/s})$$

室内水温为20℃时的运动黏滞性系数 $\nu_m=0.0101\text{cm/s}$，则模型水流的雷诺数为
$$Re_p=\frac{v_md_m}{\nu_m}=\frac{2.25\times100\times12}{0.1011}=2.67\times10^5$$

$Re_p=2.67\times10^5>Re_{临}=2320$，模型中水流也是属于紊流。

（4）校核模型糙率、选用模型材料。为满足 $\lambda_p = \lambda_m$，需校核模型糙率 n_m 值。

已知模型比尺：

$$n_r = \frac{n_p}{n_m} = l_r^{\frac{1}{6}} = 50^{\frac{1}{6}} = 1.92$$

已知原型糙率：

$$n_p = 0.015$$

模型糙率：

$$n_m = \frac{n_p}{n_r} = \frac{0.015}{1.92} = 0.00782$$

查表 7-1，有机玻璃的糙率 $n = 0.0083$ 可以满足糙率相似要求，模型材料可选用有机玻璃。

7.3.4　模型试验方法与步骤

模型试验成果的准确性、真实性以及试验成果实际应用的成效，在很大程度上取决于模型设计的合理性和科学性。整体制作及每个环节的精确性和相似性，甚至每个细节都对试验成果具有较大影响。所以，模型试验除遵循严格的相似条件外，还需要精心制作，应达到模型所要求的精确度和光滑度。试验过程中模型不得发生变形和漏水，边界条件不得随意改变，控制条件需符合实际。

模型试验常用于进行基础理论研究，用以补充纯理论难以解决的问题或提供检验理论正确性的基础资料，但更多的是针对生产实际，对某个水利工程的某些方面进行具体研究，从项目委托到成果的实际应用，通常需经过以下主要过程。

（1）模型试验前，应根据试验任务和要求，编制模型试验大纲，作为模型试验研究开始以前的一个基本文件，也是开展模型试验研究的基本依据。模型试验大纲主要包括下列内容。

1）工程概况。

2）试验研究目的和内容。

3）工程设计方案和基本资料。

4）模型设计和试验研究方法。

5）主要试验设备和量测仪器。

6）预期成果目标。

7）试验研究进度计划。

8）试验研究负责人和参加人员。

9）其他。

（2）收集整理试验资料。针对研究任务，收集所建水利水电工程结构布置、地质地形、水文泥沙、施工导流方案、结构细部构造等模型设计、模型试验需要的基础性资料，并对所收集的基本资料进行认真分析和复核。

（3）模型设计。根据相似准则，判定动床、定床或正态、变态等模型类型，拟定模型比尺，划定试验范围，选择模型沙等。

（4）模型制作。河道模型的平面、断面控制及安装，河道地形的塑造，水工建筑物及桥梁等其他特殊建筑物的精细加工和安装。

（5）设备安装和准备。量水、尾水等控制设备的建造和安装，水位、流速、波浪、压力等量测仪器的检验和准备。

（6）模型验证试验。依据原型实测资料，对设计制作的检验模型进行几何、重力、阻力等模型相似性的验证试验，验证模型的流速分布、局部流态、水面线、河床变形糙率等与原型的符合程度。根据验证试验结果对模型进行适当的修改与调整，使水流处于紊流状态与原形流态相似。必要时需做模型沙的起动流速、沉速等预备性试验。

（7）模型研究课题试验。模型研究课题试验内容主要是水位与水面线试验，泄水建筑物与束窄河床泄水能力试验，流速与流态试验，时均动水压力试验，脉动压强试验，局部冲刷试验，波浪试验等。具体模型试验时，可根据试验要求选择试验内容。

（8）试验资料整理分析。将模型试验过程中的试验资料进行收集整理，绘制试验成果曲线和图表，设计和施工导流方案进行对比，找出两者存在的偏差，分析出现偏差的原因，提出修正偏差的建议与方案。

（9）试验研究成果报告。试验完成后提交模型试验研究报告。试验研究报告正文应包括工程概况、试验目的与任务、模型设计与制作、盘测仪器、试验过程、试验成果与分析、结论与建议等内容。

7.3.5 试验资料的整理与分析

在进行水工建筑物模型试验的过程中，需要使用各种量测仪器进行各种数据的记录，所量测的各种数据是模型试验成果很重要的基础资料，需要在模型试验过程中及时进行收集整理和对数据进行研究分析，试验结束后，原始资料应按有关规定整理、归档保存。

（1）试验资料整理。

1）试验资料整理内容。内容及要求模型试验的范围很广，模型试验的资料种类也很多，根据工程特点和要求的不同，所做的试验项目也有所不同，其试验资料内容也各不相同。主要的模型试验资料整理内容如下。

A. 按试验工况，绘制相应的水位、水面线图表。

B. 计算流量系数，绘制水位流量关系图表。

C. 按试验工况，绘制相应的流速分布图表。

D. 绘制流态、流向平面图，标明水边线、静水区、回流范围和主流方向，对试验中出现的特殊水流现象进行描述。

E. 按试验工况，绘制各部位相应的压强分布图表。

F. 脉动压强应以压力脉动均方根值、功率谱、概率密度和相关函数等特征描述，并绘制相应图表。

G. 局部冲刷应根据试验结果，绘制冲淤平面图以及冲坑的纵、横剖面图。

H. 波浪应以波高、周期和频谱特性等参数描述，并绘制相应图表。

2）试验资料整理要求。

A. 原始资料是试验得到的第一手资料，其正确与否，直接影响试验研究成果质量，因此，无论是采用纸质表格还是采用电子表格，试验人、计算人和校对人应本着实事求是的科学态度，对原始资料及整理负责。

B. 各类试验数据的有效位数，应与各自量测精度统一一致，并按四舍五入的规则进行取舍。同类试验数据的有效位数应相同。

C. 原始资料的归档应根据各试验单位制订的有关规章制度执行。

（2）试验资料分析方法。模型试验资料分析就是将模型试验过程中的试验资料进行收集整理，绘制试验成果曲线和图表，设计或施工导流方案进行对比，找出两者存在的偏差，分析出现偏差的原因，提出修正偏差的建议与方案。然后再根据模型试验提出的修改建议方案进行试验，验证所提建议与方案的效果，若建议方案有效，并很好解决设计中存在的问题，就按模型试验的成果进行设计结构修改。

7.4 施工导流模型试验实例

7.4.1 葛洲坝水利枢纽工程分期导流模型试验

葛洲坝水利枢纽工程分二期导流，第一期围二江和三江，江水由大江天然河道宣泄。1981年1月大江截流，同年汛期大江围堰开始挡水发电通航。二期导流时，江水从二江27孔泄水闸和二江厂房机组及三江冲沙闸宣泄。配合各设计阶段，制作导流整体模型进行了大量试验研究，选择其中几个试验实例，了解模型试验的方法和作用。

模型总体范围，上起南津关，长3km，两岸地形高度到高程70.0m，下迄宜昌市七码头，长约4.0km河道，两岸地形做至高程65.0m，宽度由坝址的2.2km至三江出口的0.8km。模型比尺100，采用正态模型。按重力相似准则设计，各种水力要素比尺为：长度、宽度、高度为100，流量比尺为100000；流速比尺为10；时间比尺为10；糙率比尺为2.15。

（1）一期土石纵向围堰布置及防冲保护试验。为实现葛洲坝水利枢纽二期工程"安全导流胜利截流"的目标，需挖除葛洲坝岛修建二江27孔泄水闸，因此需在原葛洲坝岛右侧（约120～150m处）修筑土石纵向围堰，与一期上下游土石横向围堰其同围护二江、三江建筑物施工。配合设计，对一期土石纵向围堰的布置及防冲进行保护比较试验。试验是在1：100整体模型上进行的（局部动床作防冲保护试验），试验组次见表7-2。

表7-2   试 验 组 次 表

流量/(m³/h)	下游宜昌水位/m		备　注
	上限	下限	
71100	56.12	54.25	
60000	54.79	52.75	
45000	52.59	50.68	相应洪水频率10% 按下限控制
30000	49.70	48.46	
8000	42.30		

原先不修建纵向土石围堰，在流量71100m³/s时，在葛洲坝岛头部已设防汛丁坝的挑流作用下，葛洲坝岛右侧水流产生4个宽度不大回流区，流速4～6m/s，个别点最大达6.2m/s。修建土石纵向围堰后，束窄大江河床宽度约20%，其流速更大，必须采取保护措施。配合设计做多方案比较试验，确定按"守点保线"的设计原则，在围堰上游拐角处设防冲丁坝，下流拐角处设突出的矶头。

试验表明，在流量71100m³/s时，丁坝附近流速7.2m/s，丁坝前后落差2.88m，丁坝上、下游（3号、4号断面）流速降低至5m/s以内，围堰下段坡脚流速有明显降低，最大为3.9m/s，围堰中段流速3.4m/s，纵向围堰旁回流宽度125m。因围堰防冲丁坝和葛洲坝岛防汛丁坝联合作用，使纵向段堰坡处在同流区内，简化了沿线防冲措施。葛洲坝水利枢纽工程一期土石纵向围堰水流流态见图7-2。在流量30000m³/s和45000m³/s时，大江右岸航道流速分别为3.4m/s和4.1m/s，对通航无影响。在流量50000m³/s时，航道最大流速4.9m/s，需减驳减载通航。

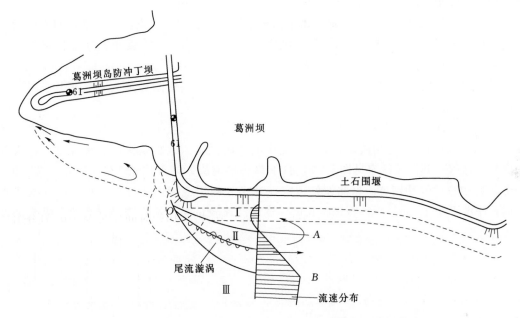

图7-2　葛洲坝水利枢纽工程一期土石纵向围堰水流流态图
Ⅰ—回流区；Ⅱ—强紊动区；Ⅲ—主流区；OA—回流区边缘线；OB—主流区分离线

　　土石纵向围堰设计轴线坐标为：$y＝6＋790$，尾部轴线坐标 $y＝6＋860$，纵向段长770m，围堰顶高程自上游61m至下游59m，顶宽10m。围堰建于河床砂卵石覆盖层，一般厚10～16m，上游丁坝处覆盖层厚18～22m，最大流速7.2m/s，集中落差2.88m，采用混凝土护坡，其下设平台顺水长约200m，宽40～60m，高程43.50m，采用铺护混凝土柔性排（每块4m×4m、5m×5m，厚1.2～1.7m用钢筋串连）。下游矶头高程45m，顺水流长80m，宽30m，用0.5～0.8m块石保护。其余沿线坡脚用0.3～0.5m块石抛填20m宽的护脚平台。为验证防护结构，尤其是防护丁坝的稳定性，做了局部动床试验。

　　动床范围：动床坑宽度300m，约为大江宽度1/3，坑长1300m，坑底高程15.00m，动床和定床连接用斜坡，并用水泥砂浆粉面。动床砂参考葛洲坝岛头和葛洲坝岛尾三组进行勘测，试坑砂卵石级配资料和钻孔获得的卵石粒径等值线图，模型砂按此粒径尺寸缩制，粒径 $d＝3.5～5.0$mm，比例为11%，$d＝1.5～3.0$mm，比例为27%，$d＝0.5～1.5$mm，比例为38%，$d＜0.5$mm，比例为38%。

　　综合试验成果如下。

　　在流量71100m³/s时，丁坝平台混凝土柔性排（尺寸为4m×4m×1m）及其坡脚抛填 0.5～1.0m 块石，未发生冲刷和坍塌现象，平台是安全的。当其坡脚用 0.3～0.5m 块石粒径抛填时，坡脚块石冲走，混凝土块崩塌两排，但混凝土块体紧贴冲坑坡，可以防止进一步淘刷。

1）束狭河床冲刷后，其冲刷料在围堰旁形成淤积，使围堰坡面流速减少，对围堰防护有利。

2）丁坝平台护脚处块石粒径应加大到 0.5m 以上。丁坝护脚平台尺寸按原设计，其余平台高程降至 43.50m，宽 20m，下游转角处平台宽 30m。

（2）一期导流时，二期上游纵向围堰头部防冲保护试验。二期纵向围堰，闸室段为永久建筑物，上纵段（长 383.49m）和下纵段（长 277.09m）为混凝土基座上接格型钢板桩围堰，钢板桩圆筒直径 19.87m，混凝土基座顶宽 22.87m，建基面为黏土质粉砂岩。

模型试验表明，上游纵向围堰在二期导流运用期，基座附近最大垂线平均流速 7～8m/s，必须采取保护措施。

为此将二江上导渠渠底作为局部动床，按基岩抗冲流速 4m/s，进行了水库蓄水（水位 63.00m）前后 2 个运用阶段、4 个流量级的冲刷试验。试验表明：水流绕过上纵头部形成局部跌落，其流速流态见图 7-3。自上纵头部堰脚起，形成长 130～145m、宽 40～45m、深 10～13m 冲刷坑。据此设计拟定在基座外侧用混凝土防冲板保护。防冲板建于岩面，厚度不小于 1m，防冲板保护长度和宽度经比较试验选定。选定方案的上纵头部保

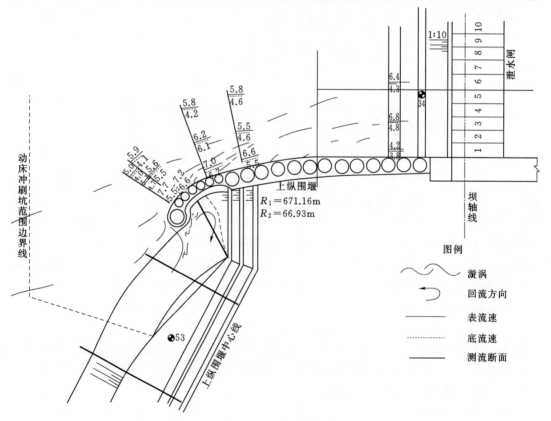

图 7-3　葛洲坝水利枢纽工程二期导流上游纵向围堰流速流态图

护宽 33m。

由于纵向围堰上弯段处于一期土石围堰基坑之外，在枯水期另筑低水围堰修建，并挖除葛洲坝岛上的防汛丁坝。上弯段建成后在一期导流度汛时起挑流作用，上纵头部冲刷尤为严重。按二期导流条件拟定的上纵头部防冲板保护宽 33m，必须再按一期导流度汛条件作局部动床试验加以验证。

模型动床砂粒径：岩基 $d_{50}=3.5$mm，覆盖层 $d_{50}=1.0$mm，模型冲刷历时 4h。一期导流度汛，当流量为 $45000\sim71100$m³/s 时，上弯段头部落差 $3.2\sim3.5$m，跌落处底流速 $5.0\sim6.0$m/s，防冲板附近河床底流速 $3.8\sim5.7$m/s，防冲板全部坍落，混凝土基座淘脚 $5\sim6$m。形成冲刷坑宽度 $74\sim110$m，长度 $130\sim200$m，冲刷深度 $14\sim22$m。最深点距基脚 $42\sim48$m（见图 7-4）。

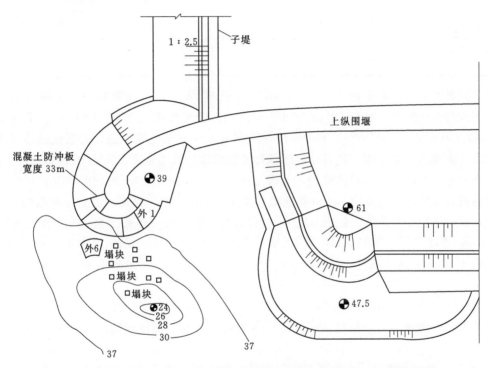

图 7-4　葛洲坝水利枢纽工程二期上游纵向围堰头部一期导流时冲刷试验图

加固措施共试验比较 10 个方案，最后选定为在大江一侧防冲板 33m 外侧加护宽 20m 的混凝土柔性排（4 排 5m×5m×1m 混凝土块体用拉筋连接）建于砂砾覆盖层上。加护后经各级流量（71100m³/s、60000m³/s、45000m³/s、30000m³/s）动床冲刷试验，河床冲刷坑下移，其最深点离防冲板基脚 $78\sim95$m，抗冲范围也缩小，防冲板连同柔性排可保持宽 $53\sim33$m 未动。试验还表明，上弯段取代葛洲坝岛防汛丁坝后，一期土石纵向围堰丁坝平台、围堰沿线及下游矶头的流速分布和流态接近原土石围堰布置方案试验结果。

二期导流泄水建筑物布置及断面形式试验。泄水闸孔数及其上、下导渠断面尺寸的选择与位于大江和二江之间的葛洲坝岛是保留还是挖除，密切相关。配合设计研究作了多种方案的试验研究。择取 4 个方案成果以说明决定挖除葛洲坝的主要缘由。

保留葛洲坝岛利用其作纵向围堰的两个方案，是二江16孔泄水闸加2台机组导流及二江19孔闸；挖除葛洲坝岛另建混凝土纵向围堰的两个方案是，二江25孔闸及28孔闸。挖除葛洲坝岛后两个方案其二江泄水闸底板高程37m，闸孔净宽12m，上导流渠底高程39.00m，下导流渠底高程37.00m，下围堰外基岩局部高程40m。该两方案的渠道尺寸及导流、截流试验成果见表7-3。

表7-3　　　　　　　　　　　　　导渠尺寸及导流、截流试验成果表

布置方案	上导渠宽度/m	下导渠宽度/m	防淤堤长度/m	导流流量71000m³/s		截流最终落差/m		
				上横围堰水位/m	护坦单宽流量/[m³/(s·m)]	7300	5200	3900
二江25孔泄水闸	456	510	1550	62.83	134	3.34	3.22	3.17
二江28孔泄水闸	510	520	1550	62.42	120	3.14	2.94	2.82

试验表明，二江泄水闸由19孔增加至25孔或28孔，可以降低大江上横围堰高度4.33～4.74m；护坦单宽流量可由170m³/(s·m)降至134～120m³/(s·m)。截流落差由4.54m降至3.17～2.82m，有利于确保胜利截流和安全导流，这是决定挖除葛洲坝岛另建纵向围堰的主要缘由。其后经枢纽布置优化研究，最终布置二江27孔泄水闸。

在上述方案的截流落差试验中，发现上下导渠占落差的81.2%～97.2%，说明导渠是影响截流落差的关键部位。下导渠断面尺寸主要取决于水电站尾水。上导渠断面形式和尺寸，试验比较了8个方案，最终结果，二江泄水闸27孔，每孔净宽12m，闸底板高程37.00m，二江上导渠长1355m，宽520m，为横向复式断面，中间深渠宽200～300m，渠底高程37.00m，两侧浅槽高程40.00m，当截流流量7300～5200m³/s时，选定方案截流试验落差2.50～2.75m。试验流量71100m³/s。

（3）纵向围堰轮廓形式选择试验。纵向围堰轮廓形式对二江导流进水流态和泄水能力影响较大。为选择合理的布置形式进行了多次试验。纵向围堰轮廓形式选择的原则要求如下。

1）二江进闸流态好，水流平顺，不致增加截流落差和二江导流壅高水位及相应围堰高度。

2）沿围堰水流平顺，流速较均匀，无漩涡回流，有利于围堰本身的安全保护。

3）上游横向围堰坡面最大流速不大于3m/s，以防冲刷。

4）上、下纵向围堰长度应满足连接段防冲要求，施工难度不大，要求上纵头部不超过6+630。

根据原审定的二江28孔泄水闸布置方案（分三区，右区9孔，中区14孔，左区5孔），纵向围堰轴线为 $y=6+702.1$（技施设计按27孔闸加7台机组的水工布置，定为 $y=6+790$），纵向围堰坝身段直线段长280m，下纵形式为700m，展宽70m，其圆弧形长度341.5m，对上纵上弯段进一步比较了三种椭圆曲线头部方案：方案I为 $x^2/250^2+y^2/100^2=1$，头部圆弧半径12.5m；方案II为 $x^2/300^2+y^2/85^2=1$，头部圆弧半

径 9.0m；方案 Ⅲ 为 $x^2/300^2+y^2/70^2=1$，头部圆弧半径 12.5m。

在试验流量 71100m³/s（二江过流 62300m³/s）二江泄水闸敞泄条件下，按 3 个方案试验结果，计算上导渠（坝上 160m 处）平均流速：方案 Ⅰ 为 5.3m/s，方案 Ⅱ、方案 Ⅲ 均为 6.10m/s。大江上横向围堰流速接近或略大于设计要求 3m/s。为改善二期导流的流速及水流情况，采用二江泄水闸闸门控制适当抬高上游水位办法，其效果是显著的。综合考虑地质、施工等因素，设计施工采用了方案 Ⅲ。

（4）下游纵向围堰防冲保护试验。下纵围堰曲线采用 $R=700m$ 的圆弧，弧长 341.5m，设计要求研究缩短长度的可能性，为此进行了以下试验。

1）下纵围堰长度验证试验。先取 13 个钢板桩圆筒连成长 277.09m 的方案，在定床模型进行试验，观测了不同流量及闸门开启两种方式（一种是开右区为主；另一种是关左区为主），在下横围堰附近的流速流态。

在流量 16300m³/s、30000m³/s、66800m³/s、71100m³/s 时，二期下游横向围堰的黏土铺盖，均位于回流区内，整个铺盖区底部和垂线平均流速在流量 30000m³/s 以下未超过 0.6m/s，离铺盖脚外 50m 最大流速和垂线平均流速 3.2m/s 和 3.3m/s；在运行期流量 66800m³/s 二江过流 58800m³/s（三江过 8000m³/s）以上时，黏土铺盖区和铺盖脚外 50m 处流速未超过 2.5m/s，均能满足设计要求 3m/s。故下纵围堰选定长度 277.09m。

2）下纵围堰基座防冲保护试验。在试验流量 66800m³/s 时，泄水闸护坦后有横向冲刷坑，紧靠下纵围堰混凝土基座边高程 20～25m，淘脚深 17m，必须采取防冲措施，以确保运行安全。

下纵围堰旁动床试验共做 5 种防冲布置比较试验。方案 Ⅰ、方案 Ⅱ 为设计方案，方案 Ⅲ、方案 Ⅳ、方案 Ⅴ 为修改方案。按二江闸分区闸门开启及三江联合组合泄流，经比较试验以方案 Ⅳ 宽度 40m 防冲板较为合适。在流量 66800m³/s 时，冲刷坑最低高程 11.00m，等高线 30m 离下纵围堰最短距离 36m，下纵沿线防冲板第一至第二排即 5～10m 未冲动，第二排冲动 4 块，位于 12 号圆筒。流量 42500m³/s、10000m³/s 时，冲坑最低高程 11.50m，冲坑范围小一些，防冲板未冲动 10～15m。试验认为，方案 Ⅳ 可以保证下纵围堰安全，推荐设计采用。设计另在下游土石横向围堰设保护平台和挑流丁堤，以保土石围堰安全。葛洲坝水利枢纽工程下纵围堰流速流态见图 7-5。

7.4.2　三峡水利枢纽工程导流明渠模型试验

三峡水利枢纽工程坝址河床开阔，江中有中堡岛将河槽分成两支，左侧为主河床，宽 700～900m，右侧后河宽 300m，形成了良好的分期导流条件。由于长江航运问题至关重要，分期导流必须结合通航方案一并研究。右岸导流明渠施工期通航和施工期不通航两种类型的各种具体布置方案，经多年深入研究比较，最后采用"三期导流，明渠通航"导流方案。第一期围中堡岛右侧后河，开挖导流明渠和修建混凝土纵向围堰，浇筑三期上游碾压混凝土围堰基础，同时兴建左岸岸边临时通航船闸。这期间由主河道泄流与通航。第二期围纵向围堰左侧的主河道，修建河床溢流坝和左岸厂房，以及左岸 5 级连续船闸，由导流明渠泄流，明渠和临时船闸通航。第三期再围右岸明渠，修建三期上游碾压混凝土围堰、右岸坝段和右岸电厂，江水由溢流坝导流底孔和泄洪深孔宣泄。船只短期从临时船闸通过，库水位达到 135.00m 后，永久船闸通航，左岸电厂首批机组发电。

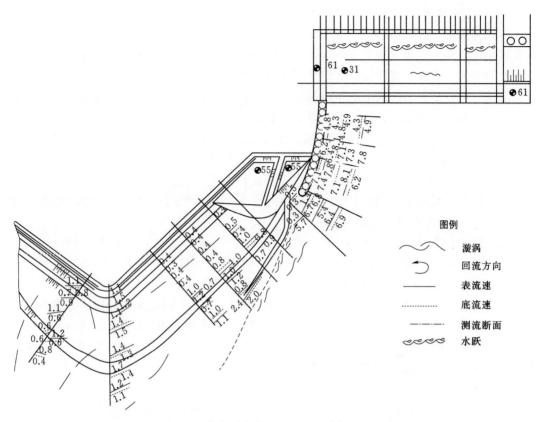

图 7-5　葛洲坝水利枢纽工程下纵围堰流速流态图

　　三峡水利枢纽工程施工导流模型试验主要在长江科学院的 1/100（宜昌）和 1/150（汉口）整体模型中进行。前者模拟上起路定河，下至黄陵庙，全长 11km，坝线以上长 4m，坝下长 7km；后者模拟河段上起茅坪，下至黄陵庙，全长 10km，坝线以上长 2.5km，坝下 7.5km。经验算，在试验范围内，模型雷诺系数 Re 均大于 10^4，模型水流在完全紊流区。一般要求的模型相似条件均能满足。

　　（1）明渠布置与断面形式试验。明渠有施工期通航和导流泄洪重任，明渠设计要满足通航流量 $20000m^3/s$（长航船队）和流量 $10000m^3/s$（地航船队）的通航水流条件及在导流泄洪流量 $79000m^3/s$ 时安全运用。

　　明渠布置在长江右岸，沿中堡岛右侧的后河，明渠是由上下游引航道，上下游圆弧连接段，以及直线渠身段所组成。以流量 $10000\sim35000m^3/s$ 试验比较了明渠宽 450m、465m 及 410m、400m、350m 的不同方案。比较试验表明：混凝土纵向围堰头部的位置和形式对通航水流条件影响很大，在堰头形式不适宜时，纵向围堰侧旁会形成回流，最大回流宽度占到明渠一半，水流挤向凹岸一侧，更增大右侧航道流速。为调整断面流速，降低右一侧航道流速，模型试验曾比较过加设隔流堤、斜流堤，采用右高左低的复式断面而以上纵头部段为弧形曲线及抬高右侧航宽内渠底的复式断面效果最好，其抬升高度应以满足航道水深为限。

　　经进一步试验研究，设计选定明渠宽 350m，明渠右岸边线长 3950m，其中渠身段长

238

1700m。明渠采用复式断面右侧高渠渠底高程 58.00m，宽 100m；左侧低渠宽 250m，底高程顺水流向为 58.00m、50.0m、45.0m、53m。明渠上游引航道段长约 1050m，其右侧宽 100m 范围高程 58.00m，左侧高程 54.00m。下游引航道段长约 1200m，其右侧宽 100m 范围高程 58.0m，左侧高程 45.00m。导流明渠左侧为混凝土纵向围堰，其轴线长 1209m，其中上纵段长 530.0m，坝身段长 113.0m，下纵段长 566.0m。上纵头部位置及曲线，经过 20 个方案的比较试验和多次修改，最后选定左侧为半圆台，其顶圆半径为 2.5m，底圆半径为 28.75m，上纵头部右侧为 1/4 椭圆曲线。导流明渠布置见图 7-6。

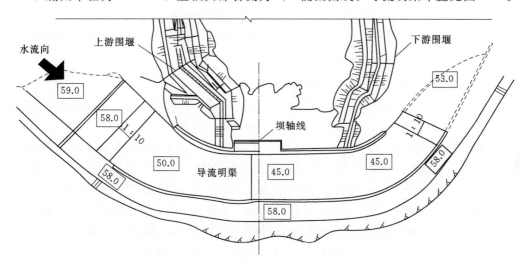

图 7-6　三峡水利枢纽工程导流明渠布置图（单位：m）

明渠的泄流能力及其防冲保护试验。模型试验提出了各特征流量的上游水位（见表 7-4）。

表 7-4　　　　　　　　　　　　明渠上游水位及泄流量表

流量/(m³/s)	83700 (P=1%)	79000 (P=2%)	72300 (P=5%)	60300 (P=10%)	50000	45000
上游苏家坳水位/m	83.77	83.16	81.17	78.35	75.25	74.53

百年一遇的校核流量 83700m³/s 时，上游水位 83.77m，据此设计确定第二期上游横向大石围堰堰顶高程 88.50m。

在通过设计导流流量 79000m³/s 时，航道范围内的最大垂线平均流速 8～9m/s。而明渠的渠底和渠坡除渠底有部分为弱风化岩面外，多为全、强风化和覆盖层。在宣泄洪水时，将遭受冲刷破坏，而恶化明渠通航水流条件。在渠坡已作护固的前提下，假设渠底弱风化顶板以上全部冲光，进行定床试验，试验流量 10000m³/s、20000m³/s、25000m³/s、30000m³/s。结果表明，右侧高渠失去了调整流态的作用，其最大水面流速和比降超过了通航要求的标准，局部区域还出现了不利航行的泡漩水流。

为了保证明渠通航水流条件，必须对明渠进行防冲保护。经比较试验，最终确定的明渠渠底保护方案为：对高渠坝轴线上游 255m 到坝轴线下游 100m 范围渠底浇混凝土保护。高低渠之间以 1∶1 的坡度连接。对左侧低渠已浇碾压混凝土围堰基础上游紧邻纵向围堰的宽 60m、长 100m 范围的渠底同样浇筑混凝土保护。按上述措施保护后，经流量 20000m³/s 试验结果表明：明渠右侧航线上的表面流速降低，泡漩水流消失，长航船队、自航船队，可沿明渠左、右两条航线上水通过明渠，全程平均对岸航速可大于 1.0m/s，满足设计通航要求。

（2）明渠上、下游航道连接河段整治试验。整治措施是将上、下游航道连接河段规划航道内的礁石开挖到高程 60.00m 以下，上游围堰堰外弃渣填筑块整治。进行了整治前与整治后对比试验，在流量 10000～30000m³/s 的对比试验结果表明：从保证上游航道连接段航深、消除跌水、泡漩等碍航流态，减少水流与航线夹角，同时从减少横向流速看，此项整治措施是必要的，也是有效的。

7.4.3 隔河岩水利枢纽工程导流隧洞模型试验

隔河岩水利枢纽工程采用枯水期围堰挡水，隧洞导流，汛期为碾压混凝土围堰和隧洞联合过水。隧洞断面为城门洞形 13m×16m。隧洞进口为喇叭口形设中墩分 2 孔，尺寸为 7m×16m，直立墙高度 12.25m，拱高 3.75m。隧洞进、出口高程分别为 75.00m 和 74.00m，洞长 695m，底坡 1.6%。喷锚衬护段洞高 16.25～16.55m。隧洞出口采用水平扩散明渠与河槽相连。上游碾压混凝土过水围堰，堰顶弧长 301m，中间河床段宽 200m，顶高程 105.00m，两边高程为 108.00m。下游土石混凝土混合围堰，堰顶高程 85.00m，导流设计流流量 12000m³/s，校核流量 13700m³/s。隧洞设计流量 3000m³/s，相应上游水位 108.00m，高于该水位时隧洞和混凝土围堰联合过水。

在比尺 1∶100 整体和比尺 1∶70 断面模型进行了大量的试验，项目有隧洞导流、隧洞和碾压混凝土过水，隧洞出口消能防冲，围堰过流面压力、施工度汛等。

（1）隧洞泄流能力。包括隧洞和碾压混凝土过水围堰单独和联合泄流（见表 7-5），当上游水位超过 105.0m、隧洞流量大于 2400m³/s 时，围堰开始过水；在流量 10000m³/s、上游水位 111.80m，围堰和隧洞流量分别为 7140m³/s、2860m³/s 时，隧洞泄流占总泄量的 28.6%。

表 7-5　　　　　　　隧洞和过水围堰单独泄流和联合泄流能力表

上游水位/m	102.52	105.65	106.77	107.89	108.95	110.92	111.80	113.38
隧洞和围堰联合泄流量/(m³/s)	2200	2440	3000	3800	5000	7900	1000	13700
隧洞流量/(m³/s)			2560	2600	2640	2830	2860	2940
围堰过流量/(m³/s)			440	1200	2360	5070	7140	10760
洞孔流系数				0.67	0.66	0.68	0.70	
下游水位/m					84.46	87.46	89.36	92.55

下游水位在 89.36m 以下（出口洞顶高程 90.00m）洞内为半有压流，用半有压流计算公式反算流量系数为 0.67～0.70。总泄量满足设计要求，但隧洞流量略小于设计流量。

（2）洞内水流形态。当流量 1500～2500m³/s，相应上游水位 94.70～105.65m，洞内为半有压流时，水流脱离洞顶的位置，离出口 90m 左右；当上游水位 113.38m，将下游水位抬高到 92.55m 后，隧洞出口完全淹没，洞内为压力流。流量 2500～4170m³/s，相应上游水位 105.65～108.46m，洞进口左侧有顺时针立轴漩涡，漩涡直径 3～4m（原型），将空气带入洞内，上游水位 112.00m 时，变成凹陷漩涡。

（3）隧洞压力分布。为观测隧洞压力分布，模型在隧洞顶部和底部中心线及两侧（距底面 4.2m）沿程共布置 70 根测压管，测量上游水位 89.73～117.00m 泄流情况下的压力。试验表明，压力分布线坡降最大处在进口段，其次为弯道段，坡降最小的是直线段和出口段。在各级流量下弯道段左侧（外侧）压力均大于右侧（内侧）压力值，以上游水位 109.49m 为例，在桩号 0+244、0+306 处，右侧为 15.8×9.81kPa、15.0×9.81kPa，左侧为 17.4×9.81kPa、16.5×9.81kPa，外侧高于内侧 1.6×9.81kPa、1.5×9.8kPa，且流量增大，上游水位升高两者相差越大。这是弯道水流离心力的作用所致。洞内最小压力在弯道出口直线段顶部，当流量在 2000m³/s、上游水位为 100.36m 时，该段顶部出现负压，最大负压值位于桩号 0+420 处，负压 1.2×9.81kPa，流速 12.6m/s。估计不会产生气蚀。

（4）隧洞出口消能防冲。隧洞出口流速 18～20m/s，出口明渠段基础为石牌页岩风化层，允许抗冲流速 3～4m/s。模型试验比较了多种消能防冲方案，推荐消力池加钢筋块石笼防护段方案，消力池长 60m，自渠底高程 74.00m，按 1:7.5 坡度降至高程 10.00m 的平底，平底长 30m，末端设尾坎顶高程 75.00m，后接 30m 长钢筋块石笼防护段，洞出口两侧翼墙按 8°向下扩散。后因隧洞施工将出口下延 42m，原消力池位置被占。实际施工方案为隧洞出口（桩号 0+666 起），采用水平护固段加堆石体尾坎。水平护固段长 70m，混凝土板 30m，钢筋笼、混凝土面板护固 40m。堆石体尾坎从高程 74.00m 起用 3～5t 块石堆至高程 80.00m，顶宽 30m。左右翼墙分别以 5°、10°向下扩散。模型试验表明，隧洞出口水流以急流射出，流速 17～20m/s，以波浪形式向下游和两岸传播。在泄流量 2400m³/s 时，跃首位于 0+740，急流段长度约 70m，跃首接近收缩水深断面（桩号 0+696），在流量 10000m³/s、13700m³/s 时，过水围堰下泄流量 7100～10700m³/s，将隧洞水流压向左岸，主流直冲隔流堤，堤头处流速 7～10m/s，将造成对堤头、左岸岸坡及下游河床冲刷。为此作了动床冲刷试验。

隔流堤头部为石渣填筑。模型动床为砂粒径 $d_{50} = 4.4$mm 的白矾石，铺砂高程 74.00m。动床坑顺水流长 240m、宽 150m，冲刷历时模型 4h，在流量 10000m³/s、17000m³/s 冲刷下，河床最低高程分别为 62.20m、55.00m，位于桩号 0+711 和 0+725 处，在桩号 0+696 处冲刷高程分别为 71.00m、67.00m。试验结果表明，隔流堤右侧冲至高程 62.00m，冲刷最为严重，应作护固防冲。

7.4.4　三峡工程导流底孔模型试验

三峡水利枢纽工程溢流坝跨缝布置 22 个导流底孔，孔口尺寸 6.0m×8.5m，底孔高程分别为 56.00m 和 57.00m。底孔为三期截流（明渠截流）的唯一分流设施，并与溢流坝内深孔、左岸电厂机组、排砂孔等共同承担三期导流泄洪任务。底孔最大工作水头 84m，最大流速 35m/s。

导流底孔模型试验的整体模型比尺 100、150 及 120 和 80，并作减压模型试验。断面模型：模型比尺 30、70 模型采用有机玻璃，取底孔 2 孔，深孔为一个孔加 2 个半孔。在

20+105 桩号的深孔中心和底孔中心上装测压管。底孔 27 个测点，孔顶板中心线 11 个，侧壁中心线 9 个，底板反弧段中心线 5 个，进口俯角处 2 个。测压孔布置见图 7-7。

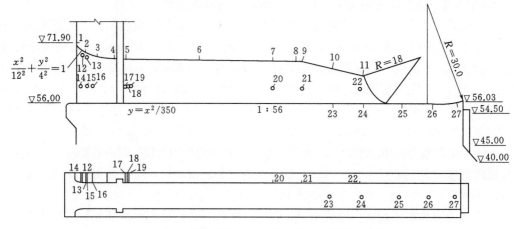

图 7-7 三峡水利枢纽工程导流底孔测压孔布置图

（1）方案比较试验。导流底孔原按短管设计，即启闭底孔的弧门处于事故平板门后，弧门上游为有压短管，门后为明流段。

短管孔口尺寸 5.8m×8m（短 1），截流落差大，修改为 6m×8m（短 2），其泄流能力可满足要求，但由于在明流段有水跃，跃后水流"封顶"，以及明流段压力特性欠佳等原因，对明流段体型作进一步优化。在断面模型上作了挑角 40°、32°、25°、15°，其相应明流段斜坡比分别为 1:5.5、1:9.8、1:15.08 及 1:28.63 的比较试验。经整体模型验证，形成可供设计选用的（短 3）方案，避免了水流"封顶"，明流段坡度更缓，压力特性明显改善。

为改善坝体结构条件，提出了长管布置方案即弧门下移，形成有压长管。长 1 方案孔口 6m×8m 长 2 孔口扩大为 6m×9m 等 7 个方案，在比尺 1/70 和 1/80 模型上进行试验。后设计单位根据专家会议审查提出的"将孔口尺寸改为 6m×8.5m 并适当提高进口高程"的建议，设计的底孔全长 111.0m，有压段长 83m，明流段长 28m。模型研究了 3 种体型尺寸，见表 7-6。

表 7-6　　　　　　　　　　　长管导流底孔体型主要尺寸表

体型	进口高程/m	出口挑角/(°)	鼻坎高程/m
1	56.00	10	55.11
2	57.00	17	57.03
3	57.00	25	58.55

试验得出，底孔流量系数 0.84～0.86。体型 1～3 在截流流量 9010m³/s、下游水位 66.30m 时的截流落差分别为 2.81m、3.78m、4.93m，说明底孔进口高程抬高，泄流能力相对减少，使截流落差增大。在库水位 135.00m，底孔单独及底孔、深孔联合运行时，体型 2、体型 3 底孔出流，因鼻坎较高，出现表面漩滚，并拍打弧门支铰的不利流态。

242

为此，底孔布置要满足截流落差小于3.5m（$Q=9010\text{m}^3/\text{s}$）、下泄水流平顺的衔接条件及推开侧边回流的影响。试验比较了底孔布置两种组合方案。

1）组合方案1号：底孔布置为中间4～19号孔选用体型1、侧边1～3号、20～22号孔选用体型2。试验结果：截流落差可小于3.5m，但因边孔横向回流影响，出口水面抬高，漩滚推向孔内冲击闸门支铰。

2）组合方案2号：底孔布置为4～19号选用体型1，侧边2号、3号和20号、21号选用体型2，边孔1号和22号为防止下泄水流的表面漩滚冲击弧门支铰，选用鼻坎挑角25°的体型3。试验结果表明，截流落差为3.13m，底孔单独泄流时，明流反弧段表面漩滚较组合方案1向下游推出约5m；深孔与底孔联合泄流时，反弧段漩滚向推下移，未撞击弧门支铰。该组合方案2能满足设计各方面要求，故为设计所采用。

（2）压力分布。上游水位135.00m，底孔和深孔全开，底孔顶板最大压力$50.33\times9.81\text{kPa}$，侧壁最大压力$53.2\times9.91\text{kPa}$，反弧段最大压力$34.93\times9.81\text{kPa}$。

（3）坝下流速分布。底孔全开，库水位135.00m，下游水位68.36m，距琐脚50m，底部逆向漩滚流速5.89m/s。库水位135.00m，底孔和深孔全开，下游水位75.66m，则底部逆向流速4.77m/s。

7.4.5 隔河岩上下游过水围堰试验

隔河岩水利枢纽工程上游为重力式碾压混凝土过水围堰，断面方头直线梯形堰，堰顶高程为105.00m和108.00m，顶宽4.64m，上游垂直面，下游为1∶0.717坡度的台阶面，台阶宽0.43m，台阶高0.60m，后设宽9.24m的平台，鼻坎高程80.00m。下游为混凝土护面的土石过水围堰，围堰顶高程85.00m，顶宽10m，按1∶5的坡度至高程80.00m的平台，平台长30m再以坡度接高程76.00～74.00m河床。

过水模型试验在整体模型比尺为100，断面模型比尺为70的情况下进行过水围堰试验。断面模型局部动床选用粒径$d_{50}=1.9\text{mm}$的黄砂作冲刷料，相当原型抗冲流速2.9m/s，模型冲沙时间为2.5h。在总泄流量5000m³/s、7500m³/s、10000m³/s、12000m³/s、13700m³/s时，扣除隧洞流量，得相应围堰过流量为1883m³/s、4231m³/s、6597m³/s、8816m³/s、10581m³/s的条件下进行断面模型试验。

（1）泄流能力。两个模型得出的过水围堰泄流能力基本一致。在整体模型试验中，上游过水围堰泄流流量及单宽流量见表7-7。根据整体模型总流量减去隧洞单泄流量而得围堰泄水流量，按堰流公式推算的流量系数为0.39～0.42。

表7-7　　　　　　　　上游过水围堰泄流流量及单宽流量表

	上游水位/m	113.38	111.80	110.92	108.97	107.89	106.77
	总流量/(m³/s)	10760	7140	5070	2360	1200	440
围堰泄流流量/(m³/s)	缺口高程108.00m	290	160	55			
	缺口高程105.00m	10470	6980	5015		1200	440
缺口高程105.00m单宽流量/[m³/(s·m)]		52.35	34.47	25.08		6.0	2.2

（2）上游过水围堰不同体型对堰后下游水流衔接的影响。试验研究的围堰体型有3种：

体型1：原布置堰顶为曲线形，堰顶高程108.00m，下游面为1：0.8斜坡线，后接高程80.00m的宽8.80m平台。水流出平台形成淹没面流和面流，平台后有回流旋滚。

体型2：方头直线阶梯形，堰顶高程108.0m，顶宽4.64m，下游面为1：0.717的坡度，设小台阶后接高程80.00m，宽9.24m的平台。出现面底流交替情况，平台下的底旋滚将动床砂，游积在平台下，使形成面流所要求的最小平台高度减小。

体型3：在体型2的基础上将高程80.00m处的平台削成1：0.717小台阶延至65.00m高程的灰岩基础上，形成底流消能。但围堰趾下游发生淹没水跃，河床底部最大流速为9.2m/s，超过了岩基河床抗冲流速5m/s。采用最终方案是上游围堰顶部留缺口（高程105.0m和108.0m）下游坡1：0.717设小台阶，高程80.00m设鼻坎平台宽9.0m，形成淹没面流消能，最大流速位于表面，防止堰脚冲刷。隔河岩水利枢纽工程上下游过水围堰水流衔接流态见图7-8。

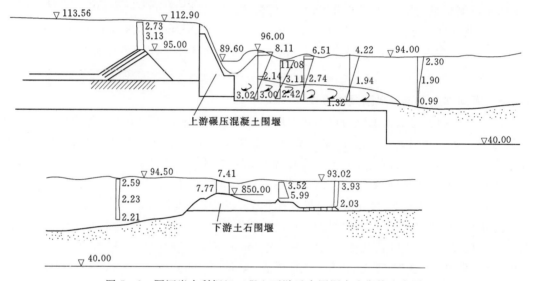

图7-8 隔河岩水利枢纽工程上下游过水围堰水流衔接流态图

（3）坝体上升对过堰水流的影响。过堰水流紧贴堰壁下跌，形成淹没面流。基坑内大坝施工后，由于未完建坝体的阻塞作用，水流在坝前基坑内激烈翻滚紊动，围堰脚下有较大回流。当未完建坝体升高至100m，基坑内形成两级水跃，即过围堰形成一级水跃再溢流未完建坝体为二级水跃时，上围堰出坎流速达8.4～9.9m/s。水流过坝后进入消力池主流居中偏左，左岸有较大回流，水面有高为2.0～2.5m的波动，对两岸有不利影响。当模型试验将11坝段缺口前块升高即由高程78.00m升至85.00m，基坑左岸突出山脊挖改成施工形象后，回流范围缩窄，消力池流态改善。

（4）上下游过水围堰压力分布。在上游碾压混凝土围堰堰顶及小台阶和消能平台面中心线上布设8个测点，当流量为5000～13700m³/s时，在顶部下游面1号、2号（高程104.00m）点最大负压为6.46×9.81kPa，其余各点为正压，堰顶流速8.2～9.2m/s。

在下游过水围堰中心线布设21个测压管，施测结果在各级流量下均为正压。各点压力随流量增加而加大，堰顶流速7.1～7.6m/s，不会产生气蚀破坏。

8 施工导流工程实例

8.1 葛洲坝水利枢纽工程施工导流

8.1.1 工程概况

葛洲坝水利枢纽工程位于湖北省宜昌市三峡出口南津关下游约 3km 处。长江出三峡峡谷后，水流由东急转向南，江面由 390m 突然扩宽到坝址处的 2200m。

葛洲坝水利枢纽工程主要由布置在大江、二江的 2 座水电站，布置在大江、三江的 3 座船闸，布置在二江的 27 孔泄水闸、布置在大江、三江的 15 孔冲沙闸以及混凝土和土石挡水坝等组成。工程的主要任务是航运，其次是发电，并且是三峡水利枢纽工程的反调节水库。

拦河大坝坝型为闸坝型式，最大坝高 53.8m，坝轴线总长 2606.5m，水电站装机 21 台，水电站总装机容量 2715MW，多年平均发电量 157 亿 kW·h。船闸单向年通过能力为 5000 万 t。水库正常水位 66.00m，坝址控制流域面积 100 万 km^2，占长江流域面积的 56%。总库容量 15.8 亿 m^3，三峡水利枢纽工程建成后 66.0～63.0m 水位间的反调节库容为 0.8 亿 m^3。27 孔泄水闸和 15 孔冲沙闸全部开启后的最大泄洪量为 11 万 m^3/s。

葛洲坝水利枢纽工程是长江上修建的第一座大型水电站，工程规模为 I 等工程，挡水建筑物、泄水建筑物、发电厂房、船闸为 1 级建筑物。枢纽设计洪峰流量 86000m^3/s，校核洪水洪峰流量 110000m^3/s。

葛洲坝水利枢纽工程分为两期施工，1970 年 12 月开工，1974 年 10 月主体工程正式施工，第一期工程于 1981 年 1—7 月，实现了大江截流、蓄水、通航和二江水电站第 1 台机组发电，1983 年 7 月一期工程全部完工。第二期工程 1981 年 2 月开始，1988 年 12 月全部完工。

8.1.2 施工导流方案

葛洲坝水利枢纽工程坝址处由于长江泥沙沉积，在长江上形成葛洲坝、西坝两岛，把长江分为大江、二江、三江，葛洲坝水利枢纽工程横跨大江、葛洲坝、二江、西坝和三江。由于葛洲坝、西坝两岛在枯水季节断流，形成天然分期导流条件。

葛洲坝水利枢纽工程采用二期导流方案。二期导流程序如下。

（1）一期围大江左岸二江、三江。葛洲坝水利枢纽一期导流时段为 1971 年 5 月至 1981 年 12 月。首先在葛洲坝岛右侧大江漫滩上修建纵向土石围堰，在二江、三江向上游修建了上游横向土石围堰，在二江、三江船闸下游出口航道修建横向三江下游围堰，在二江泄水闸和发电厂房下游修建横向二江下游围堰，从而形成一期的基坑，在一期基坑内进行葛洲坝二江泄水闸、二江发电厂房、二号船闸、三江冲沙闸、三号船闸等建筑物施工，长江水流由大江下泄。

同时，一期在二号、三号船闸下游出口航道，分别修建了三江下游凤凰桥围堰和三江下游镇川门围堰两道围堰。在二江、三江船闸下游出口航道围堰到三江下游凤凰桥围堰所围基坑内进行航道两岸和底板和三江下游大桥施工。在三江下游凤凰桥围堰到三江下游镇川门围堰所围基坑内，进行航道结构施工。

为满足二期上游钢板桩围堰施工，在一期纵向围堰上游侧修建了一道葛洲坝岛头低水头围堰。

为解决一期土石纵向围堰防冲问题。根据水工模型试验，在围堰上游转角处修建了一道纵向葛洲坝岛头防冲丁坝，在下游转角处设防冲矶头，对纵向围堰进行防冲保护。在上游丁坝与葛洲坝岛头部丁坝的联合作用下，共同挑流分担落差，使一期纵向围堰其他部位的堰体坡脚在回流区内，从而解决纵向围堰防冲问题。葛洲坝水利枢纽一期施工导流布置见图8-1。

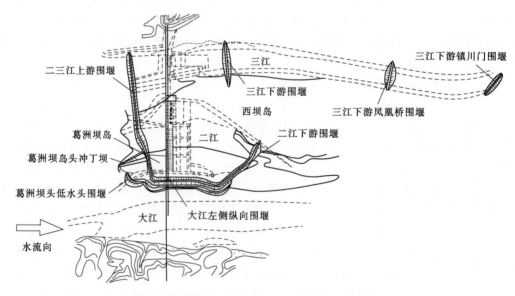

图 8-1　葛洲坝水利枢纽工程一期施工导流布置图

（2）二期围大江。葛洲坝水利枢纽二期导流时段为1982年1月至1986年1月。首先在一期二江泄水闸右导墙施工期间，在二江泄水闸右导墙的修建上、下游纵向钢板桩围堰。提前形成由左岸上、下游纵向钢板桩和二江泄水闸右导墙组成的大江左岸纵向围堰。然后在大江的上、下游分别修建横向土石围堰形成二期基坑。在基坑内进行葛洲坝大江冲沙闸、大江发电厂房、一号船闸等建筑物施工。同时，二江发电厂房能正常发电，二号、三号船闸能通航，三江冲沙闸汛期冲沙和不冲沙时挡水，二江泄水闸泄洪。葛洲坝水利枢纽二期导流围堰布置见图8-2。

8.1.3　导流标准

葛洲坝水利枢纽工程规模为Ⅰ等工程，挡水建筑物、泄水建筑物、电站、船闸为1级

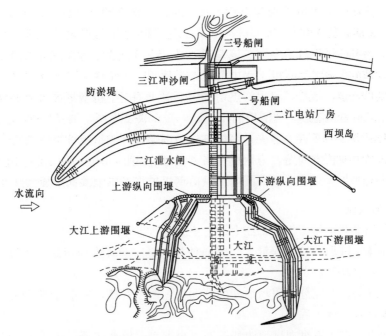

图 8-2　葛洲坝水利枢纽工程二期施工导流布置图

建筑物。枢纽设计洪峰流量 86000m³/s，校核洪水洪峰流量 110000m³/s。

葛洲坝水利枢纽一期导流建筑物均为四级临时建筑物。一期全年施工导流设计洪水标准为 10 年，流量 66800m³/s。

二期导流建筑物除保护二期基坑施工外，还担负壅高上游水位的作用，以确保二江船闸通航和二江电厂发电的任务。二期纵向围堰上纵段按三级临时建筑物设计，大江上游横向土石围堰为三级，下游土石围堰为四级。二期全年施工导流设计洪水标准约 120 年，流量 86000m³/s。

8.1.4　主要导流建筑物

（1）一期围堰工程。一期修建围堰共有 8 座，具体布置是：二江、三江围堰、二江上游围堰、三江下游围堰、三江下游凤凰桥围堰、大江左侧纵向围堰、三江下游镇川门围堰、葛洲坝岛头低水围堰、葛洲坝岛头防冲丁坝。围堰结构均为土石坝，覆盖层以上防渗体为黏土，黏土防渗体以下为混凝土防渗墙。

（2）二期围堰工程。二期围堰包括：大江上游横向围堰、下游横向围堰和二期纵向围堰。大江上游横向围堰、大江下游横向围堰与纵向钢板桩格型围堰共同形成大江基坑。围堰轴线长 1648m，高度 30～34m。最大高度 39m，基础覆盖层厚 10～15m。围堰断面形式原选用混凝土防渗墙上接黏土斜墙方案。施工过程中，堰体填筑利用黏土及砂壤土和砂砾石及黏土质粉砂岩石渣混合料，成为均质断面，并考虑依靠堰体迎水侧坡脚嵌积而起防渗铺盖作用，取消了混凝土防渗墙及黏土斜墙。围堰建成运行 5 年，未发现异常情况，说明围堰断面形式的修改是优化的。

二期纵向钢板桩格型围堰该围堰与大江上、下游横向围堰相连接，形成大江基坑。围堰轴线长 946.74m，上游围堰堰顶高程 66.00m，底部高程平均约 27.00m。下游围堰堰顶 65.00m，底部高程平均约 25.00m。在大江建筑物完建后需要进行部分拆除，经多方案研究比较，选用钢板桩格型围堰。该型围堰具有便于拆除、钢板桩可以回收重复使用等优点。这种围堰在我国水利水电工程中尚属首次使用，设计时深入研究国外水电工程钢板桩格型围堰实践经验，结合本工程特点，选用混凝土基座上接钢板桩格型围堰。钢板桩格体为直径 19.87m 的圆筒形，两圆筒间用半径 5.1m 联弧连接，钢板桩插入混凝土基座预留槽内，格体回填砂卵石料。解决了钢板桩格型围堰设计和钢板桩格体安装、回填、运行监测及格体拆除中的技术问题，为钢板桩格型围堰在我国水电工程中的应用积累了经验。大江下游横向围堰与大江上游横向围堰及纵向钢板桩格型围堰共同形成大江基坑。

8.1.5 结论与认识

（1）葛洲坝水利枢纽工程是长江上第一座大型水电站，工程规模巨大。施工导流具有水量大，江面宽，围堰填筑工程量大，围堰种类、形式多，围堰填筑、拆除施工强度高，难度大，质量要求高等特点。

（2）施工导流方案充分利用坝址处的葛洲坝、西坝两岛，选择分期导流方案科学、实用，同时减少修建围堰工程量。

（3）为解决一期土石纵向围堰防冲问题，根据水工模型试验，在围堰上游转角处修建了一道纵向葛洲坝岛头防冲丁坝，在下游转角处设防冲矶头，对纵向围堰进行防冲保护。这为我国大中型水利水电工程建设在束窄河床修建土石纵向围堰防冲技术方面提供了宝贵经验。

（4）二期施工导流采用纵向钢板桩围堰在我国首次使用，解决了钢板桩格型围堰设计和钢板桩格体安装、回填、运行监测及格体拆除中的技术问题，为钢板桩格型围堰在我国水电工程中的应用积累了经验。

（5）通过葛洲坝水利枢纽工程的施工导流，经受了一期、二期施工期间长江汛期洪水考验，保证工程能全年正常施工，同时保证一期所完成的建筑物能正常投入运行，航道畅通，证明施工导流方案科学合理。

8.2 深溪沟水电站施工导流

8.2.1 工程概况

深溪沟水电站位于四川省大渡河干流中游汉源县及甘洛县境内，坝址区位于成昆铁路长河坝车站附近的大渡河段，距成都 263km，距上游汉源县城和下游乐山金口河镇分别约 49km、22km。坝址上游 10km 处为成昆铁路汉源火车站（原乌斯河火车站），下游 22km 处为金口河火车站，工程区有省道 S306（金口河—乌斯河段）从左岸通过。成昆铁路在工程区左岸山体中穿过，在深溪沟水电站下游设有长河坝车站，坝址处铁路隧洞的高程 660.00m 左右，在坝轴线处水平埋深约 130m，在导流洞进口处对岸的山体水平埋深仅 8～10m。

深溪沟水电站建筑物自左至右依次布置左岸挡水坝、3 孔泄洪闸、1 孔排污闸、河床式发电厂房和右岸两条泄洪冲沙洞（与导流洞全结合）等建筑物。拦河大坝为混凝土重力坝，最大坝高 49.5m。该水电站总装机容量为 660MW。工程规模等别为 Ⅱ 等工程。永久性主要水工建筑物按 2 级设计，次要建筑物按 3 级设计。

深溪沟水电站于 2006 年 4 月开工，2007 年 11 月围堰截流，2010 年 6 月下闸蓄水，2011 年 6 月完工。

8.2.2　施工导流方案

深溪沟水电站坝址河床较为狭窄，根据坝址的地形条件、水文特征和枢纽总体布置以及施工特点，施工导流分为初期、中期、后期 3 个阶段。

初期施工导流，在 2007 年 11 月至 2010 年 6 月，采用围堰一次拦断河床，由大坝上下游围堰挡水，右岸 1 号、2 号导流洞过流。在上、下游围堰基坑内进行泄水闸、发电厂房等建筑物施工。

中、后期导流，在 2010 年 6 月至 2011 年 4 月导流洞下闸，由已建大坝、河床式厂房挡水，大坝 3 孔泄洪闸过流。导流洞下闸后，对导流洞出口改建为永久泄洪冲沙洞，继续进行发电厂房建筑物等结构施工。在导流洞改建成泄洪洞后，由已建大坝挡水，泄洪洞和大坝 3 孔泄洪闸联合泄流。深溪沟水电站施工导流布置见图 8-3。

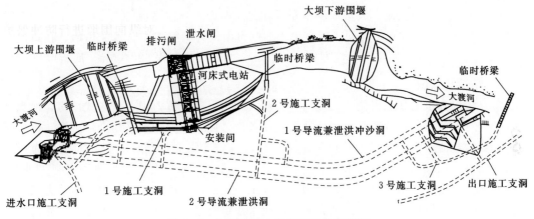

图 8-3　深溪沟水电站施工导流布置图

8.2.3　导流标准

导流建筑物，主要是大坝上、下游围堰，其级别为 4 级，导流时段为全年，相应设计标准为 20 年一遇洪水，设计流量 7890m³/s。围堰截流标准为 10 年一遇旬平均洪水，流量 1080m³/s。

8.2.4　主要导流建筑物

施工导流建筑物主要包括：导流洞（泄洪洞）、大坝上下游围堰及大坝 3 孔泄洪闸。

（1）导流洞（泄洪洞）。导流洞共设有两条，布置于右岸。根据工程设计规划，导流洞与泄洪洞全结合布置，前期作为导流洞，后期对出口改建后，作为永久泄洪洞。两条导流洞均为城门洞形有压洞，过水断面尺寸均为 15.5m×18.0m（宽×高），进口高程均为 616.00m，出口高程为 614.00m。1 号导流洞轴线长 1375.07m，底坡 $i=0.00145$，2

号导流洞轴线长 1506.54m，底坡 $i=0.00182$。

（2）大坝上游围堰。上游围堰为土石围堰，堰顶高程 660.00m，顶宽 10.0m，最大底宽 249m，最大堰高 45m。采用复合土工膜斜墙与普通混凝土防渗墙防渗。迎水面坡度为 1:2.50。堰体采用 $300g/m^2/1.0mm/300g/m^2$ HDPE 复合土工膜斜墙防渗，最大防渗高 34m，表面采用厚 10cm 挂网喷混凝土进行保护。堰基采用全封闭普通混凝土，岸坡段结合墙下帷幕灌浆共同防渗，堰肩利用灌浆平洞内的帷幕灌浆进行防渗。围堰防渗墙布置在堰体上游侧，其防渗墙施工平台高程 626.00m。防渗墙最大深度 66m，成墙面积 4680m²，左、右岸灌浆平洞长度分别为 10m 和 15m，帷幕灌浆最大造孔深度分别为 38m 和 42m，墙下帷幕最大造孔深度 29.0m。堰体堆筑总量为 83.3 万 m³。

（3）大坝下游围堰。下游围堰为土石围堰，堰顶高程 633.50m，顶宽 12.0m，长约 182.2m，最大底宽 84m，最大堰高 19m。采用复合土工膜心墙与普通混凝土防渗墙防渗。迎水面坡度 1:2.0。背水面坡度 1:1.75。堰体采用 $300g/m^2/1.0mm/300g/m^2$ HDPE 的复合土工膜心墙防渗，最大防渗高度 13.50m。

上下游均设有砂砾石垫层与过渡层。堰基采用全封闭普通混凝土墙浆防渗。防渗墙施工平台高程 620.00m，混凝土防渗墙厚 0.8m，最大深度约 57m，成墙面积 4500m²。堰体堆筑总量 13.7 万 m³。

（4）大坝 3 孔泄洪闸。大坝泄洪闸布置在河床左岸，闸顶高程 662.50m，3 孔闸室沿坝轴线总长 39.0m，3 孔闸为同一闸室单元。闸室型式为胸腔式平底板宽顶堰，孔口尺寸宽 7.0m，高 17.0m，闸室顺水流方向长 65.0m，闸底板顶高程 620.00m，底板厚 7.0m。

8.2.5 结论与认识

（1）深溪沟水电站工程位于大渡河，拦河大坝由混凝土重力坝、河床式厂房、泄水闸组成，针对大渡河水流特性、坝址处地形地质条件，施工导流初期采用全年围堰一次拦断河床，隧洞过流，保证工程能够全年施工。导流洞与泄洪洞全结合布置，前期作为导流洞，后期对出口改建后，作为永久泄洪洞，大大节省了工程投资，加快泄洪洞施工进度。中后期充分利用水电站工程永久建筑物参与施工导流的水流控制，采用混凝土重力坝、河床式厂房挡水建筑物挡水，泄水闸和泄洪洞泄水建筑物过流。整个工程施工全过程选择的施工导流方案技术先进，导流建筑物布置合理、经济，保证了工程能够顺利按期完成。

（2）上游防渗墙工期紧张，为给防渗墙施工争取时间，减小堰体填筑对其干扰，堰体防渗墙采用斜墙防渗型式，堰体防渗材料采用复合土工膜。实践证明，能较好地满足设计要求。

（3）大坝上游围堰基础河床覆盖最厚达 50.5m，以冲积含漂卵石层为主，属强透水层，具有厚度大、层次多、含漂卵石粒径大有架空、透水性强的特征，而且大坝基础坐落在基岩上，覆盖层全部挖除，上游围堰设计水位与基坑底水头差达 97m，水平渗径仅 260m。为保证安全可靠，结合工期安排，堰基防渗采用全封闭式混凝土防渗墙。

（4）由于坝址区位于乌斯河—金口河间的金口河大峡谷中，区内高山耸立，河谷深切，谷坡陡峭，呈现出典型的 V 形峡谷，现场施工道路布置困难。两条导流洞均为城门洞形有压洞，过水断面尺寸均为宽 15.5m，高 18.0m。1 号导流洞长 1373.07m，2 号导流洞长 1506.54m，过水断面大、施工难度大、强度高。为满足导流洞施工要求，通过增加施工支洞，多开工作面，采用先进开挖、支护、混凝土衬砌等先进施工技术保证了导流洞按期完成。

8.3 五强溪水电站工程施工导流

8.3.1 工程概况

五强溪水电站工程位于湖南省沅陵县境内。坝址控制流域面积 83800km^2，占总流域面积的 93%。水电站装机容量 1200MW，年发电量 53.7 亿 kW·h。采用右岸坝后式发电厂房，左岸三级船闸；河床中布置 9 孔溢流坝和 1 个中孔坝段，右侧为 3 孔溢流坝，左侧为 6 孔溢流坝。工程规模等级为 Ⅰ 等工程，临时建筑物为 4 级。

坝址河谷为宽浅型复式河床，枯水期水面宽 330m，河中有礁岛数处，礁岛右侧浅水区水深约 1～3m，河床基岩出露，无覆盖层，高程约 48.00m。礁岛左侧深水区水深 4～6m，为主航道，河床有厚 5～10m 的覆盖层，基岩高程约 34.00m。坝址基岩为砂岩、砂质板岩、石英岩互层，岩层走向与河床近乎平行，倾向右岸，倾角 40°～45°。

沅水流域属亚热带气候，雨量充沛。6—8 月为主汛期，洪水峰高量大，多呈复峰型，历时 5～7d；8 月以后洪峰多呈单峰型，历时 2～3d。12 月至次年 2 月流量最小，为枯水期。

五强溪水电站工程 1988 年开工，1994 年首台机组发电，1996 年竣工。

8.3.2 施工导流方案

五强溪水电站工程采用两期施工导流方案，其施工导流程序如下。

第一期先围右侧厂房坝段、三孔溢流坝、中孔坝段及临时船闸，由左侧束窄河槽泄流和通航，设置拖轮助航。一期围堰束窄河床断面 66%。由于河床束窄过大，为增大过水断面，在左岸结合坝头开挖，高程 50.00m 以上拓宽 30m。经模型试验，流量 16000m^3/s 时河槽主流区流速 10～12m/s，左岸岸边流速 8～10m/s，纵向围堰侧流速 6～9m/s。当遭遇 20 年一遇流量 31800m^3/s 时，基坑过水，主河槽流速有所下降，最大流速约 8～9m/s。由于河槽流速较大，经检查，左侧河槽覆盖层被全部冲走，造成下游出口处淤积，小流量时而会阻碍航行。

第二期围左侧 6 孔溢流坝、永久船闸及左岸坝段，由右侧的 5 个导流底孔及其上部的缺口泄流，临时船闸通航。发电厂房利用厂坝导墙挡水，形成单独的基坑。临时船闸设计最大流量 4000m^3/s，大于该流量时开启闸门泄洪。通航孔兼作导流底孔，闸室及上、下游导航墙兼作纵向围堰。临时船闸投入运行后，由于受横向水流的影响，实际最大通航流量约 3000m^3/s。五强溪水电站工程二期施工导流布置见图 8-4。

8.3.3 导流标准

五强溪水电站属 Ⅰ 等工程，临时性建筑物为 4 级。采用过水围堰，以降低挡水流量。过水围堰的挡水流量按实测资料分析确定。根据基坑施工强度和进度要求，按枯水期基坑不过水，洪水期一般采用只过水一次，不多于二次的原则，选定一期围堰挡水流量为 16000m^3/s，二期围堰挡水流量 18000m^3/s。围堰过水标准采用全年 20 年一遇流量

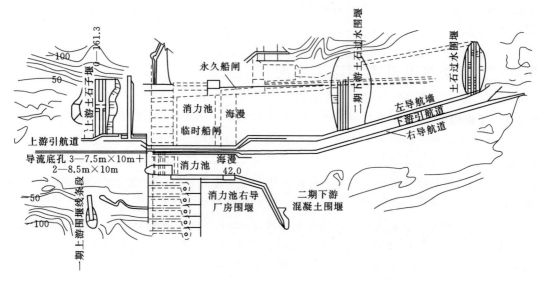

图 8-4 五强溪水电站工程二期施工导流布置图

31800m³/s。流量 16000m³/s 相当于 1.7 年一遇全年洪水，相当于 9 月至次年 4 月时段 11.8 年一遇洪水；流量 18000m³/s 相当于全年 2.2 年一遇洪水，9 月至次年 4 月时段 20 年一遇洪水。在工程实际施工过程中，基坑一年只过了一次水，达到了预期的目的。

8.3.4 主要导流建筑物

（1）一期围堰。一期上游围堰堰顶高程 66.10m，最大堰高 18.6m，长 241m；下游围堰堰顶高程 61.50m，堰高 13.5m，长 272m，纵向围堰长 1287m。

一期围堰地基条件较好，基岩出露，无覆盖层。

采用混凝土围堰，纵向围堰一期、二期共用。断面型式为在迎水面先浇一块高 3～4m 的水下混凝土，堰顶高程 50.00～51.00m，形成基坑封闭圈。枯水期在水下混凝土的围护下进行基坑抽水，随后在基坑内进行围堰清基并加高加厚，汛前达到设计高程。

（2）二期围堰。二期上游围堰采用碾压混凝土围堰，堰顶高程 75.30m，最大堰高 40.8m，顶长 185m。碾压混凝土围堰顶宽 7～9m，迎水坡垂直，背水坡 1:0.64～1:0.71。为满足碾压混凝土施工和截流需要，上游另筑一道低土石围堰，挡水流量 6000m³/s，由截流戗堤加高而成，堰顶高程 63.00m，最大堰高 24m，顶长 170m，土石方量 13.3 万 m³。

二期下游围堰采用土石过水围堰，堰顶高程 62.00m，堰高 32m，顶长 209m。土石围堰采用黏土心墙形式，过水防护，水上部分为混凝土面板，水下部分为钢筋石笼。为了永久船闸引航道和导航墙的施工，下游另增加一道土石过水围堰，挡水流量 4000m³/s，堰顶高程 54.60m，堰高约 12m。围堰形式采用黏土心墙，水上部分混凝土面板防护，水下部分大块石护脚。

（3）导流底孔。导流底孔共 5 个，在溢流坝段跨中、跨缝间隔布置。底孔断面为贴角矩形，中间 3 孔宽 7.5m、高 10m，两边孔宽 8.5m、高 10m。

252

8.3.5 结论与认识

（1）五强溪水电站工程一期围堰经历了 3 个汛期，经受了 1990 年 6 月 14 日流量 21200m³/s 和 1991 年 7 月 13 日流量 18300m³/s 的两次大洪水考验，围堰无恙。二期围堰经历了 2 个汛期，经受了 1992 年流量 18600m³/s 和 1993 年流量近 30000m³/s 的过水考验，施工正常。导流底孔经历了 3 个汛期，运行基本正常。

（2）五强溪水电站工程原定采用先围右岸的三期导流方案，后因第二期推迟，经优化采用二期导流方案，缩短了主体工程 1 年工期。

（3）导流工程创造性地采用水下施工预制混凝土组全模板和大型钢模等关键技术措施仅在一个枯水期内就建成长达 500m 的一期水下混凝土围堰，满足总进度要求。

（4）二期上游围堰采用碾压混凝土围堰，加快了施工进度，降低了工程造价。

8.4 三峡水利枢纽工程施工导流

8.4.1 工程概况

三峡水利枢纽工程是具有防洪、发电、航运等巨大综合效益的特大型枢纽工程，坝址位于湖北省宜昌市三斗坪镇，距下游已建成的葛洲坝水利枢纽约 40km。坝址控制流域面积 100 万 km²，年平均径流量 4510 亿 m³。工程采用"一级开发，一次建成，分期蓄水，连续移民"的建设方案。大坝坝顶高程 185.00m，正常蓄水位 175.00m，防洪限制水位 145.00m，枯季消落低水位 155.00m。初期按蓄水位 156.00m、防洪限制水位 135.00m 运行。

三峡水利枢纽工程从右至左布置为：茅坪溪防护坝、右岸非溢流坝段、右岸发电厂房坝段、纵向围堰坝段、河床泄流坝段、厂坝导墙坝段、左岸发电厂房坝段、左岸非溢流坝段、临时船闸等。升船机以左非溢流坝段、双线五级船闸，拦河大坝为混凝土重力坝，最大坝高 181m，坝顶长度 2309.5m。坝后式发电厂房位于泄流坝段两侧，左岸、右岸发电厂房分别安装 14 台和 12 台单机容量为 700MW 的水轮发电机组，总装机容量 18200MW。通航建筑物位于左岸，为双线五级船闸及单线一级垂直升船机。船闸可通行万吨级船队，单向年通过能力为 5000 万 t，升船机可快速通行 3000t 客轮。施工期另设一级临时船闸，配合导流明渠通航，以满足施工期通航要求。

三峡水利枢纽工程规模为 I 等工程。大坝及左导墙、发电厂房、五级船闸、垂直升船机、茅坪溪防护坝等为 1 级建筑物，右导墙（下游混凝土纵向围堰）为 3 级建筑物，下游防冲护坦为 3 级建筑物。大坝及发电厂房等 1 级建筑物按万年一遇洪水设计，洪水流量 988800m³/s。按万年一遇加大 10% 洪水校核，洪水流量 124300m³/s。

三峡水利枢纽工程分三期施工，主体工程于 1994 年 12 月开工，1997 年 11 月大江截流，2003 年 6 月水库蓄水至围堰挡水发电高程 135.00m，双线五级船闸开始试通航运行，2003 年 7 月首台机组投产运行，2008 年 10 月右岸水电站最后一台机组并网发电，2010 年 9 月水库蓄水至设计高程 175.00m。

8.4.2 施工导流方案

三峡水利枢纽工程三斗坪坝址河床宽阔，坝址处江中有中堡岛将长江分为主河床及后河，具备良好的分期导流条件。因此，基本的施工导流方案选定为分期导流，第一期先围右岸、扩宽右岸后河修建导流明渠。由于长江是我国重要的水运交通动脉，三峡水利枢纽工程施工期通航问题至关重要，必须妥善解决。分期导流方案的设计，必须结合施工期通航方案一并研究。为此，对右岸导流明渠施工期通航和不通航两种类型的多种施工导流方案做了深入的比较论证，最后选定导流明渠结合临时船闸通航的施工导流方案，即"三期导流，明渠通航"的分期导流方案。三期导流程序如下。

（1）第一期围右岸。一期导流时段为 1993 年 10 月至 1997 年 11 月。首先采用一期土石围堰围护中堡岛及后河，形成一期基坑，在一期土石围堰保护下挖除中堡岛，开挖后河修建导流明渠、混凝土纵向围堰，并预建三期碾压混凝土围堰基础部分。同时在左岸修建临时船闸，进行升船机、双线五级船闸及左岸 1～6 号机组厂房坝段和厂房等开挖项目施工。江水仍由长江主河床下泄。一期土石围堰形成后束窄河床约 30%，汛期长江江面宽约 1000m，可保证主河床的正常通航。三峡水利枢纽工程一期导流平面布置见图 8-5。

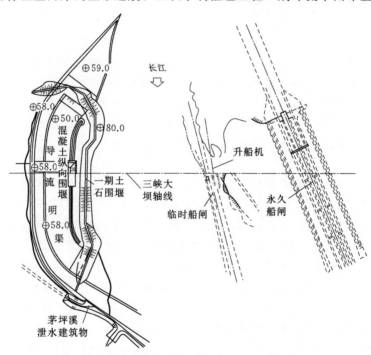

图 8-5　三峡水利枢纽工程一期导流平面布置图

（2）第二期围左岸。二期导流时段为 1997 年 11 月至 2002 年 11 月。1997 年 11 月实现大江截流后，立即修建二期上、下游土石向围堰，与混凝土纵向围堰共同形成二期基坑。在基坑内修建泄洪坝段、左岸厂房坝段及电站厂房等主体建筑物，继续修建双线五级船闸及左岸 1～6 号机组厂房坝段和厂房等建筑物。二期导流期间，江水由导流明渠宣泄，船舶从导流明渠和左岸已建成的临时船闸中通行。三峡水利枢纽工程二期导流平面布置见图 8-6。

（3）第三期再围右岸。三期导流时段为 2002 年 11 月至 2009 年。2002 年汛末完成二期上、下游土石围堰拆除，在导流明渠内进行封堵截流，建造三期上、下游土石围堰，在

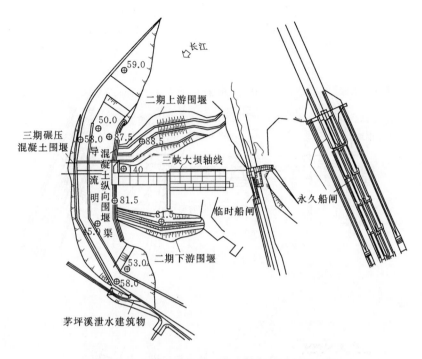

图 8-6 三峡水利枢纽工程二期导流平面布置图

其保护下修建三期上游碾压混凝土围堰并形成三期基坑。在三期基坑内修建右岸厂房坝段和右岸发电厂房,左岸各主体建筑物上部结构同时施工。明渠截流后到水库蓄水前,船只从临时船闸通行。三期上游碾压混凝土围堰建成后,导流底孔与泄洪深孔下闸蓄水。2003年 6 月,水位蓄至 135.00m,由三期上游碾压混凝土围堰与左岸大坝共同挡水,第一批机组发电,双线五级船闸通航。长江洪水由泄洪坝段内的 22 个导流底孔和 23 个泄洪深孔宣泄。2006 年,工程进入后期导流阶段,封堵导流底孔,拆除三期碾压混凝土围堰至高程110.00m(混凝土纵向围堰上纵段拆除至高程 125.00m),大坝全线挡水,右岸发电厂房陆续投产发电,长江洪水由大坝泄洪深孔、表孔及发电机组下泄,直至工程全部完建。三峡水利枢纽工程三期导流平面布置见图 8-7。

8.4.3 导流标准

三峡水利枢纽工程导流建筑物的等级划分、设计洪水标准按《水利水电工程施工组织设计规范(试行)》(SDJ 338)并结合各期导流建筑物的运用特点,分别确定。按规范,导流建筑物级别分为 3 级、4 级、5 级,三峡水利枢纽工程属特大型工程,经充分论证并经初步设计审查专家组审定,个别导流建筑物级别作了适当提高。考虑到二期上游土石围堰施工水深大,围堰设计与施工难度世界罕见,担负保护二期大坝施工重任,故将其提高一级定为 2 级建筑物。三期碾压混凝土围堰(含混凝土纵向围堰上纵堰内段),不但要保护三期基坑,还担负挡水发电和保证船闸通航的任务,围堰长期抵挡高水位(水位135m,拦蓄库容 124 亿 m³),故将其提高二级定为 1 级建筑物。其余各导流建筑物及工程施工期度汛标准根据规范规定确定(见表 8-1)。

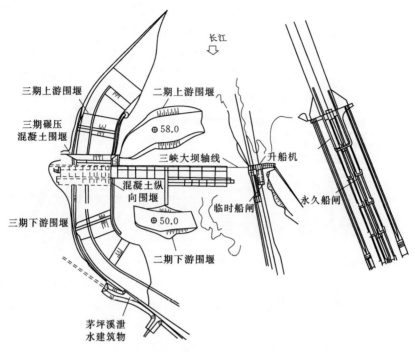

图 8-7　三峡水利枢纽工程三期导流平面布置图

表 8-1　　　　　　　　施工导流标准及设计洪水标准表

导流建筑物			频率/%	流量/(m³/s)	级别	备注
挡水建筑物	一期土石围堰		5	72300	4	
	二期上游土石围堰		1	83700	2	提高一级保护围堰，流量88400m³/s
	三期上游碾压混凝土围堰		5	72300	1	提高二级保护围堰，频率1%，流量83700m³/s
	三期上下游土石围堰		4月历史实测最大流量	17600	4	
	二期、三期上下游土石围堰		2	79000	3	
混凝土纵向围堰	上纵堰外段		1月、4月实测最大流量	83700(二期)	3	
	上纵堰内段		5	72300	1	同三期碾压混凝土围堰
	下纵段		2	79000	2	后期留作永久导墙保留
坝体施工度汛期			1	83700		
导流明渠	设计标准		2	79000	3	
	通航标准	长航船队		20000		
		地航船队		10000		

8.4.4　主要导流建筑物

（1）导流明渠。导流明渠位于右岸，其设计和布置应同时满足导流及施工通航要求。

经水工模型试验反复论证改进，选定明渠采用复式断面，轴线长 3407m，渠底最小宽 350m。右侧高渠宽 100m，底高程 58.00m；左侧低渠最小底宽 250m，采用四级高程，低渠进口渠底高程 58.00m，上纵堰头部至三期碾压混凝土围堰，渠底高程 50.00m，三期碾压混凝土围堰下游至混凝土纵向围堰尾部，渠底高程 45.00m，出口高程 53.00m。低渠进出口段连接边坡为 1:10，高低渠间连接边坡为 1:1。为满足明渠泄洪安全和不因冲蚀而恶化通航条件及施工条件，采用混凝土护底护坡与块石护岸的防护结构。导流明渠于 1993 年开工建设，1997 年 5 月开始过流，2002 年 10 月结束其导流及通航的使命。

（2）一期土石围堰。一期土石围堰位于长江主河床右侧，围堰轴线全长 2502m。围堰的主要作用是保护右岸导流明渠、混凝土纵向围堰和三期碾压混凝土围堰基础部分施工，围护基坑面积 75 万 m²。围堰主要由风化砂、石渣和块石填筑，采用柔性材料防渗墙上接土工合成材料、墙下强透水带基岩进行帷幕灌浆防渗的形式。围堰顶高程分别为：茅坪溪及上横段高程 80.00m，纵向段高程 80.00～79.00m 下横段高程 79.00m。堰顶宽度取决于构造、交通和施工要求等，分别为茅坪溪段 14.5m、上横段 12.25m、纵向段 10m、下横段 10～14.5m。

一期土石围堰于 1993 年汛前开始填筑围堰试验段，10 月全面开工建设，1994 年 6 月基本完建，1997 年 5 月拆除。

（3）混凝土纵向围堰。混凝土纵向围堰为二期、三期导流共用的建筑物，布置在中堡岛右侧，分上纵段、坝身段及下纵段 3 段，围堰轴线全长 1146.47m，其中上纵段长 462.23m，坝身段长 115m，下纵段长 569.24m。围堰采用碾压混凝土重力结构型式，其主要作用是围护二期、三期基坑，保证主体工程干地施工，同时改善水流条件，满足明渠通航要求。上纵堰外段保护二期基坑和三期碾压混凝土围堰施工，二期时拦蓄库容 20 亿 m³，堰顶高程 87.50m，顶宽 8m；上纵堰内段与三期上游碾压混凝土围堰担负拦蓄库水，确保左岸发电厂房发电，永久船闸通航的重任，设计蓄水位 135.00m，拦蓄库容 124 亿 m³，围堰顶高程 140.00m，顶宽 8m；坝身段施工期是围堰的一部分，运行期是三峡水利枢纽工程大坝的一部分，为永久建筑物；下纵堰内段兼作厂坝导墙，属永久建筑物，围堰顶高程 81.50m，顶宽 8m。混凝土纵向围堰于 1994 年开工建设，1997 年 5 月开始运行，上纵段计划于 2007 年汛前拆除。

（4）二期土石围堰。二期土石围堰是三峡水利枢纽工程二期导流的屏障，是最重要的临时建筑物之一。在二期导流期间，由二期上、下游土石围堰和先期建成的混凝土纵向围堰共同围护二期基坑，创造基坑内干地施工条件。二期上、下游土石围堰设计堰顶高程分别为 88.50m 和 81.50m，顶宽分别为 15m 和 10m，围堰轴线全长分别为 1439.6m 和 1075.9m，堰体材料主要由风化砂、石渣料、石渣混合料、块石料、过渡料等组成，采用塑性混凝土防渗墙上接土工合成材料、墙下强透水带基岩作为帷幕灌浆的防渗形式。

二期土石围堰于 1996 年开始进占截流戗堤非龙口段，其堰体尾随进占，1997 年 11 月 8 日实现大江截流，1998 年 6 月围堰达临时度汛断面，8 月完工，2002 年 5 月和 7 月，上、下游土石围堰分别拆除破堰进水。

（5）三期碾压混凝土围堰。三期碾压混凝土围堰平行于大坝布置，围堰轴线位于大坝轴线上游 114m，围堰轴线全长 580m，围堰右侧同山坡相接，左侧与混凝土纵向围堰上纵堰内段相连。三期碾压混凝土围堰为重力式坝型，围堰顶高程 140.00m，顶宽 8m，最大底宽 107m，最大堰高 121m。围堰防渗基本采用二级配富灰碾压混凝土，基础采用帷幕灌浆防渗，幕后钻设基础排水孔。为缓解三期碾压混凝土围堰混凝土浇筑强度，围堰按二阶段施工方案实施，第一阶段施工明渠断面以下基础部位（高程 50.00m、58.00m）和右岸坡堰块，于明渠截流前完成；第二阶段在渠截流后，用一个枯水期的时间从第一阶段施工的堰体断面继续施工至堰顶。

三期碾压混凝土围堰基础部位于 1994 年开工，1997 年 4 月完成堰体第一阶段浇筑，5 月明渠过流。2002 年 12 月 16 日施工第二阶段堰体，2003 年 4 月 16 日围堰浇至堰顶高程 140.00m。2007 年汛前拆除至高程 110.00m。

（6）三期土石围堰。三期上、下游土石围堰设计堰顶高程分别为 83.00m（由于三期碾压混凝土围堰施工进度大大提前，三期上游土石围堰只挡 3 月洪水，经分析确定取消高程 72.00m 以上堰体的施工）和 81.50m，顶宽分别为 15.00m 和 10.00m，围堰轴线全长分别为 441.28m 和 447.45m，堰体材料主要由风化砂、石渣料、石渣混合料、块石料、过渡料等组成，采用自凝灰浆、高压旋喷灌浆防渗墙上接土工合成材料，墙下强透水带基岩进行帷幕灌浆的防渗型式。

三期土石围堰于 2002 年 10 月开始进占截流戗堤非龙口段，堰体尾随进占，同年 11 月 6 日实现明渠封堵截流，12 月 8 日，三期基坑抽水至高程 58.00m 以下，2003 年 3 月围堰完工。2003 年 3 月底，三期碾压混凝土围堰可自行挡水。下游围堰计划于 2007 年汛前拆除。

8.4.5 结论与认识

（1）三峡水利枢纽工程采用"三期导流、明渠通航"的施工导流方案。一期土石围堰于 1993 年 10 月下河填筑，2003 年 6 月 1 日起工程如期蓄水发电，实现了"蓄水、通航、发电"三大目标。实践表明，该工程采用"三期导流、明渠通航"的施工导流方案是科学合理的。

（2）采用高低渠方案及高渠部分段进行混凝土防护，实践证明明渠能满足通航及导流要求。

（3）一期土石围堰是三峡水利枢纽工程中首先在长江中施工的项目，为二期围堰施工提供经验，也为类似工程提供了成功案例。

（4）纵向围堰均采用碾压混凝土筑坝，上纵最大堰高 90m，为其他类似 RCC 提供经验。

（5）三期碾压混凝土围堰高 124m，要求碾压混凝土日上升 1.0m，日填筑 1.98 万 m^3，使我国的碾压混凝土筑坝水平大大向前推进。

（6）长江水量大、截流水深，致使围堰工程量大、工期紧、施工强度高，在各期围堰施工中遇到不少技术难题，但通过施工实践，取得了成功的经验，其中碾压混凝土围堰挡水发电、导流底孔与深孔联合度汛、导流底孔跨缝布置的处理方法、二期围堰施工措施等都具有三峡水利枢纽工程特色，为类似工程提供经验。

（7）三峡水利枢纽工程规模巨大，施工导流贯穿工程施工的全过程，施工导流方案的正确选择关系工程顺利建设成败。结合工程坝址地形地质条件与枢纽布置方案，以满足工程施工安全，尽早发挥工程效益，保障长江水运交通畅通，节省工程投资，降低施工难度为原则，经多方案比较论证，采用施工导流方案为世界巨型水利水电工程施工导流提供了典型之作。

8.5 小浪底水利枢纽工程施工导流

8.5.1 工程概况

小浪底水利枢纽工程位于河南省孟津县与济源市交界处、黄河中游最后一段峡谷的出口处，上距三门峡水利枢纽 130km，下距郑州花园口 128km，是黄河干流在三门峡水利枢纽以下唯一能够取得较大库容的控制性工程。坝址控制流域面积 69.4 万 km^2，占黄河流域面积的 92.3%。水库总库容 126.5 亿 m^3。水电站总装机容量为 1800MW。小浪底水利枢纽工程由拦河大坝、泄洪排沙系统和引水发电系统三部分组成。拦河大坝为壤土斜心墙堆石坝，最大坝高 154m，坝顶长 1667m，坝顶宽 15m，大坝总填筑方量为 5185 万 m^3。泄洪排沙系统由 3 条孔板泄洪洞、3 条明流泄洪洞、3 条排沙洞、1 条正常溢洪道和 3 座两级出水消力塘组成。引水发电系统由 6 条引水发电洞、1 座地下发电厂房、1 座主变室、1 座尾闸室和 3 条尾水洞组成。工程于 1991 年开工，主体工程 1994 年 9 月开工，1997 年 10 月下旬实现主河床截流，1999 年 10 月 25 日下闸蓄水，2000 年 1 月 9 日首台机组并网发电，2001 年主体工程基本完工。

8.5.2 施工导流方案

（1）导流方式。小浪底水利枢纽工程坝址处河谷宽近 700m，呈 U 形，两岸有一级、二级滩区或基岩平台；河床覆盖层厚度一般为 30～40m，最深达 80m。根据地形特点和水文特征，选定围堰一次拦断河床，隧洞导流的导流方式。小浪底水利枢纽工程导流建筑物布置见图 8-8。

（2）导流时段划分。根据水文分析，全年分汛期和非汛期两个时段，汛期为 7—10 月，非汛期为 11 月至次年 6 月。汛期实测最大流量 17000m^3/s，非汛期常见流量为 500～1000m^3/s。汛期、枯水期不同频率流量分别见表 8-2 和表 8-3。

表 8-2　　　　　　　　　　　　汛期不同频率洪峰流量表

频率 P/%	0.1	0.2	0.33	1	5
流量/(m^3/s)	26640	24760	20550	17340	16170

表 8-3　　　　　　　　　　　枯水期不同频率逐月平均流量表

月份		1	2	3	4	5	6	11	12
流量 /(m^3/s)	$P=10%$	740	790	1450	1330	1180	1130	1910	960
	$P=5%$	830	930	1640	1490	1290	1320	2390	1090

（3）导流程序及导流流量。工程开工第 1 年至第 4 年，进行 3 条导流隧洞施工，同时利用右岸 300～400m 滩地，进行部分坝体填筑施工，河水由原河床下泄。第 4 年 10 月下旬截流，河水由 3 条导流隧洞下泄。非汛期利用枯水围堰挡水，洪峰流量为 2210m^3，第

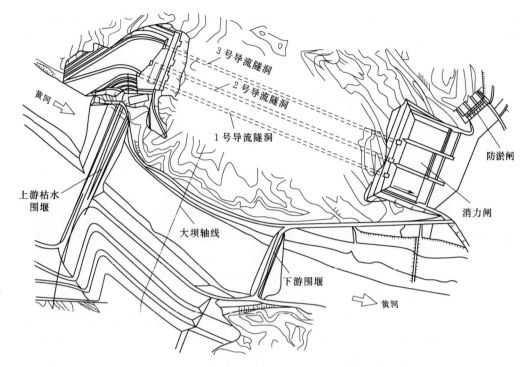

图 8 - 8　小浪底水利枢纽工程施工导流布置图

5 年至第 7 年导流程序和导流流量见表 8 - 4。

表 8 - 4　　　　　　　　　　　　　导流程序和导流流量表

施工年限 项目	第 5 年		第 6 年	第 7 年
设计标准/%	5 （枯水期）	1 （汛期）	0.33	0.1
设计流量/（m³/s）	2210	17340	20550	26640
泄水建筑物	3 条导流隧洞	3 条导流隧洞	2 条导流隧洞，3 条 排沙洞	3 条排沙洞，3 条孔板 洞，3 条明流洞
最高库水位/m	150	177.3	194.56	231.38
下泄流量/（m³/s）	2210	8740	7620	8584
最大蓄洪量/亿 m³	1.5	4.16	8.96	44.88
坝下游水位/m	135.2	137.91	137.7	138.0
挡水建筑物	枯水围堰	高水围堰	坝体	坝体
下闸封堵及发电		汛后封堵 1 条导流隧洞	汛后封堵 2 条导流隧洞	1 月初 2 台机组发电

8.5.3　导流标准

　　小浪底水利枢纽为Ⅰ等 1 级工程，按《水利水电工程施工组织设计规范（试行）》（SDJ 338—89），导流建筑物为 3 级，应按 20～50 年一遇洪水设计。鉴于围堰与坝体结合，拦洪库容大于 4 亿 m³，围堰一旦失事，不仅拖延工期，而且还将影响下游京广铁路和两岸人民生命财产安全，按照规范规定，将围堰挡水标准提高到按 100 年一遇洪水设计。

大坝度汛标准：

（1）截流后第一年，非汛期由枯水期围堰挡水，按枯水期 20 年一遇洪水设计；汛期（1998 年）由度汛围堰拦洪，按汛期 100 年重现期设计。

（2）大坝施工期，1999 年汛期由大坝临时坝体挡水，按 300 年一遇洪水设计；2000 年三条导流隧洞全部改建成孔板洞泄洪，汛期按设计运行工况 1000 年一遇洪水标准泄洪。

8.5.4　主要导流建筑物

（1）导流隧洞。结合水工布置，3 条导流隧洞断面形式均为圆形，直径 14.5m，布置在左岸。其中 1 号导流隧洞洞身长度为 1220m，2 号、3 号导流隧洞洞身长度分别为 1183m 和 1149m。导流隧洞导流任务完成后均改建成龙抬头孔板泄洪洞。

（2）上游枯水围堰。上游枯水围堰为 4 级建筑物，堰型为土质斜墙堆石围堰，最大堰高 24.5m，采用混凝土防渗墙、铺盖防渗。

（3）上游度汛（高水）围堰。为壤土斜墙堆石围堰，与主坝相结合，为 3 级建筑物，最大堰高 59m。利用黄河天然淤积形成的铺盖防渗。

（4）下游围堰。下游围堰按 100 年一遇洪水、相应导流隧洞最大下泄流量 $8740\text{m}^3/\text{s}$ 设计，采用斜墙堆石断面，基础采用水平防渗。

8.5.5　导流隧洞下闸封堵及蓄水发电

（1）封堵时间。黄河流量从 11 月起呈下降趋势，在次年 3 月底、4 月初有一次桃汛，经三门峡水库调蓄后，桃汛流量一般不超过 $2210\text{m}^3/\text{s}$，7 月初进入主汛。可用于封堵导流隧洞的时间仅 7 个月，考虑到导流隧洞封堵后将改建成为泄洪洞，其改建工作量大，故导流隧洞封堵时间安排在 11 月上旬开始。

（2）封堵程序及封堵流量选择。导流隧洞封堵分两期进行。

1）第 1 期（第 5 年汛后），封堵 1 号导流隧洞，下闸标准为 11 月 10 年一遇月平均流量 $1910\text{m}^3/\text{s}$。

2）第 2 期（第 6 年汛后），封堵 2 号、3 号导流隧洞。先下 2 号导流隧洞闸门，利用 3 号导流隧洞过水，下闸流量仍为 $1910\text{m}^3/\text{s}$。3 号导流隧洞下闸时，三门峡水库控制下泄流量为 $800\text{m}^3/\text{s}$，计入区间流量 $143\text{m}^3/\text{s}$，下闸流量 $943\text{m}^3/\text{s}$。

（3）蓄水发电。根据大坝和发电系统施工进度安排，第 6 年 10 月底具备发电条件。在同年 11 月封堵导流隧洞，水库蓄水至发电水位需要蓄水量 15.6 亿 m^3。11 月、12 月两个月共蓄水 15.9 亿 m^3，可以满足第 7 年初 5 号、6 号两台机组的发电蓄水量要求。

8.5.6　结论与认识

（1）采用大规模导流建筑物。导流工程采用大断面导流隧洞及高围堰等大规模的导流建筑物，共设 3 条直径 14.5m 导流隧洞；上游土石围堰高 59m，其混凝土防渗墙深 71m。总工程量居我国水利水电工程前列。

（2）导流标准高，流量大。围堰汛期导流标准由 30 年一遇提高到 100 年一遇，洪水流量虽经三门峡水库调蓄后，仍高达 $17340\text{m}^3/\text{s}$；坝体挡水，导流标准提高到 300 年一遇洪水；封堵后坝体度汛标准采用 1000 年一遇洪水，即按设计运行工况泄洪。

（3）导流隧洞与泄洪隧洞相结合。小浪底工程将 3 条导流隧洞设计成与永久泄洪洞相结合，完成洪水度汛的导流任务后，改建为龙抬头式孔板泄洪洞，继续担负永久泄洪任务。

8.6 二滩水电站工程施工导流

8.6.1 工程概况

二滩水电站位于四川省攀枝花市境内的雅砻江下游，为雅砻江流域梯级开发的第一座水电站，总库容 58 亿 m^3，总装机容量 3300MW。

坝址区河谷狭窄、岸坡陡峻，基岩由玄武岩和正长岩等组成。工程以发电为主，枢纽由混凝土拱坝、左岸地下厂房系统、右岸两条泄洪洞及左岸过木机道组成。

二滩水电站工程大坝为抛物线型混凝土双曲拱坝，最大坝高 240m，坝顶高程 1205.00m，坝顶宽 11m，坝顶弧长 774.7m，拱冠坝底厚 55.74m、厚高比 0.232。坝体混凝土总量 424.2 万 m^3，坝体设 7 个表孔、6 个中孔。此外，在高程 1080.00m，左、右各设 2 个 3m×2m（宽×高）的底孔，作为泄洪和放空水库之用。

二滩水电站工程于 1991 年 9 月正式开工，1993 年 11 月实现大江截流进行主体工程施工，1997 年 11 月导流隧洞下闸封堵，由大坝临时导流底孔导流，1998 年 5 月 1 日导流底孔下闸，水库蓄水，同年 8 月第一台机组并网发电，1999 年 12 月 3 日 6 台机组全部投产发电，2000 年竣工。

8.6.2 施工导流方案

根据二滩水电站工程建筑物的特征及坝址区地形、地质、水文气象等条件，施工导流采用一次拦断河床、土石围堰挡水、隧洞泄流、基坑全年施工的导流方案。二滩水电站工程施工导流平面布置见图 8-9。

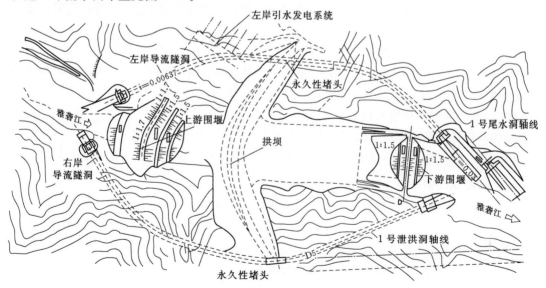

图 8-9 二滩水电站施工导流平面布置图

8.6.3 导流标准

按《水利水电工程施工组织设计规范（试行）》（SDJ 338—89）的规定，二滩水电站工程为Ⅰ等工程，相应临时建筑物为 4 级，考虑到该工程规模较大，使用年限较长，故提高为 3 级。施工围堰挡水标准设计时采用 30 年一遇洪水，相应洪水流量为 13500m³/s；实际施工时，将上游围堰加高 4m，挡水标准提高为 50 年一遇，相应洪水流量 14600m³/s。

8.6.4 导流程序

二滩水电站从河床截流到坝体临时导流底孔的封堵，施工导流全过程可分为初期导流和后期导流。后期导流划分为后期导流Ⅰ阶段和后期导流Ⅱ阶段，其导流程序及主要特性见表 8-5。

表 8-5 二滩水电站工程施工导流程序及主要特性表

导流程序		时　段	设计流量/(m³/s)	挡水建筑物	泄水建筑物
初期导流	截流	1993 年 12 月 10 日（设计）实际 11 月 26 日	100～1500		左、右岸导流隧洞
	围堰挡水	1993 年 12 月 10 日至以后的连续 3 个汛期	13500（实际 14600）	上、下游围堰	左、右岸导流隧洞
后期导流	后期导流Ⅰ阶段	第 4 个汛期起至 1997 年 11 月 10 日	14600～17340	拱坝未完建坝体	左、右岸导流隧洞
		1997 年 11 月 10 日左、右岸导流隧洞下闸	≥1500	拱坝未完建坝体	临时导流底孔
		1997 年 11 月 10 日至 1998 年 4 月左、右岸导流隧洞堵头施工	≥1500	拱坝未完建坝体、导流隧洞闸门	临时导流底孔
		1998 年 5 月 1 日临时导流底孔堵头施工	≥1500	拱坝未完建坝体	拱坝泄洪放空洞
	后期导流Ⅱ阶段	1998 年 5 月 1—31 日临时导流底孔堵头施工		拱坝未完建坝体、导流底孔闸门	拱坝泄洪中孔、底孔及右岸泄洪隧洞
		1998 年 6 月 1 日至大坝完建	≥17340	拱坝未完建坝体	拱坝泄洪中孔、底孔及右岸泄洪隧洞

8.6.5 主要导流建筑物

二滩水电站主要导流建筑物有：导流隧洞、河床围堰、临时导流底孔等。

（1）导流隧洞。导流隧洞分设于大坝左、右两岸，左洞长 1089.75m，右洞长 1167.05m，断面均为城门洞形，净高 23m，净宽 17.5m，单洞过水面积 379m³，为大断面导流隧洞。

二滩水电站左、右岸导流隧洞沿线大部分洞段地质条件较好，处于高地应力区，最大主应力值 20～35MPa。二滩水电站工程导流隧洞施工历时两年，共运用 4 年，顺利完成了导流和漂木任务。在运行期间，各年汛期最大洪水流量在 5410～8170m³/s 之间，隧洞始终处于明流状态，洞内最大流速约 14m/s。

（2）河床围堰。上游围堰为黏土心墙堆石围堰，堰顶高程1066.00m，顶宽12m，最大堰高60m（原设计为56m，实际施工加高4m），堰基防渗采用高压旋喷防渗墙。

下游围堰为黏土斜墙堆石围堰，堰顶高程1030.00m，堰顶宽10m，堰基防渗亦采用高压旋喷防渗墙。

（3）临时导流底孔。二滩水电站工程在拱坝10～22号坝段底部专设了4个4m×6m（宽×高）导流底孔，设计泄量1500m³/s。

二滩水电站工程采用特大型隧洞导流，最初并未设置导流底孔，但因导流隧洞要满足雅砻江汛期大量漂木要求，进口未设中墩。为使导流隧洞进口大跨度闸门在导流隧洞堵头施工的枯水期内只承受低水头，以减轻闸门及门槽在结构设计上的难度，并为拱坝横缝灌浆赢得时间，故专设了导流底孔，用于控制导流隧洞堵头施工期间的上游水位不超过闸门门顶高程。导流底孔在导流隧洞堵头施工完成后即被封堵，不参加其他各施工阶段导流。

8.6.6　结论与认识

（1）二滩水电站工程导流隧洞具有规模大、泄流能力强且位于高地应力区的特点，但随着施工机械化程度和技术水平的提高，只要地质条件许可、措施得当，对于修建在狭谷的高坝工程，更多地采用大型以至特大型导流隧洞，其施工工期已非制约因素。

（2）二滩水电站工程河床围堰采用土质心墙和斜墙围堰，堰基为旋喷防渗墙，取得了较好的效果，经过4个汛期拦洪考验，防渗墙实际承受水头超过70m，堰基渗水量微小，扣除施工弃水，不超过50m³/h，且土质斜墙或斜心墙由于与堰体升高的干扰较小，常被优先采用。

8.7　溪洛渡水电站工程施工导流

8.7.1　工程概况

溪洛渡水电站工程位于四川省雷波县和云南省永善县接壤的金沙江峡谷段，是一座以发电为主，兼有拦沙、防洪和改善下游航运等综合效益的大型水电站，可将下游沿江城市防洪标准提高到百年一遇。

水电站由混凝土双曲拱坝、左右岸地下发电厂房、泄洪隧洞等建筑物组成，水电站装机容量12600MW，正常蓄水位高程600.00m，坝顶高程610.00m，双曲拱坝最大坝高278.0m，库容115.70亿m³。

根据《水电枢纽工程等级划分及设计安全标准》（DL 5180）和《防洪标准》（GB 50201），枢纽工程为Ⅰ等大（1）型工程，主要永久建筑物级别为1级。

8.7.2　施工导流方案

溪洛渡水电站工程坝址处河谷狭窄，两岸谷坡陡峻，河谷断面呈基本对称的窄U形。河床覆盖层厚10.0～35.0m，坝基、坝肩均为坚硬完整的玄武岩。坝区河段径流峰高量大、历时长，枯水期河面宽90.0～110.0m。枢纽布置方案采用混凝土双曲拱坝挡水、泄洪洞和坝体孔口联合泄流、左右岸地下厂房的布置方式。鉴于工程规模巨大，其发电经济效益和社会效益显著；控制第1台机组发电的施工关键线路为大坝施工，大坝基坑工程量大，施工历时长，加之坝址所在河段河谷狭窄、岸坡陡峻等。若采用枯期导流方式不仅导流布置困难、技术难度大，而且将推迟发电工期和总工期，直接影响工程综合效益。故确定初期导流采用一次断流围堰挡水、隧洞过流，主体工程全年施工的导流方式，后期导流采用坝体临时挡水、导流建筑物（导流洞、导流底孔）与水工泄洪建筑物（深孔、泄洪洞）联合泄流、主体工程全年施工的导流方式。

（1）初期导流：2007年10月导流洞完建，同年11月上旬河道截流，2007年12月至2008年6月进行围堰基础防渗墙和围堰堆筑施工。2008年7月至2011年6月，由上、下游围堰挡水，6条导流洞联合泄流。

（2）后期导流：2011年7—10月，大坝临时挡水，由6条导流洞联合泄流；2011年11月中旬下闸封堵1、6号流洞，2011年12月至2012年6月由2～5号导流洞泄流；2012年7—10月，大坝临时挡水，由坝体上1～6号导流底孔和2～5号导流洞联合泄流；2012年11月中旬下闸封堵2～5号导流洞，2012年11月由1～10号导流底孔泄流；2012年12月上旬下闸封堵1号、2号、5号、6号导流底孔，封堵期由3号、4号、7～10号导流底孔泄流；2013年5月初3号、4号导流底孔下闸蓄水，2013年6月底第一批机组具备发电条件；2013年7—10月，大坝临时挡水，由4条泄洪洞（4条14.0m×12.0m）、8个泄洪深孔（8个6.0m×6.7m）和7～10号导流底孔共同宣泄。2013年11月中旬，7～10号导流底孔下闸，2013年11月至2014年4月进行3号、4号、7～10号导流底孔封堵，封堵期由8个泄洪深孔泄流。根据发电要求，控制上游水位在高程540.00m以上；2013年10月坝体接缝灌浆全部完成，2014年2月底大坝泄洪表孔金属结构安装完成，2014年6月下旬大坝工程及各泄水建筑物全部完建，工程枢纽投入正常运行。溪洛渡水电站工程施工导流布置见图8-10。

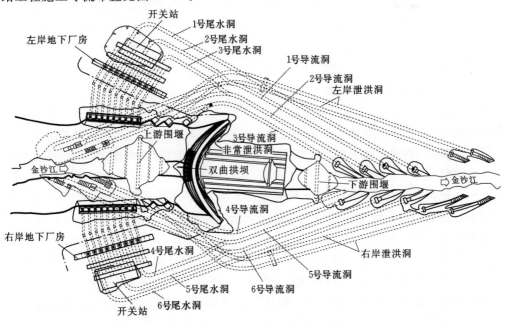

图8-10　溪洛渡水电站工程施工导流布置图

8.7.3 导流标准

（1）初期导流标准。上、下游围堰均采用土石围堰。对于土石类导流建筑物，相应的导流标准为洪水重现期 50～20 年。鉴于本工程的水文资料实测年限长达 53 年，实测年最大洪水流量接近 30 年一遇标准，且 30 年、50 年标准对应的围堰工程规模、施工强度和投资均差异不大。结合初期导流标准风险决策分析及溃堰研究成果，同时考虑到溪洛渡水电站的工程规模和发电效益，为确保水电站的发电工期，选择初期导流标准为 50 年一遇，相应的设计流量 32000m³/s。

（2）后期导流标准。根据坝体施工进度，2011 年汛前坝体最低浇筑高程 478.00m，接缝灌浆高程 439.00m，2012 年汛前坝体最低浇筑高程 535.00m，接缝灌浆高程 499.00m，均已超过上游围堰顶高程 436.00m，坝体具备挡水条件。根据《水利水电工程施工组织设计规范》（SDJ 338）中"坝体施工期临时度汛洪水标准"，高程 439.00m、499.00m 对应的库容均大于 1.0 亿 m³，故本阶段选择 2011 年、2012 年汛期坝体临时度汛洪水标准为 100 年一遇，相应设计流量为 34800m³/s。

2013 年汛前坝体最低浇筑高程 601.00m，接缝灌浆高程 586.00m，库容达 90.8 亿 m³，根据《水利水电工程施工组织设计规范》（SDJ 338）和《水利水电工程施工导流设计导则》（DL/T 5114），鉴于 1～6 号导流洞和 1 号、2 号、5 号、6 号导流底孔均已下闸封堵，3 号、4 号导流底孔已下闸，第一批机组已发电，但大坝溢流表孔尚未具备设计泄洪能力，故本阶段选择 2013 年度汛洪水标准为 200 年一遇，相应设计流量 37600m³/s。

8.7.4 主要导流建筑物

溪洛渡水电站工程施工导流建筑物主要由上、下游土石围堰、导流洞、导流底孔组成。

（1）上、下游土石围堰。大坝上、下游围堰均采用土石围堰。上游围堰进行了碎石土心墙、碎石土斜心墙、土工膜心墙和土工膜斜墙围堰的比选，经堰型比较得知：碎石土斜心墙围堰，具有布置条件和适应变形的能力较好，堰体堆筑和防渗墙施工干扰小，围堰可在一个枯水期完建挡水，能满足度汛工期要求。借鉴二滩水电站围堰工程成功的经验，上游围堰采用碎石土斜心墙围堰。

上游围堰顶高程 436.00m，最大堰高 78.0m，堰顶宽 12.0m。迎水堰面坡度 1：2.5，背水堰面坡度 1：1.75。堰体防渗采用碎石土斜心墙，最大高度 58.0m；堰基防渗采用塑性混凝土防渗墙，防渗墙施工平台高程 381.00m，混凝土防渗墙最大深 45.0m，厚 1.0m。

下游围堰采用土工膜心墙围堰。下游围堰顶高程 407.00m，最大堰高 52.0m，堰顶宽 12.0m。迎水堰面坡度 1：2，背水堰面坡度 1：1.75。堰体防渗采用土工膜心墙，最大高 33.8m；堰基防渗采用塑性混凝土防渗墙，防渗墙施工平台高程 378.20m，混凝土防渗墙最大深 45.2m，厚 1.0m。

（2）导流洞。导流洞的布置应与水利工程枢纽布置相协调，优选洞线，减少导流洞长度，缩短导流洞工期，以利于提前发电。坝区河床基岩及两岸谷坡主要由二叠系上统峨眉山玄武岩组成，岩体致密、坚硬完整，构造变形微弱，成洞条件较好。在导流流量和围堰规模确定的条件下，根据工程枢纽布置和坝区的地形、地质条件，导流洞可以采用较大的断面尺寸，进行了四洞、五洞、六洞导流方案比较。综合考虑导流洞施工、单洞泄流量、出口消能、封堵期承受的水头以及与工程枢纽布置，特别是导流洞与厂房尾水洞结合布置的条件等因素，并参照国内二滩水电站等已建工程导流洞规模，采用两岸各布置3条导流洞的施工导流方案。经水力、结构计算及综合论证，确定导流洞断面尺寸18.0m×20.0m（宽×高），混凝土衬厚1.0～2.0m，断面形式采用城门洞形。

根据水工枢纽布置和坝区的地形、地质条件，导流洞采用在两岸坝肩与厂房取水口之间各布置三条导流洞、进口高程采用五低一高的布置方案。从左至右，左岸依次为1号、2号、3号导流洞，右岸依次为4号、5号、6号导流洞，1号、2号导流洞分别与水工2号、3号尾水洞结合布置，5号、6号导流洞分别与水工4号、5号尾水洞结合布置。导流洞断面尺寸为18.0m×20.0m（宽×高），断面形式均为城门洞形。根据导流洞引渠段底坡衔接，同时考虑到改善截流和施工条件，经水力计算，确定1～5号导流洞进口底板高程均为368.00m，6号导流洞进口底板高程380.00m；1号、2号、5号、6号导流洞均采用尾水洞出口底板高程362.00m，3号、4号导流洞出口底板高程均为364.50m；1～5号导流洞进口闸室均采用地下竖井式。

（3）导流底孔。根据导流洞下闸分堵、下游供水和水库蓄水发电的要求，导流底孔分两个高程设置。在坝体高程410.00m的13～18号坝段内布置1～6号6个低高程导流底孔，孔口尺寸$b×h=5m×10m$；在坝体高程450.00m的11号和20号坝段内布置了7～10号4个导流底孔，孔口尺寸为$b×h=4.5m×8m$。

8.7.5 结论与认识

（1）溪洛渡水电站施工期采用河床一次断流、围堰挡水、基坑全年施工的导流方案。施工导流具有导流工程规模大、导流流量大、导流时段长等特点。通过施工导流设计，为主体工程施工的顺利实施提供了有力保障。

（2）溪洛渡水电站工程导流洞为世界上规模最大的导流洞工程。左右岸各布置3条导流洞，断面尺寸18m×20m，洞群规模大，流态复杂，进口采用地下闸门井结构，有效地解决了水电站进水口和导流洞进口之间的施工干扰，为确保2007年截流目标创造了有利条件。

（3）溪洛渡水电站工程围堰工程规模大，堆筑工程量和基础处理工程量大。上游围堰最大堰高78m，其高度在世界土石围堰工程中名列前茅。借鉴二滩水电站工程的成功的经验，上游围堰采用碎石土心墙，有效地协调了基础防渗墙施工和围堰堰体堆筑间的施工矛盾。

8.8 向家坝水电站施工导流

8.8.1 工程概况

向家坝水电站位于云南省水富县（右岸）和四川省宜宾县（左岸）境内金沙江下游，是金沙江水电基地最后一级水电站。上距溪洛渡水电站坝址157km，建筑物主要由混凝土重力挡水坝、左岸坝后厂房、右岸地下引水发电系统及左岸河中垂直升船机和两岸灌溉取水口组成。大坝挡水建筑物从左至右由左岸非溢流坝段、冲沙孔坝段、升船机坝段、坝后厂房坝段、泄水坝段及右岸非溢流坝段组成；发电厂房分设于右岸地下和左岸坝后，各装机4台，单机容量均为750MW，总装机容量6000MW，左岸坝后厂房安装间与通航建筑物呈立体交叉布置。坝顶高程 383.00m，最大坝高 161m，坝顶长度 909.3m。

8.8.2 施工导流方案

向家坝水电站工程采用分期导流方式，一期先围左岸，在左岸滩地上修筑一期土石围堰，在一期基坑中进行左岸非溢流坝段、冲沙孔坝段的施工，并在非溢流坝及冲沙孔坝段内共留设 6 个 10m×14m（宽×高）的导流底孔及高程 280.00m、宽 115m 的缺口；同时在一期基坑中进行二期混凝土纵向围堰、上、下游引泄水渠等项目的施工，由束窄后的右侧主河床泄流及通航。

2011 年 11 月开始加高导流缺口，2012 年大坝拦洪度汛，大坝临时度汛标准为全年 100 年一遇洪水，相应洪峰流量 34800m³/s，由 6 个导流底孔和 10 个永久中孔联合泄流度汛。汛后于 2012 年 10 月上旬下闸封堵导流底孔，水库蓄水。从主河截流至永久升船机投入运行，金沙江坝区河段断航，水运货物采用翻坝转运和经济补偿的综合处理方式。向家坝水电站工程施工导流布置见图 8-11。

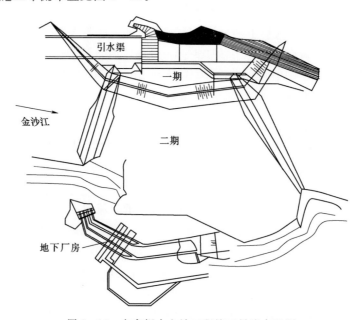

图 8-11　向家坝水电站工程施工导流布置图

8.8.3 导流标准

向家坝水电站工程一期导流标准为全年 20 年一遇洪水，相应洪峰流量 28200m³/s。二期围右岸，待导流底孔和缺口具备泄水条件后，拆除一期土石围堰的上、下游横向部分，于 2008 年 12 月下旬进行右侧主河床截流；在二期基坑中进行右岸非溢流坝、泄水坝段、消力池、左岸坝后厂房及升船机等建筑物的施工，由左岸非溢流坝段和冲沙孔坝段内留设的 6 个导流底孔及高程 280.00m、宽 115m 的缺口泄流；二期导流标准为全年 50 年一遇洪水，相应洪峰流量 32000m³/s。

8.8.4 主要导流建筑物

主要导流建筑物由一期土石围堰、二期纵向围堰、沉井群、二期纵向围堰与永久建筑物结合段及二期纵向围堰大坝下游段等部分组成。

（1）一期土石围堰。一期围堰布置在左岸砂砾石滩地上，堰顶轴线长 1302.355m，覆盖层以上最大堰高 20.50m，采用土石围堰结构。堰基覆盖层一般厚 30～40m，最厚 75.50m。覆盖层组成物质不均一，其主要成分为砂卵砾石，并夹有崩塌堆积的块石、砂壤土或含砂壤土的卵砾石。一期土石围堰堰体采用土工膜斜心墙防渗、堰基覆盖层采用塑性防渗墙。塑性混凝土防渗墙最大深 81.3m，厚 0.8m，成墙共 4.56 万 m^2，墙下帷幕灌浆 0.96 万 m。围堰形成后，最窄处河床束窄率达 46%，束窄后通过设计流量时河床断面平均流速为 6.08m/s，堰体迎水面分别采用了干砌石护坡。

一期土石围堰防渗及填筑工程量较大，分两个枯水期施工。2004 年 11 月至 2005 年 5 月进行围堰高程 274.00m 以下堰体填筑及防渗墙施工；2005 年汛前完成高程 274.00m 过流面的保护；2005 年 10 月至 2006 年 5 月继续混凝土防渗墙的施工、完成一期土石围堰填筑及围堰迎水面钢丝笼块石防冲及堰脚平抛块石施工。

一期土石围堰运行共经历 3 个汛期，根据基坑开挖施工和堰体设计的 4 个内、外观监测断面的监测资料分析，堰体和防渗墙的应力、变形、渗压与渗流均在设计控制标准内，2008 年 11 月 20 日土石围堰完成挡水使命，进行拆除。

（2）二期纵向围堰。根据坝址地形、地质条件，水利枢纽工程和导流建筑物布置十分紧凑，导流纵向围堰在布置和结构上采取了与永久建筑物结合、沉井挡土墙与纵堰结合、混凝土结构与土石结构共存等措施。二期纵向围堰由大坝上游的柔性结构导水段、沉井段、永久建筑物结合段及下游段组成。

（3）沉井群。为能在有限宽度的一期基坑中布置二期导流挡泄水建筑物，一期、二期纵向围堰只能紧邻布置，原地面高程两堰脚相距仅 12～29m，二期混凝土重力式纵向围堰地基覆盖层深 45～62m。因此，必须采取支护措施才能将二期纵堰地基覆盖层全部挖除，浇筑堰体混凝土。经技术经济比较，选用沉井群作为二期纵向围堰的地基处理方案，沉井群前期作为堰基及大坝地基开挖的临时挡土墙，后期与左侧后浇碾压混凝土联合体组成二期重力式纵向挡水围堰，最大堰高 94m。根据二期纵向围堰沉井段堰体的稳定和结构强度计算及沉井挡土墙的稳定和强度计算，结合二期纵向围堰沉井段分段长度和沉井下沉刚度要求，确定设置 10 个平面尺寸为 23.00m×17.00m 的沉井，设计最大下沉深 57.50m，最小下沉深 43m，其规模为水利水电行业之最。

（4）二期纵向围堰与永久建筑物结合段及二期纵向围堰大坝下游段。二期纵向围堰与永久建筑物结合段是利用冲沙孔坝段、升船机船厢室段和下闸首作为二期纵向围堰的一部分，其结构断面形式有矩形、L 形和倒 T 形，二期纵向围堰大坝下游段与升船机的下闸首相接，堰体全长 240m，堰顶高程 290.50m，大坝下游段采用碾压混凝土重力式结构，围堰最大堰高 38.50m。

8.8.5　结论与认识

（1）向家坝水电站工程采用分期导流方式，一期先围左岸，二期围右岸；一期由右侧的主河床泄流、通航及漂木，二期由导流底孔和缺口泄流，临时船闸通航，散漂木材在坝址上游收漂后陆路转运。

（2）导流建筑物地基覆盖深厚，地层复杂、处理难度大，设计采用 10 个尺寸为长

23m、宽 17m 的巨型沉井群，最大下沉深度 57m，最大入岩深 7m，作为坝基开挖时一期土石围堰的挡土墙和二期纵向混凝土围堰的部分堰体。其沉井群规模之大，工程地质条件之复杂，施工技术之先进，开创了国内水电建设之先例。

（3）向家坝水电站施工导流具有河床覆盖层深厚、导流流量大、河床宽度相对狭窄、导流程序复杂、施工布置受枢纽及周边环境约束大等特点，为今后类似工程提供经验。

8.9　石虎塘航电枢纽工程施工导流

8.9.1　工程概况

石虎塘航电枢纽系赣江赣州至湖口河段自上而下 6 个规划梯级中的第 3 个梯级，坝址位于江西省泰和县城石虎塘村附近。是一个以航运为主，兼顾发电、防洪等综合利用的航运水利枢纽工程。工程正常蓄水位 56.50m，水库总库容约 7.43 亿 m^3，工程挡水高 9.8m，属低水头建筑物。水电站厂房采用贯流式机组，单机容量为 20MW，共安装 6 台机组，总装机容量 120MW。

石虎塘航电枢纽工程等级属 Ⅱ 等大（2）型水电枢纽工程，主要水工建筑物等级为 3 级，次要建筑物为 4 级，临时建筑物为 5 级。通航标准为 1000t 级的内河 Ⅲ 级航道，船闸通航等级为 Ⅲ 级。

枢纽建筑物从左到右依次为左岸土坝、船闸、泄水闸、厂房、右岸连接坝段和右岸土坝，鱼道和导排渠从右岸土坝穿过，二线船闸布置在左船闸的左侧。坝顶总长 1645.7m，其中左岸土坝长 447.6m，船闸宽 43.4m，最大通航水头 11.34m，采用集中输水系统。泄水闸为开敞式，位于河床中部，泄水闸长 532m，分为 3 个区共设置了 23 孔泄水闸，从左至右分别为 Ⅰ 区（7 孔）、Ⅱ 区（9 孔）、Ⅲ 区（7 孔），3 个区之间结合施工导流布置设置二道下游隔墙，隔墙顶高程 54.90m。主厂房长 139m，安装 6 台 20MW 灯泡贯流式水轮发电机组。连接段长 83.5m，右岸土坝长 400.2m。

石虎塘航电枢纽工程分为两期施工，工程于 2009 年 7 月开工，一期于 2011 年 8 月实现二期围堰截流、船闸通航；二期工程于 2011 年 9 月开始，2013 年 3 月完工。

8.9.2　施工导流方案

根据石虎塘航电枢纽工程所处位置河床宽阔、汛期流量大、低水头、施工期应保证通航等特点，采用二期三段施工导流方案。

二期三段施工导流划分。一期进行左岸船闸及相邻 7.5 孔泄水闸和右岸电站厂房工程及相邻 1.5 孔泄水闸施工，二期进行河床中部 14 孔泄水闸施工。其中左岸船闸及相邻 7.5 孔泄水闸为第 1 段，即左岸段；右岸电站厂房工程及相邻 1.5 孔泄水闸为第 2 段，即右岸段；河床中部 14 孔泄水闸为第 3 段，即河床段。

二期三段施工导流程序如下：

（1）一期施工导流程序。一期围左右岸段，将左岸船闸及相邻 7.5 孔泄水闸和右岸电站厂房工程及相邻 1.5 孔泄水闸用围堰围护起来进行施工。石虎塘航电枢纽工程一期导流时段为 2009 年 7 月至 2011 年 8 月。具体一期导流程序如下：

1）第一年枯水期在船闸的上、下闸首和闸室部分，修建上、下游横向和左右侧纵向全年围堰挡水进行施工。上游引航道修建上游横向和右侧纵向枯水期围堰挡水进行施工。第二年的枯水期，在下游引航道修建下游横向和右侧纵向枯水期围堰挡水进行施工。

2）第一年枯水期在左岸船闸相邻的 7.5 孔泄水闸，修建上、下游横向和右侧纵向枯水期围堰挡水，进行 7 孔泄水闸土建工程施工，汛期前将围堰全部拆除到高程 46.70m，除船闸右侧纵向围堰占压 3 孔外，其余 4 孔为过水围堰。第二年枯水期重新在 7 孔泄水闸上、下右侧修建枯水期小围堰挡水，进行闸门、启闭机设备安装，同时完成泄水闸第 7 孔右侧导墙上、下游侧浆砌石纵向围堰修建。

3）第一年枯水期在水电站厂房及相邻泄水闸 1.5 孔，修建上、下游和左、右侧纵向全年围堰挡水，进行施工。首台机组具备发电条件，发电厂房进、出口混凝土叠梁门临时闸门安装完毕，并具备挡水条件，将发电厂房上、下游全年围堰拆除至满足 3 台机组发电需要的位置，以满足施工前机组发电要求。在二期 14 孔泄水闸上、下游围堰拆除时，发电厂房机组暂停发电，恢复发电厂房上、下游围堰作为二期 14 孔泄水闸上、下游和左右侧纵向围堰拆除出渣道路，二期泄水闸围堰拆除后再将所恢复的发电厂房上、下游围堰拆除，恢复厂房机组发电。

4）一期围左右岸段后，赣江河水和航运船只将从河床中部通过。石虎塘航电枢纽工程一期导流布置见图 8-12。

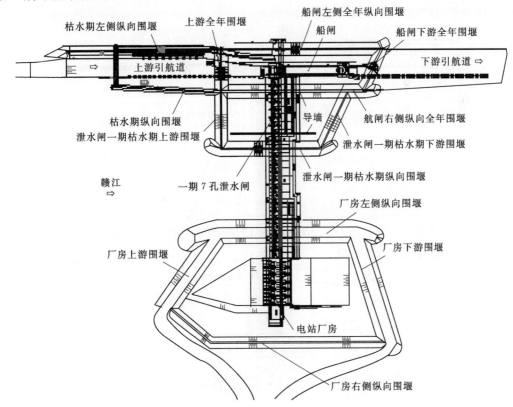

图 8-12　石虎塘航电枢纽工程一期施工导流布置平面图

（2）二期施工导流程序。二期围河床中部，将二期16孔泄水闸围护起来进行施工。石虎塘航电枢纽工程二期导流时段为2011年9月至2013年2月。具体二期导流程序如下。

1）二期的第一个枯水期在二期16孔泄水闸，修建上下游枯水期纵向围堰挡水进行施工，同时满足厂房发电蓄水要求。汛期前将上下游围堰分别拆除高程到53.00m、52.00m，作为过水围堰。在第二个枯水期到来时，再将上、下游横向围堰回复到枯水期围堰挡水继续进行二期泄水闸施工直至完工。

2）将一期右侧与发电厂房相邻的1.5孔泄水闸施工填筑的纵向围堰拆除，在已修建的1.5孔泄水闸部位上修建全年二期泄水闸纵向围堰挡水，在纵向围堰拆除前，进行围堰占压1.5孔泄水闸闸门安装。

3）一期所修第7孔右侧导墙和导墙上、下游所修浆砌石围堰作为二期泄水闸16孔施工左侧纵向围堰。

4）二期赣江枯水期河水从一期7孔泄水闸通过，航运船只从左岸修建的船闸通过。汛期洪水从一期7.5孔泄水闸和二期上下游横向围堰通过，航运船只从左岸修建的船闸通过。

5）为解决二期泄水闸围堰与右岸上坝公路连接交通问题，在发电厂房上游坝顶拦污栅清污机平台上修建临时钢架桥，通过安装间上游挡水墙顶部与右岸上坝公路相接。

石虎塘航电枢纽工程二期导流布置见图8-13。

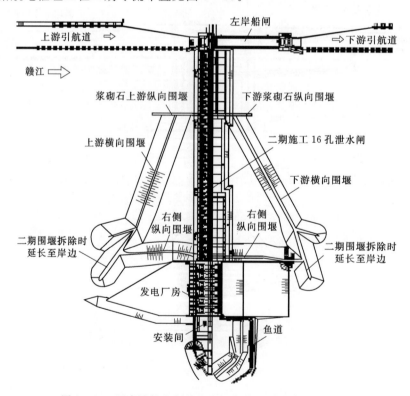

图8-13　石虎塘航电枢纽工程二期施工导流布置平面图

8.9.3 施工导流标准

（1）一期施工导流标准。

1）一期船闸围堰为不过水围堰，导流标准为全年5年一遇洪水，相应设计流量12500m³/s，挡水水位56.65m。

2）一期船闸上、下游航道围堰为不过水围堰，导流标准为全年5年一遇10月至次年2月枯期洪水相应设计挡水流量4050m³/s；挡水水位51.91m。

3）一期泄水闸一枯期间的围堰为枯水围堰，导流标准为5年一遇8月至次年2月枯期洪水，相应设计挡水流量6580m³/s；挡水水位53.83m。

4）一期发电厂房围堰为不过水围堰，导流标准为全年10年一遇洪水，相应设计流量14800m³/s。

（2）二期施工导流标准。

1）二期泄水闸围堰为枯水围堰，设计标准为5年一遇8月至次年2月枯期洪水，设计流量6580m³/s，围堰挡水水位56.10m，考虑机组发电围堰挡水水位57.00m。

2）二期汛期为过水围堰，设计标准为5年一遇3月至次年8月汛期洪水，设计流量12500m³/s。过水围堰顶面高程上游53.00m，下游围堰52.00m。

（3）与施工导流及水流控制有关的要求。

1）万合水电站、沿溪水电站两防护区的防洪堤已按设计标准完成，其设计标准为10年一遇设计洪水，相应坝前水位57.70m。

2）发电厂房枯水围堰形成前，需对蒋家洲片老河道结合万合水电站导托渠出口进行改道，确保蒋家洲片施工期不因围堰的修筑而受淹。

3）赣江为江西省重要航道，必须保证施工期通航。在进行一期进行左岸船闸及相邻7.5孔泄水闸全部土建施工围堰施工时，通航航道位置移到二期泄水闸位置，为满足航运要求需要进行通航明渠河道修建，明渠底宽45m，最低高程45.70m，维护通航水深1.0m。

8.9.4 主要导流建筑物

（1）一期船闸全年围堰。

1）一期船闸全年挡水围堰由上下游横向和左右侧纵向围堰组成。上游横向堰长约130m，堰顶高程58.60m，顶宽5m，下游横向围堰长145m，堰顶高程57.90m，顶宽7m。左侧纵向围堰长490m，堰顶高程由58.60m向57.90m过渡，顶宽5m，边坡1：2.5。右侧纵向围堰长480m，堰顶高程由58.60m向57.90m过渡，顶宽5m，边坡1：2.5。

2）一期船闸上、下游横向和左右侧纵向全年围堰为土石结构，为避免围堰受水流冲刷失稳，在一期外侧临水面设水下抛石护脚及坡面块石护面，块石护面上部设钢筋石笼二级守护，围堰地下基础采取高喷板墙防渗。

（2）一期船闸上、下游引航道枯水期围堰。

1）一期船闸上引航道围堰是船闸主围堰向上游的延伸，为枯水围堰。由右侧纵向和上游横向围堰组成。右侧纵向围堰长320m，堰顶高程54.10m，顶宽5m，边坡1：2。左侧纵向围堰长320m，堰顶高程54.10m，顶宽5m。上游横向堰长120m，堰顶高程

54.10m，顶宽5m。

2）一期船闸下引航道围堰是船闸主围堰向下游的延伸，为枯水期围堰。由下游和左、右侧纵向围堰组成。右侧围堰长427m，下游围堰长100m，左侧围堰长383m。

3）一期船闸上下游引航道横向和纵向围堰为土石结构，围堰地下基础采取高喷板墙防渗。

（3）一期左岸船闸相邻的7.5孔泄水闸枯水期围堰。

1）一期左岸船闸相邻的7.5孔泄水闸，由上、下游横向和右侧纵向枯水期围堰组成。右侧纵向围堰长度370m，堰顶高程由56.00过渡到54.90m，顶宽5.0m，内侧、外侧边坡1：2.5。上游横向堰顶高程56.00m，顶宽5.0m，长约170m。下游横向围堰堰顶高程54.90m，顶宽5.0m，长约190m，边坡坡比为1：2.5。

2）一期船闸上、下游横向和左、右侧纵向全年围堰为土石结构，围堰地下基础采取高喷板墙防渗。

（4）一期发电厂房全年围堰。一期发电厂房全年挡水围堰由上、下游横向和左、右侧纵向围堰组成。相应上游水位58.50m，下游水位57.60m，确定发电厂房上、下游全年围堰堰顶高程分别为59.70m及58.80m，纵向全年围堰堰顶高程由上游全年围堰堰顶高程59.70m过渡到下游全年围堰堰顶高程58.80m。上、下游全年围堰堰顶宽度均为7.5m，纵向围堰堰顶宽5m，迎水侧及背水侧边坡均为1：2.5，背水面采用厚0.5m石渣护坡，堰壳填筑材料为河床砂砾石，加高培厚部分堰体采用两布一膜的土工膜防渗，迎水面边坡采用网喷混凝土防护。

（5）二期泄水闸枯水期围堰和汛期过水围堰。二期泄水闸围堰是按枯水期挡水发电、汛期过水的要求进行设计，施工时段在第3和第4个枯水期。围堰由左、右侧纵向围堰和上、下游横向围堰组成。

1）上、下游横向围堰。三枯枯水围堰主要用于确保二期泄水闸土建工程施工，按2011年8月至2012年2月5年一遇枯水洪水标准设计，相应流量$Q=6580\text{m}^3/\text{s}$，相应上游水位56.10m，下游水位53.65m，考虑三枯施工期间厂房机组具备发电能力，泄洪闸三枯上游围堰挡水水位按高程57.00m进行设计，下游围堰高程仍按53.65m设计，相应上、下游围堰堰顶高程分别为58.20m及54.90m，堰顶宽均为5m。汛期时将上游围堰拆除至高程53.00m，下游围堰拆除至高程52.00m作为过水围堰，汛期过后再将围堰恢复到枯水期挡水围堰标准。

围堰结构布置，过水围堰以上堰体填筑料及防渗料均为黏土，迎水及背水侧边坡均为1：2.0。过水围堰以下部分，上、下游围堰下游侧分别采用堆石护脚，堆石护脚体上游回填河床砂砾料，以高喷板墙进行高程53.00m（上游围堰）及高程52.00m（下游围堰）以下堰体及堰基防渗，上、下游围堰的下游堰脚采用钢筋石笼进行防冲护坡，堰脚以上坡面采用网喷混凝土防护。上、下游过水围堰表面采用混凝土面板护面。

2）左侧纵向围堰。左侧纵向围堰是将一期所修第7孔右侧导墙作为纵向围堰，然后在导墙上下游所修浆砌石围堰与上、下游横向围堰相接。浆砌石围堰上、下游围堰堰顶高程分别为58.20m及54.90m，顶宽1.5m，中间采用混凝土防渗心墙防渗体。

3）右侧纵向围堰。二期泄水闸右侧纵向围堰分上下游两个部分。从右岸1.5孔泄水闸至上游横向围堰，作为泄水闸二期右侧纵向围堰为上游部分，围堰顶部高程 66.0～59.70m，顶部宽度 8m，两侧边坡坡比 1：2.0。从厂闸分水墙接至下游横向围堰，作为泄水闸二期右侧纵向围堰的下游部分，围堰顶部高程 54.90m，顶宽 8m，两侧边坡坡比 1：2.0。泄水闸右侧纵向围堰的防渗也采用高喷板墙防渗结构。

8.9.5 结论与认识

（1）石虎塘航电枢纽工程施工导流具有赣江河床宽阔、水头低、流量大、施工期不仅要保证通航，同时还要满足发电厂房等特点。

（2）根据枢纽建筑物的结构布置，施工工程量和工期等要求和上游万合、沿溪两防护区的防洪堤已按设计标准完成，其设计标准为 10 年一遇设计洪水，相应坝前水位 57.70m。选择船闸、发电厂房为全年施工挡水围堰标准，船闸上、下游航道、泄水闸为枯水期施工挡水围堰标准，并且泄水闸汛期为过水围堰标准。泄水闸上、下游过水围堰的过水面高程选择时主要考虑船闸通航要求，施工导流所选标准合理。

（3）由于石虎塘航电枢纽工程坝址处覆盖层为砂砾料，围堰下部覆盖层部分容易产生大量渗透水，船闸、泄水闸、发电厂房等部位施工围堰布置采用封闭形式，围堰地下基础采取高喷板墙防渗，围堰布置形式和防渗结构合理有效。

（4）二期泄水闸围堰布置统筹考虑发电厂房要求，使厂房能在施工期发电提前获得发电效益。二期泄水闸围堰拆除时，发电厂房机组暂停发电，恢复发电厂房上、下游围堰作为二期泄水闸上、下游和左、右侧纵向围堰拆除出渣道路，二期泄水闸围堰拆除后再将所恢复的发电厂房上、下游围堰拆除，恢复发电厂房机组发电。这样既解决了二期围堰拆除运输道路的问题，同时加快了二期泄水闸围堰拆除进度，保证了围堰拆除质量。

（5）二期泄水闸施工导流中在发电厂房上游坝顶拦污栅清污机平台上修建临时钢架桥，通过安装间上游挡水墙顶部与右岸上坝公路相接，很好地解决了二期泄水闸围堰与右岸上坝公路连接交通问题。

（6）石虎塘航电枢纽工程施工导流建筑物经受了 4 个枯水期、3 个汛期的洪水考验，保证了船闸和发电厂房能全年正常施工。泄水闸工程在枯水期正常施工，航道畅通。上游万合、沿溪两防护区的防洪堤安然无恙，有力证明了施工导流方案科学合理，围堰结构安全得当。

8.10 乌东德水电站施工导流

8.10.1 工程概况

乌东德水电站工程是金沙江下游河段（攀枝花市至宜宾市）4 个水电梯级——乌东德水电站、白鹤滩水电站、溪洛渡水电站、向家坝水电站中的最上游梯级，坝址所处河段的右岸隶属云南省昆明市禄劝县，左岸隶属四川省会东县。乌东德水电站的开发任务以发电为主，兼顾防洪，水电站装机容量 10200MW，多年平均发电量 389.3 亿 kW·h。

乌东德水电站工程主体建筑物由挡水建筑物、泄水建筑物、引水发电建筑物等组成。

大坝为混凝土双曲拱坝，最大坝高270m。工程泄洪采用坝身孔口与岸边泄洪洞联合泄洪方式，设计洪峰流量35800m³/s，坝身布置5个表孔、6个中孔，左岸靠山侧布置3条泄洪洞；发电厂房布置于左、右两岸山体中，均靠河床侧布置，各安装6台单机容量850MW的混流式水轮发电机组，总装机容量10200MW。

乌东德水电站工程为Ⅰ等大（1）型工程，大坝、泄水建筑物、引水发电建筑物等主要建筑物为1级建筑物，其他次要建筑物为3级建筑物。挡水及泄水建筑物按1000年一遇洪水设计，5000年一遇洪水校核，消能防冲建筑物按100年一遇洪水设计。

乌东德水电站工程2011年11月开始导流洞施工，2015年4月主河床截流，2016年7月大坝上下游围堰已建成。2017年3月开始大坝混凝土浇筑，截至2018年3月拱坝混凝土浇筑已到达103.50m。2019年11月下闸蓄水，2020年5月首批机组发电，2020年6月拱坝混凝土浇筑到坝顶设计高程988.00m，2021年底工程主体完工。

8.10.2　施工导流方案

根据乌东德水电站工程坝址的地形、河道水文特性和枢纽布置方案等情况，施工导流方式由初期、中期、后期3个阶段组合而成。

（1）初期导流方式。2014年11月至2019年3月，采用全年挡水围堰一次拦断河床，河水由左右岸5个导流隧洞下泄。

（2）中期导流方式。2019年4月至2019年10月为汛期，大坝最低坝段上升至高程915.00m，坝体封拱灌浆至高程888.00m，超过上游围堰高程873.00m，6个底板高程878.00~885.00m的泄洪中孔具备泄水条件。采用拱坝临时断面挡水，河水由左、右岸4条编号为1~4号低导流隧洞和6个泄洪中孔下泄。编号为5号高导流隧洞采用闸门挡水不过流的方式。

（3）后期导流方式。2019年11月至2020年4月枯水期进行左右岸导流隧洞封堵，由拱坝临时断面挡水，河水由坝体中孔下泄。2020年1月大坝最低坝段上升至高程970.00m，坝体接缝灌浆至高程945.00m。2020年3月左岸3条高程910.00m泄洪洞具备过水条件。2020年3月初，大坝非溢流坝段浇筑到顶，坝体接缝灌浆至高程967.00m，4月大坝全部浇筑至坝顶高程988.00m。2020年5月水库蓄水至初期发电水位945.00m，第1批机组发电。汛期洪水采用拱坝临时断面挡水，河水由坝体6个泄洪中孔、5个表孔和左岸3条泄洪洞下泄。具体施工导流程序如下。

2011年11月开始导流隧洞施工，原河道泄流。

2014年11月主河床防渗墙平台填筑，上、下游围堰混凝土防渗墙开始施工。

2015年5月底完成上游防渗墙平台度汛防护结构施工，具备度汛条件。

2016年1月完成围堰防渗墙施工，2月下旬开始基坑抽水，3月底基坑积水排干。2016年3月开始基坑开挖，至2019年10月底，洪水由导流隧洞下泄，度汛标准为全年50年一遇洪水（洪峰流量26600m³/s），考虑水库调蓄作用上游水位871.10m。

2019年4月底大坝最低坝段上升至高程915.00m，坝体封拱灌浆至高程888.00m，坝体施工期度汛标准为全年100年一遇洪水（洪峰流量28800m³/s），泄水建筑物为左、右岸4条低导流隧洞（高导流隧洞采用闸门挡水不过流），上游水位885.66m。10月底大坝最低坝段上升至高程950.00m，6个底板高程878.00~885.00m的泄洪中孔具备泄水条件。

2019 年 12 月大坝最低坝段上升至高程 959.00m，坝体接缝灌浆至高程 920.00m。2019 年 11 月开始下闸封堵 4 号导流隧洞，2020 年 1 月初下闸封堵左岸最后一条低导流隧洞，2020 年 1 月中旬水库蓄水至 890.00m，右岸 5 号导流洞最后半边孔下闸，封堵高导流隧洞，由泄洪中孔敞泄向下游供水，导流隧洞下闸期间向下游供水流量不小于 387m³/s。

2020 年 1 月大坝最低坝段上升至高程 970.00m，坝体接缝灌浆至高程 945.00m。2020 年 3 月左岸 3 条高程 910.00m 泄洪洞具备过水条件。4 月底导流隧洞堵头施工基本结束，5 月水库蓄水至初期发电水位 945.00m，第 1 批机组发电。坝体施工期汛期洪水设计标准为全年 200 年一遇洪水（洪峰流量 30900m³/s），泄水建筑物为 6 个泄洪中孔、5 个表孔和 3 条泄洪洞，经调蓄后上游水位 977.41m；施工期度汛校核标准为全年 500 年一遇洪水（洪峰流量 33700m³/s），经调蓄后上游水位 980.30m。2020 年 3 月初，大坝非溢流坝段浇筑到顶，坝体接缝灌浆至高程 967.00m，4 月大坝全部浇筑至坝顶。

大坝、水垫塘及二道坝 2016 年 5 月至 2019 年 4 月在大坝上、下游围堰的保护下进行施工，围堰设计标准为全年 50 年一遇洪水（洪峰流量 26600m³/s），上游围堰设计水位 871.10m（调蓄后水位），堰顶高程 873.00m，下游围堰设计设计水位 845.00（调蓄后水位），堰顶高程 847.00m。

乌东德水电站工程施工导流布置见图 8-14。

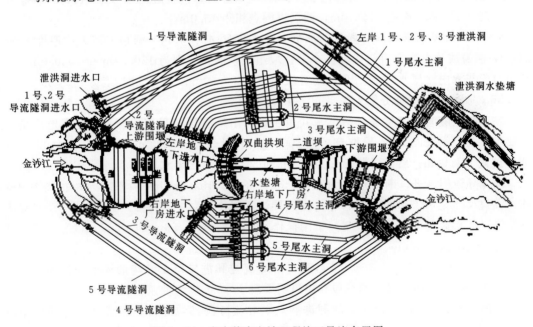

图 8-14　乌东德水电站工程施工导流布置图

8.10.3　施工导流标准

（1）2011 年 10 月至 2014 年 4 月导流洞施工，导流洞施工进出口施工导流，在岸边采用全年挡水围堰围护进出口基坑，导流标准为 10 年一遇洪水，洪峰流量 21100m³/s。

（2）初期导流 2014 年 11 月至 2019 年 3 月采用河床、全年挡水围堰一次拦断河床，隧洞泄流的导流方式。导流标准为全年 50 年一遇洪水，洪峰流量 26600m³/s。

（3）2019 年 4 月至 2019 年 10 月底大坝最低坝段上升至高程 915.00m，坝体封拱灌浆至高程 888.00m，超过上游围堰高程 873.00m，坝体施工期度汛标准为全年 100 年一遇洪水，洪峰流量 28800m³/s。

（4）2019 年 11 月至 2020 年 5 月导流洞下闸封堵，导流标准为枯水期 12 月至次年 1 月，旬平均 10 年一遇洪水，洪峰流量 2020～2500m³/s。

（5）2019 年 11 月至 2020 年 5 月导流洞开始下闸蓄水至第 1 批机组发电。坝体施工期汛期洪水设计标准为全年 200 年一遇洪水，洪峰流量 30900m³/s。施工期度汛校核标准为全年 500 年一遇洪水，洪峰流量 33700m³/s。

8.10.4 主要导流建筑物

乌东德水电站工程施工导流由左右岸导流洞，大坝上下游围堰，左岸泄洪洞，拱坝坝体内设置的中孔、表孔等部分组成。

（1）导流洞。在乌东德水电站工程施工初期施工导流中分别在左、右岸布置了 5 条导流洞。其中左岸布置 2 条，编号为 1 号、2 号。右岸布置 3 条，编号为 3 号、4 号、5 号。

1）左岸导流洞。左岸导流隧洞进口位于红崖湾沟、大茶铺崩坡堆积体下游侧，出口与左岸水电站尾水明渠结合。

1 号、2 号导流隧洞进口明渠段长 117.62～282.15m（含进水塔及喇叭口），明渠宽 71.5～76.0m，进口高程 814.00m，两洞进洞点相距 15.0m。

1 号、2 号导流隧洞洞身段平行布置，轴线间距 42～50m，洞顶上覆岩体厚度 80～633m，洞身段均由 3 个直线段和 2 个圆弧段组成，洞长分别为 1702.7m 和 1630.0m。洞身出口段与水电站尾水隧洞结合，结合段高程为 800.00m，结合段长度分别为 334.2m、278.8m，洞内最大底坡分别为 1.104% 和 1.243%。

左岸导流隧洞出口与水电站尾水共用明渠，出口高程 809.00m。为满足发电厂房运行要求，明渠渠底以 1:4 反坡自高程 800.00m 接至高程 809.00m，明渠宽度由 112.5m 渐变扩宽 131.96m，出口明渠段长 463.2m 和 553.6m（含尾水塔）。

左岸导流隧洞进口断面尺寸为宽 16.5m，高 24.0m，进口为岸塔式，由中墩分为两孔，孔口尺寸宽 8.25m，高 24.00m，2 条导流隧洞共分为 4 个闸孔。左岸 1 号、2 号导流隧洞进口底板高程 814.00m，闸门下闸操作水头分别为 13.56m 和 18.65m，左岸封堵闸门设计挡水水头为 136m。

2）右岸导流洞。右岸 3 号、4 号和 5 号导流隧洞进口位于红沟崩坡堆积体内，导流隧洞沿线分为进口明渠段、洞身段和出口明渠段。

右岸 3 号、4 号和 5 号导流隧洞进洞点顺导流隧洞轴线方向依次错开，进洞点相距 70.0m 和 15.0m，3 号、4 号导流隧洞进口底板高程 812.00m，5 号导流隧洞为高洞，进口底板高程 833.00m，右岸导流隧洞进口明渠段轴线长度依次为 284.1m、261.6m、260.8m（含进水塔及喇叭口）。

右岸导流隧洞洞身段平行布置，轴线间距 38～50m，洞顶最大上覆岩体厚度 560m。3 号、4 号导流隧洞洞身长度分别 1463.3m 和 1604.5m，洞身出口段与水电站尾水隧洞结合，结合段高程 800.00m，结合段长度分别为 132.3m、193.8m，洞内最大底坡分别为 1.075%和 0.916%。5 号导流隧洞出口底板高程 824.00m，洞长 1691.0m，底坡 0.560%。

右岸导流隧洞出口位于船房沟上游侧，与水电站 9 号、11 号尾水隧洞共用出口明渠，进口明渠呈高低渠复式断面布置，低渠部分为满足发电厂房运行要求，明渠渠底以 1∶4 反坡自 800.0m 接至 809.0m，渠底宽由 463.2m 渐变扩宽 131.96m，高渠部分渠底高程 824.00m。

右岸 3~4 号导流隧洞为低洞，进口断面尺寸为宽 16.5m，高 24.0m，进口为岸塔式，由中墩分为两孔，孔口尺寸宽 8.25m，高 24.00m，2 条导流隧洞共分为 4 个闸孔，下闸操作水头 9.74m，封堵闸门设计挡水水头 138m。右岸 5 号导流隧洞为高洞，进口断面尺寸宽 12.0m，高 16.0m，采用井式进水口，由中墩分为两孔，孔口尺寸宽 6.0m，高 16.0m，最大下闸操作水头 53.0m，最大挡水水头 117.0m。

（2）大坝上游围堰。大坝上游围堰为 3 级建筑物，挡水标准为全年 50 年一遇洪水，相应洪峰流量 26600m³/s，上游水位 871.10m，下游水位 845.00m，采用土石围堰结构型式。

大坝上游围堰为混凝土防渗墙上接复合土工膜斜墙土石围堰，顶高程 873.00m，最大堰高 67.00m，堰顶宽度 10.00m。迎水堰面坡高程 841.50m 以下坡比 1∶1.5，以上坡比为 1∶2。背水堰面坡高程 842.00m 以下坡比 1∶1.5，以上坡比为 1∶1.75。堰体防渗采用复合土工膜斜墙，斜墙最大高 40.0m；堰基防渗采用塑性混凝土防渗墙，防渗墙施工平台高程 832.50m，混凝土防渗墙最大深 97.5m，厚 1.2m。导流工程使用完毕后，大坝上游围堰不予拆除。

（3）大坝下游围堰。大坝下游围堰为 3 级建筑物，挡水标准为全年 50 年一遇洪水，相应洪峰流量 26600m³/s，下游水位 845.00m，采用土石围堰结构型式。

大坝下游围堰为混凝土防渗墙上接土工膜心墙土石围堰，顶高程 847.00m，最大堰高 42.00m，堰顶宽 10.0m。迎水堰面坡高程 829.00m 以下坡比 1∶1.5，以上坡比为 1∶2；背水堰面坡高程 829.00m 以下坡比 1∶1.5，以上坡比为 1∶1.75。堰体防渗采用土工膜心墙，心墙最大高 17.5m；堰基防渗采用塑性混凝土防渗墙，防渗墙施工平台高程 829.00m，混凝土防渗墙最大深度 91.0m，厚 1.2m。

导流工程使用完毕后，大坝下游围堰拆除到高程 810.00m。

（4）坝体泄水中孔。在拱坝坝体内布置有 6 个中孔，中孔沿泄洪轴线以泄洪中心线对称布置，泄洪轴线为半径 304m 的圆弧，泄洪中心线在拱坝中心线左侧 2.1m 处与其平行布置。中孔尺寸 6m×7m，1 号、3 号、4 号、6 号中孔为上挑型，挑角 20°，进口底板高程 878.00m，出口底板高程 886.34m，2 号、5 号中孔为平底型，底板高程 885.00m。

（5）坝体表孔。在拱坝坝体内布置有 5 个表孔。表孔沿泄洪轴线以泄洪中心线对称布置，泄洪轴线为半径 304m 的圆弧，泄洪中心线在拱坝中心线左侧 2.1m 处与其平行布置。表孔堰面采用 WES 曲线，堰顶高程 959.00m，孔口尺寸 12m×16m，各表孔的出口采用 3 种不同的角度跌流，其中 3 号表孔为-20°，2 号、4 号为-30°，1 号、5 号为 0°。

（6）泄洪洞。为满足总下泄流量要求，确定在左岸布置了 3 条泄洪洞，编号为 1 号、2 号、3 号。泄洪洞采用圆形有压洞转接城门洞形明流隧洞的型式，进口布置在红崖湾沟下游坡面，位于左岸导流洞进口上方。进水塔采用岸塔式结构，进口底板高程910.00m，直径为14m。3条泄洪洞水平投影长度分别为1号1755.67m，2号1714.48m，3号1673.29m。有压洞采用圆形断面，直径为14m，洞底为平底形，末端设工作闸门室，后接城门洞形无压洞，断面尺寸为宽14m，高18m。采用龙落尾形式，由缓坡段、陡坡段及出口反弧段组成，陡坡段起始部位设置掺气坎，以避免高流速段产生空化空蚀。泄洪洞出口采用平面扩散型式，挑流鼻坎利用不同俯角，以增强泄洪水舌的横向扩散及纵向拉开效果。

8.10.5　结论与认识

（1）乌东德水电站工程是我国继三峡水利枢纽、溪洛渡水电站之后的第3座千万级巨型水电站工程，拦河大坝为混凝土双曲拱坝，最大坝高270m，具有工程规模大、工期紧、施工强度高、河道水流和坝址处地质、地形条件复杂、施工难度大、拱坝与地下发电厂房施工工艺繁多、质量要求高等特点。

为满足工程总体施工进度要求，初期施工导流，采用50年一遇洪水标准的全年挡水高围堰，左、右岸5条大断面导流隧洞过流导流方式。保证了工程能够正常有序全年施工。左、右岸导流洞分别与左、右岸地下发电厂房尾水洞结合布置，减少发电厂房尾水洞的工程量和建设费用。中后期导流充分利用水电站工程永久建筑物参与施工导流的水流控制，充分利用拱坝坝体临时断面和地下发电厂房进水口闸门挡水，拱坝坝体布置的泄洪中孔、表孔和左岸泄洪洞过流。整个工程施工全过程选择的施工导流方案技术先进、导流建筑物布置合理、经济，保证了工程能够顺利如期完成。

乌东德水电站工程还在建设中，已建成的左右岸导流洞，大坝上、下游围堰等导流工程建筑物都是按期完成，混凝土拱坝坝体混凝土施工形象进度已到达施工进度规定要求，施工现场各工程项目将按照施工进度要求按期完成。

（2）大坝上、下游围堰混凝土防渗墙穿越河床覆盖层厚，大坝上游围堰混凝土防渗墙最大深度97.5m。覆盖层内存在大量的块径1.8~4.0m的碎块石、漂石和孤石体，最大块径达7.18m，对防渗墙成槽施工极为不利，极易出现钻进困难、漏浆、塌孔、孔型不规则等情况，施工难度大、质量要求高、工期紧。在大坝围堰施工中，采用河床一次断流、两个枯水期完成防渗墙及堰体填筑施工的方案。2014年11月开始实施防渗墙生产性试验，2015年6月完成围堰面板防护工程，顺利实现2015年度汛目标；2015年10月开始汛后围堰施工，至2016年7月全部完成。围堰施工安排合理，解决了施工中存在的各种技术难题，为国内外类似工程提供了可资借鉴的成功经验。

（3）坝址区所在的乌东德峡谷下段，即左岸为红崖湾沟—花山沟、右岸为大红沟—船房沟之间的河段，两岸地形陡峻，河谷呈狭窄的V形，两岸地形基本对称，地面场地条件有限，施工布置十分困难。在左、右岸5条导流洞施工中，施工交通采取地下开挖交通支洞进入导流洞进出口和洞身段作业面的方法。为满足导流洞施工要求，通过增加施工支洞，多开工作面，采用开挖、支护混凝土衬砌等先进施工技术，解决了施工中存在的各种问题，保证了导流洞按期完成。

参 考 文 献

［1］ 武汉水利电力学院，成都科学技术大学. 高等学校教材 水利工程施工. 北京：水利出版社，1980.

［2］ 全国水利水电施工技术信息网组，《水利水电工程施工手册》编委会. 水利水电工程施工手册 第5卷 施工导（截）流与度汛工程. 北京：中国电力出版社，2005.

［3］ 郑守仁，等. 导流截流及围堰工程（上、下册）. 北京：中国水利水电出版社，2005.

［4］ 水利电力部水利水电建设总局. 水利水电工程施工组织设计手册 第一卷 施工规划. 北京：中国水利水电出版社，1997.

［5］ 成都科技大学《水利水电工程施工导流图集》编写组. 水利水电工程施工导流图集. 北京：中国水利水电出版社，1982.

［6］ 曹克明，汪易森，徐建军，刘斯宏. 混凝土面板堆石坝. 北京：中国水利水电出版社，2008.

［7］ 陕西省水利学校. 中等专业学校教材 水力学. 北京：水利出版社，1980.

［8］ 华东水利学院，华北水利水电学院. 高等学校教材 水电站. 北京：水利出版社，1980.

［9］ 周建平，等. 现代堆石坝技术进展 2009. 北京：中国水利水电出版社，2009.

［10］ 杨文俊，等. 施工过程水流控制与围堰安全. 北京：科技出版社，2017.

［11］ 张宗亮，李仕奇，刘兴国，等. 超高堆石坝枢纽工程施工导截流关键技术研究与应用. 北京：中国水利水电出版社，2011.

［12］ 龙滩水电开发有限公司. 龙滩水电工程建设文集. 北京：中国水利水电出版社，2008.

［13］ 胡志根，等. 施工导流风险分析. 北京：科学出版社，2010.